北大社 "十三五"普通高等教育本科规划教材

高等院校电气信息类专业"互联网+"创新规划教材

电路与模拟电子技术

（第 2 版）

主　编　张绪光

副主编　盛　莉

参　编　王桂娟　李艳红　臧家义

北京大学出版社

PEKING UNIVERSITY PRESS

内 容 简 介

本书是高等院校电气信息类专业"互联网＋"创新规划教材。主要内容包括：电路的基本概念与基本定律、电路的基本分析方法、一阶线性电路的时域分析、正弦交流电路、三相交流电路、磁路与变压器、常用半导体器件、基本放大电路、功率放大电路、集成运算放大器、电子电路中的反馈、直流稳压电源。

本书集"图文、动画和视频"于一体，编写风格新颖、活泼，引例准确、有趣，内容充实、实用。

本书可作为本科院校电气信息类专业和高职高专相关专业的教科书，也可供相关技术人员参考。

图书在版编目(CIP)数据

电路与模拟电子技术/张绪光主编. —2 版 . —北京：北京大学出版社，2018.7
(高等院校电气信息类专业"互联网＋"创新规划教材)
ISBN 978－7－301－29654－7

Ⅰ. ①电… Ⅱ. ① 张… Ⅲ. ①电路理论—高等学校—教材 ②模拟电路—电子技术—高等学校—教材 Ⅳ. ①TM13 ②TN710

中国版本图书馆 CIP 数据核字(2018)第 138683 号

书　　　名	电路与模拟电子技术 (第 2 版)
	DIANLU YU MONI DIANZI JISHU（DI-ER BAN）
著作责任者	张绪光　主编
责 任 编 辑	程志强
数 字 编 辑	刘　蓉
标 准 书 号	ISBN 978－7－301－29654－7
出 版 发 行	北京大学出版社
地　　　址	北京市海淀区成府路 205 号　100871
网　　　址	http://www.pup.cn　新浪微博：@北京大学出版社
电 子 信 箱	pup_6@163.com
电　　　话	邮购部 010－62752015　发行部 010－62750672　编辑部 010－62750667
印 刷 者	河北滦县鑫华书刊印刷厂
经 销 者	新华书店
	787 毫米 ×1092 毫米　16 开本　22 印张　504 千字
	2010 年 3 月第 1 版
	2018 年 7 月第 2 版　2022 年 12 月第 4 次印刷 (总第 9 次印刷)
	印数 19001—21000
定　　　价	53.00 元

第2版前言

"电路与模拟电子技术"是电气信息类专业非常重要的技术基础课程。电路与模拟电子技术发展迅速，应用十分广泛，在电气信息类各专业中占十分重要的地位。

传统的《电路与模拟电子技术》教材所涉及的数学知识和物理知识较多，理论知识深奥、抽象、难度大，不好掌握，直接影响了学生学习本门课程的积极性，制约了学生对知识的综合应用能力及创新意识的提高，因而在不少读者中出现了"望书生畏"的不良现象。

随着科学技术的迅猛发展，移动互联网几乎融入每个人的生活，智能手机的使用已经得到了普及，因此，考虑到对创新型应用人才培养的需求，编者结合互联网技术的应用，组织编写了"互联网+"《电路与模拟电子技术（第2版）》。

本书第2版集"图文、动画和微课视频"于一体，力求做到集"知识性、先进性、实用性和趣味性"于一体，尽可能地避免烦琐而枯燥的公式推导，注重引导并启发读者理解、掌握电路的基本概念、基本理论和基本的分析方法，注重培养读者的工程实践应用能力，尽可能地做到好懂易学。

本书第2版在每章中，均以"教学目标与要求""引例""特别提示""小结""知识链接"为主线进行编写，在必要之处，嵌入二维码素材，以供学生随时在线学习。

本书第2版具有如下特色。

- 好懂易学，读者易于学习掌握。
- 引例能够激发读者的学习兴趣。
- 易于教师引导和教学。
- 配有实用性和趣味性的习题，易于培养读者的工程实践能力和创新能力。
- 根据关键知识点设计出若干套自测试题和测试题（可通过扫描二维码获取下载地址和登录密码），供读者自我测试之用，以检验学习的效果。
- 根据教学内容的重点和难点，嵌入了图文、动画、视频等多媒体信息资源，以供读者通过智能手机随时在线学习。
- 为便于教师使用，配有完整而系统的教学大纲、教学计划及课件等教辅材料。

本书第2版包括电路和模拟电子技术两部分内容，由齐鲁工业大学（山东省科学院）的张绪光担任主编，盛莉担任副主编。张绪光以其多年一线教学实践经验对本书第1版进行了全面修订，使教材内容能够满足当前教学的需要。盛莉主要负责第1章、第2章和第4章的部分内容的编写。书中二维码素材(包括图文、Flash动画、自测试题、测试题)由张绪光设计、编辑、制作，盛莉主要负责微课视频的录制。全书由张绪光审核定稿。山东建筑大学的王桂娟和李艳红老师分别参与了第3章和第12章全部内容以及第5章和第10章部分内容的编写；齐鲁工业大学（山东省科学院）的臧家义参加了第6章部分内容

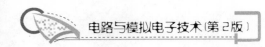
的编写。在本书的编写过程中，还得到了许多在教学和科研方面做出突出贡献的老师以及北京大学出版社有关专家的关心和帮助，在此一并表示衷心的感谢！

　　由于编者水平有限，不妥之处在所难免，恳切希望使用本书的各位读者批评指正。

编　者

2018 年 3 月

【资源索引】

第 1 版前言

"电路与模拟电子技术"是电气信息类专业非常重要的技术基础课程。电路与模拟电子技术发展迅速，应用十分广泛，现代一切新的科学技术无不与电有着密切的关系，尤其是计算机技术的迅猛发展和"电路与模拟电子技术"的发展更为密不可分。然而，传统的电路与模拟电子技术课程所涉及的数学知识和物理知识较多，深奥的理论知识抽象、难度大，不好掌握，直接制约了学生学习本门课程的积极性以及对知识的综合应用能力和创新意识的提高，因而在不少读者中出现了"望书生畏""欺软怕硬"的不良现象。对于高校中专业课程的教学，其教材内容更需要不断地更新，随时添加最新的科研成果，紧扣时代脉搏，将最新科学知识及时传输给学生，使学生一直站在科学技术最前沿。目前创新型、适用性的教材可谓寥寥无几，很多教材都是以叙述基本的科学原理为主，而较少考虑典型的科学事实和实例。因此，考虑到对创新型应用人才培养的要求，编者结合多年的教学实践，组织有经验的教师编写了这本创新型教材——《电路与模拟电子技术》。本书包括电路和模拟电子技术两部分内容，编写时力求集"知识性、先进性、实用性和趣味性"于一体，尽可能地避免烦琐而枯燥的公式推导，注重引导和启发读者理解和掌握电路的基本概念、基本理论和基本分析方法，注重培养读者的工程实践应用能力，尽可能地做到好懂易学。

本书具有如下特色。

- 好懂易学，读者易于学习掌握。
- 引例具有趣味性，能够激发读者的学习兴趣。
- 易于教师引导和教学。
- 配有实用性和趣味性的习题，易于培养读者的工程实践能力和创新能力。
- 内容组织遵循从实践中来、到实践中去的认识规律，做到了由实例引入、提出问题，再进行理论叙述，最后通过具有实用性、趣味性的习题巩固所学的理论知识。

教材中带"＊"的内容为用于开拓眼界的选学、选答部分。

本书由齐鲁工业大学的张绪光、刘在娥、盛莉和臧家义以及山东建筑大学的王桂娟和李艳红等老师共同编写完成，是两所大学老师集体智慧的结晶。本书由张绪光和刘在娥担任主编。具体参编人员及章节分工如下：张绪光(第7章、第8章、第9章、第11章)、盛莉(第1章、第2章、第4章)、王桂娟(第3章、第12章)、李艳红(第5章、第10章)、臧家义(第6章)。全书由张绪光、刘在娥审核定稿。

在本书的编写过程中，参考了国内外许多教材的优秀成果，同时得到了北京大学出版社的专家和老师的大力帮助，编者在此表示衷心的感谢！

由于编者水平有限，书中不妥之处在所难免，恳切希望广大师生和其他读者批评指正。

编　者

2009 年 5 月

目　　录

第1章
电路的基本概念与基本定律

本章主要介绍电路的基本概念，如电路的基本物理量，电路的组成及作用，电压、电流的参考方向，电路的工作状态，电源与负载的判断。重点介绍电路的基本定律——欧姆定律和基尔霍夫定律，并以直流电路为例，讨论如何应用电路的基本定律来分析电路。

本章教学目标与要求

- 理解电压和电流参考方向的概念。
- 了解电路的 3 种工作状态。
- 能够区分电压与电位的概念并进行电压与电位的计算。
- 熟练掌握电源与负载的判断方法以及功率的计算。
- 熟练掌握欧姆定律和基尔霍夫定律在电路中的应用及电路分析。

引例

在日常生活中，人们所接触的实际电路很多，如家用电器：微波炉、电磁炉、电冰箱等，这些电器因工作需要其内部就有不同的交流电路，而家庭生活必备的手电筒则是最简单的直流电路。无论是由交流电路还是直流电路构成的电器人们都会操作，可是要从电路原理上进行分析，就需要具备一定的电路基础知识。通过本章的学习，将为同学们了解电路原理和进行电路分析打下必要的基础。

1.1 电路的组成和作用

电路是由若干电气设备或元器件为实现一定功能、按一定方式组合起来的整体。简单地说，电路就是电流流通的路径。

电路的作用有两种：一是实现能量的传输和转换；二是实现信号的传递与处理。

在各行各业以及人们的日常生活中存在着举不胜举的实际电路，但根据电路的作用，可把它分成两大类。一类是以实现能量传输与转换为主要目的

【电力电路】

的电路，常见的各种照明电路和动力电路就是这一类。人们常用的手电筒就是能量传输与转换的最简单的例子。在如图1.1（a）所示的手电筒电路中，当开关闭合后，电池把化学能转换成电能供给灯泡，灯泡再把电能转换成光能用来照明。对于这一类电路来说，一般要求能量损耗小、转换效率高。

图 1.1　电路实例

另一类电路是以实现信号的传递与处理为主要目的的，电子技术、通信系统以及非电量测量中的电路就主要实现这个功能。在如图1.1（b）所示的扬声器电路中，接收器将声音信号转换成电信号，经过对电信号的放大处理，再将放大后的电信号转换成声音信号发送出来。当然，在这类电路中也存在能量传输和转换问题，但因其数量较小，所以主要关注的是信号转换和处理的过程。

尽管实际电路各式各样，实现的功能也各不相同，但任何电路都包含电源、负载和连接导线（中间环节）等3个基本部分。

电源是将其他形式的能量（如化学能、机械能、热能和光能等）转换为电能的供电设备。例如，发电机将机械能转换成电能，而信号源将非电信号转换成电信号。负载是将电能转换成其他形式能量的用电设备。例如，电动机将电能转换成机械能，而荧光灯将电能转换成光能和热能。连接导线将电源和负载连成通路，起着连通电路和能量传输的作用。当然，根据实际需要，电路中除了这3个基本部分外，还需要增加一些辅助设备来组成功能强大且完善的电路，如变压器、断路器、开关等。

1.2　电路的基本物理量

电路理论中涉及的物理量主要有电流、电压、电动势、电能和电功率。当电路中的电流、电压、电动势等物理量随时间变化时，一般用小写字母 i、u、e 等表示；当用大写字母 I、U、E、P、W 时，则表示对应物理量的恒定量。在电路分析中，主要关心的物理量是电流、电压和功率。

1.2.1　电流

单位时间内通过导体横截面的电荷 ［量］① 称为电流。在直流电路中，电流用 I 表示，它与电荷 ［量］Q、时间 t 之间的关系为

$$I = \frac{Q}{t}$$

---

① 方括号中的字，在不致引起混淆、误解的情况下，可以省略。

式中：电荷［量］Q 的单位为库［仑］（C）；时间 t 的单位为秒（s）；电流 I 的单位为安［培］（A）。

随时间变化的电流用 i 表示，它等于电荷量 q 对时间 t 的变化率（导数），即

$$i = \frac{\mathrm{d}q}{\mathrm{d}t}$$

电流的实际方向规定为正电荷定向移动的方向或负电荷定向移动的反方向。

如图 1.2 所示（设电源的内电阻为零），在外电路中，电流的实际方向为由电源的正极经负载流向电源的负极，在内电路中由电源的负极流向正极。

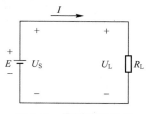

图1.2　最简单的电路

1.2.2　电压

电场力将单位正电荷从电路的某一点移至另一点时所消耗的能量称为这两点间的电压。在直流电路中，电压用字母 U 表示，单位是伏［特］（V）。

电压的实际方向规定为由高电位指向低电位，即电位降的方向，故电压有时又称为电压降。在如图 1.2 所示的电路中，U_S 和 U_L 分别为电源的端电压和负载的端电压。

1.2.3　电动势

电源中的非电场力将单位正电荷从电源的负极移至电源的正极所转换来的电能称为电源的电动势，在直流电路中用字母 E 表示，单位为伏特（V）。

电动势的实际方向规定为由电源负极指向电源正极的方向，即电位升的方向。它与电源端电压的实际方向是相反的。在如图 1.2 所示的电路中，电动势 E 和电源端电压 U_S 大小相等、方向相反。

1.2.4　电能

当正电荷从元件电压的正极经元件运动到电压的负极时，电场中电场力对电荷做正功，这时元件吸收电能；反之，当正电荷从电压负极经元件运动到电压正极时，电场力做负功，元件发出电能。

从 t_0 到 t 的时间内，元件吸收的电能可根据电压的定义（A、B 两点的电压在量值上等于电场力将单位正电荷由 A 点移动到 B 点所做的功）求得，即

$$W = \int_{q(t_0)}^{q(t)} u \, \mathrm{d}q$$

由于 $i = \frac{\mathrm{d}q}{\mathrm{d}t}$，所以

$$W = \int_{t_0}^{t} u(\xi) i(\xi) \mathrm{d}(\xi) \tag{1-1}$$

在直流电路中，电能的表达式为

$$W = UIt$$

在式（1-1）中，u 和 i 都是时间的函数。当电流的单位为 A，电压的单位为 V 时，能量的单位为 J（焦［耳］）。实际工程中，电能的计量单位为千瓦时（kW·h），1 千瓦时就

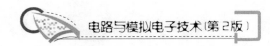

是平时说的 1 度电，它与焦耳之间的关系为 $1kW \cdot h = 3.6 \times 10^6 J$。

1.2.5　电功率

电功率是电能对时间的变化率(导数)，由式(1-1)可知，元件吸收的电功率为

$$p(t) = \frac{\mathrm{d}W}{\mathrm{d}t}$$

即

$$p(t) = u(t)i(t) \quad 或 \quad p = ui$$

当时间的单位为秒(s)，电压的单位为伏［特］(V)时，电功率的单位为瓦［特］(W)。在直流电路中，电功率的表达式为

$$P = UI$$

根据电压和电动势的定义，在如图 1.2 所示的电路中，电源产生的功率为

$$P_E = EI$$

电源输出的功率为

$$P_S = U_S I$$

负载消耗的功率为

$$P_L = U_L I$$

本书中各物理量的单位均采用国际单位制(SI)，如安［培］(A)、伏［特］(V)等，但在实际应用中，只有这一个数量级的单位使用起来不方便，所以在表 1-1 中列出了 SI 词头，在基本单位前面加词头就构成倍数单位(十进倍数单位与分数单位)。词头不得单独使用。

表 1-1　SI 词头

因　　数	词头名称		符　　号
	英　　文	中　　文	
10^{24}	yotta	尧［它］	Y
10^{21}	zetta	泽［它］	Z
10^{18}	exa	艾［可萨］	E
10^{15}	peta	拍［它］	P
10^{12}	tera	太［拉］	T
10^9	giga	吉［咖］	G
10^6	mega	兆	M
10^3	kilo	千	k
10^2	hecto	百	h
10^1	deca	十	da
10^{-1}	deci	分	d
10^{-2}	centi	厘	c
10^{-3}	milli	毫	m
10^{-6}	micro	微	μ
10^{-9}	nano	纳［诺］	n
10^{-12}	pico	皮［可］	p
10^{-15}	femto	飞［母托］	f
10^{-18}	atto	阿［托］	a
10^{-21}	zepto	仄［普托］	z
10^{-24}	yocto	幺［科托］	y

1.3 电路的状态及特点

在不同的工作条件下，电路会处于不同的工作状态，并具有不同的特点。电路的状态主要有短路、开路和通路这 3 种。

1.3.1 短路

当电路中某一部分电路的两端用电阻可以忽略不计的导线连接起来时，该部分电路中的电流全部被导线所旁路，这部分电路所处的状态称为短路或短接。如图 1.3 所示，当开关 S_1 闭合时，灯泡 EL_1 被短路；当开关 S_2 闭合时，灯泡 EL_2 被短路。短路时电路的特点是短路处的电压等于零，短路电流视电路具体情况而定，如图 1.4 所示。

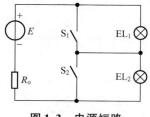
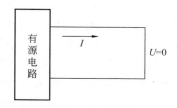

图 1.3 电源短路　　　　　图 1.4 短路特征

在图 1.3 所示电路中，当开关 S_1 和 S_2 同时闭合时，即所有负载全部被短路，电源产生的功率将全部由电源内阻和导线电阻所消耗，此时电源所处的状态称为电源短路。

特别提示

- 电源被短路时，短路电流比电路正常工作时大得多，时间稍长，便会导致电路中的设备烧毁甚至引起火灾。因此，在实际电路中一定要避免电源被短路的现象。

1.3.2 开路

当电路中某一部分电路与电源断开时，该部分电路中没有电流，也没有能量的传输和转换，这部分电路所处的状态称为开路。在图 1.5 所示的电路中，当开关 S_1 单独打开时，灯泡 EL_1 所在的支路开路；当开关 S_2 单独打开时，灯泡 EL_2 所在支路开路。开路时电路的特点是开路处的电流等于零，开路处的电压视电路情况而定，如图 1.6 所示。

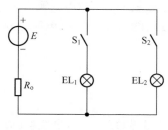
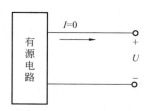

图 1.5 电源开路　　　　　图 1.6 开路特征

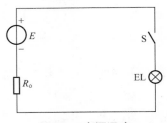

图1.7　电源通路

当图 1.5 中的开关 S_1 和 S_2 同时打开时，所有负载开路，电源既不产生也不输出功率，此时电源的状态称为空载。

1.3.3　通路

在图 1.7 所示的电路中，当开关 S 闭合时，电源与负载接通，电路中有了电流以及能量的传输和转换，此时电路的状态称为通路。

通路时，电源向负载输出功率，此时电源的状态称为有载。电源有载工作时，电源产生的功率应该等于电路其他各部分消耗的功率之和，即整个电路应该是功率守恒的。

在实际电路中，负载通常都是并联运行的。电源在内阻较小时其端电压基本是不变的，所以并联在电源端的负载两端电压也是基本不变的。当负载增加时，负载所取用的总电流和总功率都在增加，即电源输出的功率和电流也都相应增加。也就是说，电源输出的电流和功率取决于负载的大小。所谓负载的大小是指负载取用功率的大小，负载取用的功率大，我们就说负载大，反之亦然。

既然电源输出的功率和电流取决于负载的大小，那么如何选择合适的负载并且确定负载上的电压、电流和功率就是我们所关心的问题，而要解决这个问题，应从额定值讲起。

各种电气设备在工作时，其电压、电流和功率都有一定的限额，这些限额是用来表示它们正常工作时的条件和能力的，称为额定值。额定值多数是根据电气设备的绝缘材料的耐热性能及绝缘强度来给定的。当电流超过额定值较大时，会发热过甚，绝缘材料损坏，电气设备也会随之损坏或者寿命降低；当电压远远超过额定值时，绝缘材料可能被击穿。反之，如果电压和电流远低于额定值，设备就不能正常工作，设备利用率低。此外，对于各种电阻器来说，电压或电流过高，都会使电阻器损坏。因此，在制定电气设备额定值时，要全面考虑设备使用的经济性、可靠性及寿命等因素。

在使用电气设备时，更应该充分考虑其额定数据。电气设备或元件的额定值通常是标在铭牌上或者写在说明书中的。例如，日常用的荧光灯上标有"220V，25W"，这就是其额定值，说明该荧光灯应该工作在 220V 的电压下。额定电压、额定电流和额定功率分别用 U_N、I_N 和 P_N 来表示。

当然，电气设备或元件在使用时，电压、电流和功率的实际值不一定等于它们的额定值。原因之一就是电网电压经常波动，如电源实际电压会由于波动稍低于或高于额定电压 220V。这样"220V，25W"的荧光灯上的电压就不是 220V，实际功率也就不是 25W 了。另一个原因就是电源输出的功率取决于负载的大小，所以电源通常不一定处于额定工作状态，但是一般不超过额定值。

特别提示

- 功率守恒是分析电路最重要的依据之一，也是在后续章节的电路分析中用来进行验证的最常用且有效的方式之一，故要重点掌握功率守恒。

1.4 电压和电流的参考方向

在进行电路分析和计算时，需要预先知道电压和电流的实际方向，但是在复杂的直流电路和交流电路中，电压和电流的实际方向往往是无法预知或者随时间不断变化的。

因此，在分析电路前，需要预先假定一个方向作为参考，即参考方向。

1.4.1 电压的参考方向

电压的实际方向规定为电位下降的方向，但其参考方向则是可以任意假设的。电压的参考方向有 3 种表示方法，两点之间的电压参考方向可用正（＋）、负（－）极性表示，由正极指向负极的方向表示电压的参考方向，如图 1.8（a）所示。若图 1.8（a）中 a 点电位高于 b 点电位，即电压的实际方向由 a 到 b，电压的实际方向与参考方向一致，则 $U>0$；如果实际的电位是 b 点高于 a 点，两者方向相反，则 $U<0$。电压的参考方向还可以用双下标符号表示，如图 1.8（b）所示，U_{ab} 表示 a、b 之间电压的参考方向是由 a 指向 b。另外，电压的参考方向还可以用实线箭头表示，表示电压的参考方向由 a 指向 b，如图 1.8（c）所示。

图 1.8 电压参考方向的表示方法

1.4.2 电流的参考方向

电流的实际方向规定为正电荷定向移动的方向，与电压参考方向的假设一样，电流的参考方向也是任意假设的。电流的参考方向一般有以下两种表示方法，如图 1.9 所示。

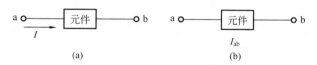

图 1.9 电流参考方向的表示方法

【电流的实际方向】

图 1.9（a）所示的实线箭头表示电流的参考方向由 a 流向 b，若电流的实际方向也是由 a 流向 b，说明电流的实际方向与参考方向相同，则 $I>0$；若电流的实际方向是由 b 指向 a，说明电流的实际方向与参考方向相反，则 $I<0$。电流的参考方向还可以用双下标表示，如图 1.9（b）所示，I_{ab} 表示电流的参考方向是由 a 指向 b。

【电流的实际方向与参考方向的关系】

1.4.3 关联参考方向

电压和电流的参考方向原则上是可以任意选取的，但是在分析某一具体电路元件上电压与电流的关系时，需要确定两者之间的关系。当电流的参考方向由电压参考方向的"＋"极性端指向"－"极性端时，两者的参考方向关系称为关联参考方向；反之，称为非关联参考方向。在图 1.10（a）所示电路中，负载上电压与电流的参考方向关系即为关联参考方向，而电源上电压与电流参考方向关系则为非关联参考方向，如图 1.10（b）所示。在今后的电路分析中，元件上参考方向的一般选取原则如图 1.10 所示。

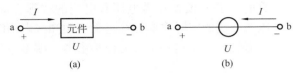

图 1.10　关联与非关联参考方向

特别提示

● 在分析电路时，需要预先假设电压和电流的参考方向，并且做标识，一旦参考方向确定，在分析过程中就不得做任何变动，直至分析过程结束。

1.4.4　电源与负载的判断

如前所述，整个电路是满足功率守恒的，当给定电路中元件的参考方向后，就可以判断电路元件是吸收还是发出功率，即在电路中起负载作用还是电源作用。

根据实际方向的判断原则如下：

当元件上电压和电流的实际方向相反时，电流从"＋"端流出，发出功率，该元件为电源；当元件上电压和电流的实际方向相同时，电流从"＋"端流入，吸收功率，该元件为负载。

根据参考方向的判断原则如下：

当元件的电压和电流取关联参考方向时，元件的功率 $P = UI$ 表示元件吸收功率。当 $P > 0$ 时，元件确实吸收功率，起负载作用；当 $P < 0$ 时，则表示元件吸收负功率，实际发出功率，在电路中起电源作用。

当元件的电压和电流取非关联参考方向时，元件的功率 $P = UI$ 表示元件发出功率。当 $P > 0$ 时，元件确实发出功率，起电源作用；当 $P < 0$ 时，则表示元件发出负功率，实际为吸收功率，在电路中起负载作用。

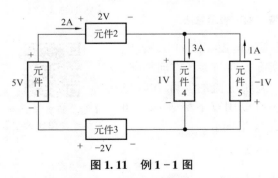

图 1.11　例 1-1 图

【例 1-1】　在如图 1.11 所示的电路中，验证各元件是否满足功率平衡？并且说明各元件在电路中起电源作用还是负载作用？

【解】　元件 1：$P_1 = 5V \times 2A = 10W$

元件 2：$P_2 = 2V \times 2A = 4W$

元件 3：$P_3 = -2V \times 2A = -4W$

元件 4：$P_4 = 1V \times 3A = 3W$

元件 5：$P_5 = -1V \times 1A = -1W$

元件 1 和 3 的电压和电流取非关联参考方向；$P_1 > 0$，故元件 1 发出 10W 功率，在电路中起电源作用；而 $P_3 < 0$，故元件 3 吸收 4W 功率，在电路中起负载作用。

元件 2、4 和 5 的电压和电流取关联参考方向；且元件 2 和 4 功率都大于零，故两者都吸收功率,在电路中起负载作用;而 $P_5 < 0$,元件5发出功率,在电路中起电源作用。

元件1和5共发出11W功率,元件2、3和4共吸收11W功率,电路总发出功率和总吸收功率相等,故满足功率平衡。

1.5 欧姆定律

电阻元件是体现把电能转换为其他形式能量的二端元件,简称电阻,用字母 R 来表示。电阻的倒数称为电导,用字母 G 来表示。在国际单位制中,电阻的单位用欧 [姆] (Ω)来表示;电导的单位是西 [门子] (S)。

凡是端电压与电流成正比的电阻称为线性电阻。线性电阻是一个正的实常数,其表示符号如图1.12(a)所示;其伏安特性是一条过原点的直线,该直线的斜率即为电阻值,如图1.12(b)所示。

图 1.12　电阻符号及伏安特性

欧姆定律就是用来表示线性电阻中电压与电流关系的基本定律。欧姆定律指出:流过电阻的电流与加到电阻两端的电压呈正比。对于图1.12(a)中所示的电阻,当电阻两端电压与流过它的电流取关联参考方向时,欧姆定律表达式为

$$u = Ri \quad 或 \quad i = Gu$$

在直流电路中,有

$$U = RI \quad 或 \quad I = GU$$

但是,当电阻两端电压与电流取非关联参考方向时,就要在上述表达式前加负号,即

$$u = -Ri \quad 或 \quad i = -Gu$$

特别提示

- 在分析电阻电路时,一定要注意电阻上所标示的电压和电流的参考方向,写出对应的欧姆定律表达式。
- 在分析电路时,电阻上电压和电流的参考方向原则上选取关联参考方向,如果只标出其中一个参考方向(通常只标电流的参考方向),就默认选取了关联参考方向。

图1.12(a)中所示的电阻消耗的功率为

$$p = ui = i^2R = u^2G \geqslant 0$$

由于此时电阻上电压和电流取关联参考方向,且线性电阻始终为正值,故表明电阻

始终是吸收功率的，即电阻是耗能元件。

1.6 基尔霍夫定律

在电路分析中，常用到两个基本定律，即欧姆定律和基尔霍夫定律。欧姆定律已在 1.5 节中做过介绍，本节介绍基尔霍夫定律。首先引入几个相关的基本概念。

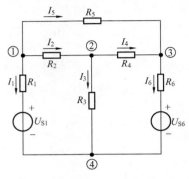

图 1.13 支路、节点和回路图

（1）支路：在电路中，能够通过同一电流的分支称为支路。

在图 1.13 中共有 6 条支路，其中，U_{S1} 和 R_1 串联成一条支路，U_{S6} 和 R_6 串联成一条支路，R_2、R_3、R_4 和 R_5 分别单独成为一条支路。

（2）节点：3 条或 3 条以上支路的连接点称为节点。在图 1.13 中共有①、②、③、④ 4 个节点。

（3）回路：由若干支路组成的闭合路径称为回路。在图 1.13 中有 7 个回路。例如，U_{S1}、R_1、R_2 和 R_3 构成一个回路，U_{S1}、R_1、R_2、R_4、R_6 和 U_{S6} 也可构成一个回路。

1.6.1 基尔霍夫电流定律

基尔霍夫电流定律(简称 KCL[①])是反映连接于任一节点上各支路电流之间相互约束关系的基本定律，其主要内容为：任一时刻，流出(或流入)电路任一节点各支路电流的代数和为零，其表达式为

$$\sum i = 0$$

在直流电路中，有

$$\sum I = 0$$

在上式中，若规定流出节点的电流前面取正号，则流入节点的电流前面取负号。

基尔霍夫电流定律的本质是电流连续性原理。基尔霍夫电流定律的另一种表述方式为：在任何时刻流入节点电流的代数和必定等于流出该节点电流的代数和，即

$$\sum I_入 = \sum I_出$$

在图 1.13 所示电路中，可写出各个节点的 KCL 方程。

节点①的 KCL 方程为

$$I_1 + I_2 + I_5 = 0$$

节点②的 KCL 方程为

$$-I_2 + I_3 + I_4 = 0$$

节点③的 KCL 方程为

$$-I_4 - I_5 + I_6 = 0$$

节点④的 KCL 方程为

$$-I_1 - I_3 - I_6 = 0$$

---

① KCL 是英文 Kirchhoff's Current Law(基尔霍夫电流定律)的缩写。

基尔霍夫电流定律不仅适用于电路中任一节点，还可以扩展应用于电路中的任一闭合面。例如，在图 1.14 所示电路中，可以列出各节点的 KCL 方程。

节点①的 KCL 方程为

$$-I_1 + I_4 + I_5 = 0$$

节点②的 KCL 方程为

$$-I_2 - I_4 + I_6 = 0$$

节点③的 KCL 方程为

$$-I_3 - I_5 - I_6 = 0$$

将上述 3 个方程相加得

$$-I_1 - I_2 - I_3 = 0$$

该方程就是把图 1.14 中由虚线围成的闭合面看成是一个大的节点所列的 KCL 方程，所以也把闭合面称为广义节点。

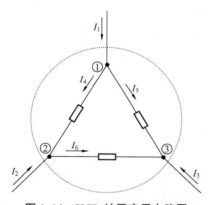

图 1.14　KCL 扩展应用电路图

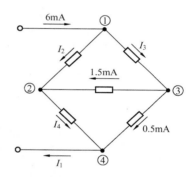

图 1.15　例 1-2 图

【例 1-2】　在如图 1.15 所示电路中，求支路电流 I_1、I_2、I_3、I_4。

【解】　对节点③，列写 KCL 方程得

$$I_3 = (1.5 + 0.5)\,\mathrm{mA} = 2\,\mathrm{mA}$$

对节点①，列写 KCL 方程得

$$I_2 = 6 - I_3 = (6 - 2)\,\mathrm{mA} = 4\,\mathrm{mA}$$

对节点②，列写 KCL 方程得

$$I_4 = 1.5 + I_2 = (1.5 + 4)\,\mathrm{mA} = 5.5\,\mathrm{mA}$$

对节点④，列写 KCL 方程得

$$I_1 = 0.5 + I_4 = (0.5 + 5.5)\,\mathrm{mA} = 6\,\mathrm{mA}$$

1.6.2　基尔霍夫电压定律

基尔霍夫电压定律(简称 KVL[①])是反映电路任一回路中各元件电压约束关系的基本定律。其主要内容为：任何时刻，沿任一回路绕行一周，各支路电压降的代数和为零。

---

① KVL 是英文 Kirchhoff's Voltage Law(基尔霍夫电压定律)的缩写。

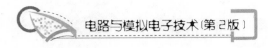
其表达式为

$$\sum u = 0$$

在直流电路中，表达式为

$$\sum U = 0$$

式中各电压前面的正负号可根据各支路电压的参考方向与回路绕行方向的关系来确定。支路电压参考方向与回路绕行方向一致时，电压前面取正号；反之，取负号。

在图 1.16 所示电路中选取顺时针的回路绕行方向，列写 KVL 方程得

$$U_1 + U_{S1} + U_2 - U_{S3} + U_3 - U_{S2} = 0$$

整理方程得

$$U_1 + U_{S1} + U_2 + U_3 = U_{S3} + U_{S2}$$

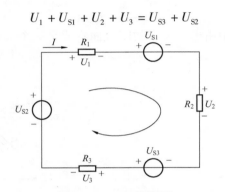

图 1.16　KVL 应用图

可以看出，方程左边各项都是沿回路绕行方向电压下降的支路电压之和，而方程右边则是沿回路绕行方向电压上升的支路电压之和。所以基尔霍夫电压定律又有另一种表达方式：任何时刻，沿任一回路绕行一周，降压支路电压之代数和始终等于升压支路电压之代数和，即

$$\sum U_升 = \sum U_降$$

假设回路中有电流 I，用电流来表示元件电压 U_1、U_2 和 U_3，则方程经整理得

$$R_1 I + R_2 I + R_3 I = -U_{S1} + U_{S3} + U_{S2}$$

从上述方程中又可得到基尔霍夫电压定律的第 3 种表达方式：任何时刻，沿任一回路绕行一周，各电阻元件的电压降代数和等于该回路中电源端电压代数和，其表达式为

$$\sum RI = \sum U_S$$

若电阻电压和电流取关联参考方向，则通常只标出电流的参考方向，这样上式中当方程左边的电阻电流参考方向与回路绕行方向一致时，电阻电压前面取正号；反之，取负号。而方程右边的电源端电压与回路绕行方向一致时电压前面取负号；反之，取正号。

基尔霍夫电压定律不仅适用于电路中任一闭合的回路，而且还可以推广应用于任何一个假想闭合回路。在图 1.17 所示的电路中，只要把 a、b 两点间的电压作为支路电压考虑进去，按图示绕行方向选择回路，即可应用 KVL 列写方程，得

$$RI + U = U_S \quad 或 \quad RI + U - U_S = 0$$

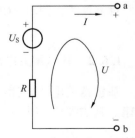

图 1.17　KVL 的推广应用

特别提示

- 在应用 KCL 分析电路时，一定要先在电路图中标出各支路电流的参考方向，并且在分析过程中参考方向不得变动，直至分析结果。
- 在应用 KVL 分析电路时，一定要先在电路图中标出各支路电压的参考方向，选取回路并标明绕行方向，且在分析过程中参考方向不得变动，直至分析结果。

【例 1－3】 在图 1.18 所示回路中，已知 $U_{S1} = 20V$，$U_{S2} = 10V$，$U_{S3} = 5V$，$U_{ab} = 3V$，$U_{cd} = -5V$。试求 U_{ef} 和 U_{ad}。

【解】 沿 abcdefa 的回路绕行方向，列写 KVL 方程得

$$U_{ab} + U_{bc} + U_{cd} + U_{de} + U_{ef} + U_{fa} = 0$$

代入已知数据，整理方程得

$$U_{ef} = -U_{ab} - U_{S1} - U_{cd} + U_{S3} + U_{S2} = -3V$$

选取一假想回路 abcda，列出 KVL 方程得

$$U_{ab} + U_{S1} + U_{cd} - U_{ad} = 0$$

则

$$U_{ad} = U_{ab} + U_{S1} + U_{cd} = 18V$$

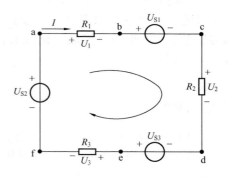

图 1.18 例 1－3 电路图

1.7 电路中电位的概念及其计算

在讨论电路的基本物理量时，分析了电压的概念，并且在电路分析过程中，通常用电压的概念进行分析，例如在基尔霍夫电压定律中用到的是各支路电压的代数和；但是在模拟电子电路分析中，通常要用电位的概念。例如二极管具有单向导电性，在分析二极管电路时，需要判断二极管的工作状态，只有二极管的阳极电位高于阴极电位时，它才可以正向导通；同样，在分析晶体管电路时，也要分析各个电极的电位高低才能确定晶体管的工作状态。所以，在本节中将对电位的概念及电位的计算进行讨论。

现以图 1.19 所示电路为例，来讨论电路中各点的电位。

根据图 1.19(a) 所示的电路可以计算出任意两点之间的电压，即

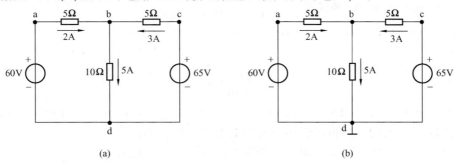

(a)   (b)

图 1.19 电位分析的电路图

$$U_{ab} = 2 \times 5 = 10V$$

由电压的概念，即两点间的电压就是两点之间的电位差，可得

$$U_{ab} = U_a - U_b = 10V$$

可以看出，a 点电位高于 b 点电位，若要分别计算 a、b 两点的电位就要从电位的概念入手。所谓电路中某点的电位就是指电场力将单位正电荷从该点移至参考点时所消耗的电能，而将参考点的电位设为零。所以要计算电路中某点的电位先要选择其中一点作为参考点，原则上参考点可以任意选择，但在电力工程上通常选大地作为参考点，在电路图中用接地符号"⏚"来表示。在电子电路中，通常选电源、输入信号和输出信号的公共端为参考点，并也用"接地"符号来表示，但并不一定真与大地相接；有时用接机壳符号"⊥"表示之。

特别提示

● 电路中各点的电位通常用带有正负极性的数值来表示，正极性表示该点电位比参考点电位高，负极性表示该点电位比参考点电位低。

若要计算图 1.19(a)中各点电位，就要选择一点为参考点，现选择 d 点为参考点，即令 d 点的电位为零，如图 1.19(b)所示，则其他各点的电位等于各点与 d 点之间的电压（参考点 d 为电压的负极性点），即

$$U_d = 0V$$
$$U_a = U_a - U_d = U_{ad} = +60V$$
$$U_b = U_b - U_d = U_{bd} = +50V$$
$$U_c = U_c - U_d = U_{cd} = +65V$$

若将 b 点设为参考点，则各点电位为

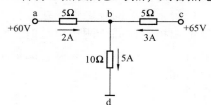

图 1.20　图 1.19(b)简化电路图

$$U_b = 0V, \quad U_a = +10V, \quad U_c = +15V, \quad U_d = -50V$$

由此可见，当选取的参考点不同时，各点的电位也会随之改变，但是任意两点之间的电压是不随参考点而变化的。

引入了参考电位的概念以后，电路图也可以进行简化。如图 1.19(b)所示的电路就可以简化为图 1.20 所示的电路。

【**例 1-4**】　试计算图 1.21 所示电路中 A 点的电位。

【**解**】

$$I = \frac{15}{5+10}A = 1A$$

$$U_A = -15 + 10I = (-15 + 10 \times 1)V = -5V \quad 或 \quad U_A = -5I = (-5 \times 1)V = -5V$$

图 1.21(a)所示的电路也可以还原成图 1.21(b)所示的电路。

从图 1.21(b)中更容易看出电压电流关系以及 A 点电位的计算。

【**例 1-5**】　在图 1.22 所示的电路中，$U_{S1} = 6V$，$U_{S2} = 4V$，$R_1 = 4\Omega$，$R_2 = R_3 = 2\Omega$。求 A 点

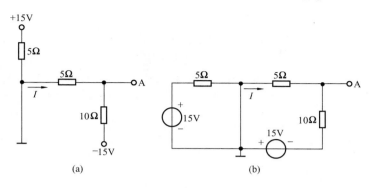

图1.21 例1-4图

的电位。

【解】 从图中可以看出，$I_3 = 0$，故有

$$I_1 = I_2 = \frac{U_{S1}}{R_1 + R_2} = \frac{6}{4+2}A = 1A$$

$$U_A = R_3 I_3 + R_2 I_2 - U_{S2} = (0 + 2 \times 1 - 4)V = -2V$$

或

$$U_A = R_3 I_3 - R_1 I_1 + U_{S1} - U_{S2} = (0 - 4 \times 1 + 6 - 4)V = -2V$$

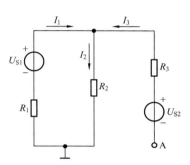

图1.22 例1-5电路图

小 结

本章主要介绍了电路的组成及作用、电路的工作状态、参考方向、功率等基本概念，重点介绍了基尔霍夫定律，并介绍了对直流电路列写简单的 KCL 和 KVL 方程的方法。

1. 电路的工作状态

电路一般有3种工作状态：通路、短路和开路。通路是指电路正常的有载工作状态，在此状态下，可以利用欧姆定律和基尔霍夫定律分析电路中的电压和电流；短路是指电路中某一部分被短接，此时该部分电路的电压等于零，其短路电流由外部电路决定；开路是指电路中某一部分与电源断开，此时该部分电路的电流等于零，其开路电压由断开处外部电路决定。

2. 电压和电流的参考方向

电路元件的电压和电流的参考方向都是可以任意指定的，当在指定的参考方向下计算出电压和电流值为正时，说明实际方向与参考方向相同；反之，实际方向与参考方向相反。

3. 关联参考方向

当电路元件上的电流参考方向由其电压参考方向的正极指向负极时，称电压和电流的参考方向为关联参考方向；反之，称为非关联参考方向。

4. 功率的判断

当电压和电流的参考方向为关联参考方向时，功率 $p = ui$ 表示元件吸收功率；当 p 为正值时，表示该元件确实吸收功率；当 p 为负值时，则表示该元件实际发出功率。当电压和电流取非关联参考方向时，功率 $p = ui$ 表示元件发出功率；当 p 为正值时，表示该元件确实发出功率；当 p 为负值时，则表示该元件实际吸收功率。

5. 基尔霍夫定律

基尔霍夫电流定律：任何电路中，流出任一节点的电流的代数和为零，可写成$\sum i = 0$。一般规定流入节点的电流前面取负号，流出节点的电流前面取正号。

基尔霍夫电压定律：任一回路中所有支路电压降代数和为零，可写成$\sum u = 0$。

支路电压的参考方向与回路绕行方向一致时，支路电压前取正号；反之，取负号。

6. 电位的计算

电位的计算需要事先选定参考点，而且随着参考点选择的不同，各点电位也会随之变化；而两点间的电压则是固定的，不随参考点的变化而变化。

知识链接

基尔霍夫简介

古斯塔夫·罗伯特·基尔霍夫(1824—1887)Kirchhoff Gustav Robert，德国物理学家、天文学家、化学家，生于普鲁士的柯尼斯堡(今为俄罗斯加里宁格勒)。基尔霍夫在柯尼斯堡大学读物理，1847年毕业后去柏林大学任教，3年后去布雷斯劳任临时教授。1854年由R. W. E. 本生推荐任海德堡大学教授。1875年因健康不佳不能做实验，到柏林大学任理论物理教授，直到逝世。

1845年，他首先发表了计算稳恒电路网络中电流、电压、电阻关系的两条电路定律(后被称为基尔霍夫定律)。后来又研究了电路中电的流动和分布，从而阐明了电路中两点间的电势差和静电学的电势这两个物理量在量纲和单位上的一致，使基尔霍夫电路定律具有更广泛的意义。在海德堡大学期间，他与本生合作创立了光谱分析方法。把各种元素放在本生灯上灼烧，发出波长一定的一些明线光谱，由此可以极灵敏地判断这种元素的存在。利用这一新方法，他发现了元素铯和铷。

1859年，基尔霍夫做了用灯焰灼烧食盐的实验。在对这一实验现象的研究过程中，得出了关于热辐射的定律，后被称为基尔霍夫辐射定律：任何物体的发射本领和吸收本领的比值与物体特性无关，是波长和温度的普适函数。并由此判断：太阳光谱的暗线是太阳大气中元素吸收的结果。这给太阳和恒星成分分析提供了一种重要的方法，天体物理由于应用光谱分析方法而进入了新阶段。1862年，他又进一步得出绝对黑体的概念。他的热辐射定律和绝对黑体概念是开辟20世纪物理学新纪元的关键之一。

习　　题

1-1　单项选择题

(1)电路元件的电压与电流参考方向如图1.23所示，若$U > 0$，$I < 0$，则电压与电流的实际方向为(　　)。

    A. a点为高电位，电流由a流向b

    B. a点为高电位，电流由b流向a

    C. b点为高电位，电流由a流向b

D. b 点为高电位，电流由 b 流向 a

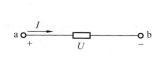

图 1.23 习题 1-1(1)图

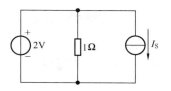

图 1.24 习题 1-1(2)图

（2）在图 1.24 所示的电路中，若电流源的电流 $I_S > 2A$，则电路的功率情况为（ ）。

    A. 电阻吸收功率，电压源和电流源发出功率

    B. 电阻与电流源吸收功率，电压源发出功率

    C. 电阻与电压源吸收功率，电流源发出功率

    D. 电阻无作用，电流源吸收功率，电压源发出功率

（3）在图 1.25 所示电路中电流 I 为（ ）。

    A. $\dfrac{U_1 - U_2}{2}$ B. $\dfrac{U_2 - U_1}{2}$

    C. $2(U_1 - U_2)$ D. $2(U_2 - U_1)$

（4）如图 1.26 所示，已知元件 A 的电压 $U = -3V$，电流 $I = 4A$，元件 B 的电压 $U = 2V$，电流 $I = -2A$，则元件 A、B 吸收的功率（ ）。

    A. 12W，-4W   B. 12W，4W

    C. -12W，4W   D. -12W，-4W

（5）如图 1.27 所示，当电位器的触点向下移动时，A、B 两点的电位（ ）。

    A. 降低，升高   B. 降低，降低

    C. 升高，升高   D. 升高，降低

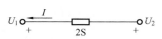

图 1.25 习题 1-1(3)图

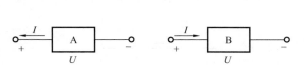

图 1.26 习题 1-1(4)图

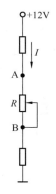

图 1.27 习题 1-1(5)图

1-2 判断题（正确的请在每小题后的圆括号内打"√"，错误的打"×"）

（1）U_{ab} 表示 a 端电位高于 b 端电位。   （   ）

（2）电源输出的功率和电流决定于负载的大小。   （   ）

（3）一个电热器从220V的电源取用功率为100W，若连接到100V电源则取用的功率为50W。 （ ）

（4）电气设备在使用时，电压、电流和功率的实际值一定要等于它们的额定值。
（ ）

（5）电源的额定功率为125kW，端电压为220V，当接上一个"220V，60W"的灯泡时，灯泡会被烧坏。 （ ）

1-3　求图1.28所示电路中的U、R、I。

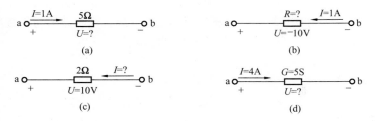

图1.28　习题1-3图

1-4　有一额定值为"5W，50Ω"的绕线电阻，其额定电流是多少？在其使用过程中，电压不得超过多大的数值？

1-5　如果额定电流为60A的发电机，只接了40A的照明负载，那么另外20A的电流到哪里去了？

1-6　有两只额定值分别为"10W，40Ω"和"40W，200Ω"的电阻。试问：两只电阻允许通过的最大电流分别是多少？如果将其串联起来，两端最高允许电压是多少？

1-7　在图1.29所示电路中，电源电动势$E=120V$，内阻$R_o=0.3\Omega$，连接导线电阻$R_1=0.2\Omega$，负载电阻$R_L=5.5\Omega$。试求：

（1）通路时的电流、负载和电源的电压、负载上消耗的功率、电源产生的功率及输出的功率；

（2）开路时电源端电压和负载端电压；

（3）负载端短路时电源端电压和电流。

1-8　现在需要一只"1W，500kΩ"的电阻，但是手头只有"0.5W，250kΩ"和"0.5W，1MΩ"的电阻若干只，应该如何解决这个问题？

1-9　在图1.30所示电路中，直流电源的额定功率$P_N=200W$，额定电压$U_N=50V$，内阻$R_o=0.5\Omega$，外接负载可调。

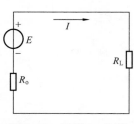

图1.29　习题1-7图

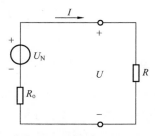

图1.30　习题1-9图

试求：

（1）额定工作状态下的电流及负载电阻。

（2）电源开路时，电源两端的电压。

（3）电源短路时，短路处的电流。

1-10 可以用图 1.31 所示电路来测量电源的电动势 E 和内阻 R_o。$R_1 = 2.5\Omega$，$R_2 = 6.5\Omega$。当开关 S_1 闭合，开关 S_2 断开时，电流表的读数为 2A；当断开 S_1，闭合 S_2 时，读数为 1A。试求 E 和 R_o。

1-11 列出图 1.32 所示电路中的 KCL 方程，并且说明这些方程中有多少是独立的。

1-12 列出图 1.32 所示电路中的 KVL 方程，并且说明这些方程中有多少是独立的。

1-13 求图 1.33 所示电路中的 U_{ab} 和 I_R。其中 $R_1 = 10\Omega$，$R_2 = 5\Omega$，$R_3 = 4\Omega$，$R_4 = 2\Omega$。

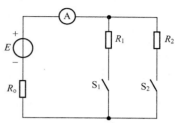

图 1.31 习题 1-10 图

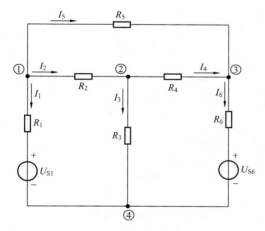

图 1.32 习题 1-11、1-12 图

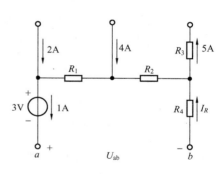

图 1.33 习题 1-13 图

1-14 求图 1.34 中各电路的未知量。

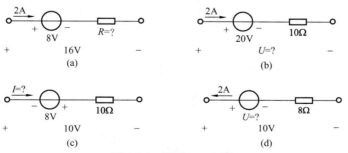

图 1.34 习题 1-14 图

1-15 求图 1.35 所示电路中的 U_S、R_1 和 R_3。

1-16 利用 KVL 求图 1.36 所示电路中的未知量 U_1、U_2。

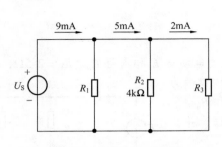

图 1.35 习题 1-15 图

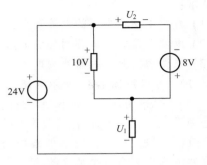

图 1.36 习题 1-16 图

1-17 如图 1.37 所示的电路，已知 $R_1 = 4\Omega$，$R_2 = 2\Omega$，$R_3 = 10\Omega$。求：

（1）电流 I_1、I_2 和 I_3；

（2）电压 U_{ab}、U_{ac} 和 U_{bc}。

1-18 在图 1.38 所示的电路中，试求电阻 R 及 A 点的电位。

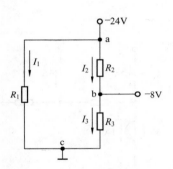

图 1.37 习题 1-17 图

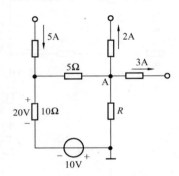

图 1.38 习题 1-18 图

第2章
电路的基本分析方法

本章主要以电阻电路为例讨论电路的基本分析方法，主要有电源等效变换法、支路电流法、网孔电流法和节点电压法等，并重点介绍分析和计算电路的基本定理，即叠加定理和戴维南定理。

本章教学目标与要求

- 掌握直流电阻电路的分析方法：电源等效变换法、支路电流法、网孔电流法和节点电压法，熟练应用支路电流法分析电阻电路。
- 掌握分析电阻电路的基本定理：叠加定理、戴维南定理和诺顿定理。
- 熟练应用叠加定理和戴维南定理分析电路。

引例

在第1章中分析了电路的基本概念和基本定律，也学习了用 KCL 和 KVL 分析简单的直流电路的方法。如果电路元件增多、结构复杂，只用 KCL 和 KVL 解决问题就比较烦琐，而且还需要判断列写的 KCL 和 KVL 方程是否相互独立。本章将通过对电路分析方法的学习，来解决复杂电路的求解问题。同时，也将通过对部分定理的分析，掌握分析复杂电路的更多简单有效的方法。

2.1 电源等效变换

电源是电路的组成部分之一，实际电路的电源可以是各种电池、发电机等。在电路分析过程中，根据电源的不同特性，可以建立两种不同特征的电源元件的电路模型，即电压源和电流源。

2.1.1 电压源和电流源

电压源的电路模型如图 2.1(a)所示，它的输出电压与输出电流之间的关系称为伏安特性，如图 2.1(b)中的曲线所示，其线性方程为

【生活中的电源】

$$U = U_S - R_S I$$

式中：U_S为电压源的电压值；R_S为电压源的内阻。

由其伏安特性曲线可以看出，内阻R_S越大，曲线斜率越大，电源内部损耗的功率越大。对于电源来说，其内阻R_S越小越好，这样，电源内部功耗就小。当$R_S = 0$时，电源性能最佳，此时$U = U_S$，电源内部功耗为零。这种内阻为零的电压源称为理想电压源，又称恒压源。

恒压源的电路模型如图2.2(a)所示，其伏安特性如图2.2(b)所示，其输出电压是一条平行于I轴的直线，不随电流的变化而变化。恒压源的特点为恒压不恒流，即输出电压U始终是电压源本身的电压值U_S，与流过它的电流无关；输出电流是由端电压和与恒压源相连接的外电路共同决定的。

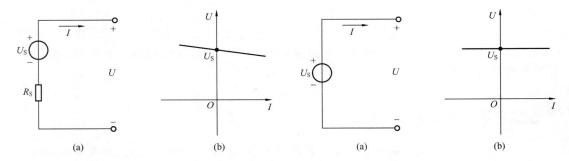

图2.1　电压源的电路模型和伏安特性曲线　　图2.2　恒压源的电路模型和伏安特性曲线

**特别提示**

- 恒压源两端不能短路，因短路时其端电压为零，这与恒压源的特性不符。
- 只有电压相等且极性相同的恒压源才能并联。
- 凡是与恒压源并联的元件两端的电压都等于恒压源的电压值。

电流源的电路模型如图2.3(a)所示，其伏安特性如图2.3(b)曲线所示，线性方程为

【一些基础判断题】

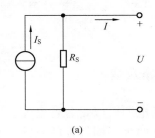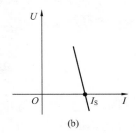

图2.3　电流源的电路模型和伏安特性曲线

$$I = I_S - \frac{U}{R_S} = I_S - G_S U$$

式中：I_S为定值电流；R_S为电流源的内阻。

由电流源的特性曲线可以看出，若电源端电压 U 一定，则内阻 R_S 越小，电流源实际输出电流就越小，而内阻上的分流就越大，所以电流源的内阻越大电流源的性能越好。当 $R_S \to \infty$，即 $G_S = 0$ 时，R_S 开路，$I = I_S$，此时的电流源称为理想电流源，又称恒流源。

恒流源的电路模型如图 2.4(a) 所示，其伏安特性是一条平行于电压轴的直线，如图 2.4(b) 所示。由此表明：恒流源的特点是恒流不恒压，即输出电流 I 始终等于恒流源电流 I_S，与加在其两端的电压无关；而恒流源两端的电压则由恒流源电流和与其相连接的外部电路共同决定。

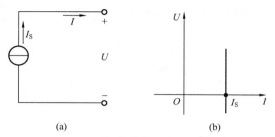

图 2.4 恒流源的电路模型和伏安特性曲线

 **特别提示**

- 恒流源两端不能开路，因开路时发出的电流必须是零，这与恒流源的特性不符。
- 只有电流相等且电流方向相同的恒流源才可以串联。
- 凡是与恒流源串联的元件上的电流都等于恒流源的电流值。

2.1.2 电压源和电流源的等效变换

在这里所说的等效变换指的是对外等效，当电路中某一部分用其等效电路替代后，未被替代部分的电压和电流之间的关系均保持不变，就称为对外等效。

电压源和电流源都是从实际电源抽象出来的电路模型，它们有各自的输出电压和输出电流的特征方程。根据对外等效的概念，电压源和电流源两种电路模型是可以进行等效变换的。

当图 2.5(a) 中电压源的端口特征方程与图 2.5(b) 中电流源的端口特征方程相同时，说明对端口外部电路它们是可以相互等效的。由彼此的特征方程可以推导出它们之间等效的条件。

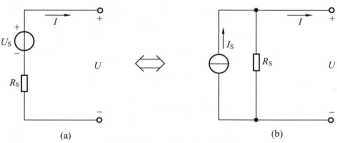

图 2.5 电压源和电流源的等效变换

图 2.5(a) 中电压源的端口方程为

$$U = U_\text{S} - R_\text{S}I \qquad (2-1)$$

图 2.5(b) 中电流源的端口方程为

$$I = I_\text{S} - G_\text{S}U \qquad (2-2)$$

若令

$$G_\text{S} = \frac{1}{R_\text{S}}, \quad I_\text{S} = G_\text{S}U_\text{S} \qquad (2-3)$$

则式(2-1)和式(2-2)表示的两个方程将完全相同，也就是说两个电源的端口处电压和电流关系完全相同，符合对外等效的条件。

在两种电源电路等效变换的过程中，除了要满足式(2-3)中的条件外，还要注意 U_S 和 I_S 的参考方向，I_S 的参考方向为从 U_S 参考方向的负极指向正极。

 **特别提示**

- 理想电压源和理想电流源之间不能进行等效变换。因为理想电压源的短路电流为无穷大，而理想电流源的开路电压为无穷大，两者都不能得到有限的数值，故两者之间不存在等效变换的条件。

【例2-1】 利用电源等效变换求图 2.6(a) 所示电路中电流 I。

【解】 利用电源等效变换可以将图(a)简化为图(d)所示的单回路电路。简化过程如图 2.6(b)、(c)、(d)所示。

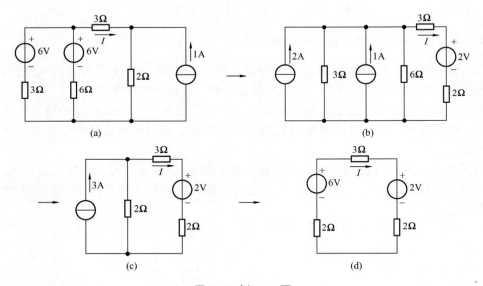

图 2.6 例 2-1 图

由等效变换后的电路图 2.6(d) 可求得电流为

$$I = \frac{6-2}{2+3+2}\text{A} = 0.571\text{A}$$

2.2 支路电流法

支路电流法(branch current method)是求解复杂电路最基本的方法。该方法是以支路电流为求解变量，直接应用基尔霍夫电流定律和电压定律分别对节点和回路列出所需要的方程组，然后解出各个支路的电流。

现以图 2.7 所示电路为例，说明支路电流法的应用以及解题的一般步骤。

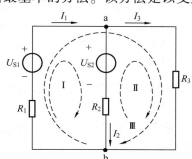

图 2.7 支路电流法

（1）确定支路数，选定各支路电流的参考方向。图 2.7 所示电路有 3 条支路，即有 3 个待求支路电流，共需列出 3 个独立的方程。各支路电流的参考方向如图 2.7 所示。

（2）确定节点数，应用基尔霍夫电流定律列出独立的节点电流方程。

对于节点 a，由 KCL 得

$$-I_1 + I_2 + I_3 = 0 \tag{2-4}$$

对于节点 b，由 KCL 得

$$I_1 - I_2 - I_3 = 0 \tag{2-5}$$

这两个方程相同，即彼此为非独立的两个方程。因此，对于具有两个节点的电路，只有一个独立的 KCL 方程。一般来说，对于具有 n 个节点的电路应用基尔霍夫电流定律只能列出 $(n-1)$ 个独立 KCL 方程。解题过程中可以在 n 个节点中任选其中 $(n-1)$ 个节点列出独立 KCL 方程。独立的 KCL 方程所对应的节点称为独立节点。因此，对于具有 n 个节点的电路，共有 $(n-1)$ 个独立节点。

（3）确定余下所需要的方程个数，应用基尔霍夫电压定律列出独立的回路电压方程。

图 2.7 所示电路有 3 条支路，只能列出一个独立的 KCL 方程，剩下的两个方程就可以利用 KVL 列出。该电路有 3 个回路，但与列写节点电流方程一样，并非所有回路的 KVL 方程都是独立的，而只有独立回路的 KVL 方程才是独立的。所谓独立回路是指至少包含一条其他回路所没有的新支路。

若把一个电路图画在平面上，使其各条支路除连接的节点之外不再交叉，这样的图称为平面电路图，否则称为非平面电路图。网孔就是仅存在于平面电路中的特殊回路，由该回路所限定的内部区域不包含任何支路。在图 2.7 所示的平面电路中，回路 I 和回路 II 均为网孔，而回路 III 就不是网孔，因为由其所限定的内部区域含有由 R_2 和 U_{S2} 相串联所构成的支路。对于平面电路而言，通常选用网孔列出的回路方程一定是独立的，即平面电路中的所有网孔均为独立回路。在图 2.7 所示电路中，对两个网孔都选择顺时针的回路绕行方向，则对于左网孔 I，由 KVL 得

$$R_1 I_1 + R_2 I_2 = U_{S1} - U_{S2} \tag{2-6}$$

对于右网孔 II，由 KVL 得

$$-R_2 I_2 + R_3 I_3 = U_{S2} \tag{2-7}$$

（4）联立求解式(2-4)、式(2-6)和式(2-7)这3个方程，求出各支路电流。

特别提示

● 对于具有 n 个节点、b 条支路的电路，共有 $(n-1)$ 个独立节点，相应地有 $(n-1)$ 个独立的 KCL 方程，共有 $[b-(n-1)]$ 个独立回路（独立回路数恰好等于网孔数），相应地有 $[b-(n-1)]$ 个独立的 KVL 方程。一般来说，电路中所列出的独立 KVL 方程数加上独立的 KCL 方程数正好等于支路数。

【例2-2】 在图 2.7 所示电路中，$U_{S1}=30V$，$U_{S2}=15V$，$R_1=6\Omega$，$R_2=3\Omega$，$R_3=3\Omega$。求各支路电流。

【解】 应用 KCL 和 KVL 分别列出式(2-4)、式(2-6)和式(2-7)，并且代入已知数据，得

$$\begin{cases} -I_1+I_2+I_3=0 \\ 6I_1+3I_2=15 \\ -3I_2+3I_3=15 \end{cases}$$

解得

$$I_1=3A, \quad I_2=-1A, \quad I_3=4A$$

解出结果是否正确，可以选未选用过的回路进行验证，也可以利用在第1章介绍过的功率守恒进行验证。即

$$U_{S1}I_1=R_1I_1^2+R_2I_2^2+R_3I_3^2+U_{S2}I_2$$
$$(30\times3)W=[6\times3^2+3\times(-1)^2+3\times4^2+15\times(-1)]W$$
$$90W=90W$$

上式中，两个电源上产生的功率等于各个电阻上消耗的功率，满足功率平衡，也就说明应用支路电流法计算的结果正确。

2.3 网孔电流法

当一个电路结构比较复杂、支路数较多时，支路电流法显现出其以下弊端：方程数较多，求解比较困难。因此，本节将介绍另外一种方法，在电路支路数多，回路数少时应用，这样就可以减少方程个数，简化求解过程。

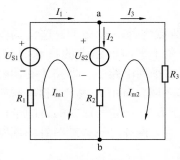

图2.8 网孔电流法

网孔电流法是以网孔电流为未知量只根据 KVL 列写网孔电流方程求解电路变量的方法。网孔电流法仅适用于平面电路。图 2.8 所示电路有两个网孔。假设在两个网孔中有环形电流 I_{m1}、I_{m2} [1]（这两个假定的环形电流称为网孔电流）按顺时针方向流动，各支路电流可用各网孔电流来表示，即

---

① 下标 m 是网孔 mesh 的首写字母。

$$I_1 = I_{m1}, \quad I_2 = I_{m1} - I_{m2}, \quad I_3 = I_{m2}$$

若规定网孔的绕行方向与网孔电流的参考方向一致，则对两个网孔可以分别列写 KVL 方程，得到

$$\left.\begin{array}{r} R_1 I_1 + R_2 I_2 = U_{S1} - U_{S2} \\ -R_2 I_2 + R_3 I_3 = U_{S2} \end{array}\right\} \tag{2-8}$$

将支路电流用网孔电流表示代入式（2-8），整理得

$$\left.\begin{array}{r} (R_1 + R_2) I_{m1} - R_2 I_{m2} = U_{S1} - U_{S2} \\ -R_2 I_{m1} + (R_2 + R_3) I_{m2} = U_{S2} \end{array}\right\} \tag{2-9}$$

现在用 R_{11}、R_{22} 分别表示网孔 1 和网孔 2 的自阻，它们分别是两个网孔中所有电阻之和，即 $R_{11} = R_1 + R_2$，$R_{22} = R_2 + R_3$；用 R_{12}、R_{21} 表示网孔 1 和网孔 2 的互阻，即两个网孔共有支路上的电阻，图 2.8 中有 $R_{12} = R_{21} = -R_2$。式（2-9）可以改写为如下方程：

$$\left.\begin{array}{r} R_{11} I_{m1} + R_{12} I_{m2} = U_{S11} \\ R_{21} I_{m1} + R_{22} I_{m2} = U_{S22} \end{array}\right\} \tag{2-10}$$

对于具有 m 个网孔的平面电路，其网孔电流方程可以由式（2-10）推广得到，即有

$$\left.\begin{array}{r} R_{11} I_{m1} + R_{12} I_{m2} + \cdots + R_{1m} I_{mm} = U_{S11} \\ R_{21} I_{m1} + R_{22} I_{m2} + \cdots + R_{2m} I_{mm} = U_{S22} \\ \vdots \\ R_{m1} I_{m1} + R_{m2} I_{m2} + \cdots + R_{mm} I_{mm} = U_{Smm} \end{array}\right\} \tag{2-11}$$

由于网孔绕行方向与网孔电流方向一致，故自阻（具有相同下标的电阻）总为正值；而互阻（具有不同下标的电阻）的正负则要视两个网孔电流在共有支路上的参考方向是否相同而定。当电流参考方向相同时，互阻取正值；相反时，互阻取负值。图 2.8 所示的互阻取负值，即 $R_{12} = R_{21} = -R_2$。显然，若网孔电流均按顺时针或均按逆时针方向流动，则互阻总取负值；若两个网孔之间没有共有支路，则互阻为零。方程右边是各网孔中所有电压源（包括由电流源等效变换而来的电压源）电压的代数和，当电压源电压与网孔绕行方向一致时，相应电压源电压前面取负号；相反时，取正号。

特别提示

● 若电路中含有电流源，则在列写网孔电流方程之前，应等效变换成电压源。

以图 2.8 为例，图 2.8 中有 3 条支路、两个节点，根据列写 KVL 方程的独立个数（$b - n + 1$），可知，图 2.8 有两个独立的 KVL 方程，这跟列写的网孔电流方程数正好一致，也就是说，各网孔电流方程彼此是独立的。所以在具有 n 个节点，b 条支路的平面电路中，以网孔电流为未知量列写（$b - n + 1$）个 KVL 方程，即可求出各网孔电流，然后，各个支路电流和电压也就相应求解出来了。

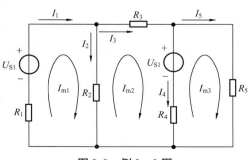

图 2.9　例 2-3 图

【**例 2 - 3**】 在图 2.9 所示的电路中，$U_{S1} = 1V$，$U_{S4} = 6V$，$R_1 = 3\Omega$，$R_2 = 2\Omega$，$R_3 = 3\Omega$，$R_4 = 2\Omega$，$R_5 = 1\Omega$。求各支路电流 I_1、I_2、I_3、I_4、I_5。

【**解**】 电路为平面电路，共有 3 个网孔。选取网孔电流 I_{m1}、I_{m2}、I_{m3} 如图 2.9 所示，列写网孔电流方程为

$$(R_1 + R_2)I_{m1} - R_2 I_{m2} = U_{S1}$$
$$-R_2 I_{m1} + (R_2 + R_3 + R_4)I_{m2} - R_4 I_{m3} = -U_{S4}$$
$$-R_4 I_{m2} + (R_4 + R_5)I_{m3} = U_{S4}$$

代入数值，得

$$5I_{m1} - 2I_{m2} = 1$$
$$-2I_{m1} + 7I_{m2} - 2I_{m3} = -6$$
$$-2I_{m2} + 3I_{m3} = 6$$

解得

$$I_{m1} = 0.068A，\quad I_{m2} = -0.329A，\quad I_{m3} = 2.219A$$

由各支路电流与网孔电流的关系，可得各支路电流：

$$I_1 = I_{m1} = 0.068A$$
$$I_2 = I_{m1} - I_{m2} = 0.397A$$
$$I_3 = I_{m2} = -0.329A$$
$$I_4 = I_{m2} - I_{m3} = -2.548A$$
$$I_5 = I_{m3} = 2.219A$$

2.4 节点电压法

在电路中选取任一节点作为参考节点，其他节点与参考节点之间的电压称为节点电压。节点电压的参考方向是取参考节点为负极，其他节点为正极。在图 2.10 所示电路中，选取节点③作为参考节点，节点①与参考节点③之间的电压就称为节点电压，一般用 U_{n1}[①] 表示；同理，节点②的节点电压就是指节点②和参考节点③之间的电压，用 U_{n2} 表示。

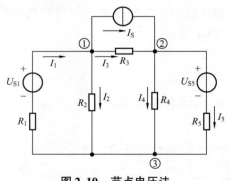

图 2.10 节点电压法

以节点电压为未知量，只对 $(n-1)$ 个独立节点列写 KCL 方程，从而求出节点电压，再进一步利用节点电压与支路电流的关系求解其他变量，这种分析方法称为节点电压法。

下面以图 2.10 为例推导节点电压方程。选择节点③为参考节点，各支路电流的参考方向如图 2.10 所示，对节点①和②列写 KCL 方程，有

$$\left.\begin{array}{r} -I_1 + I_2 + I_3 + I_S = 0 \\ -I_3 + I_4 + I_5 - I_S = 0 \end{array}\right\} \tag{2-12}$$

---

① 下标 n 是节点 node 的首写字母。

各支路电流可以用节点电压表示为

$$
\left.
\begin{aligned}
I_1 &= \frac{U_{S1} - U_{n1}}{R_1} \\
I_2 &= \frac{U_{n1}}{R_2} \\
I_3 &= \frac{U_{n1} - U_{n2}}{R_3} \\
I_4 &= \frac{U_{n2}}{R_4} \\
I_5 &= \frac{U_{n2} - U_{S5}}{R_5}
\end{aligned}
\right\}
\tag{2-13}
$$

将各支路电流表达式(2-13)代入式(2-12),并经过整理,就可以得到节点电压方程为

$$
\left.
\begin{aligned}
\left(\frac{1}{R_1} + \frac{1}{R_2} + \frac{1}{R_3}\right) U_{n1} - \frac{1}{R_3} U_{n2} &= \frac{U_{S1}}{R_1} - I_S \\
-\frac{1}{R_3} U_{n1} + \left(\frac{1}{R_3} + \frac{1}{R_4} + \frac{1}{R_5}\right) U_{n2} &= \frac{U_{S5}}{R_5} + I_S
\end{aligned}
\right\}
\tag{2-14}
$$

用电导代替电阻,式(2-14)可写为

$$
\left.
\begin{aligned}
(G_1 + G_2 + G_3) U_{n1} - G_3 U_{n2} &= G_1 U_{S1} - I_S \\
-G_3 U_{n1} + (G_3 + G_4 + G_5) U_{n2} &= G_5 U_{S5} + I_S
\end{aligned}
\right\}
\tag{2-15}
$$

为归纳出更为一般的节点电压方程,可令 $G_{11} = G_1 + G_2 + G_3$, $G_{22} = G_3 + G_4 + G_5$, 分别为节点①和②的自导,自导总是正的,它们等于连接各个节点的所有电导之和;令 $G_{12} = G_{21} = -G_3$, 称为节点①和②之间的互导,互导总是负的,它们等于连接两个节点的支路电导和的负值。方程右边表示电源注入节点①和②的电流的代数和,可以写成 $\sum\limits_{k} I_S$ 和 $\sum\limits_{k} G U_S (k = 1, 2, \cdots, n-1)$, 分别表示电流源注入节点 k 的电流和电压源与电阻串联组合等效变换形成的电流源注入节点 k 的电流。当注入电流流入节点时,该电流前面取"+"号;当注入电流流出节点时,该电流前面取"-"号。经过上面的分析,不难推导出具有 $(n-1)$ 个独立节点电路的节点电压方程:

$$
\left.
\begin{aligned}
G_{11} U_{n1} + G_{12} U_{n2} + \cdots + G_{1(n-1)} U_{n(n-1)} &= \sum_1 G U_S + \sum_1 I_S \\
G_{21} U_{n1} + G_{22} U_{n2} + \cdots + G_{2(n-1)} U_{n(n-1)} &= \sum_2 G U_S + \sum_2 I_S \\
&\vdots \\
G_{(n-1)1} U_{n1} + G_{(n-1)2} U_{n2} + \cdots + G_{(n-1)(n-1)} U_{n(n-1)} &= \sum_{n-1} G U_S + \sum_{n-1} I_S
\end{aligned}
\right\}
\tag{2-16}
$$

求出各节点电压后,可以根据节点电压和支路电流的关系求解各支路电流和电压变量。节点电压法既可以分析平面电路,也可以分析非平面电路,弥补了网孔电流法只能分析平面电路的缺陷。当电路中独立节点数少于网孔数时,利用节点电压法分析电路就比较简

便，尤其当电路中只有两个节点，即只有一个独立节点时，就只有一个节点电压方程：

$$U_{n1} = \frac{\sum_1 GU_S + \sum_1 I_S}{G_{11}} \qquad (2-17)$$

式(2-17)就是米尔曼定理，也称米尔曼公式。

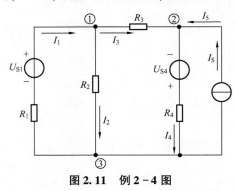

图 2.11　例 2-4 图

【例 2-4】　在图 2.11 所示电路中，$U_{S1} = 6V$，$U_{S4} = 8V$，$I_S = 3A$，$R_1 = 3\Omega$，$R_2 = 2\Omega$，$R_3 = 6\Omega$，$R_4 = 4\Omega$，利用节点电压法求各支路电流。

【解】　选取节点③作为参考节点，设独立节点①和②的节点电压分别为 U_{n1} 和 U_{n2}。节点电压方程为

$$\begin{cases} \left(\dfrac{1}{R_1} + \dfrac{1}{R_2} + \dfrac{1}{R_3}\right)U_{n1} - \dfrac{1}{R_3}U_{n2} = \dfrac{U_{S1}}{R_1} \\[3mm] -\dfrac{1}{R_3}U_{n1} + \left(\dfrac{1}{R_3} + \dfrac{1}{R_4}\right)U_{n2} = -\dfrac{U_{S4}}{R_4} + I_S \end{cases}$$

代入数据，整理解得

$$U_{n1} = 2.571V, \quad U_{n2} = 3.429V$$

假定各支路电流方向如图 2.11 所示，利用各支路元件的 VCR 关系，得

$$I_1 = \frac{U_{S1} - U_{n1}}{R_1} = 1.143A$$

$$I_2 = \frac{U_{n1}}{R_2} = 1.286A$$

$$I_3 = \frac{U_{n1} - U_{n2}}{R_3} = -0.143A$$

【分析电路的几种
方法求解】

$$I_4 = \frac{U_{n2} + U_{S4}}{R_4} = 2.857A$$

$$I_5 = I_S = 3A$$

在用节点电压法计算完成后，如果需要验证计算结果，可以分别对独立节点应用 KCL 来进行验证。

2.5　叠 加 定 理

叠加定理是分析线性电路的一个重要定理。其定理内容为：在有多个电源共同作用的线性电路中，任一支路的电流和电压等于电路中各个电源分别单独作用时在该支路上产生的电流和电压的代数和。

现以图 2.12 所示电路为例说明叠加定理的应用。图 2.12(a)中的支路电流 I_1、I_2 可以用支路电流法求出，即列出 KCL 和 KVL 方程：

$$-I_1 + I_2 - I_S = 0$$
$$R_1 I_1 + R_2 I_2 = U_{S1}$$

解得

$$I_1 = \frac{U_S}{R_1 + R_2} - \frac{R_2}{R_1 + R_2}I_S = I_1' + I_2''$$

$$I_2 = I_1 + I_S = \frac{U_S}{R_1 + R_2} + \frac{R_1}{R_1 + R_2}I_S = I_2' + I_2''$$

式中

$$I_1' = \frac{U_S}{R_1 + R_2}\bigg|_{I_S = 0}, \quad I_1'' = -\frac{R_2}{R_1 + R_2}I_S\bigg|_{U_S = 0}$$

$$I_2' = \frac{U_S}{R_1 + R_2}\bigg|_{I_S = 0}, \quad I_2'' = \frac{R_1}{R_1 + R_2}I_S\bigg|_{U_S = 0}$$

即 I_1' 和 I_2' 是在将电流源置零，电压源单独作用时产生的电流，如图 2.12(b)所示；I_1'' 和 I_2'' 是在将电压源置零，电流源单独作用时产生的电流，如图 2.12(c)所示。

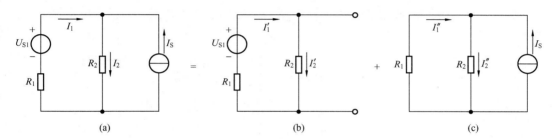

图 2.12 叠加定理

 **特别提示**

- 在应用叠加定理时，令某一电源单独作用时，其他电源要置零，所谓的电源置零，是指将理想电压源用短路代替，理想电流源用开路代替。
- 在分电路求解完成进行变量叠加时，一定要注意各分电路中待求支路的电压和电流参考方向是否与原电路中一致，一致时，叠加分量前面取"＋"号；相反时，则要取"－"号。
- 叠加定理只适用于线性电路。
- 叠加定理只能用来分析计算电流和电压，不能用来计算功率，因为功率和电压、电流不是线性关系。以图 2.12 中电阻 R_1 上的功率为例，显然

$$P_1 = R_1 I_1^2 = R_1 (I_1' + I_1'')^2 \neq R_1 I_1'^2 + R_1 I_1''^2$$

【**例 2 - 5**】 利用叠加定理计算图 2.12(a)所示电路中的支路电流 I_1 和 I_2，已知 $U_{S1} = 10V$，$I_S = 5A$，$R_1 = 4\Omega$，$R_2 = 6\Omega$。

【**解**】 图 2.12(a)中的支路电流可以看成是由图 2.12(b)和图 2.12(c)两个分电路的支路电流叠加而成。

在图 2.12(b)中：

$$I_1' = I_2' = \frac{U_{S1}}{R_1 + R_2} = 1A$$

在图 2.12（c）中：

$$I_1'' = -\frac{R_2}{R_1 + R_2}I_S = -3A$$

$$I_2'' = \frac{R_1}{R_1 + R_2}I_S = 2A$$

将两个分电路中的分量叠加，得到图 2.12（a）中的支路电流：

$$I_1 = I_1' + I_1'' = -2A$$

$$I_2 = I_2' + I_2'' = 3A$$

在应用叠加定理时，不仅可以令每个电源单独作用后进行叠加，还可以根据题目的需要将电源进行不同的分组作用然后再进行叠加。

【例 2 − 6】　在例 2 − 5 的电路图［图 2.12（a）］所示电路中，在 R_2 支路上再串联上一个电压源 $U_{S2} = 5V$，如图 2.13（a）所示，再计算电路中的支路电流 I_1、I_2。

【解】　令电压源 U_{S1} 和电流源 I_S 共同作用，得到分电路图 2.13（b）；令电压源 U_{S2} 单独作用，得到分电路图 2.13（c）。

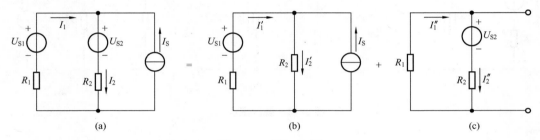

图 2.13　例 2 − 6 图

利用【例 2 − 5】中的结果，可知图 2.13（b）中：

$$I_1' = -2A$$

$$I_2' = 3A$$

在图 2.13（c）中：

$$I_1'' = I_2'' = -\frac{U_{S2}}{R_1 + R_2} = -0.5A$$

则原电路图 2.13（a）中：

$$I_1 = I_1' + I_1'' = -2.5A$$

$$I_2 = I_2' + I_2'' = 2.5A$$

2.6　等效电源定理

在分析电路时，如果只需要计算复杂电路中某一条支路的电流或者电压时，用前面几节介绍的分析方法来计算，必然要计算出一些不需要的电流或者电压，计算量也比较大。本节就用等效电源定理来解决这个问题。

在介绍等效电源定理之前，先了解一端口的概念。一端口也称为二端网络，就是指向外引出两个端子与外电路相连的部分电路结构，如图 2.14 所示。当一端口内部没有独立电源时，称为无源一端口(二端网络)，用图 2.14(a)所示的电路模型表示；当一端口内部含有独立电源时，称为含源一端口(有源二端网络)，用图 2.14(b)所示的电路模型表示。

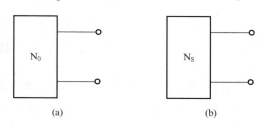

图 2.14 一端口(二端网络)

现在来说明什么是等效电源。如果只需要计算复杂电路中的某一条支路，可以将该支路从电路中单独划出，如图 2.15(a)所示。R_L 支路是待求支路，其余部分的电路就可以看成是一个含源一端口。含源一端口可以是任意简单或复杂的电路，但无论什么样的电路结构，对于待求支路来说，它仅相当于一个电源，给待求支路供电。因此，这个含源一端口就可以等效变换为一个电源。根据等效变换的概念，含源一端口变换为电源后，其端口处的电压和电流都不会发生变化。

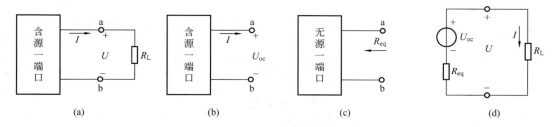

图 2.15 戴维南等效电路

根据 2.1 节所介绍的电源模型可以知道，实际电源有电压源和电流源两种电路模型：电压源是由理想电压源和内阻串联的电路模型；电流源是由理想电流源和内阻并联的电路模型。因此，含源一端口就有了对应的两种等效电源，即戴维南等效电源和诺顿等效电源，对应的也就有了戴维南定理和诺顿定理，统称为等效电源定理。

2.6.1 戴维南定理

戴维南定理指出：任何一个线性含源一端口，对于外电路来说，都可以用一个电压为 U_{oc} 的理想电压源和电阻 R_{eq} 串联的电压源电路来等效代替。理想电压源的电压 U_{oc} 就是含源一端口的开路电压，即将待求支路(外电路)断开后，a、b 两点间的电压，如图 2.15(b)所示。电阻 R_{eq} 等于将含源一端口内部所有电源置零后得到的无源一端口内的等效电阻，如图 2.15(c)所示。

根据戴维南定理，图 2.15(a)可以得到图 2.15(d)所示的戴维南等效电路。此时，待求支路上的电流很容易求出来：

$$I = \frac{U_{oc}}{R_{eq} + R_L}$$

特别提示

● 在应用戴维南定理求等效电阻时，要将含源一端口内部电源置零，这里的电源指的是所有的理

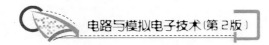

想电源,即将理想电压源用短路代替,将理想电流源用开路代替。

【例2-7】 已知 $U_{S1} = 10V$, $I_S = 5A$, $R_1 = 4\Omega$, $R_2 = 6\Omega$。试用戴维南定理计算图2.12(a)中的支路电流 I_2。

【解】 图2.12(a)所示的电路可以化简成图2.16所示的戴维南等效电路。

等效电源的电压 U_{oc} 可由图2.17(a)求得

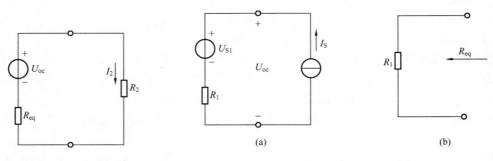

图2.16 图2.12(a)的戴维南等效电路　　　　图2.17 计算 U_{oc} 和 R_{eq} 的电路

$$U_{oc} = U_{S1} + R_1 I_S = (10 + 4 \times 5)V = 30V$$

等效电阻 R_{eq} 可由图2.17(b)求得

$$R_{eq} = R_1 = 4\Omega$$

由图2.16所示的等效电路可以求出 I_2 为

$$I_2 = \frac{U_{oc}}{R_{eq} + R_2} = \frac{30}{4 + 6}A = 3A$$

该结果与例2-5中用叠加定理计算的结果完全相同。

2.6.2　诺顿定理

诺顿定理指出:任何一个线性含源一端口都可以用一个电流为 I_{sc} 的理想电流源和电阻 R_{eq} 并联的电源来等效代替,如图2.18所示。理想电流源的电流 I_{sc} 就是含源一端口的短路电流,即将a、b两端短接后流过的电流。电阻 R_{eq} 等于将含源一端口内部所有电源置零后得到的无源一端口内的等效电阻。

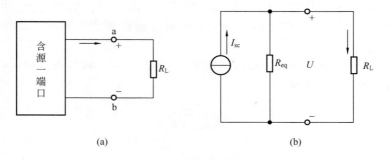

图2.18　诺顿等效电路

由图2.18所示诺顿等效电路很容易求出待求支路上的电流,即

$$I = \frac{R_{eq}}{R_{eq} + R_L} I_{sc}$$

既然一个含源一端口既可以用戴维南等效电源代替，也可以用诺顿等效电源代替，那么，在对外等效的条件下，两个等效电源之间是可以进行等效变换的。其等效变换的公式为

$$I_{sc} = \frac{U_{oc}}{R_{eq}} \quad 或 \quad U_{oc} = R_{eq} I_{sc}$$

等效变换时，电阻 R_{eq} 保持不变，I_{sc} 的方向应该由 U_{oc} 的负极流向正极。这一变换与 2.1 节中讲述的电源等效变换完全一致。

【例 2-8】 已知 $U_{S1} = 10V$，$I_S = 5A$，$R_1 = 4\Omega$，$R_2 = 6\Omega$。用诺顿定理计算图 2.12(a)中的支路电流 I_2。

【解】 图 2.12(a)所示的电路可以化简成图 2.19 所示的诺顿等效电路。

等效电源的电流 I_{sc} 可由图 2.20(a)求得

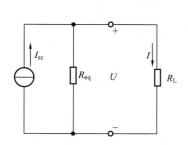 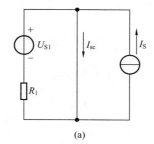 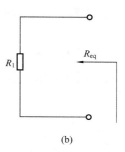

图 2.19 图 2.12(a)的诺顿等效电路   图 2.20 计算 I_{sc} 和 R_{eq} 的电路

$$I_{sc} = \frac{U_{S1}}{R_1} + I_S = \left(\frac{10}{4} + 5 \right) A = 7.5A$$

等效电阻 R_{eq} 可由图 2.20(b)求得

$$R_{eq} = R_1 = 4\Omega$$

由图 2.20 所示的诺顿等效电路可计算支路电流得

$$I_2 = \frac{R_{eq}}{R_{eq} + R_2} I_{sc} = \left(\frac{4}{4+6} \times 7.5 \right) A = 3A$$

同样，这一结果与用叠加定理和戴维南定理计算出的结果完全一致。

2.6.3 最大功率传输定理

戴维南定理和诺顿定理在电路分析中应用广泛。有时电路中的部分电路在求解时没有要求，而这部分电路又构成了含源二端网络，就可以把这部分电路用戴维南等效电路或诺顿等效电路来等效，这样既简化了电路又不会影响对其他部分电路的分析。尤其是只对电路中的某一个元件感兴趣时，例如分析电路中某一电阻所获得的最大功率，此时应用这两个定理最为合适。

【例 2-9】 电路如图 2.21(a)所示。

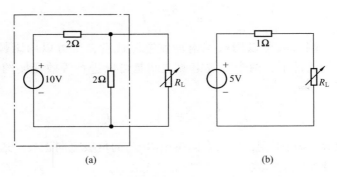

图 2.21 例 2-8 图

试求：

(1) R_L 为何值时获得最大功率？

(2) R_L 获得的最大功率为多少？

【解】 (1) 断开负载 R_L，求得含源二端网络 N_S 的戴维南等效电路参数为

$$U_{oc} = \left(\frac{2}{2 \times 2} \times 10 \right) V = 5V \quad R_{eq} = \frac{2 \times 2}{2 + 2} \Omega = 1\Omega$$

根据图 2.21(b)所示，可得负载 R_L 获得的功率为

$$p = I^2 R_L = \frac{U_{oc}^2}{(R + R_L)^2} R_L$$

在 R_L 变化时欲求最大功率，应满足 $\frac{dp}{dR_L} = 0$，即

$$\frac{dp}{dR_L} = \frac{(R_{eq} - R_L) U_{oc}^2}{(R_{eq} + R_L)^3} = 0$$

由此可知，当 $R_L = R_{eq}$ 时，R_L 可获得的最大功率为

$$P_{max} = \frac{U_{oc}^2}{4R_{eq}}$$

在本题中，当 $R_L = R_{eq} = 1\Omega$ 时可获得最大功率。

(2) 负载 R_L 获得的最大功率为

$$P_{max} = \frac{U_{oc}^2}{4R_{eq}} = \frac{25}{4 \times 1} W = 6.25W$$

由此可以总结出最大功率传输定理：线性含源二端网络向可变电阻负载 R_L 传输最大功率的条件是：负载电阻 R_L 与二端网络的等效电阻 R_{eq} 相等。满足 $R_L = R_{eq}$ 条件时，称为最大功率匹配，此时负载电阻 R_L 获得的最大功率为

$$P_{max} = \frac{U_{oc}^2}{4R_{eq}}$$

若用诺顿等效电路，则可表示为

$$P_{max} = \frac{R_{eq} I_{sc}^2}{4}$$

*2.7 受控电源

前述章节中分析的是由电阻和独立电源组成的简单直流电路。所谓独立电源，就是指电压源的电压或电流源的电流不受外电路控制而独立存在。而在复杂的直流电路中，除了电阻和独立电源外，还会出现另一种电源元件，称为受控电源，即电压源的电压和电流源的电流是受电路中其他部分的电流或电压控制的。当控制电压或电流为零时，受控电源的电压或电流也就为零。与独立电源不同，受控电源是一种四端元件，即向外引出 4 个端子与外电路相连。根据控制量和被控制量的不同，受控电源有 4 种类型：电压控制电压源(VCVS)[①]、电压控制电流源(VCCS)[②]、电流控制电压源(CCVS)[③]、电流控制电流源(CCCS)[④]。这 4 种受控电源的电路模型如图 2.22 所示。

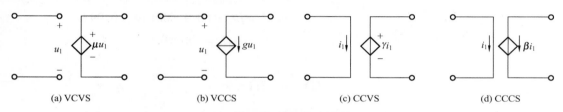

(a) VCVS   (b) VCCS   (c) CCVS   (d) CCCS

图 2.22 受控电源的电路模型

在图 2.22(a)中，受控电压与控制电压呈正比，μ 是一个比例常数，称为转移电压比；在图 2.22(b)中，受控电流与控制电压呈正比，g 是具有电导量纲的比例常数，将控制电压转移为被控电流，故将 g 称为转移电导；在图 2.22(c)中，受控电压与控制电流成正比，γ 是一个具有电阻量纲的比例常数，称为转移电阻；在图 2.22(d)中，受控电流与控制电流呈正比，β 是一个比例常数，称为转移电流比。

在本书的模拟电子技术部分，讨论的晶体管就是含有受控电源电路模型的电路元件，如图 2.23 所示。

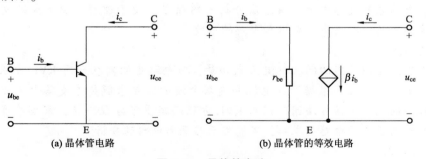

(a) 晶体管电路   (b) 晶体管的等效电路

图 2.23 晶体管电路

---

① VCVS：Voltage Control Voltage Source.

② VCCS：Voltage Control Current Source.

③ CCVS：Current Control Voltage Source.

④ CCCS：Current Control Current Source.

特别提示

- 含有受控源电路的分析与独立电源的处理方式一样，主要是对受控源控制量的分析，尤其是在进行等效变换的过程中，控制量支路不能参与，否则控制量将消失。
- 控制量不但控制受控量的大小，而且控制受控量的方向。

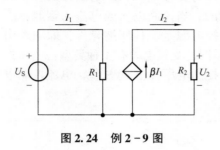

图 2.24　例 2-9 图

【例 2-10】　在图 2.24 中，已知独立电压源 $U_S = 10V$，$R_1 = 100\Omega$，$R_2 = 50\Omega$，$\beta = 0.9$，试求 U_2。

【解】　由欧姆定律得

$$I_1 = \frac{U_S}{R_1} = \frac{10}{100}\text{A} = 0.1\text{A}$$

$$I_2 = \beta I_1 = (0.9 \times 0.1)\text{A} = 0.09\text{A}$$

$$U_2 = R_2 I_2 = (50 \times 0.09)\text{A} = 4.5\text{V}$$

小　结

本章主要讨论了直流电阻电路的分析方法，如支路电流法、节点电压法等，还讨论了适用于电阻电路的基本定理，如叠加定理、戴维南定理等。

1. 电源等效变换

实际电源可以用电压源和电流源的电路模型来表示，故电压源和电流源之间可以进行等效变换。利用该等效变换，可以化简含有多个电源的电路，便于求解，但是待求支路不能参与变换。

2. 支路电流法

支路电流法是求解复杂电路最基本的方法，其以支路电流为变量对电路列写 KVL 和 KCL 方程，然后求解支路电流。该方法分析思路简单，便于理解，但是如果电路中支路数多，需要列写的方程数多，会增加求解的难度。

3. 网孔电流法

网孔电流法是以假想的网孔电流为未知量，对电路中的网孔列写 KVL 方程，然后求解网孔电流的方法，继而根据网孔电流和支路电流的关系求解待求支路电流或电压。对于支路数较多的电路，该方法因只列写 KVL 方程而减少了方程个数，求解难度降低；但是该方法只适用于平面电路的求解，不能用于非平面电路的分析。

4. 节点电压法

节点电压法是以节点电压为变量，对电路中的独立节点列写 KCL 方程，求解节点电压的方法，继而根据节点电压与支路电压的关系来求解各支路电压和电流。该方法适用于支路数较多，节点数较少的电路，方程个数减少，求解容易。

5. 叠加定理

叠加定理适用于含有多个电源共同作用的线性电路的分析，可以令每个电源单独作用求解支路电压和电流，然后对所有电压和电流进行叠加。应用叠加定理时需要注意一些问题，如电源置零的方法，叠加只能用于电压和电流而不能进行功率叠加。

6. 戴维南定理

戴维南定理通常是在只需要求解复杂电路中的某一条支路电压或电流时应用的一种方法。其原理就是任何一个含源二端网络都可以用电压源来进行等效，需要重点掌握的就是等效电压源中理想电压源端电压和等效电阻的求解方法。

 知识链接

1. 戴维南定理

戴维南，Léon Charles Thévenin(1857—1926)法国电报工程师。戴维南定理于1883年发表在法国科学院刊物上，文仅一页半，是在直流电源和电阻的条件下提出的，然而，由于其证明所带有的普遍性，实际上它适用于当时未知的其他情况，如含电流源、受控源以及正弦交流、复频域等电路，目前已成为一个重要的电路定理。当电路理论进入以模型为研究对象后，出现该定理的适用性问题。前苏联教材中对该定理的证明与原论文相仿。五十余年后，定理的对偶形式由美国贝尔电话实验室工程师 E. L. Norton 提出，即诺顿定理。

2. 回路电流法

本章中分析的网孔电流法仅适用于平面电路，回路电流法则无此限制，它适用于平面或非平面电路。如同网孔电流法是在网孔中连续流动的假想电流，回路电流是在一个回路中连续流动的假想电流。回路电流法就是以一组独立回路电流为电路变量的求解方法。其中关键的是选择一组独立回路，如果是平面电路，就可以选择网孔作为一组独立回路；如果是非平面电路，就按照图论①中选择单连支回路作为一组独立回路。

3. 平衡电桥

图2.25所示的桥形电路中，如果有

$$\frac{R_1}{R_3} = \frac{R_2}{R_4} \quad 或 \quad R_1R_4 = R_2R_3$$

就把该电桥电路称为平衡电桥。在平衡电桥电路中，ab之间的电阻R在分析电路时可以看成开路也可以看成短路，都不会影响对电路的分析。掌握了平衡电桥的概念和分析，会对复杂电路结构的分析有一定的帮助。

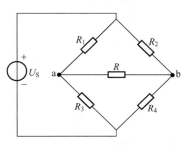

图2.25 平衡电桥电路

习　题

2-1 单项选择题

(1) 一个理想电流源两端的电压数值及方向(　　)。

    A. 可以为任意值，仅取决于外电路，与电流源无关

    B. 可以为任意值，仅取决于电流源，与外电路无关

    C. 必定大于零，取决于外电路与电流源本身

---

① 图论的概念可以参考有关图论的书，单连支回路的选择可以参考电路教材。

D. 可以为任意值，取决于外电路与电流源本身

（2）如图 2.26 所示电路，其中 3A 电流源两端的电压 U 为（　　）。

    A. 0V   B. 6V   C. 3V   D. 7V

（3）如图 2.27 所示电路，与理想电压源并联的电阻 R（　　）。

    A. 对端口电压 U 有影响   B. 对端口电流 I 有影响

    C. 对 U_S 支路的电流有影响   D. 对端口电压与电流均有影响

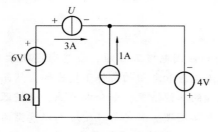 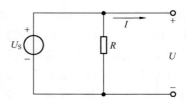

图 2.26　习题 2-1(2)图　　　　　图 2.27　习题 2-1(3)图

（4）如图 2.28 所示电路，若 $I=0$，则 U_a 为（　　）。

    A. 60V   B. 70V   C. 90V   D. -10V

（5）图 2.29 所示电路中，戴维南等效电路中的等效电阻为（　　）。

    A. 8Ω   B. 10Ω   C. 1.6Ω   D. 2Ω

（6）图 2.30 所示电路中，表达式正确的是（　　）。

    A. $I_1 = \dfrac{E_1 - E_2}{R_1 + R_2}$ B. $I_1 = \dfrac{E_1 - U_{ab}}{R_1 + R_3}$

    C. $I_2 = \dfrac{E_2}{R_2}$ D. $I_2 = \dfrac{E_2 - U_{ab}}{R_2}$

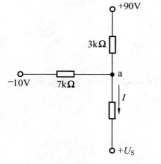 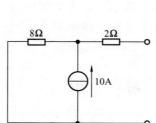 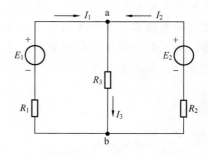

图 2.28　习题 2-1(4)图　　　图 2.29　习题 2-1(5)图　　　图 2.30　习题 2-11(6)图

2-2　判断题（正确的请在每小题后的圆括号内打"√"，错误的打"×"）

（1）理想电压源的输出电压恒定，其输出电流也是恒定的。　　　　　　　　　（　　）

（2）理想电流源输出恒定的电流，其端电压只与其输出电流有关。　　　　　　（　　）

（3）电压源和电流源在电路中都发出功率，起电源作用。　　　　　　　　　　（　　）

（4）电压源和电流源之间的等效仅仅是对外电路而言的。　　　　　　　（　　）

（5）对于一个具有 n 个节点 b 条支路的电路，可以列出独立的 KVL 方程个数为 $(b - n - 1)$ 个。　　　　　　　（　　）

（6）叠加定理是应用在线性电路中求解支路电压、电流和功率的方法。　　（　　）

（7）电源置零的方法是将电压源短路，电流源开路。　　　　　　　　　（　　）

（8）对同一个有源二端网络的戴维南等效电源和诺顿等效电源是可以进行等效变换的。　　　　　　　　　　　　　　　　　　　　　　　　　　（　　）

2-3　试利用电源等效变换法求图 2.31 所示电路中的电流 I。

2-4　试利用电源等效变换法求图 2.32 所示电路中的电压 U。

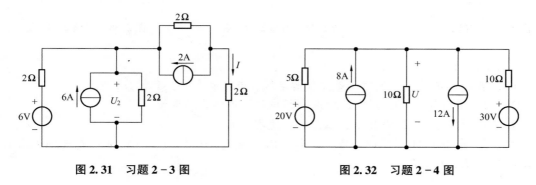

图 2.31　习题 2-3 图　　　　　　　图 2.32　习题 2-4 图

2-5　试利用节点电压法求图 2.33 所示电路中 a、b 两点的电位。

2-6　试用支路电流法求图 2.34 所示电路中各支路电流。图 2-9 中 $U_S = 10V$，$I_S = 5A$，$R_1 = 2\Omega$，$R_2 = 3\Omega$。

2-7　试用支路电流法求图 2.35 所示电路中各支路电流。

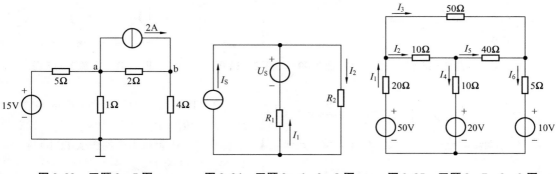

图 2.33　习题 2-5 图　　　图 2.34　习题 2-6、2-8 图　　　图 2.35　习题 2-7、2-9 图

2-8　试用网孔电流法求图 2.34 所示电路中各支路电流。

2-9　试用网孔电流法求图 2.35 所示电路中各支路电流。

2-10　图 2.36 所示电路中，$I_{S1} = 2A$，$I_{S2} = 5A$，$U_{S1} = 5V$，$R_1 = R_2 = 5\Omega$。求电流 I 以及电流源、电压源发出的功率，并验证功率守恒。

2-11　求图 2.37 所示电路中 U_1、U_2、U_3 各为多少。

2-12 电路如图 2.38 所示，其中电压源、电流源和电阻均已给定。求：

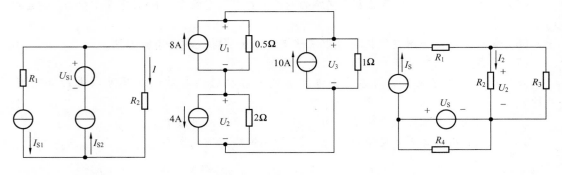

图 2.36 习题 2-10 图　　　图 2.37 习题 2-11 图　　　图 2.38 习题 2-12 图

（1）电压 U_2 和电流 I_2；

（2）若电阻 R_1 增大，问对哪些元件的电压、电流有影响？有什么影响？

2-13 试用节点电压法求图 2.39 所示电路中的各支路电流。

2-14 电路如图 2.40 所示，试用叠加定理求 I。

2-15 在图 2.41 所示的电路中，$R_2 = R_3$。当 $I_S = 0$ 时，$I_1 = 3A$，$I_2 = I_3 = 2A$。求当 $I_S = 6A$ 时的 I_1、I_2 和 I_3。

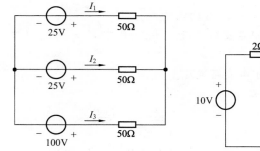

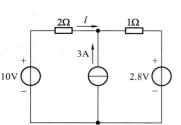

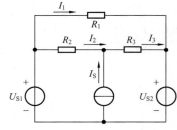

图 2.39 习题 2-13 图　　　图 2.40 习题 2-14 图　　　图 2.41 习题 2-15 图

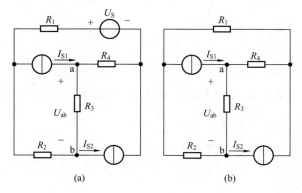

(a)　　　　　　　(b)

图 2.42 习题 2-17 图

2-16 图 2.42（a）所示电路中，$R_1 = R_2 = R_3 = R_4$，$U_S = 16V$，$U_{ab} = 12V$。若将理想电压源除去得到图 2.42（b）所示电路，此时的 U_{ab} 是多少？

2-17 试用叠加定理求图 2.43 所示电路中的电流 I。

2-18 在图 2.44 所示电路中，$U_{S1} = 4V$，$U_{S2} = 6V$。当开关 S 在位置 1 时，毫安表的读数 $I_1' = 40mA$；当 S 在位置 2 时，毫安表的读数 $I_1'' = -60mA$；如

果把 S 合在位置 3 上，毫安表的读数是多少？

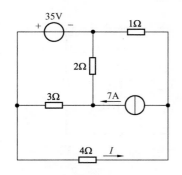

图 2.43 习题 2－17、2－19 图

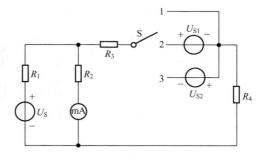

图 2.44 习题 2－18 图

2－19 试用戴维南定理求图 2.43 所示电路中的电流 I。

2－20 试求图 2.45 所示电路的戴维南或诺顿等效电路。

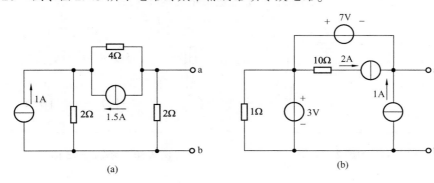

(a)　　　　　　　　(b)

图 2.45 习题 2－20 图

2－21 如图 2.46 所示电路，N_0 仅含线性电阻。当 $R_L=0$ 时，$I=5A$；当 $R_L=2\Omega$ 时，$I=2.25A$。试求 ab 左侧电路的戴维南等效电路。

2－22 图 2.47 所示电路是一个单臂电路(惠斯通电桥)，其中 G 为检流计，其电阻为 R_G。试求当 R_G 分别为 5Ω、10Ω 和 20Ω 时的电流 I。

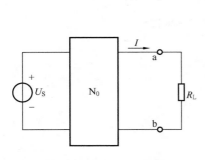

图 2.46 习题 2－21 图

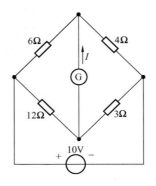

图 2.47 习题 2－22 图

2-23 在图 2.48 所示电路中，试用戴维南定理和诺顿定理分别计算电流 I。

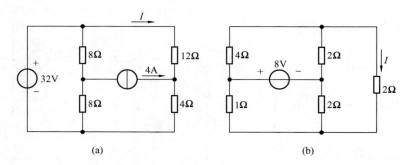

(a)   (b)

图 2.48 习题 2-23 图

2-24 在图 2.49 所示电路中，当 R_L 取何值时，R_L 上可以获得最大功率？最大功率是多少？

*2-25 试应用叠加定理求图 2.50 所示电路中的电流 I。

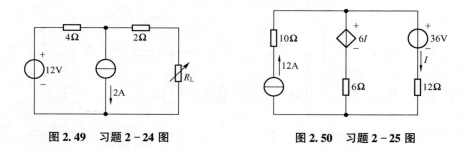

图 2.49 习题 2-24 图   图 2.50 习题 2-25 图

*2-26 试求图 2.51 所示电路中的电压 U。

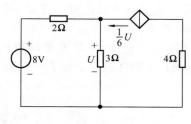

图 2.51 习题 2-26 图

第**3**章
一阶线性电路的时域分析

本章将主要介绍过渡过程、时间常数等基本概念。利用经典法分析直流激励下的一阶电路的零输入响应、零状态响应和全响应，从而归纳出分析一阶电路的三要素法。重点讨论直流激励下一阶电路在过渡过程中，电压、电流随时间的变化规律和影响过渡过程快慢的时间常数两个问题。

本章教学目标与要求

- 理解换路定律和过渡过程以及影响过渡过程快慢的时间常数的概念。
- 掌握电容元件和电感元件的电压和电流之间的约束关系、对交直流电的作用及其储能作用。
- 熟练掌握分析一阶动态电路的三要素法。
- 了解 RC 电路在矩形脉冲信号激励时的响应。

引例

在日常生活中，当断开电灯的开关时，经常会看到在开关处有打火现象发生。将随时间变化的电压信号加到示波器的输入端，便可在显示屏上观察输入信号的波形。当打开电视机时，我们就能在屏幕上看到丰富多彩的电视画面。通过本章的学习，读者将会对其中的奥秘有个大致的了解。

3.1　电阻元件、电感元件与电容元件

本节将介绍的电阻元件、电感元件和电容元件都是理想的无源线性元件。所谓理想是指只具有一种电磁性质。电阻元件只具有消耗电能的性质，电感元件只具有储存磁场能的性质，电容元件只具有储存电场能的性质。为了叙述方便，本书将这 3 种电路元件分别简称为电阻、电感和电容，且分别用 R、L 和 C 表示，R、L 和 C 既表示了这 3 种电路元件也表示了这 3 种电路元件的参数。

3.1.1　电阻元件

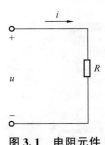

图 3.1　电阻元件

【电阻元件实物图】

电阻元件是一种对电流呈现阻力的元件，有阻碍电流流动的本性，电流要流过电阻就必然要消耗能量。因此，沿电流流动的方向必然会出现电压降。

若 R 为常数，则这种电阻称为线性电阻；若 R 不是常数，则这种电阻称为非线性电阻。本章只讨论线性电阻。

如图 3.1 所示，电压和电流取关联参考方向，则电阻电压与所通过电流的关系满足欧姆定律，即

$$u = Ri \tag{3-1}$$

可见，电阻两端的电压与电流成正比。式中：R 的单位为欧[姆]（Ω）；i 的单位为安[培]（A）；u 的单位为伏[特]（V）。

若电阻 R 为非线性电阻，此时，不再满足欧姆定律，式(3-1)不再成立。

将式(3-1)两边同时乘以 i，并对其积分，得到电阻所吸收的电能为

$$\int_0^t ui\mathrm{d}\varphi = \int_0^t Ri^2\mathrm{d}\varphi \tag{3-2}$$

式(3-2)积分的结果总大于或等于零，说明电阻始终在吸收电能，并转换为热能，所以电阻元件是耗能元件。

特别提示

● 若电阻电压和电流取非关联参考方向，则有 $u = -Ri$。

3.1.2　电感元件

【电感元件实物图】

电感元件是用来表征电路中磁场能储存这一物理性质的理想元件。例如，当电路中有电感器(线圈)存在时，电流通过线圈会产生比较集中的磁场，因而必须考虑磁场能储存的作用。若不计线圈的电阻，则可将此线圈视为只储存磁场能的电感元件，如图 3.2(a)所示。

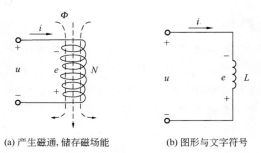

(a) 产生磁通, 储存磁场能　　(b) 图形与文字符号

图 3.2　电感元件(电感器)

设线圈匝数为 N，当流过电流 i 时，将产生磁通 Φ，匝数 N 与磁通 Φ 的乘积为

$$\psi = N\Phi \tag{3-3}$$

称为线圈的磁链。磁链和磁通的单位为韦[伯]（Wb）。

线圈中单位电流产生的磁链称为自感，也称电感，用 L 表示。若电流 i 与磁链 ψ 的参考方向符合右手螺旋定则，则

$$L = \frac{\psi}{i} \tag{3-4}$$

由式(3-4)可见,电感 L 表征了电感元件产生磁链的能力。L 越大,产生磁链的能力越强;L 越小,产生磁链的能力越弱。电感 L 的单位为亨[利](H)。

若 L 为常数,则这种电感称为线性电感;若 L 不是常数,则这种电感称为非线性电感。本章只讨论线性电感,其电路模型如图3.2(b)所示。

当电感中电流发生变化时,磁通和磁链将随之变化,将会在线圈中产生感应电动势,感应电动势的参考方向与磁感线的参考方向符合右手螺旋定则,因而 i 与 e 的参考方向一致。根据法拉第电磁感应定律,得

$$e = -N\frac{\mathrm{d}\Phi}{\mathrm{d}t} = -L\frac{\mathrm{d}i}{\mathrm{d}t} \tag{3-5}$$

若电感电压和电流取关联参考方向,则根据基尔霍夫电压定律得

$$u + e = 0$$

故有,电感电压与电流的关系为

$$u = -e = L\frac{\mathrm{d}i}{\mathrm{d}t} \tag{3-6}$$

在直流稳态电路中,由于电感中的电流不随时间变化,由式(3-6)可知,电压 $u = 0$,电感相当于短路,即电感有使直流电路短路的作用,简称短直作用。

将式(3-6)两边同时乘以 i,并对其积分,因 $i(-\infty) = 0$,故得到电感所储存磁场能为

$$W_L = \int_{-\infty}^{t} ui\mathrm{d}\varphi = \int_{-\infty}^{i} Li\mathrm{d}i = \frac{1}{2}Li^2 \tag{3-7}$$

式(3-7)表明,当电感元件中的电流(指绝对值)增大时,磁场能量增大,电能转换为磁场能,即电感元件从电源取用电能,W_L 就是电感元件中储存的磁场能;当电流减小(指绝对值)时,磁场能减小,磁场能转换为电能,即电感元件向电源放还电能。可见,电感元件不消耗电能,是储能元件。由式(3-6)可知,电压与电流之间具有动态关系,故电感元件又是动态元件。

特别提示

● 若电感电压和电流取非关联参考方向,则有 $u = -L\frac{\mathrm{d}i}{\mathrm{d}t}$。

3.1.3 电容元件

电容元件是用来表征电路中电场能储存这一物理性质的理想元件。例如,当电路中有电容器存在时[如图3.3(a)所示],它的两个被绝缘体隔开的金属板上会聚集起等量异号电荷,产生比较集中的电场,因而必须考虑电场能储存的作用。电压 u 越高,则聚集的电荷 q 越多,从而产生的电场越强,储存的电场能越多。

【电容元件实物图】

单位电压所储存的电荷量称为电容元件的电容量,简称电容,用 C 表示,即

$$C = \frac{q}{u} \tag{3-8}$$

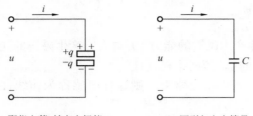

(a) 聚集电荷,储存电场能   (b) 图形与文字符号

图3.3   电容元件(电容器)

电容 C 表征了电容元件储存电荷的能力。C 大,储存电荷的能力就强;C 小,储存电荷的能力就弱。C 的单位为法[拉](F)。

若 C 为常数,则这种电容称为线性电容;若 C 不是常数,则这种电容称为非线性电容。本章只讨论线性电容,其电路模型如图 3.3(b)所示,图中电压与电流的方向为关联参考方向。

当电容两端的电压 u 随时间变化时,电容两端的电荷 q 也随之变化。电路中便出现了电荷的移动,产生电流,即

$$i = \frac{\mathrm{d}q}{\mathrm{d}t} \tag{3-9}$$

由式(3-8),式(3-9)还可以写为

$$i = C\frac{\mathrm{d}u}{\mathrm{d}t} \tag{3-10}$$

在直流稳态电路中,由于电容两端的电压不随时间变化,由式(3-10)可知,电流 $i = 0$,电容相当于开路,即电容有隔离直流的作用,简称隔直作用。

将式(3-10)两边同时乘以 u,并对其积分,因 $u(-\infty) = 0$,故电容所储存电场能为

$$W_C = \int_{-\infty}^{t} ui\mathrm{d}\varphi = \int_{-\infty}^{u} Cu\mathrm{d}u = \frac{1}{2}Cu^2 \tag{3-11}$$

上式表明,当电容元件中的电压增大时,电场能增大;在此过程中,电容元件从电源取用电能(充电),电能转换成电场能储存在电容元件中。W_C 就是电容元件中的电场能量。当电压降低时,电场能减小,电容元件向电源放还电能(放电),电场能又转换成电能。可见,电容元件不消耗电能,也是储能元件。由式(3-10)可知,电流与电压之间具有动态关系,故电容元件又是动态元件。

 **特别提示**

● 若电容电压和电流取非关联参考方向,则有 $i = -C\dfrac{\mathrm{d}u}{\mathrm{d}t}$。

3.2   换路与换路定律

【单相排气扇的起停过程】

3.2.1   过渡过程

图 3.4 所示电路中有 3 只白炽灯 EL_1、EL_2 和 EL_3。假设开关 S 处于断开状态,并且电路中各支路电流均为零,电路处于一种稳定状态。

在这种稳定状态下,白炽灯 EL_1、EL_2 和 EL_3 都不亮。当开关闭合后

发现，在外加直流电压 U_S 的作用下，白炽灯 EL_1 由暗逐渐变亮，最后亮度达到稳定；白炽灯 EL_2 在开关闭合的瞬间突然闪亮了一下，随着时间的延迟逐渐暗下去，直到完全熄灭；白炽灯 EL_3 在开关闭合的瞬间立即变亮，而且亮度基本稳定不变，此时电路又达到了新的稳定状态。电路从一种稳定状态（简称"稳态"）过渡到另一种稳定状态所经历的中间过程称为过渡过程。一般地，过渡过程所经历的时间往往是短暂的，所以过渡过程也称为瞬态过程。

在图 3.4 所示电路中，是开关 S 的闭合导致了电容、电感支路过渡过程的产生。由于电路结构或参数的变化而导致电路工作状态发生的变化称为换路。由于储能元件也称为动态元件，所以含有储能元件的电路又称为动态电路。可见，在动态电路中，当电路发生换路时，存在着过渡过程。

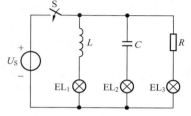

图 3.4 电路中的过渡过程

产生过渡过程的根本原因是能量不能跃变。当电路中存在动态元件，且换路使动态元件的储能发生变化时，电路中便有过渡过程存在。可见，电路中产生过渡过程必须要具备两个条件，即电路中要有动态元件和电路中要有换路。

3.2.2 换路定律

在动态电路中，由于电容所储存的电场能和电感所储存的磁场能均不能跃变，故根据式（3-7）和式（3-11）可知，电路在发生换路时，电容元件两端的电压 u_C 和电感元件上的电流 i_L 都不会跃变。假设换路是在瞬间完成的，则换路后起始时刻电容元件两端的电压应等于换路前终了时刻的电压，而换路后起始时刻电感元件的电流应等于换路前终了时刻的电流，这种关系称为换路定律。换路定律是分析电路过渡过程的重要依据。

若以 $t=0$ 表示换路的瞬间，用 $t=0_-$ 表示换路前的终了时刻，$t=0_+$ 表示换路后的起始时刻[①]，则换路定律可以用公式表示为

$$u_C(0_+) = u_C(0_-) \tag{3-12}$$
$$i_L(0_+) = i_L(0_-) \tag{3-13}$$

换路定律主要用于确定在换路后电容电压的初始值 $u_C(0_+)$ 和电感电流的初始值 $i_L(0_+)$。例如，某 RC 串联电路在 $t=0$ 时换路，换路前电容中有储能，电容两端电压 $u_C(0_-)$ 为 4V，则换路后电容两端电压的初始值 $u_C(0_+) = u_C(0_-) = 4V$；若该电路在换路前电容上没有储能，则换路后电容两端电压的初始值 $u_C(0_+) = u_C(0_-) = 0V$。

$u_C(0_-)$ 和 $i_L(0_-)$ 可在换路前的等效电路中求得。在直流激励时，若换路前，电路已处于稳态，则在换路前的等效电路中，电容可视为开路，电感可视为短路。

在 $t=0_-$ 时，若电容电压 $u_C(0_-) = U_0$，根据换路定律得 $u_C(0_+) = u_C(0_-) = U_0$，则在 $t=0_+$ 时的等效电路中，电容可用一端电压为 U_0 的恒压源替代。若 $u_C(0_+) = u_C(0_-) = 0$，则在 $t=0_+$ 时的等效电路中，电容应视为短路。

同理，在 $t=0_-$ 时，若电感电流 $i_L(0_-) = I_0$，根据换路定律得 $i_L(0_+) = i_L(0_-) = I_0$，

---

① 换路所经历的时间为 $t=0_-$ 到 $t=0_+$。0_- 和 0_+ 在数值上均为 0。

则在 $t=0_+$ 时的等效电路中，电感可用一个电流为 I_0 的恒流源替代。若 $i_L(0_+)=i_L(0_-)=0A$，则在 $t=0_+$ 时的等效电路中，电感可视为开路。

 特别提示

- 只有在换路的瞬间通过电容的电流和电感的端电压为有限值的条件下，换路定律才成立。本书中，不涉及换路时电容的端电压和电感电流跃变的情况。
- 在换路的瞬间，除电容端电压 $u_C(0_+)$、电感电流 $i_L(0_+)$ 外，其他电流和电压均可能跃变，其换路后的初始值可以在 $t=0_+$ 时的等效电路中，用电路的分析方法求得。

【例3-1】 如图3.5(a)所示电路，若 $U_S=12V$，$R_1=R_3=3\Omega$，$R_2=6\Omega$，开关S闭合前电路已达稳态，$t=0$ 时开关闭合。试求 $u_C(0_+)$、$i_L(0_+)$、$i_C(0_+)$、$u_L(0_+)$ 和 $u_{R_2}(0_+)$。

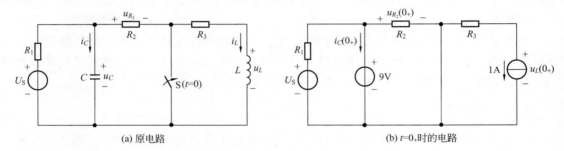

(a) 原电路　　　　　　　　　　　　　　　(b) $t=0_+$时的电路

图3.5　例3-1的图

【解】 因开关闭合之前电路已达稳态，故在 $t=0_-$ 时，电容可视为开路，电感可视为短路。所以有

$$u_C(0_-)=\frac{R_2+R_3}{R_1+R_2+R_3}U_S=\left(\frac{6+3}{3+6+3}\times12\right)V=9V$$

$$i_L(0_-)=\frac{U_S}{R_1+R_2+R_3}=\left(\frac{12}{3+6+3}\right)A=1A$$

换路时，u_C 和 i_L 均不能跃变，故有

$$u_C(0_+)=u_C(0_-)=9V$$

$$i_L(0_+)=i_L(0_-)=1A$$

$t=0_+$ 时刻的等效电路如图3.5(b)所示，图中电容用端电压为9V的电压源替代，电感用输出电流为1A的电流源替代，在该等效电路中，利用电路的分析方法可以求得

$$u_{R_2}(0_+)=u_C(0_+)=9V$$

$$i_C(0_+)=\frac{U_S-u_C(0_+)}{R_1}-\frac{u_{R_2}(0_+)}{R_2}=\left(\frac{12-9}{3}-\frac{9}{6}\right)A=-0.5A$$

$$u_L(0_+)=-i_L(0_+)R_3=(-1\times3)V=-3V$$

显然，在换路的瞬间除电容的端电压和电感电流不发生跃变外，其余电压和电流均可能发生跃变。本例中，通过电容的电流、电感的端电压、通过电阻 R_2 的电流及电阻 R_2 的端电压在换路的瞬间均发生了跃变。

3.3 RC 电路的响应

由于描述只含有一个动态元件和一个电阻元件电路(或可以等效为一个动态元件和一个电阻元件的电路)的电路方程是一阶常微分方程,故只含有一个动态元件的电路称为一阶电路。一阶电路有一阶 RC 电路和一阶 RL 电路两种类型。本节只分析一阶 RC 电路的响应。

3.3.1 RC 电路的零输入响应

零输入响应是指发生换路后,电路的电源输入为零,仅由储能元件的初始储能在电路中所引起的响应。分析 RC 电路的零输入响应就是分析电容器的放电过程。

在图 3.6(a)所示的电路中,先将开关 S 扳向 "1" 的位置,电源对电容器 C 充电,当电路达到稳态时,$u_C = U_0$。在 $t = 0$ 时将 S 扳至 "2" 的位置,于是,电容器开始通过电阻放电,随着放电过程的进行,电容器两个极板上的电荷数逐渐减少,电容器的端电压值逐渐衰减。由图 3.6(a)可知,放电电流为 $i_C = \dfrac{u_R}{R} = -\dfrac{u_C}{R}$,放电电流的绝对值逐渐减小。

由换路定律可得

$$u_C(0_+) = u_C(0_-) = U_0$$

于是

$$i_C(0_+) = -\frac{u_C(0_+)}{R} = -\frac{U_0}{R} = -I_0$$

上式中

$$I_0 = \frac{U_0}{R}$$

即 RC 串联回路的放电电流将以 I_0 为起点逐渐衰减。因电路中无外加电源,当电容器上储存的电荷释放殆尽时,电容器两端电压趋于零,此时,放电电流趋于零,放电过程结束。

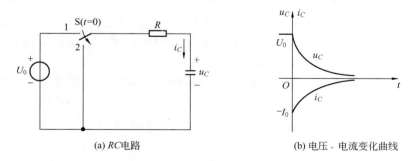

(a) RC电路 (b) 电压、电流变化曲线

图 3.6 RC 电路的零输入响应

在电容器放电过程中,电路将电容器所储存的电场能转换为电能,电阻再取用电能,并以热能的形式消耗掉。

下面分析换路后电路的响应。因换路后的输入为零,故电路的响应为零输入响应。

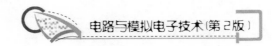

在换路后$(t \geq 0)$的电路中，根据 KVL 得

$$Ri_C + u_C = 0$$

将式(3-10)代入上式可得

$$RC \frac{\mathrm{d}u_C}{\mathrm{d}t} + u_C = 0 \tag{3-14}$$

式(3-14)为一阶线性齐次常微分方程，其通解为

$$u_C = A\mathrm{e}^{-\frac{t}{RC}}$$

代入初始条件 $t = 0_+$ 时，$u_C(0_+) = U_0$，得到 $A = U_0$，将其代入上式得

$$u_C = U_0\mathrm{e}^{-\frac{t}{RC}} = U_0\mathrm{e}^{-\frac{t}{\tau}} \tag{3-15}$$

$$i_C = C\frac{\mathrm{d}u_C}{\mathrm{d}t} = -\frac{U_0}{R}\mathrm{e}^{-\frac{t}{\tau}} = -I_0\mathrm{e}^{-\frac{t}{\tau}} \tag{3-16}$$

式(3-16)中的负号表示 i_C 的实际方向与图 3.6 所示的参考方向相反。i_C 也可以根据欧姆定律求得，请读者自行分析。

上两式还可以写成

$$u_C = u_C(0_+)\mathrm{e}^{-\frac{t}{\tau}} \tag{3-17}$$

$$i_C = i_C(0_+)\mathrm{e}^{-\frac{t}{\tau}} \tag{3-18}$$

式中

$$\tau = RC \tag{3-19}$$

τ 称为 RC 电路的时间常数。若电阻 R 的单位为欧(Ω)，电容 C 的单位为法(F)，则时间常数 τ 的单位为秒(s)。

RC 电路放电过程的快慢由时间常数 τ 来决定，τ 越小，放电过程越快；反之，τ 越大，放电过程越慢。不同时刻的电容器端电压如表 3-1 所示。

表 3-1　不同时刻下的电容器端电压

t	0	τ	2τ	3τ	4τ	5τ	$\cdots$	∞
u_C	U_0	$0.368U_0$	$0.135U_0$	$0.05U_0$	$0.018U_0$	$0.007U_0$	$\cdots$	0

从理论上讲，只有当 $t \to \infty$ 时，放电过程才告结束，但从表 3-1 中不难看出，经过 3τ 时间以后，电容器端电压 u_C 已变化到初始值 U_0 的 5% 以下。因此在实际工程中，通常认为经过 $t = (3 \sim 5)\tau$ 时，过渡过程结束。

电容器端电压和电流随时间的变化曲线如图 3.6(b)所示。由图可见：电容器端电压 u_C 由初始值 U_0 随时间按指数规律衰减而趋于零；电容器的放电电流在 $t = 0$ 时刻由 0 跃变为 I_0，然后随时间按指数规律衰减而趋于零。电压和电流衰减的快慢由时间常数 τ($\tau = RC$)决定。

3.3.2　RC 电路的零状态响应

零状态响应是指发生换路后，储能元件的初始储能为零，而只有电源激励作用下产生的响应。分析 RC 电路的零状态响应就是分析电容器的充电过程。

图 3.7(a)所示的电路中，换路前，电容器中无储能，即 $u_C(0_-) = 0$，在 $t = 0$ 时刻，

将开关 S 闭合，电源对电容器 C 充电。随着充电过程的进行，电容器两个极板上的电荷数逐渐增多，电容器的端电压值逐渐增大。当电路达到稳态时，$u_c(\infty) = U_0$。

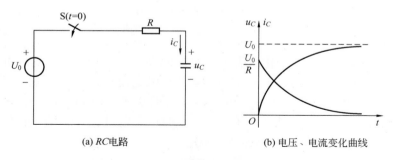

(a) RC电路　　　　　　　　　(b) 电压、电流变化曲线

图 3.7　RC 电路的零状态响应

由图 3.7(a)可知，充电电流为 $i_c = \dfrac{U_0 - u_c}{R}$，充电电流值逐渐减小。由换路定律可得

$$u_c(0_+) = u_c(0_-) = 0$$

于是

$$i_c(0_+) = \frac{U_0 - u_c(0_+)}{R} = \frac{U_0}{R} = I_0$$

上式中

$$I_0 = \frac{U_0}{R}$$

即 RC 串联回路的充电电流将以 I_0 为起点逐渐衰减。因电路中有外加电源，电容两端电压逐渐趋于 U_0，此时，充电电流趋于零，充电过程结束。

在电容器充电过程中，电路将电源的一部分电能转换为电场能储存在电容器的电场中。

下面分析换路后电路的响应。因换路后储能元件的初始储能为零，故电路的响应为零状态响应。

在换路后($t \geq 0$)的电路中，根据 KVL 得

$$Ri_c + u_c = U_0$$

将式(3-10)代入上式得

$$RC\frac{\mathrm{d}u_c}{\mathrm{d}t} + u_c = U_0 \qquad (3-20)$$

式(3-20)为一阶线性非齐次常微分方程，其通解为对应的齐次方程的通解加上它的任一特解。对应的齐次方程的通解为 $Ae^{-\frac{t}{RC}}$，特解取换路后的稳态值 $u_c(\infty) = U_0$，所以非齐次方程的通解为

$$u_c = Ae^{-\frac{t}{RC}} + U_0$$

代入初始条件 $t = 0_+$ 时，$u_c(0_+) = 0$，得 $A = -U_0$，将其代入上式得

$$u_c = -U_0e^{-\frac{t}{RC}} + U_0 = U_0(1 - e^{-\frac{t}{RC}}) = U_0(1 - e^{-\frac{t}{\tau}}) \qquad (3-21)$$

$$i_c = C\frac{\mathrm{d}u_c}{\mathrm{d}t} = \frac{U_0}{R}e^{-\frac{t}{\tau}} = I_0e^{-\frac{t}{\tau}} \qquad (3-22)$$

i_C 也可以根据欧姆定律求得，请读者自行分析。

上两式还可以写成

$$u_C = u_C(\infty)(1 - e^{-\frac{t}{\tau}}) \qquad (3-23)$$

$$i_C = i_C(0_+)e^{-\frac{t}{\tau}} \qquad (3-24)$$

电容器端电压和电流随时间的变化曲线如图 3.7(b) 所示。可见，电容器端电压 u_C 由初始值 0 随时间按指数规律递增而趋于 U_0。电容器的充电电流在 $t=0$ 时刻由 0 跃变为 I_0，然后随时间按指数规律衰减而趋于零。电容器充电的快慢由时间常数 $\tau(\tau = RC)$ 决定，τ 越大，充电越缓慢。从理论上讲，只有当 $t \to \infty$ 时，充电过程才告结束；但在实际工程中，通常认为 $t = (3\sim5)\tau$ 时，电路即视为稳定。

3.3.3 RC 电路的全响应

全响应是指发生换路后，既有动态元件的初始储能，也有电源激励作用时在电路中产生的响应。分析 RC 电路的全响应也是分析电容器的充放电的过程。

在图 3.8(a) 所示电路中，换路前开关 S 合在"1"处，电路已稳定，由此可知 $u_C(0_-) = U_0$。

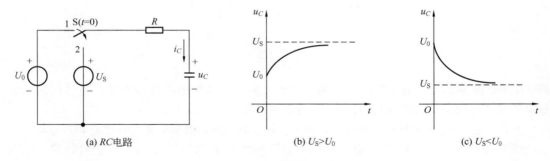

(a) RC电路 　　(b) $U_S > U_0$ 　　(c) $U_S < U_0$

图 3.8 RC 电路的全响应

$t = 0$ 时换路，S 合在"2"处，此时根据换路定律得

$$u_C(0_+) = u_C(0_-) = U_0$$

换路后，$u_C(\infty) = U_S$，在 $t \to \infty$ 的过程中，电容器上的电压由初始值 U_0 逐渐变化到稳态值 U_S。若 U_0 小于 U_S，则是充电过程，如图 3.8(b) 所示；若 $U_0 = 0$，则为零状态响应；若 U_0 大于 U_S，则是放电过程，如图 3.8(c) 所示；若 $U_S = 0$，则为零输入响应。

下面分析换路后电路的响应。因换路后的电路既有动态元件的初始储能，也有电源激励作用，因此为全响应。

在换路后($t \geq 0$)的电路中，根据 KVL 得

$$Ri_C + u_C = U_S$$

将式(3-10) 代入上式得

$$RC\frac{du_C}{dt} + u_C = U_S \qquad (3-25)$$

式(3-25)与式(3-20)形式相同，其通解为

$$u_C = A\mathrm{e}^{-\frac{t}{RC}} + U_S$$

代入初始条件 $t = 0_+$ 时，$u_C(0_+) = U_0$，得 $A = U_0 - U_S$，将其代入上式得

$$u_C = \underbrace{U_S}_{\text{稳态分量}} + \underbrace{(U_0 - U_S)\mathrm{e}^{-\frac{t}{\tau}}}_{\text{瞬态分量}} \tag{3-26}$$

式(3-26)中，$\tau = RC$。u_C 的全响应由两部分组成，即稳态分量和瞬态分量，也就是说全响应是稳态分量和瞬态分量的叠加。其中：稳态分量 U_S 是不随时间变化的量，由 $u_C(\infty) = U_S$ 可知，稳态分量是过渡过程结束后 u_C 的稳态值；瞬态分量是随时间按指数规律变化的量，当 $t \to \infty$ 时，瞬态分量变为零，同时过渡过程结束。由于 $u_C(0_+) = U_0$，故式(3-26)还可以写成

$$u_C = u_C(\infty) + \left[\left(u_C(0_+) - u_C(\infty)\right)\right]\mathrm{e}^{-\frac{t}{\tau}} \tag{3-27}$$

上式整理后得

$$u_C = \underbrace{u_C(0_+)\mathrm{e}^{-\frac{t}{\tau}}}_{\text{零输入响应}} + \underbrace{u_C(\infty)\left(1 - \mathrm{e}^{-\frac{t}{\tau}}\right)}_{\text{零状态响应}} \tag{3-28}$$

对照式(3-17)和式(3-23)，上式中第一部分是零输入响应，第二部分是零状态响应，因此，全响应是零输入响应和零状态响应的叠加，这也是叠加定理在动态电路中的体现。

特别提示

- 同一个电路只有一个时间常数，时间常数正比于电阻和电容。
- 如图3.6(b)，图3.7(b)，图3.8(b)、(c)中所示的 u_C 和 i_C 的变化曲线不能与稳态值相交。

【例3-2】 在图3.8(a)所示电路中，若 $U_0 = 10\mathrm{V}$，$U_S = 5\mathrm{V}$，$R = 5\mathrm{k}\Omega$，$C = 20\mu\mathrm{F}$，开关合在1端，电路已处于稳态。现将开关由1端改合到2端，试求：(1)换路后 u_C 及 i_C 的响应；(2)换路后 u_C 降至7V时所需要的时间。

【解】 (1)根据式(3-26)，$u_C = U_S + (U_0 - U_S)\mathrm{e}^{-\frac{t}{\tau}}$ 式中，时间常数为

$$\tau = RC = (5 \times 10^3 \times 20 \times 10^{-6})\mathrm{s} = 0.1\mathrm{s}$$

即

$$u_C = U_S + (U_0 - U_S)\mathrm{e}^{-\frac{t}{\tau}}$$

$$= \left[5 + (10 - 5)\mathrm{e}^{-\frac{t}{0.1}}\right]\mathrm{V}$$

所以

$$u_C = (5 + 5\mathrm{e}^{-10t})\mathrm{V}$$

$$i_C = C\frac{\mathrm{d}u_C}{\mathrm{d}t} = \left[20 \times 10^{-6} \times (-50\mathrm{e}^{-10t})\right]\mathrm{A} = -50\mathrm{e}^{-10t}\mathrm{mA}$$

(2) 当 $u_C = 7\mathrm{V}$ 时，根据式 $u_C = (5 + 5\mathrm{e}^{-10t})\mathrm{V}$ 得

$$(5 + 5\mathrm{e}^{-10t})\mathrm{V} = 7$$

解得

$$t = \left(-0.1\ln \frac{2}{5} \right)\text{s} = 0.09\text{s}$$

因此，u_C 降低到 7V 需要 0.09s 的时间。

3.4 一阶 RC 线性电路时域分析的三要素法

上述的 RC 电路就是一阶线性电路，利用了经典法分析电路的瞬态过程，也就是根据激励（电源电压和电流），通过求解电路的微分方程得出电路的响应（电压和电流）。由于电路的激励和响应又都是时间的函数，所以这种电路的分析是时域内的分析。

由于零输入响应和零状态响应都可看成全响应在初始值或稳态值为零时的特例，故任何形式的一阶电路的零输入响应，零状态响应和全响应都可以写成式（3 - 27）的形式，即可以归纳成如下公式：

$$f(t) = f(\infty) + \left[f(0_+) - f(\infty) \right] \text{e}^{-\frac{t}{\tau}} \qquad (3 - 29)$$

式中：$f(t)$ 为待求响应；$f(\infty)$ 为待求响应的稳态值；$f(0_+)$ 为待求响应的初始值；τ 是电路的时间常数。可见 $f(\infty)$、$f(0_+)$ 和 τ 是确定任何一阶电路的 3 个要素。只要求出这 3 个值，代入式（3 - 29）中，便可以写出待求响应的表达式，因此，这种方法称为三要素法。利用三要素法不仅能求出 u_C，还能求出电路中其他的电压和电流。

前面仅介绍了简单 RC 电路中时间常数的求法，下面介绍当电路复杂时，时间常数的求解方法。从前面的分析中可知，时间常数由电路的参数决定，与激励无关。因此可以利用除源等效法求任何一阶电路的时间常数，将换路后电路中的电源除去（将电压源短路，电流源开路），求出从储能元件 C 两端看进去的等效电阻，然后代入式（3 - 19），即可求出 τ。

特别提示

- 三要素法通常用于一阶线性电路在阶跃或直流激励下任意响应的求解。
- 任一 RC 电路，换路后 C 两端以外的电路部分可以简化为电源模型，与 C 构成最简单的 RC 电路，因此简化电源模型的等效电阻 R（即戴维南等效电阻或诺顿等效电阻）就是时间常数中的电阻。

【例 3 - 3】 图 3.9（a）所示电路中，若 $U_{S1} = 4\text{V}$，$U_{S2} = 8\text{V}$，$R_1 = 2\text{k}\Omega$，$R_2 = 3\text{k}\Omega$，$R_3 = 6\text{k}\Omega$，$C = 10\mu\text{F}$，换路前开关 S 在 a 端，电路已稳定。换路后将 S 合到 b 端。试求响应 u_C、i_1、i_2 和 i_3。

【解】 采用三要素的方法。确定各待求响应的初始值、稳态值和时间常数。

（1）初始值的确定：因换路前的电路稳定，故可将电容视为开路，此时 $u_C(0_-) = U_{S2} = 8\text{V}$。根据换路定律得

$$u_C(0_+) = u_C(0_-) = 8\text{V}$$

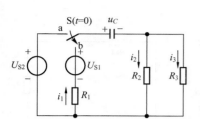
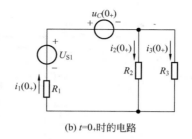
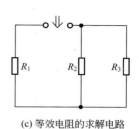

(a) 原电路   (b) $t=0_+$时的电路   (c) 等效电阻的求解电路

图3.9 例3-3图

其他量的初始值采用换路后当 $t=0_+$ 时的等效电路求得，此时电容可用 $u_C(0_+)=8\text{V}$ 的电压源替代，如图3.9(b)所示。电路总电流为

$$i_1(0_+)=-\frac{u_C(0_+)-U_{S1}}{R_1+R_2/\!/R_3}=-\frac{8\text{V}-4\text{V}}{2\text{k}\Omega+3\text{k}\Omega/\!/6\text{k}\Omega}=-1\text{mA}$$

根据分流公式得

$$i_2(0_+)=\frac{R_3}{R_2+R_3}i_1(0_+)=-0.667\text{mA}$$

$$i_3(0_+)=\frac{R_2}{R_2+R_3}i_1(0_+)=-0.333\text{mA}$$

（2）稳态值的确定：$t\to\infty$ 时，电容仍视为开路，此时有 $u_C(\infty)=U_{S1}=4\text{V}$。为其他稳态值

$$i_1(\infty)=i_2(\infty)=i_3(\infty)=0\text{A}$$

（3）时间常数的确定：利用除源等效法，换路后，除去电源（将电压源短路），如图3.9(c)所示，从电容两端看进去的等效电阻为

$$R=R_1+R_2/\!/R_3=4\text{k}\Omega$$

因此，时间常数为

$$\tau=RC=(4\times10^3\times10\times10^{-6})\text{s}=0.04\text{s}$$

根据式(3-29)写出各响应表达式：

$$u_C(t)=u_C(\infty)+[u_C(0_+)-u_C(\infty)]\text{e}^{-\frac{t}{\tau}}$$

$$=[4+(8-4)\text{e}^{-\frac{t}{0.04}}]\text{V}$$

$$i_1(t)=i_1(\infty)+[i_1(0_+)-i_1(\infty)]\text{e}^{-\frac{t}{\tau}}=-\text{e}^{-\frac{t}{0.04}}\text{mA}$$

$$i_2(t)=i_2(0_+)\text{e}^{-\frac{t}{\tau}}=-0.667\text{e}^{-\frac{t}{0.04}}\text{mA}$$

$$i_3(t)=i_3(0_+)\text{e}^{-\frac{t}{\tau}}=-0.333\text{e}^{-\frac{t}{0.04}}\text{mA}$$

【例3-4】 图3.10(a)所示电路在换路前已处于稳态，$t=0$ 时刻开关S断开，试用三要素的方法分析 u_C、i_C 及 i。

【解】 采用三要素的方法。确定各待求响应的初始值、稳态值和时间常数。

（1）初始值的确定：因换路前电路已稳定，故可将电容视为开路，有 $u_C(0_-)=8\text{V}$。根据换路定律得 $\qquad u_C(0_+)=u_C(0_-)=8\text{V}$

换路后瞬间电路如图3.10(b)所示，电容由8V电压源代替。可列写如下方程：

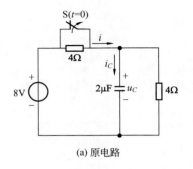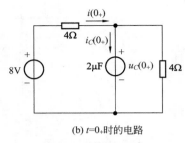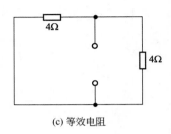

| (a) 原电路 | (b) t=0₊时的电路 | (c) 等效电阻 |

图 3.10　例 3-4 图

$$i(0_+) = i_C(0_+) + \frac{u_C(0_+)}{4\Omega}$$

$$8 = 4i(0_+) + u_C(0_+)$$

解得

$$i_C(0_+) = 2\text{A}, \quad i(0_+) = 0\text{A}$$

（2）稳态值的确定：当 $t\to\infty$ 时，电容仍视为开路，有

$$u_C(\infty) = \left(\frac{8}{4+4}\right) \times 4\text{V} = 4\text{V}$$

其他稳态值为

$$i_C(\infty) = 0\text{A}, \quad i(\infty) = \frac{8}{4+4}\text{A} = 1\text{A}$$

（3）时间常数的确定：换路除源后，从电容两端看进去的等效电阻，如图 3.9（c）所示。即

$$R = 4\Omega // 4\Omega = 2\Omega$$

故时间常数为

$$\tau = RC = (2 \times 2 \times 10^{-6})\text{s} = 4 \times 10^{-6}\text{s}$$

由此，各响应表达式如下：

$$u_C(t) = \left[4 + (8-4)\text{e}^{-25 \times 10^4 t}\right] \text{V}$$

$$i_C(t) = 2\text{e}^{-25 \times 10^4 t}\text{A}$$

$$i(t) = (1 - \text{e}^{-25 \times 10^4 t})\text{A}$$

在例 3-3 和例 3-4 中求出 u_C 后，若其他响应直接由 u_C 导出，则能使计算变得更为简单，请读者不妨试一试。

3.5　RC 电路在矩形脉冲信号激励时的响应

在电子技术中，常常利用电容通过电阻的充电和放电，构成对输入信号实现积分或微分作用的电路。

3.5.1　微分电路

如图 3.11（a）所示电路，该电路是由电容 C 和电阻 R 构成的一阶 RC 电路。输入电压

u_1是周期性矩形脉冲信号，输出电压u_2从电阻R两端取出。设电容C上的初始储能为零，即$u_C(0_-)=0$，且$\tau\ll t_p$，输出电压为周期性正负尖脉冲信号，如图3.11（c）所示。

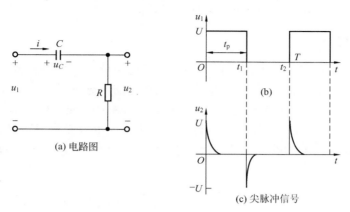

（a）电路图

（b）

（c）尖脉冲信号

图 3.11　微分电路

在图3.11（a）中，由KVL得

$$u_1 = u_C + u_2$$

由于$\tau\ll t_p$，故电容充放电速度很快。当输入电压发生变化时，u_C比u_2变化快得多，即$u_C\gg u_2$，因而$u_C\approx u_1$，故有

$$u_2 = Ri = RC\frac{du_C}{dt} \approx RC\frac{du_1}{dt} \qquad (3-30)$$

由上式可见，输出电压近似与输入电压对时间的微分呈正比。因此，把这一电路称为微分电路。

下面分析输出电压u_2的波形。设$R=50\text{k}\Omega$，$C=100\text{pF}$，u_1的幅值$U=8\text{V}$，脉冲宽度$t_p=60\mu\text{s}$，此RC电路的时间常数为

$$\tau = RC = (50\times10^3\times100\times10^{-12})\text{s} = 5\mu\text{s}$$

可见，τ与t_p二者相差很多，即$\tau\ll t_p$。

当$t=0$时，输入电压u_1从零突然上升到8V，开始对RC电路中的电容C进行充电。由于电容两端的电压不能跃变，换路后的瞬间电容电压$u_C(0_+)=0\text{V}$，相当于短路，因此电阻R两端的电压$u_2=u_1$，即换路后瞬间$u_2=U=8\text{V}$。由于$\tau\ll t_p$，相对于t_p而言，充电过程很快完成，u_C很快增长到U值；与此同时，电阻R两端的电压u_2很快衰减到零值。这样，在电阻两端输出一个由U值到零的正尖脉冲，如图3.11（c）所示。

当$t=t_1$时，输入电压u_1从8V突然下降到零，输入端相当于短路，同样由于电容两端的电压不能跃变，换路后的瞬间电容电压保持8V不变，此时$u_2=-u_C=-U=-8\text{V}$。然后电容通过电阻R很快放电，u_C很快降到零值；与此同时，电阻R两端的电压u_2很快衰减到零值。这样，在电阻两端输出一个由$-U$值到零的负尖脉冲，如图3.11（c）所示。如果输入信号u_1是一个周期性矩形脉冲信号，那么在输出端得到的也是周期性的正、负脉冲，如图3.11（c）所示。

通过以上分析可以得出，RC微分电路必须具备的条件是：①从电阻端输出；②$\tau\ll t_p$，这样才能保证电容在放电（充电）前充电（放电）已基本结束。

在微分电路中，尖脉冲的产生是以充放电迅速进行为前提的。若微分电路的时间常数 $\tau \gg t_p$，则充放电速度很慢，输出波形就发生了质的变化。在脉冲与数字电路中，常应用微分电路把矩形脉冲变换为尖脉冲，来作为触发信号。

3.5.2 积分电路

在数学上，微分与积分互为逆运算。如果将微分电路具备的条件改成：从电容端输出，且 $\tau \gg t_p$，那么电路就变成积分电路了。下面进行简要分析。

图3.12(a)是一个构成输出与输入之间实现积分关系的电路。输入电压 u_1 是矩形脉冲信号［见图3.12(b)］，输出电压 u_2 从电容 C 两端取出。电容 C 和电阻 R 构成一阶 RC 电路。电容 C 上的初始储能为零，而且 $\tau \gg t_p$。由图3.12(a)可知，$u_1 = u_R + u_2$。

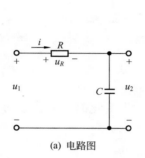

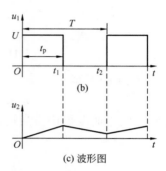

(a) 电路图　　　　　　　　　　(c) 波形图

图3.12 积分电路

由于 $\tau \gg t_p$，故电容充放电速度很慢，当输入电压发生变化时，u_C 比 u_R 变化慢得多，即 $u_C \ll u_R$，因而 $u_1 \approx u_R$，故有

$$u_1 = RC \frac{\mathrm{d}u_2}{\mathrm{d}t}$$

即

$$u_2 = \frac{1}{RC}\int u_1 \mathrm{d}t \qquad (3-31)$$

输出电压近似与输入电压对时间的积分呈正比。因此，把这一电路称为积分电路。

下面分析输出电压 u_2 的波形。

当 $t = 0$ 时，输入电压 u_1 从零突然上升到 U 值，开始对 RC 电路中的电容 C 进行充电。由于电容两端的电压不能跃变，换路后的瞬间电容电压 $u_C(0_+) = 0\mathrm{V}$，又由于 $\tau \gg t_p$，电容充电过程很慢，电容上的电压在整个 t_p 时间内缓慢增长，还未达到稳定值时，脉冲结束（$t = t_1$ 时），如图3.12(c)所示。t_1 以后电容经过电阻 R 又缓慢放电，电容上的电压缓慢衰减，在输出端输出一个锯齿波电压。时间常数 τ 越大，充放电的过程越缓慢，锯齿波电压的线性越好[①]。若输入为周期性的矩形脉冲，则输出就为周期性的锯齿波电压。

---

① 指数曲线的起始部分近似为线性。

在积分电路中，锯齿波电压的产生是以充放电缓慢进行为前提的。在实际应用电路中，常利用锯齿波电压扫描的作用，广泛地应用于电视、显示器及示波器中，即把锯齿波电压加于示波管(将电信号转换成光信号)，使电子枪发出的电子射线，按时间原则偏转，扫描屏幕。为了使屏幕上显示的图形保持稳定，要求锯齿波电压信号的频率和被测信号的频率保持同步。

3.6 *RL* 电路的响应

前面分析了一阶 *RC* 电路的响应，本节将分析一阶 *RL* 电路的响应。

3.6.1 *RL* 电路的零输入响应

分析 *RL* 电路的零输入响应，其讨论方法与前面的 *RC* 电路类似。分析 *RL* 电路的零输入响应就是分析电感线圈释放能量的过程。

在图 3.13(a)所示的电路中，先将开关 S 合向 "1" 位置，电感元件流过电流，当电路达到稳态时，$i_L = \dfrac{U_0}{R}$。在 $t=0$ 时将 S 合向 "2" 位置，*RL* 电路被短路。此时，电感元件已储有能量，换路后通过电阻 *R* 释放能量。

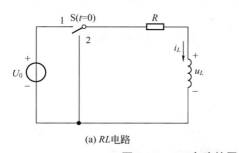
(a) *RL*电路

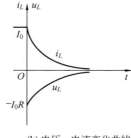
(b) 电压、电流变化曲线

图 3.13 *RL* 电路的零输入响应

由换路定律可得

$$i_L(0_+) = i_L(0_-) = \frac{U_0}{R} = I_0$$

即 *RL* 串联回路的放电电流将以 I_0 为起点逐渐衰减，直至放电过程结束，电流为零。

电感在释放能量的过程中，电路将电感所储存的磁场能转换为电能，电阻再取用电能，并以热能的形式消耗掉。

下面分析换路后电路的响应。因换路后的输入为零，故电路的响应为零输入响应。

在换路后($t \geqslant 0$)的电路中，根据 KVL 得

$$Ri_L + L\frac{di_L}{dt} = 0$$

参照 3.3.1 小节中的式(3-14)的分析计算方法，可得

$$i_L = I_0 e^{-\frac{R}{L}t} = I_0 e^{-\frac{t}{\tau}} \tag{3-32}$$

式中 $\tau = \dfrac{L}{R}$，称为一阶 *RL* 电路的时间常数。同时可得

$$u_L = L\frac{\mathrm{d}i_L}{\mathrm{d}t} = -RI_0\mathrm{e}^{-\frac{t}{\tau}} \tag{3-33}$$

式(3-32)、式(3-33)还可以写成

$$i_L = i_L(0_+)\mathrm{e}^{-\frac{t}{\tau}} \tag{3-34}$$

$$u_L = u_L(0_+)\mathrm{e}^{-\frac{t}{\tau}} \tag{3-35}$$

式(3-33)中的负号表示 u_L 的实际方向与图 3.13 所示的参考方向相反。u_L 也可以根据欧姆定律求得，请读者自行分析。

从理论上讲，只有当 $t\to\infty$ 时，放电过程才告结束，但实际上，经过 3τ 时间以后电感电流 i_L 已变化到初始值 I_0 的 5% 以下。因此在实际工程中，通常认为经过 $t = (3\sim5)\tau$ 时，过渡过程即可视为结束。

电感电流和电压随时间的变化曲线如图 3.13(b)所示。由图可见：电感的电流 i_L 由初始值 I_0 随时间按指数规律衰减而趋于零；电感线圈上的电压在 $t=0$ 的时刻由 0 跃变为 $-RI_0$，然后随时间按指数规律衰减而趋于零。电压和电流衰减的快慢由时间常数 $\tau\,(\tau = L/R)$ 决定。

3.6.2 RL 电路的零状态响应

分析 RL 电路的零状态响应，其分析方法与前面的 RC 电路类似。分析 RL 电路的零状态响应就是分析电感线圈储存能量的过程。

在图 3.14(a)所示电路中，换路前电感线圈中无储能，即 $i_L(0_-) = 0$。在 $t=0$ 的时刻，将开关 S 闭合，电流流过 RL 电路。

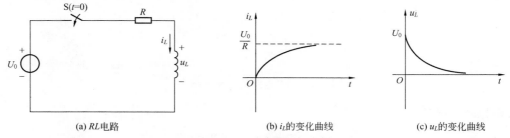

(a) RL电路　　　　　　(b) i_L的变化曲线　　　　　　(c) u_L的变化曲线

图 3.14　RL 电路的零状态响应

下面分析换路后电路的响应。因换路后储能元件的初始储能为零，故电路的响应为零状态响应。

在换路后 $(t\geqslant0)$ 的电路中，根据 KVL 得

$$U_0 = Ri_L + L\frac{\mathrm{d}i_L}{\mathrm{d}t}$$

参照 3.2.2 小节中求解一阶线性非齐次方程的方法，解得

$$i_L = \frac{U_0}{R} - \frac{U_0}{R}\mathrm{e}^{-\frac{Rt}{L}} = \frac{U_0}{R}(1 - \mathrm{e}^{-\frac{t}{\tau}}) \tag{3-36}$$

同时可得到

$$u_L = L\frac{\mathrm{d}i_L}{\mathrm{d}t} = U_0\mathrm{e}^{-\frac{t}{\tau}} \tag{3-37}$$

u_L 也可以根据欧姆定律求得，请读者自行分析。

i_L 和 u_L 随时间变化的曲线分别如图 3.14（b）、（c）所示。由于电感电流不能跃变，故换路瞬间 $i_L(0_+) = i_L(0_-) = 0\text{A}$，电感可视为开路，而 $u_R(0_+) = 0\text{V}$，外加电源视为加在电感线圈两端，因此，$u_L(0_+) = U_0$。

随着时间增加，电流逐渐增大，当 t 趋于无穷大时，电感相当于短路，即 $i_L(\infty) = \dfrac{U_0}{R}$；电路将电源的电能转换为磁场能储存在电感线圈中，$u_L(\infty)$ 趋于零，而 $u_R(\infty) = U_0$。因此，式（3-36）和式（3-37）可写成

$$i_L = i_L(\infty)\left(1 - e^{-\frac{t}{\tau}}\right) \tag{3-38}$$

$$u_L = u_L(0_+)e^{-\frac{t}{\tau}} \tag{3-39}$$

通过以上分析可以看出，在零状态响应的动态过程中，电源提供的能量一部分被电阻消耗掉，一部分转换成磁场能储存在电感周围的磁场中。

3.6.3 RL 电路的全响应

在分析零输入响应和零状态响应时，可以看出，RC 电路和 RL 电路的分析过程和结果是相似的。不难想象，RL 电路的全响应与 RC 电路的全响应在形式上也是相似的。分析 RL 电路的全响应也是分析电感线圈与电源之间能量交换的过程。

下面分析图 3.15（a）所示电路换路后电路的响应。因换路后动态元件既有储能作用，也有电源激励作用，因此称为 RL 电路的全响应。

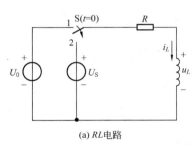

(a) RL电路

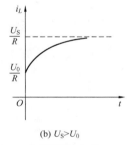

(b) $U_S > U_0$

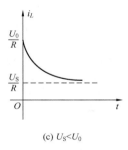

(c) $U_S < U_0$

图 3.15 RL 电路的全响应

在图 3.15（a）所示电路中，换路前开关 S 合在"1"处，电路已稳定，由此可知 $i_L(0_-) = \dfrac{U_0}{R}$。$t=0$ 时换路，S 合在"2"处，$i_L(0_+) = i_L(0_-) = \dfrac{U_0}{R}$。

根据 KVL 得

$$Ri_L + u_L = U_S$$

即

$$Ri_L + L\frac{di_L}{dt} = U_S$$

解为

$$i_L = Ae^{-\frac{Rt}{L}} + \frac{U_S}{R} \tag{3-40}$$

代入初始条件 $t = 0_+$ 时，$i_L(0_+) = \dfrac{U_0}{R}$，得

$$A = \frac{U_0}{R} - \frac{U_s}{R}$$

将上式代入式(3−40)得

$$i_L = \underbrace{\frac{U_s}{R}}_{\text{稳态分量}} + \underbrace{\left(\frac{U_0}{R} - \frac{U_s}{R}\right)e^{-\frac{t}{\tau}}}_{\text{瞬态分量}} \qquad (3-41)$$

式(3−41)中的全响应可用三要素法表示出来，即

$$i_L = i_L(\infty) + [i_L(0_+) - i_L(\infty)]e^{-\frac{t}{\tau}} \qquad (3-42)$$

整理后得

$$i_L = \underbrace{i_L(0_+)e^{-\frac{t}{\tau}}}_{\text{零输入响应}} + \underbrace{i_L(\infty)(1 - e^{-\frac{t}{\tau}})}_{\text{零状态响应}} \qquad (3-43)$$

式中 $\tau = \dfrac{L}{R}$。RL 电路的 i_L 全响应曲线如图 3.15(b)、(c)所示，当 U_0 小于 U_s 时，图(b)所示曲线是充电储能过程，电源的电能转换成磁场能储存在电感周围的磁场中；当 U_0 大于 U_s 时，图(c)所示曲线是放电释放电能的过程，电感周围的磁场能转换成电能。

特别提示

- RL 电路的时间常数 $\tau = \dfrac{L}{R}$，式中电阻 R 的求法与 RC 电路相同，均为除源等效法。

【例3−5】 图 3.16(a)所示电路中，换路前开关 S 处于断开位置，电路已达稳态，$t = 0$ 时将 S 闭合。试求换路后的 i_L，u_L。

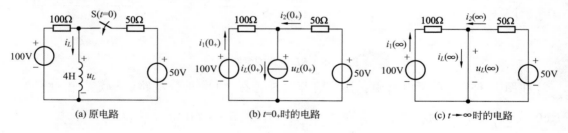

(a) 原电路   (b) $t = 0_+$ 时的电路   (c) $t \rightarrow \infty$ 时的电路

图 3.16 例 3−5 图

【解】 采用三要素法求 i_L，u_L。

(1) 确定初始值 $i_L(0_+)$，$u_L(0_+)$：由于换路前电路稳定，故电感可视为短路，则 $i_L(0_-) = 1\text{A}$。

根据换路定律，有 $i_L(0_+) = i_L(0_-) = 1\text{A}$。$t = 0_+$ 时的等效电路如图 3.16(b)所示，列写如下方程：

$$i_1(0_+) + i_2(0_+) = 1\text{A}$$

$$100 - 100i_1(0_+) + 50i_2(0_+) - 50 = 0$$

解得

$$i_1(0_+) = 0.67\text{A}, \quad i_2(0_+) = 0.33\text{A}$$

$$u_L(0_+) = 50 - 50i_2(0_+) = 33.5\text{V}$$

（2）确定稳态值 $i_L(\infty)$，$u_L(\infty)$。

当 $t \to \infty$ 时，$u_L(\infty) = 0\text{V}$，而 $i_L(\infty)$ 由图 3.16（c）求得，即

$$i_L(\infty) = i_1(\infty) + i_2(\infty) = 2\text{A}$$

（3）确定时间常数 τ。

$$R = 100\Omega /\!/ 50\Omega = 33.3\Omega$$

时间常数

$$\tau = \frac{L}{R} = 0.12\text{s}$$

因此

$$i_L = \left[2 + (1-2)\text{e}^{-\frac{25t}{3}}\right]\text{A}$$

$$u_L = \left[0 + (33.3 - 0)\text{e}^{-\frac{25t}{3}}\right]\text{V} = 33.3\text{e}^{-\frac{25t}{3}}\text{V}$$

在本例中，求出 i_L 后，若 u_L 直接由 i_L 导出，则能使计算变得更为简单。由于 u_L 和 i_L 的参考方向关联，故有

$$u_L = L\frac{\text{d}i_L}{\text{d}t} = 33.3\text{e}^{-\frac{25t}{3}}\text{V}$$

【例 3-6】 如图 3.17 所示电路中，换路前电路已稳定，$t = 0$ 时将开关 S 断开。试求换路后 i_L，i_1。

【解】 先采用三要素法求 i_L。

（1）确定初始值 $i_L(0_+)$

由于换路前电路稳定，故电感可视为短路，则

$$i_L(0_-) = i_1(0_-) + i_2(0_-) = \frac{12}{6} + \frac{9}{3} = 5\text{A}$$

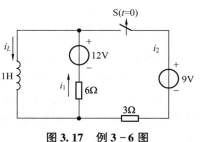

图 3.17　例 3-6 图

据换路定律得

$$i_L(0_+) = i_L(0_-) = 5\text{A}$$

（2）确定稳态值 $i_L(\infty)$

$t \to \infty$ 时，有

$$i_L(\infty) = \frac{12}{6} = 2\text{A}$$

（3）确定时间常数 τ

$$\tau = \frac{L}{R} = 0.167\text{s}$$

于是，有

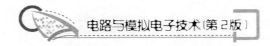
$$i_L = 2 + (5-2)e^{-6t} = (2+3e^{-6t})\,\text{A}$$

$$i_1 = i_L = (2+3e^{-6t})\,\text{A}$$

通过前面的分析和计算可以看出，由于能够很容易地根据换路定律求出电容电压或电感电流的初始值，故在求解一阶线性电路的响应时，通常先利用三要素法求出电容电压 u_C 或电感电流 i_L，而其他响应可以根据电路的分析方法直接由电容电压 u_C 或电感电流 i_L 导出，这样，往往能使计算变得简单。

3.7　应用实例

RC 和 RL 电路在许多电子设备中都有应用，如微分器、积分器、延时电路、继电器电路，以及本书第 11 章"直流稳压电源"中将要介绍的滤波器等。其中就利用了 RC 和 RL 电路在换路瞬间能量不能突变，以及时间常数可控的特点。本节介绍两个相关的例子。

3.7.1　照相闪光灯装置

电子闪光灯是 RC 电路应用的一个例子，它利用了换路瞬间电容器的电压不能突变以及时间常数短的特点，瞬间产生强电流，使闪光灯动作。

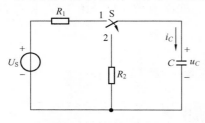

图 3.18　闪光灯电路

图 3.18 所示的电路是由直流高压源 U_S、大阻值限流电阻 R_1 和一个与闪光灯并联的电容器 C 组成，闪光灯用电阻 R_2 表示。开关处于位置"1"时，时间常数 $\tau_1 = R_1 C$ 很大，电容器充电较慢。

电容器的端电压由零逐渐增加到 U_S，而其电流逐渐由 $I_1 = \dfrac{U_S}{R_1}$ 下降到零，充电时间近似地需要 $t_1 = 5\tau_1 = 5R_1 C$，如图 3.19（a）所示。当开关 S 由位置"1"切换到"2"时，电容器的电压不能突变，通过 R_2 放电，放电时间常数 $\tau_2 = R_2 C$。由于闪光灯的低电阻 R_2 阻值小，即放电时间常数很小，电容器的电压通过 R_2 很快放电完毕，在很短的时间里产生很大的放电电流，使闪光灯闪亮，其峰值电流 $I_2 = \dfrac{U_S}{R_2}$，如图 3.19（b）所示，放电时间近似地为 $t_2 = 5\tau_2 = 5R_2 C$。

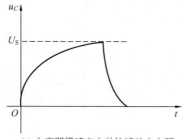

(a) 电容器慢速充电并快速放电电压

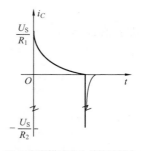

(b) 电容器慢速充电并快速放电电流

图 3.19　闪光灯电路的 u_C 和 i_C 变化曲线

因此，图 3.18 所示的简单 RC 电路能产生短时间的大电流脉冲，这一类电路还可用于电子枪和雷达发射管等装置中，其工作原理是相同的。

3.7.2 汽车点火电路

汽车点火电路是 RL 电路应用的一个例子。汽车的汽油发动机启动时要求汽缸中的燃料空气混合体在适当的时候被点燃，该装置称为火花塞（又称点火塞），如图 3.20(a)所示，它基本是一对电极，间隔一定的空气隙。若在两个电极间出现一个高压(几千伏)，则空气隙中会产生火花而点燃发动机。但汽车电池只有 12V，为获得这么高的电压，可以利用换路瞬间电感电流不能突变的特点，在很短的时间内产生很大的感应电动势加在两个电极间，产生火花点燃发动机。

图 3.20(a)中电感 L 为点火线圈，R 为限流电阻，S 为点火开关，当点火开关闭合时，流过电感线圈的电流逐渐增加，电能转换成磁场能存储在电感线圈中，达到稳态时，电感相当于短路，充电的时间常数 $\tau = \dfrac{L}{R}$，此时达到稳态的时间约为 $t = 5\tau = 5\dfrac{L}{R}$。若开关突然断开，电感中的电流在很

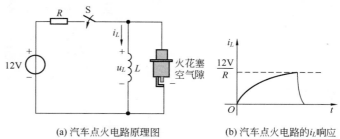

(a) 汽车点火电路原理图　　(b) 汽车点火电路的 i_L 响应

图 3.20　汽车点火电路

短的时间内过渡到零，如图 3.20(b)所示，同时在电感两端产生一个很高的电压 $u = L\dfrac{\mathrm{d}i}{\mathrm{d}t}$ 加在电极两端，使空气隙产生电火花或电弧，直到放电过程中电感的能量被消耗完为止，点燃发动机。在实验室中进行电感电路实验或研究时，也时有发生，使人有被电击的感觉。

小　　结

本章主要介绍了过渡过程、时间常数等基本概念。利用经典法分析一阶电路的零输入响应、零状态响应和全响应，从而归纳出分析一阶电路的三要素法。

1. 电阻、电容和电感元件

若电压和电流取关联参考方向，则电阻、电容和电感元件的电压和电流之间的约束关系分别为

$$u = Ri, \quad i = C\frac{\mathrm{d}u}{\mathrm{d}t}, \quad u = L\frac{\mathrm{d}i}{\mathrm{d}t}$$

电阻具有限流作用，电容具有通交隔直作用，电感具有通直阻交作用。

电阻是耗能元件，电容和电感是储能元件。电容和电感所存储的能量分别为

$$W_C = \frac{1}{2}Cu^2(\text{电场能}), \quad W_L = \frac{1}{2}Li^2(\text{磁场能})$$

2. 换路、过渡过程和时间常数的概念

换路：由于电路结构或参数变化引起的电路状态的变化称为换路。

过渡过程：电路从一种稳态过渡到另一种稳态所经历的过程。

时间常数：

(1) 一阶 RC 电路的时间常数 $\tau = RC$；

(2) 一阶 RL 电路的时间常数 $\tau = L/R$。

时间常数反映了过渡过程进行得快慢。时间常数越大，过渡过程进行得就越慢；时间常数越小，过渡过程进行得就越快。

3. 换路定律

$$u_C(0_+) = u_C(0_-)$$
$$i_L(0_+) = i_L(0_-)$$

换路定律主要用于求换路后电容电压和电感电流的初始值。

4. 一阶电路的三要素法(阶跃或直流激励下)

全响应 = 稳态分量 + 瞬态分量

$$f(t) = f(\infty) + [f(0_+) - f(\infty)] e^{-\frac{t}{\tau}}$$

式中：$f(0_+)$ 为待求响应的初始值；$f(\infty)$ 为待求响应的稳态值；τ 为电路的时间常数。

知识链接

动态电路的瞬态分析方法

分析动态电路的瞬态响应时可以采用两种方法：

(1) 时域分析法，即根据电路基本定律列写关于电压和电流的微分方程，然后再求解该微分方程。这种方法必须根据电压和电流及各阶导数的初始值确定积分常数，而确定含有多个动态元件这些初始值的工作量是相当大的。

(2) 复频域分析法，即先利用拉氏变换将时域内复杂的微分方程变换为复频域内简单的代数方程，从而求出待求响应的象函数，再取拉氏反变换求出待求响应的时域函数。这种方法特别适用于对高阶动态电路的过渡过程进行分析。

习　　题

3-1　单项选择题

(1) 通常利用万用电表 R×1kΩ 的欧姆挡来对大电容的质量好坏进行简易的测试。测量前，先将被测电容短路，使其放电完毕，则下列(　　)种情况说明电容的质量是好的。

A. 测量时一直指在∞处，不摆动

B. 测量时指针自∞处迅速摆动至 0 处

C. 测量时指针先由∞处迅速摆动至较小阻值，然后逐渐摆动至∞处

(2) 如果电感元件没有初始储能，则在换路瞬间，电感元件相当于(　　)。

A. 短路　　　　　　　B. 开路　　　　　　　C. 既不短路也不开路

(3) 如果电容元件没有初始储能，则在换路瞬间，电容元件相当于(　　)。

A. 短路　　　　　　　B. 开路　　　　　　　C. 既不短路也不开路

（4）在 RC 和 RL 电路中，在电容和电感保持不变的情况下，若 R 变大，则（　　）。

　　A. RC 和 RL 电路的时间常数均将变大

　　B. RC 和 RL 电路的时间常数均将变小

　　C. RC 电路的时间常数将变小，RL 电路的时间常数将变大

　　D. RC 电路的时间常数将变大，RL 电路的时间常数将变小

（5）瞬态电路如图 3.21(a) 所示，$u_C(0_-)=0$，在 $t=0$ 瞬间接通电路，已知电阻分别为 $1k\Omega$、$3k\Omega$、$4k\Omega$、$6k\Omega$ 时的 4 条 $u_R(t)$ 曲线，则 $3k\Omega$ 所对应的 $u_R(t)$ 曲线是（　　）。

　　A. a 　　　　　　B. b 　　　　　　C. c 　　　　　　D. d

（6）瞬态电路如图 3.21(b) 所示，开关 S 打开瞬间电阻 R 上电压 $u_R(0_+)$ 和线圈 L 中电流 $i_L(0_+)$ 的值分别为（　　）。

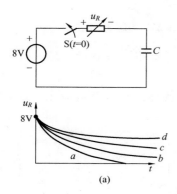
(a)

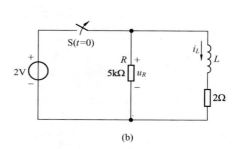
(b)

图 3.21　习题 3-1 图

　　A. 2V/1A 　　　　　B. 0V/0A 　　　　　C. $-5000V/1A$ 　　　　D. 5000V/1A

3-2　判断题(正确的请在每小题后的圆括号内打"✓"，错误的打"×")

（1）电阻元件在直流电路和交流电路中的作用相同，都是起消耗电能的作用。

　　　　　　　　　　　　　　　　　　　　　　　　　　　　　　　（　　）

（2）如果一个电感元件两端的电压为零，则其储能也一定为零。　　（　　）

（3）如果一个电容元件中的电流为零，则其储能也一定为零。　　　（　　）

（4）在直流稳态电路中，电容可视为开路，电感可视为短路。　　　（　　）

（5）如果换路前，电容 C 处于零状态，则 $t=0_+$ 时，电容相当于短路。（　　）

（6）如果换路前，电感 L 处于零状态，则 $t=0_+$ 时，电感相当于开路。（　　）

（7）在对电容器充电时，时间常数越大，则充电越快。　　　　　　（　　）

（8）在对电路进行时域分析时，各电压、电流的初始值均可由 $t=0_-$ 时的电路图中求得。　　　　　　　　　　　　　　　　　　　　　　　　　　　　　　（　　）

（9）电阻器两端的电压在换路瞬间可能产生突变。　　　　　　　　（　　）

（10）一阶电路的全响应是零输入响应和零状态响应的叠加。　　　（　　）

（11）分析 RC 电路的零输入响应就是分析电容器的放电过程。　　（　　）

（12）三要素法适用于任何线性电路的分析计算。　　　　　　　　　（　　）

3-3　在图 3.22 所示电路中，$U_S=10V$，$R_1=R_3=10k\Omega$，$R_2=2k\Omega$，$C=1\mu F$，$t=0$ 时将

开关S打开，在S打开前，电路处于稳态。试求S打开的瞬间 $u_C(0_+)$、$i_C(0_+)$ 和 $u_{R_1}(0_+)$。

3-4 在图3.23(a)、(b)所示电路中，$t=0$ 时换路，换路前电路已处于稳态。试求换路后电流 i 的初始值和稳态值。

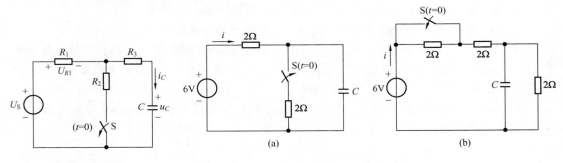

图3.22 习题3-3图 图3.23 习题3-4图

3-5 在图3.24所示电路中，在换路前已经处于稳态，$t=0$ 时换路，试求换路后瞬间电流 i_L 的初始值和稳态值。

3-6 在图3.25所示电路中，开关S原为闭合状态，在 $t=0$ 时断开。试求断开S的瞬间通过电感线圈 L 上的电流初始值及电阻 R 上的电压初始值。

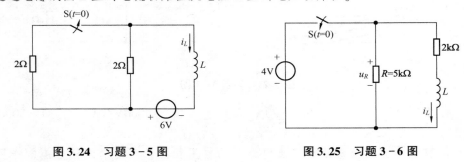

图3.24 习题3-5图 图3.25 习题3-6图

3-7 在图3.26所示电路中，当开关S处于闭合状态时，电路已处于稳态，$t=0$ 时将S断开。试求换路后的时间常数 τ 及 $t=\tau$ 时电容器上的电压 $u_C(t)$。

3-8 在图3.27所示电路中，开关S在a点时，电路已处于稳态；$t=0$ 时S由a点到b点。试求 $u_C(t)$ 并画出其随时间变化的曲线。

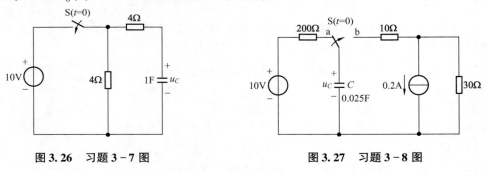

图3.26 习题3-7图 图3.27 习题3-8图

3-9 在图3.28所示电路中，开关S在 $t=0$ 时闭合，之前 $u_C=6$V。试求换路后电容

两端的电压 u_C。

3-10 在图3.29所示电路中，换路前电路已处稳态，$t=0$ 时将开关S闭合。试求换路后的 u_C、i_C，并画出二者随时间变化的曲线。

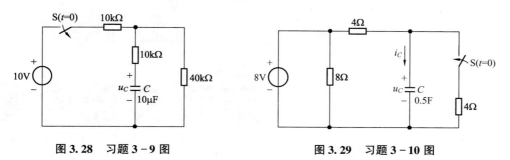

图3.28 习题3-9图　　　　　　　　　图3.29 习题3-10图

3-11 在图3.30所示电路中，开关S闭合前，电感初始储能为零，在 $t=0$ 时合上开关。试用三要素法求电路中 i_L 的响应，以及 $t=3\text{ms}$ 时的电流值。

3-12 在图3.31所示电路中，换路前电路已处于稳态。试求换路后电感电流 i_L 和a、b两点间的电压 u_{ab}。

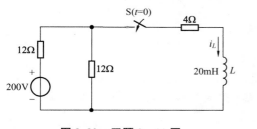

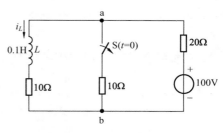

图3.30 习题3-11图　　　　　　　　　图3.31 习题3-12图

3-13 在图3.32所示电路中，换路前电路已经稳定，$t=0$ 时开关S由a点换向b。试求换路后 i_L 和 u_L。

3-14 在图3.33所示电路中，换路前已稳定，在 $t=0$ 时开关S打开。试求换路后 i_L 和 u 的响应。

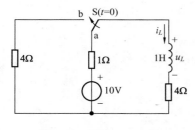

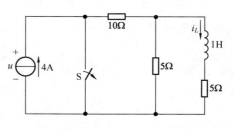

图3.32 习题3-13图　　　　　　　　　图3.33 习题3-14图

第4章

正弦交流电路

第1章和第2章主要介绍了电阻电路的基本定律和基本的分析方法，只要将这些基本定律和基本分析分法稍加改动即可完全移植到正弦交流电路的分析之中。本章主要介绍正弦量、正弦量的相量表示法、交流电路的相量模型、交流电路的功率及功率因数、阻抗以及谐振等基本概念。同时进行正弦稳态交流电路的分析和计算，在直流电路分析方法的基础上引入了相量法，可使正弦稳态交流电路的分析计算变得简单。

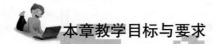 本章教学目标与要求

- 掌握正弦量的三要素以及正弦量的表示方法，尤其是正弦量的相量表示方法。
- 掌握单一元件（电阻器、电感器或电容器）交流电路中电压与电流的关系，并且熟练画出单一元件上电压与电流关系的相量图。
- 了解瞬时功率、无功功率和视在功率的概念以及功率因数的提高。
- 了解交流电路的频率特性和谐振电路的特征。
- 能够熟练运用相量法分析 R、L、C 串联的交流电路，并熟练计算有功功率。

 引例

交流电是目前供电和用电的主要形式，而正弦交流电又是交流电中应用最广泛的一种形式。在现代电力系统中，电能的生产、传输和分配主要以正弦交流电的形式进行，这是因为交流发电机等供电设备要比直流及其他波形的供电设备性能好、效率高。在电子技术、通信及广播电视领域，正弦信号的应用也十分广泛，这是因为非正弦周期信号可以通过傅里叶级数分解为一系列不同频率的正弦信号。

【交流发电机】

【荧光灯和收音机】

荧光灯是最常用的照明电器，也是交流电路的典型应用，我们很想了解它的电路结构和工作原理；收音机是最早用来了解外面世界的电子器件，我们对它是如何接收到外界信息感兴趣。通过本章的学习，这些感兴趣的问题可迎刃而解。

4.1　正弦交流电路的基本概念

大小和方向随时间作正弦规律周期性变化，并且在一个周期内的平均值为零的电压、电流和电动势等物理量统称为正弦交流电。

以正弦电流为例，其三角函数表达式为

$$i = I_m \sin(\omega t + \psi) \qquad (4-1)$$

其波形如图 4.1 所示。

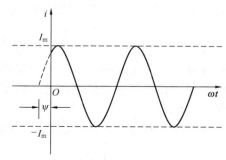

式（4-1）中：i 称为电流瞬时值；I_m 称为幅值（或最大值）；ω 称为角频率；ψ 称为初相位。正弦量的特征表现在变化的快慢、大小及初始值三个方面，而三者分别由频率（周期或角频率）、幅值（或有效值）和初相位来确定。所以，频率、幅值和初相位就称为正弦量的三要素。

图 4.1　正弦波形

4.1.1　正弦量的周期、频率和角频率

正弦量变化一个循环所需要的时间称为周期，用 T 表示，单位为秒（s）。单位时间（每秒）内变化的次数称为频率，用 f 表示，单位为赫［兹］（Hz）。

频率与周期互为倒数关系，即

$$f = \frac{1}{T} \qquad (4-2)$$

正弦量变化一个周期经历了 $2\pi \text{rad}$，所以可以用角频率来表示正弦量变化的快慢，其单位是弧度每秒（rad/s），即

$$\omega = \frac{2\pi}{T} = 2\pi f \qquad (4-3)$$

式（4-3）表示频率、周期与角频率的关系。

我国的工业标准频率（简称工频）是 50Hz，世界上还有很多国家的工频也是 50Hz，也有少数国家（如美国、日本）采用 60Hz 的工业频率。除了工业频率，在其他技术领域内还需要采用不同的频率，如通常收音机中波段的频率为 530～1600kHz，短波段的频率为 2.3～23MHz；机械工业中高频加热设备的频率为 200～300kHz；等等。

【各国电网频率表】

4.1.2　正弦量的瞬时值、幅值与有效值

正弦量在任一瞬间的值称为瞬时值，用小写字母来表示，如 i、u 和 e 分别表示电流、电压和电动势的瞬时值。这些量都是随时间而变化的量，所以式（4-1）也称瞬时值表达式。瞬时值中最大的值称为最大值或幅值，用带有下标 m 的大写字母来表示，如 I_m、U_m 和 E_m 分别表示电流、电压和电动势的幅值。正弦量的幅值虽然能够反映交流电的大小，但毕竟只是某一瞬间的数值，不便于用来计量交流电，因此在交流电路中通常用有效值来计量交流电。

在电工技术中，有效值是从电流的热效应来定义的，即如果某一交流电流 i 通过一个

电阻时在一个周期内产生的热量，与某一个直流电流 I 通过同一电阻在一个周期内产生的热量相等，那么就把这一直流电流 I 的数值定义为交流电流 i 的有效值。

根据这一定义，可得

$$\int_0^T Ri^2 \mathrm{d}t = RI^2 T$$

由此，可以得出有效值与瞬时值的关系为

$$I = \sqrt{\frac{1}{T}\int_0^T i^2 \mathrm{d}t} \tag{4-4}$$

即有效值等于瞬时值的平方在一个周期内的平均值的开方，故有效值又称为方均根值。式(4-4)不仅适用于正弦交流电，也适用于任何周期性变化的交流电，但是不适用于非周期性变化的量。

当交流电流为正弦交流电时，即 $i = I_\mathrm{m}\sin(\omega t + \psi)$，则

$$\int_0^T i^2 \mathrm{d}t = \int_0^T I_\mathrm{m}^2\sin^2(\omega t + \psi)\mathrm{d}t = I_\mathrm{m}^2\int_0^T \frac{1-\cos2(\omega t + \psi)}{2}\mathrm{d}t = \frac{I_\mathrm{m}^2}{2}T \tag{4-5}$$

将式(4-5)代入式(4-4)中，得到正弦交流电流的有效值与最大值的关系为

$$I = \frac{I_\mathrm{m}}{\sqrt{2}} \tag{4-6}$$

同理，正弦交流电压和电动势的有效值与最大值的关系为

$$U = \frac{U_\mathrm{m}}{\sqrt{2}} \quad E = \frac{E_\mathrm{m}}{\sqrt{2}}$$

有效值的字母都用大写来表示，与直流量的字母一样。根据式(4-6)可以将式(4-1)重新用有效值表示，即

$$i = \sqrt{2}I\sin(\omega t + \psi)$$

需要指出，平时所说的交流电压和电流的大小都是指的交流量的有效值，一般交流电压表和交流电流表所指示的数值也是有效值。

4.1.3 正弦量的相位、初相位和相位差

正弦量是随时间变化的，在不同的时刻 t 具有不同的 $(\omega t + \psi)$ 值，正弦量也就变化到不同的数值，所以式(4-1)中的角度 $(\omega t + \psi)$ 代表了正弦量的变化进程，称为相位。要确定一个正弦量的初始值就要从计时起点 $(t=0)$ 看，计时起点不同，正弦量的初始值也就不同，到达幅值所需的时间也就不同。

$t=0$ 时的相位称为初相位。显然，初相位与计时起点的选取有关，所取的计时起点不同，初相位随之变化，其初始值也就不同。

在同一正弦交流电路中，电压 u 和电流 i 的频率相同，但是初相位不一定相同，例如：

$$u = U_\mathrm{m}\sin(\omega t + \psi_u)$$
$$i = I_\mathrm{m}\sin(\omega t + \psi_i)$$

它们两个初相位分别为 ψ_u 和 ψ_i。

任何两个同频率正弦量之间的相位关系可以通过它们的相位之差或初相位之差来表示，称为相位差 φ。即

$$\varphi = (\omega t + \psi_u) - (\omega t + \psi_i) = \psi_u - \psi_i$$

当电压 u 和电流 i 的初相位不同时（也称不同相），它们变化的步调就不一致，即达到最大值的时间有先有后。当 $\varphi = \psi_u - \psi_i > 0$ 时，说明 u 比 i 要先到达最大值，称 u 超前于 i，或者称 i 滞后于 u，如图 4.2（a）所示；当 $\varphi = \psi_u - \psi_i = 0$ 时，说明 u 和 i 具有相同的初相位，同时达到最大值，称 u 和 i 同相，如图 4.2（b）所示，当 $\varphi = \psi_u - \psi_i = \pi$ 时，称 u 和 i 反相，如图 4.2（c）所示。

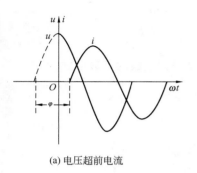
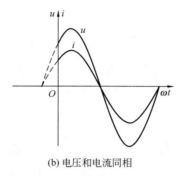
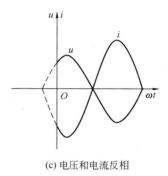

(a) 电压超前电流　　　　　　(b) 电压和电流同相　　　　　　(c) 电压和电流反相

图 4.2　同频率正弦量的相位关系

特别提示

- 对正弦量的数学描述可以采用 sin 函数，也可以采用 cos 函数，本书统一规定采用 sin 函数。
- 在进行交流电路的分析和计算时，同一电路中的电压、电流和电动势只能有一个共同的计时起点，所以通常用其中任一正弦量的初相位为零的瞬间作为计时起点。初相位为零的正弦量就称为参考正弦量，其他量的初相位就不一定为零了。
- 初相位和相位差的主值区间为 $-\pi \sim \pi$。

【三角函数的由来】

4.2　正弦交流电路的分析基础

如前所述，正弦交流电可以用三角函数表达式和正弦波形图来表示。由于在进行交流电路的分析和计算时，需要将同频率的几个正弦量相加减，如果采用三角函数和波形图计算都不方便。因此，在对正弦量进行计算时可以采用另一种表示方法，即相量表示法。相量法的基础是复数，这样就可以把三角函数运算简化成复数形式的代数运算了。

4.2.1　复数

在复平面上用一条从原点指向某一坐标点的有向线段来表示复数，如图 4.3 所示。其代数形式定义为

$$F = a + jb \tag{4-7}$$

式中：a 称为复数的实部；b 称为复数的虚部；$j = \sqrt{-1}$[①]，为虚单位。

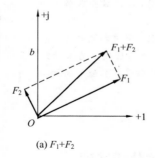

一个复数的表示形式有多种，根据图4.3可以得到复数的三角函数形式为

$$F = |F|(\cos\theta + j\sin\theta) \qquad (4-8)$$

式(4-8)中：$|F|$ 称为复数的模；θ 称为复数的辐角。$|F|$ 和 θ 与 a 和 b 之间的关系为

$$a = |F|\cos\theta, \quad b = |F|\sin\theta$$

图 4.3　复数的表示　或

$$|F| = \sqrt{a^2 + b^2}, \quad \theta = \arctan\left(\frac{b}{a}\right)$$

根据欧拉公式 $e^{j\theta} = \cos\theta + j\sin\theta$ 可以得到复数的指数形式为

$$F = |F|e^{j\theta} \qquad (4-9)$$

式(4-9)又可以改写为复数的极坐标形式，即

$$F = |F|\underline{/\theta} \qquad (4-10)$$

复数的加减运算用代数形式进行比较方便。设 $F_1 = a_1 + jb_1$，$F_2 = a_2 + jb_2$，则

$$F_1 \pm F_2 = (a_1 + jb_1) \pm (a_2 + jb_2)$$
$$= (a_1 \pm a_2) + j(b_1 \pm b_2)$$

在复平面上利用平行四边形法则或多边形法则也可以进行复数的加减运算，如图4.4所示。

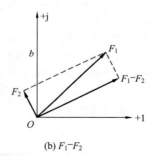

(a) $F_1 + F_2$　　　　　　　　　　　　(b) $F_1 - F_2$

图 4.4　复数的加减运算

复数的乘除运算则用指数形式或者极坐标形式进行比较方便，即

$$F_1 F_2 = |F_1|e^{j\theta_1}|F_2|e^{j\theta_2} = |F_1||F_2|e^{j(\theta_1 + \theta_2)}$$

$$\frac{F_1}{F_2} = \frac{|F_1|e^{j\theta_1}}{|F_2|e^{j\theta_2}} = \frac{|F_1|\underline{/\theta_1}}{|F_2|\underline{/\theta_2}} = \frac{|F_1|}{|F_2|}\underline{/\theta_1 - \theta_2}$$

复数乘积的模等于各复数模的乘积，其辐角等于各复数辐角的和；两复数相除的模等于两复数模相除，其辐角等于两复数辐角的差。

---

① 在数学中常用 i 表示虚单位，而电路中 i 表示电流，故采用 j 表示虚单位。

【例 4 - 1】 设 $F_1 = 3 + j4$，$F_2 = 10 \underline{/45°}$。求 $F_1 + F_2$ 和 F_1F_2。

【解】 求复数的代数和用代数形式：

$$F_2 = 10 \underline{/45°} = 10(\cos45° + j\sin45°)$$
$$= 7.07 + j7.07$$
$$F_1 + F_2 = (3 + j4) + (7.07 + j7.07) = 10.07 + j11.07$$

转化为极坐标形式为

$$\theta = \arctan\left(\frac{11.07}{10.07}\right) = 47.7°$$

$$|F_1 + F_2| = \sqrt{(10.07)^2 + (11.07)^2} = 14.95$$

即

$$F_1 + F_2 = 14.95 \underline{/47.7°}$$
$$F_1F_2 = (3 + j4) \times 10 \underline{/45°} = 5 \underline{/53.1°} \times 10 \underline{/45°}$$
$$= 50 \underline{/98.1°}$$

4.2.2　正弦量的相量表示

若复数 $F = |F|e^{j\theta}$ 中的辐角 $\theta = \omega t + \psi$，则 F 就是一个复指数函数，根据欧拉公式可以将其展开为

$$F = |F|e^{j(\omega t + \psi)} = |F|\cos(\omega t + \psi) + j|F|\sin(\omega t + \psi)$$

如果用 $\text{Im}[F]$ 表示复数的虚部，则有

$$\text{Im}[F] = |F|\sin(\omega t + \psi)$$

所以，正弦量可以用上述形式的复指数函数表示，正弦量可以与其虚部一一对应。以正弦电流 $i = \sqrt{2}I\sin(\omega t + \psi_i)$ 为例，则有

$$i = \text{Im}\left[\sqrt{2}Ie^{j\psi_i}e^{j\omega t}\right] \tag{4 - 11}$$

从式(4 - 11)中可以看出，复指数函数中的 $Ie^{j\psi_i}$ 是以正弦量的有效值为模，以初相位为辐角的一个复常数，因此，就把这个复常数定义为正弦量的相量，用大写字母上加 "·"来表示，即 $\dot{I}$，其表达式为

$$\dot{I} = Ie^{j\psi_i} = I \underline{/\psi_i}$$

正弦量的相量还可以用图 4.5 所示的形式来表示各个正弦量的大小和相位关系，其图形称为相量图。以电流 $i = \sqrt{2}I\sin(\omega t + \psi_i)$ 和电压 $u = \sqrt{2}U\sin(\omega t + \psi_u)$ 为例，在相量图上可以清晰地看出两者之间的大小和相位关系。可以看出，电流相量超前于电压相量 φ 角，也就是正弦电流超前正弦电压 φ 角。

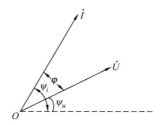

图 4.5　相量图

特别提示

- 正弦量的相量只是表示正弦量，而不等于正弦量。因为相量中只含有有效值和初相位两个要素，不含频率这个要素。
- 正弦量的相量一般指其有效值相量，用大写字母上加 "·" 来表示；有时也用其最大值相量表示，即 $\dot{I}_m$。

- 只有同一频率的正弦量才可以在同一个相量图中加以表示，也只有相同频率的正弦量之间才可以进行比较、进行计算。

4.2.3　正弦量的运算

同频正弦量之间可以进行加减运算。设

$$u_1 = \sqrt{2}\, U_1 \sin(\omega t + \psi_1)$$
$$u_2 = \sqrt{2}\, U_2 \sin(\omega t + \psi_2)$$

则

$$u_1 \pm u_2 = \mathrm{Im}\left[\sqrt{2}\, U_1 \mathrm{e}^{\mathrm{j}(\omega t + \psi_1)}\right] \pm \mathrm{Im}\left[\sqrt{2}\, U_2 \mathrm{e}^{\mathrm{j}(\omega t + \psi_2)}\right]$$
$$= \mathrm{Im}\left[\sqrt{2}\, \dot{U}_1 \mathrm{e}^{\mathrm{j}\omega t}\right] \pm \mathrm{Im}\left[\sqrt{2}\, \dot{U}_2 \mathrm{e}^{\mathrm{j}\omega t}\right] = \mathrm{Im}\left[\sqrt{2}\, \dot{U}_1 \mathrm{e}^{\mathrm{j}\omega t} \pm \sqrt{2}\, \dot{U}_2 \mathrm{e}^{\mathrm{j}\omega t}\right]$$
$$= \mathrm{Im}\left[\sqrt{2}\, \mathrm{e}^{\mathrm{j}\omega t}(\dot{U}_1 \pm \dot{U}_2)\right] = \mathrm{Im}\left[\sqrt{2}\, \dot{U}\mathrm{e}^{\mathrm{j}\omega t}\right]$$

从上述表达式中可以得到，$\dot{U} = \dot{U}_1 \pm \dot{U}_2$，即同频正弦量间的加减运算可以转变为对应相量间的加减运算。同频正弦量间的加减运算也可以在相量图上根据平行四边形法则来计算。

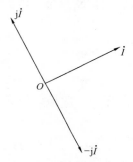

图4.6　$\dot{I}$ 乘上 $\pm\mathrm{j}$

设电流正弦量的相量 $\dot{I} = I\mathrm{e}^{\mathrm{j}\psi_i} = I\underline{/\psi_i}$，将该相量乘上 $\mathrm{e}^{\mathrm{j}\theta}$ 可得

$$\dot{I}\mathrm{e}^{\mathrm{j}\theta} = I\mathrm{e}^{\mathrm{j}\psi_i}\mathrm{e}^{\mathrm{j}\theta} = I\mathrm{e}^{\mathrm{j}(\psi_i + \theta)}$$

即相量的模不变，只是相位在原基础上增加了 θ 角（即沿逆时针方向旋转了 θ 角）。当 $\theta = \pm 90°$ 时，$\mathrm{e}^{\pm\mathrm{j}90°} = \pm\mathrm{j}$，即 $\mathrm{j}\dot{I}$ 相当于将相量 $\dot{I}$ 按逆时针方向旋转 $90°$；$-\mathrm{j}\dot{I}$ 相当于将相量 $\dot{I}$ 顺时针旋转 $90°$，如图4.6所示。

【例4-2】　已知 $i_1 = 30\sin(\omega t + 45°)\mathrm{A}$，$i_2 = 10\sin(\omega t - 30°)\mathrm{A}$，$i = i_1 + i_2$。（1）求 i 的数学表达式；（2）画出相量图；（3）说明 i 的最大值是否等于 i_1 和 i_2 的最大值之和，i 的有效值是否等于 i_1 和 i_2 的有效值之和，为什么？

【解】　（1）采用相量法运算。先用 i_1 和 i_2 的有效值相量来表示，即

$$\dot{I}_1 = 15\sqrt{2}\,\underline{/45°}\,\mathrm{A} \qquad \dot{I}_2 = 5\sqrt{2}\,\underline{/-30°}\,\mathrm{A}$$

由此得

$$\dot{I} = \dot{I}_1 + \dot{I}_2 = (15\sqrt{2}\,\underline{/45°} + 5\sqrt{2}\,\underline{/-30°})$$
$$= (15 + \mathrm{j}15 + 6.12 - \mathrm{j}3.54)\mathrm{A} = (21.12 + \mathrm{j}11.46)$$
$$= 24.03\,\underline{/28.5°}\,\mathrm{A}$$
$$i = \sqrt{2}\,I\sin(\omega t + \psi) = 34\sin(\omega t + 28.5°)\mathrm{A}$$

（2）相量图如图4.7所示。

（3）由于 i_1、i_2 和 i 的最大值分别为 $I_{1\mathrm{m}} = 30\mathrm{A}$、$I_{2\mathrm{m}} = 10\mathrm{A}$、$I_{\mathrm{m}} = 34\mathrm{A}$，显然 $I_{\mathrm{m}} \neq I_{1\mathrm{m}} + I_{2\mathrm{m}}$，因而有效值 $I \neq I_1 + I_2$。这是因为 i_1 和 i_2 的初相位不同，它们的最大值不是在同一个时刻出现的，所以正弦量的最大值和有效值之间不能直接代数相加。

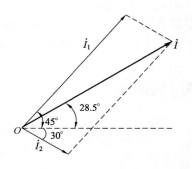

图4.7　例4-2的相量图

特别提示

- 正弦量的相量运算结果通常用极坐标式来表示。
- 在正弦交流电路中，KCL 的相量形式为 $\sum \dot{I} = 0$；KVL 的相量形式为 $\sum \dot{U} = 0$。

4.3 单一参数的交流电路

分析交流电路时，首先应该掌握单一参数（电阻、电感或电容）元件电路的电压与电流的关系，因为任何电路都是由若干单一参数元件构成的不同组合而已。

4.3.1 纯电阻电路

图 4.8(a)所示的是一个纯电阻交流电路，电压和电流取关联参考方向。现选择电流为参考正弦量（电流的初相位设为 0°），即

$$i = I_m \sin\omega t \tag{4-12}$$

则根据欧姆定律得

$$u = Ri = RI_m \sin\omega t = U_m \sin\omega t \tag{4-13}$$

可见，电压是与电流同频的正弦量。比较式(4-12)和式(4-13)可以看出，在纯电阻电路中，电流和电压的关系如下：

(1) 电压和电流的频率相同；

(2) 电压和电流的相位相同；

(3) 电压和电流的最大值和有效值之间的关系分别为

$$\left.\begin{array}{c} U_m = RI_m \\ U = RI \end{array}\right\} \tag{4-14}$$

即电压的最大值(或有效值)与电流的最大值(或有效值)的比值就是电阻 R。

若用相量形式来表示电压和电流的关系，则有

$$\left.\begin{array}{c} \dot{U}_m = R\dot{I}_m \\ \dot{U} = R\dot{I} \end{array}\right\} \tag{4-15}$$

式(4-15)就是纯电阻交流电路中欧姆定律的相量形式，其波形图和相量图分别如图 4.8(b)、(c)所示。

在任意瞬间，电压瞬时值与电流瞬时值的乘积，称为瞬时功率，用小写字母 p 表示，即

$$p = ui = U_m I_m \sin^2\omega t = \frac{U_m I_m}{2}(1 - \cos 2\omega t)$$

$$= UI(1 - \cos 2\omega t) \tag{4-16}$$

由式(4-16)可以看出，p 由两部分组成，第一部分是常数 UI，第二部分是随时间变化的变量 $UI\cos 2\omega t$，其频率是电压频率的 2 倍。功率波形如图 4.8(d)所示。从功率波形图中可以看出，瞬时功率总是正值，即 $p \geq 0$，这表明电阻从电源取用电能。工程上常取

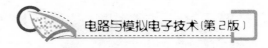

瞬时功率在一个周期内的平均值来表示电路所消耗的功率，称为平均功率，又称有功功率，单位为瓦[特]（W），用大写字母 P 表示，即

$$P = \frac{1}{T}\int_0^T p\,\mathrm{d}t = \frac{1}{T}\int_0^T UI(1 - \cos 2\omega t)\,\mathrm{d}t$$

$$= UI = RI^2 = \frac{U^2}{R} \qquad (4-17)$$

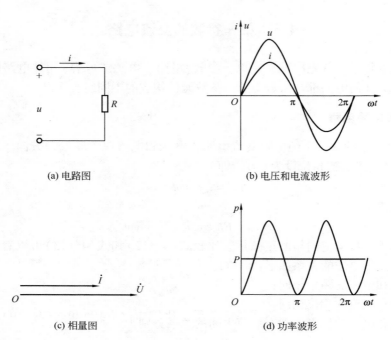

(a) 电路图

(b) 电压和电流波形

(c) 相量图

(d) 功率波形

图 4.8　纯电阻电路

【例 4-3】　把一个电阻值为 100Ω 的电阻接到 220V 的工频交流电源上工作，其电流是多少？若将其接到 220V、100Hz 的交流电源上工作，其电流又是多少？

【解】　电阻接到 220V 工频电源时，频率 $f = 50\mathrm{Hz}$，此时有

$$I = \frac{U}{R} = \frac{220}{100}\mathrm{A} = 2.2\mathrm{A}$$

当改接到 220V、100Hz 的电源上时，电流为

$$I = \frac{U}{R} = \frac{220}{100}\mathrm{A} = 2.2\mathrm{A}$$

即电流与频率无关。当电源电压有效值不变时，电流有效值也保持不变。

4.3.2　纯电感电路

在图 4.9(a) 所示的纯电感元件的交流电路中，电压和电流取关联参考方向。当电感线圈中通以交流电流时，选择电流为参考正弦量，即

$$i = I_{\mathrm{m}}\sin\omega t \qquad (4-18)$$

则电感端电压为

$$u = L\frac{\mathrm{d}i}{\mathrm{d}t} = L\frac{\mathrm{d}(I_{\mathrm{m}}\sin\omega t)}{\mathrm{d}t} = \omega L I_{\mathrm{m}}\cos\omega t = U_{\mathrm{m}}\sin(\omega t + 90°) \quad (4-19)$$

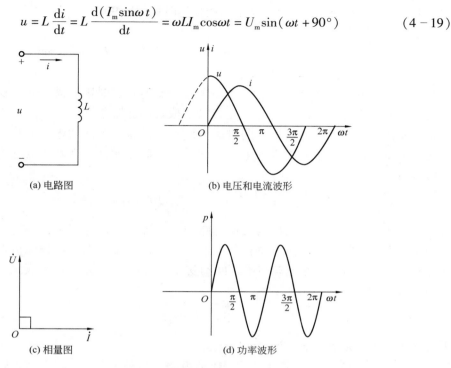

(a) 电路图   (b) 电压和电流波形

(c) 相量图   (d) 功率波形

图 4.9 纯电感电路

可见，电流为正弦量时，电压也是正弦量。比较式（4-18）和式（4-19）可得电感元件上电压与电流的关系：①电压与电流的频率相同；②电压在相位上超前于电流 90°，即电流在相位上滞后于电压 90°，电压与电流的相位差 $\varphi = 90°$，其波形如图 4.9(b) 所示。③电压与电流最大值和有效值之间的关系分别为

$$\left.\begin{array}{l} U_{\mathrm{m}} = \omega L I_{\mathrm{m}} \\ U = \omega L I \end{array}\right\} \quad (4-20)$$

从上式可见，在纯电感电路中，电压的最大值（或有效值）与电流的最大值（或有效值）的比值为 ωL，其单位是欧姆。当电压一定时，ωL 越大，则电流就越小，ωL 对交流电流起阻碍作用，称其为感抗，用 X_L 表示，即

$$X_L = \omega L = 2\pi f L$$

X_L 的大小与电感 L 和频率 f 成正比，频率越高，感抗越大，即电感线圈对高频电流的阻碍作用越大，而在直流电路中，$f = 0\,\mathrm{Hz}$，$X_L = 0\,\Omega$，故电感可视为短路，其具有通直阻交的作用。

若用相量表示纯电感电路中电压与电流的关系，则有

$$\dot{U} = \mathrm{j}X_L\dot{I} = \mathrm{j}\omega L\dot{I} \quad (4-21)$$

或

$$\frac{\dot{U}}{\dot{I}} = \frac{U}{I}\mathrm{e}^{\mathrm{j}90°} = \mathrm{j}X_L$$

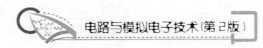

式（4-21）也是电感元件的欧姆定律在相量形式下的表示，其相量图如图4.9（c）所示。可见，电流相量乘上 j 就是将电流相量逆时针旋转90°。

电感的瞬时功率为

$$p = ui = U_m I_m \sin\omega t \sin(\omega t + 90°) = U_m I_m \sin\omega t \cos\omega t$$
$$= UI\sin 2\omega t \tag{4-22}$$

其变化曲线如图4.9（d）所示。由图可以看出，瞬时功率是随时间变化的交变量，且时正时负。当 $p \geq 0$ 时，电感从电源取用电能转换成磁场能储存起来；当 $p \leq 0$ 时，电感将储存的磁场能转换成电能送回电源。同时还可以看出，在一个周期内，电感储存的能量与释放的能量相等，即电感并不消耗电能，它是一种储能元件。因此，电感的平均功率即有功功率为

$$P = \frac{1}{T}\int_0^T p\,\mathrm{d}t = \frac{1}{T}\int_0^T UI\sin 2\omega t\,\mathrm{d}t = 0$$

综上所述，在纯电感元件的交流电路中，电感没有消耗能量，平均功率为零。但瞬时功率并不恒为零，这表明电感在与电源之间进行能量转换。这种能量转换对电源来说是一种负担，故将这种在电源与电感间的功率转换用无功功率 Q 来表示，它等于瞬时功率的幅值，即

$$Q = UI = X_L I^2 = \frac{U^2}{X_L}$$

无功功率的单位是乏（var）或千乏（kvar）。

【例4-4】 把一个电感参数值为0.2H的电感元件接到220V的工频正弦交流电源上工作，其电流是多少？而将其接到220V的另一正弦交流电源上工作，其电流则是1.75A，那么该电源的频率是多少？

【解】 电感接到220V工频电源时，频率 $f = 50$Hz，此时有

$$X_L = 2\pi fL = (2 \times 3.14 \times 50 \times 0.2)\Omega = 62.8\Omega$$

$$I = \frac{U}{X_L} = \frac{220}{62.8}A = 3.5A$$

当改接到220V的另一电源上时，有

$$X_L = \frac{U}{I} = \frac{220}{1.75}\Omega = 125.7\Omega$$

$$f = \frac{X_L}{2\pi L} = \frac{125.7}{2 \times 3.14 \times 0.2}Hz = 100Hz$$

从例4-4可以看出，当电感电压一定时，电流的有效值与频率成反比。

4.3.3 纯电容电路

在图4.10（a）所示纯电容元件的交流电路中，电压和电流取关联参考方向。若在电容器两端加一正弦电压，即

$$u = U_m \sin\omega t \tag{4-23}$$

则电路中的电流

$$i = C\frac{\mathrm{d}u}{\mathrm{d}t} = C\frac{\mathrm{d}(U_\mathrm{m}\sin\omega t)}{\mathrm{d}t} = \omega CU_\mathrm{m}\cos\omega t$$

$$= \omega CU_\mathrm{m}\sin(\omega t + 90°) = I_\mathrm{m}\sin(\omega t + 90°) \quad (4-24)$$

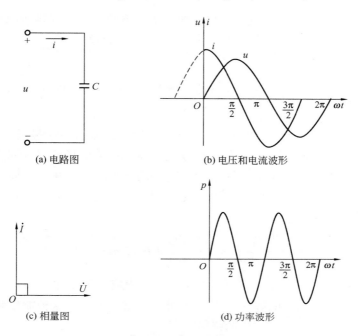

(a) 电路图　　　　(b) 电压和电流波形

(c) 相量图　　　　(d) 功率波形

图 4.10　纯电容电路

可见，电流与电压是同频率的正弦量。比较式(4-23)和式(4-24)可得，电容元件上电压与电流的关系：①电压与电流的频率相同；②电压在相位上滞后于电流90°，即电流在相位上超前于电压90°，电压与电流的相位差 $\varphi = -90°$，其波形如图 4.10(b)所示；③电压与电流的最大值和有效值之间的关系分别为

$$\left.\begin{array}{l} I_\mathrm{m} = \omega CU_\mathrm{m} \\ I = \omega CU \end{array}\right\} \quad (4-25)$$

从式(4-25)可见，在纯电容电路中，电压的最大值(或有效值)与电流的最大值(或有效值)的比值为 $\dfrac{1}{\omega C}$，很显然其单位是欧姆。当电压一定时，$\dfrac{1}{\omega C}$ 越大，则电流越小，它对交流电流起阻碍作用，所以称其为容抗，用 X_C 表示，即

$$X_C = \frac{1}{\omega C} = \frac{1}{2\pi fC}$$

容抗 X_C 的大小与电容 C 和频率 f 成反比，频率越高，则容抗越小，即电容对高频电流的阻碍作用很小；而在直流电路中，$f = 0\mathrm{Hz}$，$X_C \to \infty$，电容可视为开路，故电容具有隔直通交的作用。

若用相量表示纯电容电路中电压与电流的关系，则有

$$\dot{U} = -\mathrm{j}X_C\dot{I} = \frac{1}{\mathrm{j}\omega C}\dot{I} \quad (4-26)$$

或

$$\frac{\dot{U}}{\dot{I}} = \frac{U}{I}e^{-j90°} = -jX_C$$

式(4-26)也是电容元件的欧姆定律在相量形式下的表示，其相量图如图4.10(c)所示。可见，电流相量乘上 -j 即将电流相量按顺时针方向旋转90°。

电容的瞬时功率为

$$p = ui = U_mI_m\sin\omega t\sin(\omega t + 90°) = U_mI_m\sin\omega t\cos\omega t$$
$$= UI\sin2\omega t \tag{4-27}$$

其变化曲线如图4.10(d)所示。由图4.10(d)可以看出，瞬时功率是随时间变化的交变量，且时正时负。当 $p \geq 0$ 时，电容从电源取用电能转换成电场能储存起来；当 $p \leq 0$ 时，电容将储存的电场能转换成电能送回电源。同时还可以看出，在一个周期内，电容储存的能量与释放的能量相等，即电容并不消耗电能，电容是一种储能元件。因此，电容的平均功率即有功功率为

$$P = \frac{1}{T}\int_0^T p\mathrm{d}t = \frac{1}{T}\int_0^T UI\sin2\omega t\mathrm{d}t = 0$$

综上所述，在纯电容元件的交流电路中，电容没有消耗能量，平均功率为零，但瞬时功率并不恒为零，这表明电容在与电源之间进行能量转换。这种能量转换也用无功功率 Q 来表示，其大小等于瞬时功率的幅值，即

$$Q = -UI = -X_CI^2 = -\frac{U^2}{X_C}$$

特别提示

● 电容元件上的无功功率取负值，是为了同电感元件电路的无功功率进行比较。也设电流为参考正弦量，即 $i = I_m\sin\omega t$，则 $u = U_m\sin(\omega t - 90°)$，于是瞬时功率 $p = ui = -UI\sin2\omega t$，所以电容元件的无功功率 $Q = -UI = -X_CI^2$。

【例4-5】 把一个电容为 $50\mu F$ 的电容器接到 $12V$ 的工频正弦交流电源上工作，其电流是多少？而将其接到 $12V$ 的另一正弦交流电源上工作，其电流则是 $18.8A$，那么该电源的频率是多少？

【解】 电容器接到 $12V$ 工频电源时，频率 $f = 50Hz$，此时有

$$X_C = \frac{1}{2\pi fC} = \frac{1}{2\times3.14\times50\times50\times10^{-6}}\Omega = 63.7\Omega$$

$$I = \frac{U}{X_C} = \frac{12}{63.7}A = 188mA$$

当改接到 $12V$ 的另一电源上时，有

$$X_C = \frac{U}{I} = \frac{12}{18.8}\Omega = 0.64\Omega$$

$$f = \frac{1}{2\pi C X_C} = \frac{1}{2 \times 3.14 \times 0.64 \times 50 \times 10^{-6}} \text{Hz} \approx 5000 \text{Hz}$$

从例 4-5 可以看出，当电容电压一定时，电流的有效值与频率成正比，频率越高，电流有效值越大。

4.4 串联交流电路

通过上节的讨论可以知道，在单一参数元件的交流电路中，电压和电流的频率总是相同的，因此，本节讨论串联交流电路中的电压和电流关系时，就不再重复讨论频率相同的问题，而是主要讨论它们的相位和有效值关系，功率的问题将在 4.5 节中单独讨论。

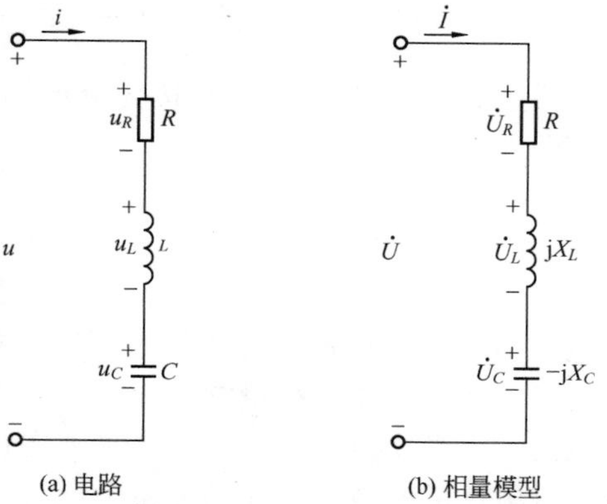

在图 4.11(a) 所示电路中，当电路两端加上正弦交流电压 u 时，电路中将产生正弦交流电流 i，并且在各元件上分别产生电压 u_R、u_L 和 u_C，其参考方向如图 4.11(a) 所示。根据基尔霍夫电压定律(KVL)得

$$u = u_R + u_L + u_C$$

(a) 电路   (b) 相量模型

图 4.11 串联交流电路及相量模型

若用相量形式来表示，则

$$\dot{U} = \dot{U}_R + \dot{U}_L + \dot{U}_C = R\dot{I} + jX_L\dot{I} - jX_C\dot{I}$$

$$= R\dot{I} + j(X_L - X_C)\dot{I} = (R + jX)\dot{I} \tag{4-28}$$

式(4-28)即基尔霍夫电压定律的相量形式。同样，也可以得到相量形式下的电路模型，如图 4.11(b) 所示。整理式(4-28)得

$$\frac{\dot{U}}{\dot{I}} = R + jX$$

令

$$Z = R + jX \tag{4-29}$$

由式(4-29)可见，Z 为一复数，其实部 R 为电阻，虚部 $X = X_L - X_C$ 称为电抗，故将 Z 称为电路阻抗，其单位为欧［姆］(Ω)。

阻抗也可以写出 4 种表示形式：

$$Z = R + j(X_L - X_C) = |Z|(\cos\varphi + j\sin\varphi)$$

$$= |Z|e^{j\varphi} = |Z| \underline{/\varphi} \tag{4-30}$$

式中：$|Z|$ 是阻抗 Z 的模，称为阻抗模，单位为欧［姆］(Ω)，即

$$|Z| = \sqrt{R^2 + (X_L - X_C)^2} \tag{4-31}$$

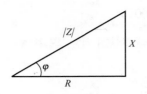

图 4.12　阻抗三角形

φ 是阻抗 Z 的辐角，称为阻抗角，φ 可以利用图 4.12 所示的阻抗三角形求出，即

$$\varphi = \arctan \frac{X_L - X_C}{R} \qquad (4-32)$$

综上所述，可以得到串联交流电路相量形式的欧姆定律，即

$$\dot{U} = Z\dot{I} \qquad (4-33)$$

整理，得

$$Z = \frac{\dot{U}}{\dot{I}} = \frac{U \underline{/\psi_u}}{I \underline{/\psi_i}} = \frac{U}{I} \underline{/\psi_u - \psi_i} \qquad (4-34)$$

对照式(4-30)可得串联交流电路中电压与电流的有效值之间以及相位之间的关系，即

$$\frac{U}{I} = |Z| \qquad (4-35)$$

$$\psi_u - \psi_i = \varphi \qquad (4-36)$$

即电压与电流的有效值的比值等于阻抗模，电压与电流的相位差等于阻抗角。上述电压与电流关系也可以用相量图表示，如图 4.13 所示。做串联交流电路的相量图时，一般选取电流为参考相量，把它画在水平方向（即实轴方向）上。从相量图中可以得到总电压与各部分电压的有效值之间的关系为

$$U = \sqrt{U_R^2 + (U_L - U_C)^2} \qquad (4-37)$$

式(4-37)中总电压与各部分电压有效值关系同样可以用三角形表示，如图 4.13 所示，该三角形称为电压三角形。电压三角形与同一电路的阻抗三角形互为相似三角形。

上述交流串联电路包含电阻、电感、电容 3 种性质不同的元件，所以电路性质也会出现 3 种不同的性质。任何交流电路中，只要电压对电流的相位差 φ 满足 $0° < \varphi \leqslant 90°$（电压超前于电流），这种电路称为（电）感性电路，即电路呈感性；当 φ 满足 $-90° \leqslant \varphi < 0°$（电压滞后于电流）时，这种电路称为（电）容性电路，即电路呈容性；当 $\varphi = 0°$ 时，电路呈电阻性。在图 4.11 所示的串联交流电路中，当 $X_L > X_C$ 时，电路呈感性；当 $X_L < X_C$ 时，电路呈容性；当 $X_L = X_C$ 时，电路呈电阻性。

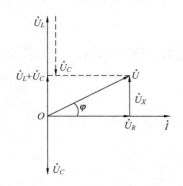

图 4.13　串联电路电压与电流相量图

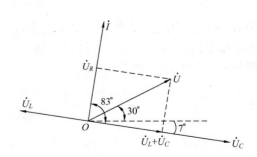

图 4.14　例 4-6 的相量图

前面分析了电阻、电感和电容元件串联的交流电路，但在实际电路中，电路元件的组合方式各有不同，最常见的是电阻与电感元件串联的电路和电阻与电容元件串联的电路。分析电阻与电感元件串联的电路时，利用分析 R、L、C 串联电路的方法，只要将其中电容的作用忽略不计（$X_C = 0$）即可；同样分析电阻与电容元件串联时，将电感的作用忽略不计（$X_L = 0$）即可。

特别提示

- 在交流串联电路中，总电压是各部分电压的相量和而不是代数和，所以总电压的有效值通常并不等于各部分电压的有效值之和，而且总电压的有效值有可能会小于电感电压或者电容电压的有效值。

【例 4 − 6】 在图 4.11（a）所示的 R、L、C 串联交流电路中，已知 $R = 30\Omega$，$L = 127\text{mH}$，$C = 40\mu\text{F}$，电源电压 $u = 220\sqrt{2}\sin(314t + 30°)\text{V}$。（1）求电流 i 及各部分电压 u_R、u_L 和 u_C；（2）作相量图。

【解】 （1）首先作出图 4.11（b）所示的相量模型图，然后确定图中对应的感抗和容抗。

$$X_L = \omega L = (314 \times 127 \times 10^{-3})\Omega = 40\Omega$$

$$X_C = \frac{1}{\omega C} = \frac{1}{314 \times 40 \times 10^{-6}}\Omega = 80\Omega$$

$$Z = R + j(X_L - X_C) = [30 + j(40 - 80)]\Omega$$
$$= (30 - j40)\Omega = 50 \underline{/-53°}\,\Omega$$

电源电压

$$\dot{U} = 220 \underline{/30°}\,\text{V}$$

电流

$$\dot{I} = \frac{\dot{U}}{Z} = \frac{220 \underline{/30°}}{50 \underline{/-53°}}\text{A} = 4.4 \underline{/83°}\,\text{A}$$

$$i = 4.4\sqrt{2}\sin(314t + 83°)\text{A}$$

电阻电压

$$\dot{U}_R = R\dot{I} = (30 \times 4.4 \underline{/83°})\text{V} = 132 \underline{/83°}\,\text{V}$$

$$u_R = 132\sqrt{2}\sin(314t + 83°)\text{V}$$

电感电压

$$\dot{U}_L = jX_L\dot{I} = (j40 \times 4.4 \underline{/83°})\text{V} = 176 \underline{/173°}\,\text{V}$$

$$u_L = 176\sqrt{2}\sin(314t + 173°)\text{V}$$

电容电压

$$\dot{U}_C = -jX_C\dot{I} = (-j80 \times 4.4 \underline{/83°})\text{V} = 352 \underline{/-7°}\,\text{V}$$

$$u_C = 352\sqrt{2}\sin(314t - 7°)\text{V}$$

从上面的计算结果可以更直观地看出

$$\dot{U} = \dot{U}_R + \dot{U}_L + \dot{U}_C$$
$$U \neq U_R + U_L + U_C$$

（2）电流和各个电压的相量图如图 4.14 所示。

在例 4-6 中，分析计算结束后，再作出相量图可以更形象直观地看出电路中电压和电流的关系，并且能更清晰地判断该串联电路的性质。相量图在正弦电路中更多是作为一种辅助的分析工具，如果使用得法，可以根据相量图的几何关系进行简单运算，简化电路的求解过程。下面就以例 4-7 来说明使用相量图的分析方法。

【例 4-7】 图 4.15 所示的电路可用来测量电感线圈的等效参数。已知电源电压 $U_S =$ 220V，频率 $f=50$Hz。开关 S 打开时，电流表 A_1 的读数为 2A；S 闭合后，电流表 A_1 的读数为 0.8A，电流表 A_2 的读数为 1.5A。试求参数 R 和 L。

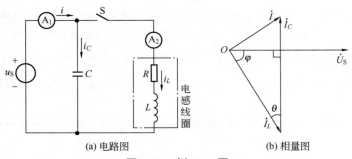

(a) 电路图　　　　　　(b) 相量图

图 4.15　例 4-7 图

【解】 先作出图 4.15(a)的电压和电流相量图，如图 4.15(b)所示。该电路为并联电路，以电压为参考相量，即令 $\dot{U}_S = 220 \underline{/0°}$V，则 $\dot{I}_C = 2 \underline{/90°}$ A，$\dot{I}_L = 1.5 \underline{/-\varphi}$ A。

由相量图并根据余弦定理计算得

$$I^2 = I_L^2 + I_C^2 - 2I_L I_C \cos\theta$$

$$\cos\theta = \frac{I_L^2 + I_C^2 - I^2}{2I_L I_C} = \frac{1.5^2 + 2^2 - 0.8^2}{2 \times 1.5 \times 2} = 0.935$$

$$\theta = 20.77°, \quad \varphi = 69.23°$$

根据已知条件，线圈的等效阻抗为

$$|Z| = \frac{U_S}{I_L} = \frac{220\Omega}{1.5} = 146.7\Omega$$

所以

$$R = |Z|\cos\varphi = 52\Omega$$

$$X_L = |Z|\sin\varphi = 137.2\Omega$$

$$L = \frac{X_L}{\omega} = \frac{137.2}{2 \times 3.14 \times 50}\text{H} = 437\text{mH}$$

4.5　交流电路的功率及功率因数

通过对单一参数元件电路的分析知道，在纯电阻电路中，只消耗有功功率，没有无功功率；在纯电感和纯电容电路中，不消耗有功功率，只有无功功率的交换。在一般交流电路中，即非单一参数元件的电路中，就可能既消耗有功功率也有无功功率的交换。

下面以串联交流电路为例来分析一般交流电路中的功率，设电压与电流取关联参考方向。

在交流电路中，电压和电流的瞬时值都是随时间变化的量，所以它们的乘积，即瞬时功率也是随时间变化的量。若令 $i = I_m \sin\omega t$，$u = U_m \sin(\omega t + \varphi)$，则瞬时功率

$$p = ui = U_m I_m \sin\omega t \sin(\omega t + \varphi)$$
$$= UI\cos\varphi - UI\cos(2\omega t + \varphi) \qquad (4-38)$$

由于瞬时功率实际意义不大，而且不便于测量，通常用平均功率（有功功率）和无功功率来表示。平均功率用 P 来表示，即

$$P = \frac{1}{T}\int_0^T p\,\mathrm{d}t = \frac{1}{T}\int_0^T [UI\cos\varphi - UI\cos(2\omega t + \varphi)]\mathrm{d}t$$
$$= UI\cos\varphi \qquad (4-39)$$

根据前面的分析可知电路中电阻元件是要消耗电能的，故有功功率也可以表示如下：

$$P = UI\cos\varphi = U_R I = I^2 R = \frac{U^2}{R} \qquad (4-40)$$

无功功率用 Q 来表示，可以定义为

$$Q = UI\sin\varphi \qquad (4-41)$$

由于电感元件和电容元件要和电源之间进行能量互换，并且电感和电容之间也有能量转换，相应的无功功率可以用电容和电感的无功功率表示，即

$$Q = U_L I - U_C I = I^2 X_L - I^2 X_C = I^2(X_L - X_C) = UI\sin\varphi \qquad (4-42)$$

许多电气设备的容量是由其额定电压和额定电流的乘积决定的，为此引入了视在功率的概念，用大写字母 S 表示，即

$$S = UI$$

视在功率的单位是伏·安（V·A）或千伏·安（kV·A）。

有功功率 P、无功功率 Q 和视在功率 S 之间的关系可用一直角三角形来表示，此直角三角形称为功率三角形，如图 4.16 所示。显然，同一电路的功率三角形与阻抗三角形相似。从功率三角形中可以得出

$$S = \sqrt{P^2 + Q^2}, \quad P = S\cos\varphi, \quad Q = S\sin\varphi$$

正弦交流电路中总的有功功率等于电路中各部分有功功率之和，总的无功功率等于电路中各部分无功功率之和，即有功功率和无功功率分别守恒，但视在功率不一定守恒。

【例 4-8】 求图 4.17 所示电路的有功功率、无功功率和视在功率。已知 $\dot{U} = 220 \underline{/0°}$ V，$\dot{I} = 0.86 \underline{/39.6°}$ A，$\dot{I}_1 = 1.9 \underline{/80°}$ A，$\dot{I}_2 = 1.36 \underline{/-75.5°}$ A。

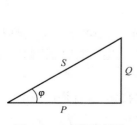

图 4.16 功率三角形

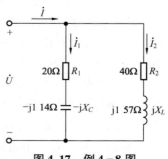

图 4.17 例 4-8 图

【解】 本题可采用如下两种方法求解。

（1）由总电压、总电流求功率：

$$P = UI\cos\varphi = [220 \times 0.86 \times \cos(-39.6°)]W = 146W$$

$$Q = UI\sin\varphi = [220 \times 0.86 \times \sin(-39.6°)]var = -121var$$

$$S = UI = (220 \times 0.86)V \cdot A \approx 190V \cdot A$$

（2）由元件功率求总功率：

$$P = R_1 I_1^2 + R_2 I_2^2 = (20 \times 1.9^2 + 40 \times 1.36^2)W = 146W$$

$$Q = -X_C I_1^2 + X_L I_2^2 = (-114 \times 1.9^2 + 157 \times 1.36^2)var = -121var$$

$$S = \sqrt{P^2 + Q^2} = \sqrt{146^2 + (-121)^2}V \cdot A = 190V \cdot A$$

通过对功率的分析可以看出，有功功率不仅与电压、电流的有效值有关，还决定于电压与电流的相位差 φ（即阻抗角）。有功功率与视在功率的比值 λ，称为电路的功率因数，即功率因数为

$$\lambda = \frac{P}{S} = \cos\varphi$$

因此，电压与电流的相位差 φ 又称功率因数角。

功率因数是电力系统中一项重要的经济性能指标。功率因数过低，会引起两方面的问题：

1）降低电源设备的利用率

当电源设备输出的容量 S_N 一定时，其有功功率为

$$P = S_N\cos\varphi$$

$\cos\varphi$ 越低，P 越小，电源设备的容量越不能充分地利用。

2）增加供电设备和输电线路的功率损耗

负载从电源取用的电流为

$$I = \frac{P}{U\cos\varphi}$$

在 P 和 U 一定的情况下，$\cos\varphi$ 越低，I 就越大，而线路损耗

$$\Delta P = \Delta R I^2$$

就越大。同时，电源内阻消耗的功率也就越大。

【功率因数提高】

因此，提高功率因数会带来显著的经济效益。目前，在各种用电设备中电感性负载（简称感性负载）居多，而且功率因数往往比较低。感性负载功率因数低是因为它与电源之间的无功功率交换多，由于感性无功功率可以由容性无功功率来补偿，所以，可以采用与感性负载并联电容的方法来提高功率因数。

【例4-9】 电路如图4.18（a）所示，有一感性负载接到50Hz、220V的交流电源上工作，其有功功率为10kW，功率因数为0.6。试问应并联多大的电容能将电路的功率因数提高到0.9？

【解】 本题可用如下两种方法求解：

（1）通过电流的变化求电容 C。并联电容前，电路的总电流就是负载电流 $\dot{I}_L$，电路的功率因数是负载的功率因数 $\cos\varphi_L$；并联电容后，电路总电流 $\dot{I} = \dot{I}_L + \dot{I}_C$，电路的功率因

90

数变为 $\cos\varphi$。由图 4.18(b) 可以看出，$\varphi < \varphi_L$，所以 $\cos\varphi > \cos\varphi_L$。并联电容前后负载电流和电路的有功功率都没有发生变化，所以可以利用电流的变化求电容。

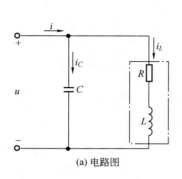
(a) 电路图

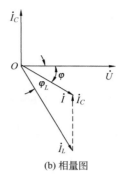
(b) 相量图

图 4.18 例 4-9 图

并联电容前

$$\cos\varphi_L = 0.6, \quad \varphi_L = 53.1°$$

并联电容后

$$\cos\varphi = 0.9, \quad \varphi = 25.8°$$

并联电容前

$$I_L = \frac{P}{U\cos\varphi_L} = \frac{10 \times 10^3}{220 \times 0.6}\text{A} = 75.8\text{A}$$

并联电容后

$$I = \frac{P}{U\cos\varphi} = \frac{10 \times 10^3}{220 \times 0.9}\text{A} = 50.5\text{A}$$

电容电流由图 4.18(b) 可以得

$$I_C = I_L\sin\varphi_L - I\sin\varphi$$
$$= (75.8 \times \sin53.1° - 50.5 \times \sin25.8°)\text{A} = 38.6\text{A}$$

电容

$$C = \frac{I_C}{2\pi f U} = \frac{38.6}{2 \times 3.14 \times 50 \times 220}\text{F} = 559\mu\text{F}$$

（2）通过无功功率的变化求电容 C：

并联电容前

$$\cos\varphi_L = 0.6, \quad \varphi_L = 53.1°$$

无功功率

$$Q_L = P\tan\varphi_L = (10 \times 10^3 \times \tan53.1°)\text{var} = 13.32\text{kvar}$$

并联电容后

$$\cos\varphi = 0.9, \quad \varphi = 25.8°$$

无功功率

$$Q = P\tan\varphi = (10 \times 10^3 \times \tan25.8°)\text{var} = 4.83\text{kvar}$$

并联电容后无功功率减少，减少的无功功率则是由电容提供的，故电容无功功率为

$$|Q_C| = |Q - Q_L| = |4.83 - 13.32| \text{kvar} = 8.49 \text{kvar}$$

由于

$$|Q_C| = \frac{U^2}{X_C} = 2\pi f C U^2$$

所以

$$C = \frac{|Q_C|}{2\pi f U^2} = \frac{8.49 \times 10^3}{2 \times 3.14 \times 50 \times 220^2} \mu\text{F} = 559 \mu\text{F}$$

通过上述两种解法都可以推导出求解并联电容的公式，即

$$C = \frac{P}{2\pi f U^2}(\tan\varphi_L - \tan\varphi) \tag{4-43}$$

 **特别提示**

- 在感性负载两端并联电容时，并不是并联的电容值越大功率因数就越大。因为当电容到达一定数值时，会使整个电路由感性变为容性，同时功率因数也会再由大变小。
- 若在较高的功率因数上再进一步提高，则所需电容将很大，有时得不偿失。

【**例4-10**】 将例4-9中的功率因数从0.9再提高到0.95，试问需要再并联多大的电容？

【**解**】 直接利用式(4-43)来求解电容。其中 $\varphi_L = 25.8°$，$\varphi = \arccos 0.95 = 18.2°$，故

$$C = \frac{P}{2\pi f U^2}(\tan\varphi_L - \tan\varphi) = \frac{10 \times 10^3}{2 \times 3.14 \times 50 \times 220^2}(\tan 25.8° - \tan 18.2°)\text{F} = 103\mu\text{F}$$

此时总电流

$$I = \frac{P}{U\cos\varphi} = \frac{10 \times 10^3}{220 \times 0.95}\text{A} = 47.8\text{A}$$

很显然，功率因数提高后，电流减小，但继续提高功率因数需要大电容，成本较高，可是电流减小得并不明显。一般情况下，高压用户的功率因数不能低于0.95，低压用户的功率因数不能低于0.9，但不需提高到1。

通过前几节对交流电路电压电流关系以及功率的分析，为了便于学习和记忆，将交流电路的主要结论整理于表4-1中。

表4-1 交流电路的主要结论

阻 抗		电压与电流关系				功 率	
		频率	相 位	有效值	相量式	有功功率	无功功率
电阻	$Z = R$	相同	同相	$U = RI$	$\dot{U} = R\dot{I}$	$P = UI = I^2R$ $= \dfrac{U^2}{R}$	0
电感	$Z = jX_L$	相同	电压超前电流90°	$U = X_L I$	$\dot{U} = jX_L\dot{I}$	0	$Q = UI = X_L I^2$ $= \dfrac{U^2}{X_L}$
电容	$Z = -jX_C$	相同	电压滞后电流90°	$U = X_C I$	$\dot{U} = -jX_C\dot{I}$	0	$Q = -UI = -X_C I^2$ $= -\dfrac{U^2}{X_C}$

（续）

阻　抗		电压与电流关系				功　率	
		频率	相　位	有效值	相量式	有功功率	无功功率
RLC 串联电路	$Z = R + j(X_L - X_C)$ $\lvert Z \rvert = \sqrt{R^2 + (X_L - X_C)^2}$	相同	$\varphi = \arctan \dfrac{X_L - X_C}{R}$	$U = I\lvert Z \rvert$	$\dot{U} = \dot{I}Z$	$P = UI\cos\varphi$ $= I^2 R$	$Q = UI\sin\varphi$ $= X_L I^2 - X_C I^2$
RL 串联电路	$Z = R + jX_L$ $\lvert Z \rvert = \sqrt{R^2 + X_L^2}$	相同	电压超前电流 φ	$U = I\lvert Z \rvert$	$\dot{U} = \dot{I}Z$	$P = UI\cos\varphi$ $= I^2 R$	$Q = UI\sin\varphi$ $= X_L I^2$
RC 串联电路	$Z = R - jX_C$ $\lvert Z \rvert = \sqrt{R^2 + X_C^2}$	相同	电压滞后电流 φ	$U = I\lvert Z \rvert$	$\dot{U} = \dot{I}Z$	$P = UI\cos\varphi$ $= I^2 R$	$Q = UI\sin\varphi$ $= -X_C I^2$

4.6 阻抗的串联与并联

4.6.1 阻抗的串联

两个阻抗 $Z_1 = R_1 + jX_1$，$Z_2 = R_2 + jX_2$ 相串联就构成了如图 4.19(a)所示的串联电路。由 KVL 得

$$\dot{U} = \dot{U}_1 + \dot{U}_2 = Z_1\dot{I} + Z_2\dot{I} = (Z_1 + Z_2)\dot{I} = Z\dot{I}$$

两个阻抗串联可以用一个等效阻抗 Z 表示，即

$$Z = Z_1 + Z_2$$

其等效电路如图 4.19(b)所示。

同理可以推导，若有 n 个阻抗串联，其等效阻抗为

$$Z = \sum_{k=1}^{n} Z_k$$

阻抗串联与电阻串联原理相同，同时也具有分压作用，即

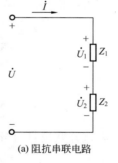 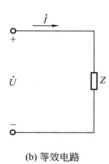

(a) 阻抗串联电路　　　　(b) 等效电路

图 4.19　阻抗串联

$$\dot{U}_k = \frac{Z_k}{\displaystyle\sum_{k=1}^{n} Z_k} \dot{U}$$

4.6.2 阻抗的并联

如图 4.20(a)所示，两个阻抗 Z_1、Z_2 组成并联电路，对其应用 KCL 得

$$\dot{I} = \dot{I}_1 + \dot{I}_2 = \frac{\dot{U}}{Z_1} + \frac{\dot{U}}{Z_2} = \left(\frac{1}{Z_1} + \frac{1}{Z_2}\right)\dot{U} = \frac{\dot{U}}{Z}$$

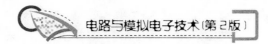

即

$$\frac{1}{Z} = \frac{1}{Z_1} + \frac{1}{Z_2} \qquad (4-44)$$

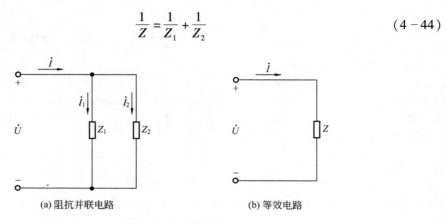

(a) 阻抗并联电路　　　　　　　　(b) 等效电路

图 4.20　阻抗并联

则两个阻抗并联的等效阻抗为

$$Z = \frac{1}{\dfrac{1}{Z_1} + \dfrac{1}{Z_2}} = \frac{Z_1 Z_2}{Z_1 + Z_2}$$

阻抗的倒数称为导纳，用 Y 表示，单位为西门子(S)，即

$$Y = \frac{1}{Z} = G + jB$$

式中：G 称为电导；B 称为电纳。式(4-44)可以写成 $Y = Y_1 + Y_2$。

若有 n 个阻抗并联，同理可以推导出其等效阻抗为

$$Z = \frac{1}{\displaystyle\sum_{k=1}^{n} \frac{1}{Z_k}}$$

也可以用等效导纳来表示，即

$$Y = \sum_{k=1}^{n} Y_k$$

与电阻并联分流原理相同，阻抗并联也具有分流作用，两个阻抗并联分流公式为

$$\dot{I}_1 = \frac{Z_2}{Z_1 + Z_2} \dot{I}$$

$$\dot{I}_2 = \frac{Z_1}{Z_1 + Z_2} \dot{I}$$

**特别提示**

- 两个阻抗串联时，$Z = Z_1 + Z_2$，但是 $|Z| \neq |Z_1| + |Z_2|$。因为 $U \neq U_1 + U_2$，即 $I|Z| \neq I|Z_1| + I|Z_2|$。

- $Y = \dfrac{1}{Z} = \dfrac{1}{R + jX} = G + jB$，但是 $G \neq \dfrac{1}{R}$，$B \neq \dfrac{1}{X}$，而是有 $G = \dfrac{R}{R^2 + X^2}$，$B = \dfrac{-X}{R^2 + X^2}$。

【例4-11】 在图4.21(a)所示电路中，电源电压 $\dot{U} = 220 \underline{/0°}$ V，$R_1 = 10\Omega$，$L = 0.5\text{H}$，$R_2 = 1000\Omega$，$C = 10\mu\text{F}$，$\omega = 314\text{rad/s}$。试求：

(1) 电路等效阻抗 Z；

(2) 各支路电流 $\dot{I}$、$\dot{I}_1$ 和 $\dot{I}_2$；

(3) 作出电路的相量图，并判断总电路的性质。

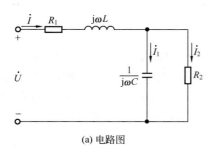
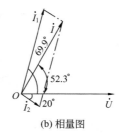

(a) 电路图　　　　　　　　(b) 相量图

图4.21　例4-11图

【解】 (1) 各元件的等效阻抗为

$$Z_{R1} = 10\Omega, \quad Z_{R2} = 1000\Omega, \quad Z_L = j\omega L = j157\Omega, \quad Z_C = -j\frac{1}{\omega C} = -j318.47\Omega$$

R_2 与 $\dfrac{1}{j\omega C}$ 并联后的等效阻抗为

$$Z_{12} = \frac{Z_{R2}Z_C}{Z_{R2} + Z_C} = \frac{1000(-j318.47)}{1000 - j318.47}\Omega = 303.45 \underline{/-72.3°}\ \Omega = (92.11 - j289.13)\Omega$$

总的等效阻抗为

$$Z_{eq} = Z_{12} + Z_{R1} + Z_L = (102.11 - j132.13)\Omega = 166.99 \underline{/-52.3°}\ \Omega$$

(2) 由总的等效阻抗求总电流，即

$$\dot{I} = \frac{\dot{U}}{Z_{eq}} = \frac{220 \underline{/0°}}{166.99 \underline{/-52.3°}}\text{A} = 1.32 \underline{/52.3°}\ \text{A}$$

利用并联阻抗的分流公式求各支路电流：

$$\dot{I}_1 = \frac{Z_{R2}}{Z_{R2} + Z_C}\dot{I} \approx 1.25 \underline{/69.9°}\ \text{A}$$

$$\dot{I}_2 = \frac{Z_C}{Z_{R2} + Z_C}\dot{I} \approx 0.3 \underline{/-20°}\ \text{A}$$

(3) 相量图如图4.21(b)所示。电路的总阻抗角即总电压与电流的相位差为

$$\varphi = 0° - 52.3° = -52.3° < 0$$

故电路呈容性。

4.7　交流电路的频率特性

在交流电路中，电容元件的容抗和电感元件的感抗都与频率有关，当电源频率一定时，容抗和感抗为确定值；当电源(激励)频率改变时，容抗和感抗的值也随着变化，

容抗和感抗的变化又会引起电路中各部分电压和电流（响应）的变化。电压和电流响应与频率的关系称为电路的频率特性或者频率响应。在电力系统中，电源频率一般是固定不变的，但是在电子、通信以及控制系统领域中，经常要研究在不同频率下电路的工作情况。本节就在频率域内对电路进行分析，分析电压和电流响应随时间的变化规律。因为容抗和感抗都具有随频率变化而改变的特性，即对不同频率的输入信号产生不同的响应。

4.7.1 RC 电路的选频特性

所谓选频特性就是指在由 RC 组成的电路中利用容抗随频率改变的特性，对不同频率的输入信号产生不同的响应，允许某些频率的信号到达输出端，而抑制输出端不需要的其他频率的信号，即 RC 电路起到了滤波作用。因此，由 RC 构成的电路也称 RC 滤波电路。根据滤波电路所滤掉的信号频率范围可以将滤波电路分为低通、高通、带通、带阻等各种类型。

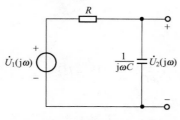

图 4.22　RC 低通滤波电路

1. 低通滤波电路

用相量法分析对图 4.22 所示 RC 串联电路输出电压与输入电压的关系。因输出电压与输入电压都可以写成频率的函数，故二者的比值就称为电路的转移函数（又称为传递函数），这是一个关于角频率 ω 的复函数，用 $H(j\omega)$ 表示。

由图 4.22 可得

$$H(j\omega) = \frac{\dot{U}_2(j\omega)}{\dot{U}_1(j\omega)} = \frac{\dfrac{1}{j\omega C}}{R + \dfrac{1}{j\omega C}} = \frac{1}{1 + j\omega RC}$$

$$= \frac{1}{\sqrt{1 + (\omega RC)^2}} \, \underline{/-\arctan(\omega RC)} = |H(j\omega)| \, \underline{/\varphi(\omega)} \qquad (4-45)$$

式（4-45）中

$$|H(j\omega)| = \frac{U_2(j\omega)}{U_1(j\omega)} = \frac{1}{\sqrt{1 + (\omega RC)^2}} \qquad (4-46)$$

$|H(j\omega)|$ 是传递函数 $H(j\omega)$ 的模，是角频率 ω 的函数。$|H(j\omega)|$ 随 ω 变化的特性称为幅频特性。

式（4-45）中

$$\varphi(\omega) = -\arctan(\omega RC) \qquad (4-47)$$

是 $H(j\omega)$ 的辐角，即输出电压与输入电压的相位差，也是 ω 的函数。$\varphi(\omega)$ 随 ω 变化的特性称为相频特性。幅频特性和相频特性统称为转移函数的频率特性。

由式（4-46）和式（4-47）分析 ω 变化时的频率特性，如表 4-2 所示。

表 4 − 2　低通滤波电路的频率特性

ω	0	$\omega_0 = \dfrac{1}{RC}$	∞
$\mid H(j\omega) \mid$	1	$\dfrac{1}{\sqrt{2}} = 0.707$	0
$\varphi(\omega)$	0	$-\dfrac{\pi}{4}$	$-\dfrac{\pi}{2}$

由表 4 − 2 可以看出，在频率为零即直流时，输出电压等于输入电压，幅值和相位都相同；随着频率增大，幅值减小，即输出电压减小；当 ω 为无穷大时，则输出电压幅值为零，即该电路将高频信号完全抑制。其幅频特性和相频特性的变化如图 4.23 所示。由图可以看出，当 $\omega = \omega_0 = \dfrac{1}{RC}$ 时，输出电压下降到输入电压的 $1/\sqrt{2}$ 即 0.707 倍；当 $\omega = (0 \sim \omega_0)$ 时，$\mid H(j\omega) \mid$ 的变化不大，接近于 1；而当 $\omega = (\omega_0 \sim \infty)$ 时，$\mid H(j\omega) \mid$ 下降明显。这表明该滤波电路具有抑制高频率信号而允许低频信号通过的功能，故称为低通滤波电路。而 ω_0 称为低通滤波电路的截止频率或 3dB 频率，即当 $\omega < \omega_0$ 时，信号通过；当 $\omega > \omega_0$ 时，信号被抑制。在 $0 \sim \omega_0$ 的频率范围称为通频带。

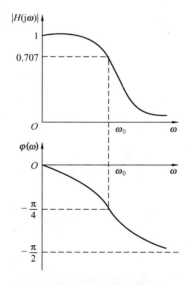

图 4.23　低频滤波电路的频率特性

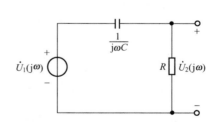

图 4.24　RC 高通滤波电路

2. 高通滤波电路

图 4.24 所示的电路与图 4.22 所示的电路结构相同，只是输出是从电阻 R 两端取出。电路的传递函数为

$$H(j\omega) = \frac{\dot{U}_2(j\omega)}{\dot{U}_1(j\omega)} = \frac{R}{R + \dfrac{1}{j\omega C}} = \frac{j\omega RC}{1 + j\omega RC}$$

$$= \frac{1}{\sqrt{1 + (\omega RC)^2}} \underline{/\arctan(1/\omega RC)} = \mid H(j\omega) \mid \underline{/\varphi(\omega)} \qquad (4-48)$$

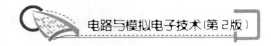

式(4-48)中

$$|H(j\omega)| = \frac{U_2(j\omega)}{U_1(j\omega)} = \frac{1}{\sqrt{1 + (1/\omega RC)^2}} \qquad (4-49)$$

$$\varphi(\omega) = \arctan(1/\omega RC) \qquad (4-50)$$

由式(4-49)和式(4-50)分析 ω 变化时传递函数的频率特性，如表4-3和图4.25所示。

表4-3　高通滤波的频率特性

ω	0	$\omega_0 = \dfrac{1}{RC}$	∞
$\mid H(j\omega)\mid$	0	$\dfrac{1}{\sqrt{2}} = 0.707$	1
$\varphi(\omega)$	$\dfrac{\pi}{2}$	$\dfrac{\pi}{4}$	0

由图4.25可知，图4.24所示的滤波电路具有抑制低频信号、通过高频信号的作用，故称为高通滤波器。

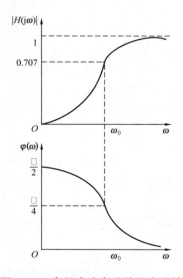

图4.25　高频滤波电路的频率特性

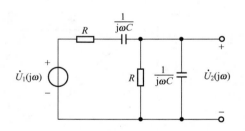

图4.26　RC 带通滤波电路

3. 带通滤波电路

图4.26所示电路是 RC 带通滤波电路。电路的传递函数为

$$H(j\omega) = \frac{\dot{U}_2(j\omega)}{\dot{U}_1(j\omega)} = \frac{\left(\dfrac{R}{j\omega C}\right) \Big/ \left(R + \dfrac{1}{j\omega C}\right)}{R + \dfrac{1}{j\omega C} + \left(\dfrac{R}{j\omega C}\right) \Big/ \left(R + \dfrac{1}{j\omega C}\right)}$$

$$= \frac{1}{\sqrt{3^2 + \left(\omega RC - \dfrac{1}{\omega RC}\right)^2}} \underline{\diagup -\arctan\left[\left(\omega RC - \dfrac{1}{\omega RC}\right) \Big/ 3\right]} = |H(j\omega)| \underline{\diagup \varphi(\omega)} \qquad (4-51)$$

式(4-45)中：

$$|H(j\omega)| = \frac{U_2(j\omega)}{U_1(j\omega)} = \frac{1}{\sqrt{3^2 + \left(\omega RC - \dfrac{1}{\omega RC}\right)^2}} \qquad (4-52)$$

$$\varphi(\omega) = -\arctan\left[\left(\omega RC - \frac{1}{\omega RC}\right)\Big/ 3\right] \qquad (4-53)$$

由式(4-52)和式(4-53)可得电路随频率变化的频率特性，如表4-4和图4-27所示。

表4-4　带通滤波的频率特性

ω	0	$\omega_0 = \dfrac{1}{RC}$	∞
$\|H(j\omega)\|$	0	$\dfrac{1}{3}$	0
$\varphi(\omega)$	$\dfrac{\pi}{2}$	0	$-\dfrac{\pi}{2}$

在此规定，当$|H(j\omega)|$等于最大值的$1/\sqrt{2}$（即0.707倍）时所对应的上下限频率之间的宽度称为通频带宽度，简称带宽，用BW表示，即$BW = \omega_2 - \omega_1$。

4.7.2　谐振电路

谐振是交流电路中产生的一种特殊现象，对谐振现象的研究有着重要的意义。一方面，谐振现象在工作、生产中有广泛的应用，例如，可用于高频加热电路、收音机或电视机的接收电路中；另一方面，谐振的发生会在电路中的某些元件上产生过大的电压或电流，致使元件或者电路受损，在这种情况下又要避免谐振发生。无论是利用谐振还是避免谐振，都必须认识并掌握其特征。

在含有电容和电感元件的交流电路中，当电路总电压与总电流的相位相同时，整个电路呈电阻性，这种现象就称为谐振。根据产生谐振的电路结构不同，又可分为串联谐振和并联谐振两种电路。

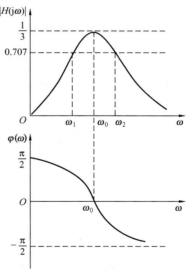

图4.27　RC带通滤波电路的频率特性

1. 串联谐振电路

在图4.28所示的R、L、C串联电路中，总电压u与总电流i的相位差为

$$\varphi = \arctan\frac{X_L - X_C}{R}$$

由谐振定义，总电压u与总电流i同相时，即$\varphi = 0°$，电路中产生谐振。故产生谐振的条

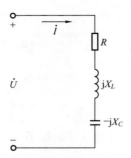

图 4.28 *RLC* 串联电路

件是

$$X_L = X_C \quad \text{或} \quad \omega L = \frac{1}{\omega C} \qquad (4-54)$$

由式(4-54)可以得到串联谐振时的频率和角频率分别为

$$f = f_0 = \frac{1}{2\pi \sqrt{LC}}, \quad \omega = \omega_0 = \frac{1}{\sqrt{LC}} \qquad (4-55)$$

通过改变电源频率 f 或者改变电路参数 L 或 C 满足式(4-55)时,则发生谐振。f_0 和 ω_0 分别称为谐振频率和谐振角频率。由于谐振频率只取决于谐振电路本身的参数,故又称为固有频率。

串联谐振发生时,电路具有下列特征:

(1)阻抗模最小,即 $|Z| = \sqrt{R^2 + (X_L - X_C)^2} = R$。当电源电压 U 不变时,电路中的电流 I 将达到最大,即 $I = I_0 = \dfrac{U}{|Z|} = \dfrac{U}{R}$。

(2)电路总的无功功率为 0,即 $Q = UI\sin\varphi = 0$。电源输出的能量全被电阻所消耗,电源与电路之间没有能量转换,但电感元件与电容元件之间有能量转换,而且两者之间进行的是完全的能量补偿,即 $Q_L = |Q_C|$。

(3)电感元件与电容元件的电压相互抵消,因 $X_L = X_C$,所以 $U_L = U_C$,且两者在相位上反相,即 $\dot{U}_L + \dot{U}_C = 0$,此时电路总电压 $\dot{U} = \dot{U}_R + \dot{U}_L + \dot{U}_C = \dot{U}_R$。电压相量关系如图 4.29 所示。虽然 $\dot{U}_L + \dot{U}_C = 0$,但是 $\dot{U}_L$ 和 $\dot{U}_C$ 的作用不容忽视,因为

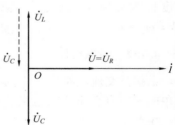

图 4.29 串联谐振时电压相量图

$$U_L = X_L I = \frac{X_L}{R} U$$

$$U_C = X_C I = \frac{X_C}{R} U$$

当 $X_L = X_C \gg R$ 时,U_L 和 U_C 都将高于电源电压 U,为此,串联谐振又称电压谐振。如果 U_L 和 U_C 过高,将会击穿线圈和电容器的绝缘层。因此,在电力工程中,一般应避免串联谐振发生;而在通信工程中恰好相反,由于其工作信号比较微弱,往往利用串联谐振来获得较高的电压信号。

U_L 和 U_C 与电源电压的比值通常用 Q 来表示,即

$$Q = \frac{U_L}{U} = \frac{U_C}{U} = \frac{1}{\omega_0 CR} = \frac{\omega_0 L}{R} \qquad (4-56)$$

Q 称为电路的品质因数,是量纲为一的量,其意义就是表示电路发生串联谐振时电容或

电感元件上的电压有效值是电源电压有效值的 Q 倍。品质因数 Q 还有另外一个物理意义，就是 Q 会影响电路对信号频率的选择性。如图4.30所示，当谐振曲线比较尖锐时，一旦信号频率偏离谐振频率，该信号就大大减弱，即谐振曲线越尖锐，选择性越强。在此，也引用了带宽的概念，即规定在电流有效值 I 等于最大值 I_0 的 $1/\sqrt{2}$ 处所对应的上下限频率之间的宽度，用 BW 表示，即 $BW = f_2 - f_1$。BW 越窄，谐振曲线越尖锐，电路的频率选择性越强。而曲线的尖锐程度与品质因数 Q 有关，如图4.31所示。设 L、C 不变，只改变 R，R 变小，Q 就变大，曲线就变得尖锐，选择性就好。有时也把上下限频率称为半功率点[①]。

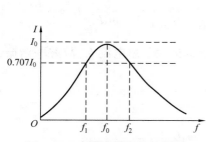

图 4.30　串联电路电流的幅频

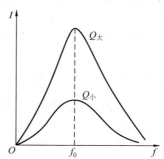

图 4.31　Q 对频率曲线的影响

2. 并联谐振电路

因实际线圈的电路模型通常用电阻和电感元件的串联来表示，故分析并联电路时采用如图4.32所示的并联电路。

电路的等效阻抗为

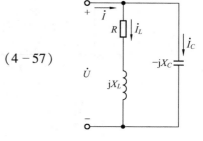

$$Z = \frac{(R + j\omega L)\left(-j\dfrac{1}{\omega C}\right)}{R + j\omega L - j\dfrac{1}{\omega C}} \qquad (4-57)$$

设谐振时，$\omega_0 L \gg R$，则式（4-57）化简为

$$Z = \frac{j\omega L\left(-j\dfrac{1}{\omega C}\right)}{R + j\omega L - j\dfrac{1}{\omega C}} = \frac{\dfrac{L}{C}}{R + j\left(\omega L - \dfrac{1}{\omega C}\right)}$$

图 4.32　RLC 并联电路

当 $\omega L = \dfrac{1}{\omega C}$ 时，电路呈电阻性，发生并联谐振，即并联谐振时的频率和角频率分别为

$$f = f_0 = \frac{1}{2\pi}\frac{1}{\sqrt{LC}}, \qquad \omega = \omega_0 = \frac{1}{\sqrt{LC}}$$

---

① 电路工作在上下限频率时，由电源取用的有功功率为在谐振功率时取用功率的一半。谐振时 $P_{\max} = I^2 R$，在 f_1 或 f_2 时，功率 $p_{f1} = I_{f1}^2 R = (0.707 I_0)^2 R = 0.5 I_0^2 R = 0.5 P_{\max}$。

并联谐振发生时，电路具有下列特征：

(1) 阻抗模最大，即 $|Z| = \dfrac{L}{RC}$。当电源电压不变时，电流将达到最小值，即 $I = I_0 = \dfrac{U}{|Z|}$。

(2) 电源与电路之间没有能量转换，电路的总无功功率为 0，即 $Q = UI\sin\varphi = 0$。但电感元件与电容元件之间有能量转换，而且两者之间进行的是完全的能量补偿，即 $Q_L = |Q_C|$。

(3) 谐振时，电流 $\dot{I}_L$ 和 $\dot{I}_C$ 相互抵消。因 $I_L = \dfrac{U}{\sqrt{R^2 + (\omega_0 L)^2}} \approx \dfrac{U}{\omega_0 L}$，$I_C = \dfrac{U}{1/\omega_0 C}$，由于 $\omega_0 L = \dfrac{1}{\omega_0 C}$，则可以认为 $I_L = I_C \gg I$。I_L 与 I_C 相等且可能远远大于总电流 I，故并联谐振也称为电流谐振。电流的相量图如图 4.33 所示。

I_L 或 I_C 与总电流 I 的比值又称品质因数 Q，则

$$Q = \frac{I_L}{I} = \frac{I_C}{I} = \frac{1}{\omega_0 RC} = \frac{\omega_0 L}{R}$$

并联谐振在通信工程中也有广泛的应用。

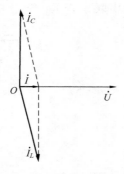

图 4.33　并联谐振时的相量图

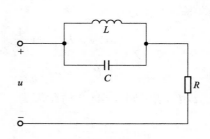

图 4.34　例 4 - 12 图

【例 4 - 12】　在图 4.34 所示电路中，电源电压含有 800Hz 和 2kHz 两种频率的信号，如果要过滤掉 2kHz 的信号，使电阻上只有 800Hz 的信号输出，取 $L = 12\text{mH}$ 时，电容 C 应该为多大？

【解】　只要使 2kHz 的信号在 LC 并联电路中产生并联谐振，等效阻抗 $Z_{LC} \to \infty$，2kHz 的信号便无法通过，从而使电阻上只有 800Hz 的信号。由谐振频率的公式 $f_0 = 1/(2\pi\sqrt{LC})$ 求得

$$C = \frac{1}{4\pi^2 f_0^2 L} = \frac{1}{4 \times 3.14^2 \times 2000^2 \times 12 \times 10^{-3}}\text{F}$$
$$= 0.53 \times 10^{-6}\text{F} = 0.53\,\mu\text{F}$$

4.8 交流电路应用实例

交流电路在实际工程中有非常广泛的应用,在电力系统工程、通信工程等领域都有较多应用,本节介绍简单交流电路的应用实例。

4.8.1 荧光灯电路

1. 电路结构

荧光灯电路主要由灯管、镇流器和辉光启动器(简称启动器)3 部分构成,如图 4.35 所示。镇流器是一个带铁心的线圈,实际上相当于一个电感和等效电阻的串联。镇流器在电路中与灯管串联。启动器是一个充有氖气的小玻璃泡,内装一个固定电极触片和 U 形可动双金属电极触片,U 形电极触片受热后,其触点会与固定电极的触点闭合。启动器与灯管并联。灯管为一根内壁涂有荧光粉的玻璃管,灯管两端各有一个灯丝,灯管内抽成真空后充惰性气体和水银蒸气。

2. 工作原理

电源刚接通时,由于灯管尚未导通,启动器的两极因承受全部电压而产生辉光放电,启动器的 U 形电极触片受热弯曲而与固定触片接触,电流流过镇流器、灯管两端的灯丝及启动器构成回路。同时,启动器的两极接触后,辉光放电结束,双金属片变冷,启动器两极重新断开,在两极断开的瞬间镇流器产生较高的感应电动势与电源电压(共 400 ~ 600V)一起加在灯管两端,使灯管中气体电离而放电,产生紫外线,激发管壁上的荧光粉。灯管点燃后,由于镇流器的限流作用,使得灯管两端的电压降低(约 90V),而启动器与荧光灯管并联,较低的电压不能使启动器再次启动。此时,启动器处于断开状态,即使将其拿掉也不影响灯管正常工作。

荧光灯电路导通时,其灯管相当于一个纯电阻 R,镇流器是具有一定内阻 R_0 的电感线圈。所以,整个电路为 RL 串联交流电路,如图 4.36 所示。

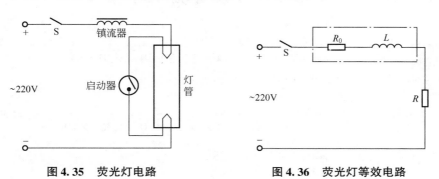

图 4.35 荧光灯电路　　　　　图 4.36 荧光灯等效电路

4.8.2 收音机的调谐电路

在无线电技术中,常用串联谐振电路的选择性来选择信号,如收音机的调谐功能。

接收机通过接收天线，接收到各种频率的电磁波信号，每一种频率的电磁波信号都要在天线回路中产生相应的微弱的感应电压。为了达到选择各个频率信号的目的，通常在收音机中采用图4.37(a)所示的输入电路作为接收机的调谐电路。该电路的作用是将需要收听的信号从天线所收到的许多不同频率的信号中筛选出来，对其他不需要的信号则尽量抑制。

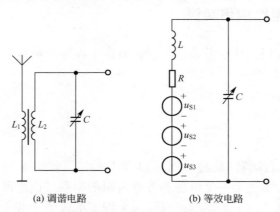

(a) 调谐电路   (b) 等效电路

图4.37 收音机的输入调谐电路

输入调谐回路的主要组成部分是天线线圈 L_1 以及 L_2 与可变电容器 C 组成的串联谐振电路。由于天线回路 L_1 与调谐回路 L_2C 之间有感应作用，于是在 L_2C 回路中便感应出和天线接收到的各种频率的电磁波信号相对应的电压 u_{S1}、u_{S2}、u_{S3}，等，如图4.37(b)所示，图中电阻 R 为线圈 L_2 的电阻。由图4.37(b)可知，各种频率的电压 u_{S1}、u_{S2}、u_{S3} 等与 RLC 电路串联构成回路。把调谐电路中的电容 C 调节到某一值，恰好使这时电路与该值对应的固有频率 f_0 等于天线接收到的某电台的电磁波信号频率 f_1（或 f_2，…），则该信号便使电路发生谐振，因此在 L_2C 回路中频率为 f_1（$=f_0$）的信号电流达到最大值，电容 C 上的频率为 f_1 的电压也很大，并送到下一级进行放大，就能收听到该电台的广播节目。其他各种频率的信号虽然也在电路中出现，但由于其频率偏离了固有频率，不能发生谐振，电流很小，被调谐电路抑制掉。收音机的调谐电路就像守门员一样，让所需要的信号进入大门，将不需要的信号拒之门外。当再改变电容器的电容值时，使电路和其他某一频率的信号发生谐振，该频率的电流又达到最大值，信号最强，其他频率的信号被抑制掉，这样就达到了选择信号及抑制干扰的作用，即实现了选择电台的目的。

【例4-13】 收音机的输入调谐电路如图4.37(b)所示，线圈的电感 $L=0.3\text{mH}$，电容 C 在 $30\sim300\text{pF}$ 之间可调。试求该收音机可以收听的频率范围。

【解】 当 $C=30\text{pF}$ 时

$$f=\frac{1}{2\pi\sqrt{LC}}=\frac{1}{2\times3.14\times\sqrt{0.3\times10^{-3}\times30\times10^{-12}}}\text{Hz}=1678\text{kHz}$$

当 $C=300\text{pF}$ 时

$$f=\frac{1}{2\pi\sqrt{LC}}=\frac{1}{2\times3.14\times\sqrt{0.3\times10^{-3}\times300\times10^{-12}}}\text{Hz}=530\text{kHz}$$

【收音机发展史】

故该收音机的收听频率范围为 $530\sim1678\text{kHz}$。

小 结

本章主要介绍了正弦量的三要素、正弦量的相量表示法、正弦交流电路的相量模型、功率、功率因数等基本概念。利用相量法分析单相正弦交流电路的电压电流关系，计算有功功率、无功功率和视在功率，并且讨论了交流电路中的谐振现象，也用实用电路说明了单相交流电路的重要性。

1. 正弦量的瞬时值与相量表达式

正弦电压的瞬时值表达式：$u = \sqrt{2}U\sin(\omega t + \psi_u)$，式中包含有效值 U、角频率 ω 和初相位 ψ_u 3 个要素。

正弦电压的相量表达式：$\dot{U} = U \angle \psi_u$，式中只包含正弦量的两个要素，即有效值和角频率。这也就说明相量是用来表示正弦量而不能等于正弦量。

2. 电阻、电感和电容元件的电压电流关系的相量表达式

电阻元件：$\dot{U} = R\dot{I}$，电阻元件的电压与电流同频同相。

电感元件：$\dot{U} = jX_L\dot{I}$，电感元件的电压与电流同频，电压超前电流 90°。

电容元件：$\dot{U} = -jX_C\dot{I}$，电容元件的电压与电流同频，电压滞后电流 90°。

3. RLC 串联交流电路的阻抗、电压、电流关系及电路性质分析

阻抗：$Z = R + j(X_L - X_C)$；电压关系：$\dot{U} = \dot{U}_R + \dot{U}_L + \dot{U}_C$；电压电流关系：$\dot{U} = Z\dot{I}$；

电路性质：$X_L > X_C$ 时，电路呈感性；$X_L < X_C$ 时，电路呈容性；$X_L = X_C$ 时，电路呈阻性。

4. 交流电路的有功功率和无功功率的计算及功率因数的提高

有功功率：$P = UI\cos\varphi = I^2R$，有功功率仅仅是电阻上消耗的功率。

无功功率：$Q = UI\sin\varphi = I^2(X_L - X_C)$，无功功率是指电源与电路之间进行的能量交换的最大规模。

视在功率：$S = UI$，是指电气设备的容量。

功率因数：$\lambda = \cos\varphi = \dfrac{P}{S}$，是指电路实际消耗功率与电源发出功率的比值；功率因数过低使设备利用率低，电路能量损耗大，故一般在感性负载两端并联电容来提高电路的功率因数。

5. 阻抗与导纳的定义及阻抗的串并联

（略）

6. 交流电路谐振的概念及串并联谐振产生的条件及电路特征

谐振产生的条件：$X_L = X_C$ 或 $\omega L = \dfrac{1}{\omega C}$

谐振频率：$f_0 = \dfrac{1}{2\pi\sqrt{LC}}$

串联谐振电路的特征：阻抗最小；电源电压不变时，电流有效值最大；电源与电路之间无能量交换，电感与电容之间进行完全的能量补偿。

并联谐振电路的特征：阻抗最大；电源电压不变时，电流有效值最小；电源与电路之间无能量交换，电感与电容之间进行完全的能量补偿。

知识链接

非正弦周期信号电路的谐波分析

正弦信号是周期信号中最基本最简单的信号，可以用相量表示和分析，而其他周期信号是不能用相量表示的。对于这些非正弦周期信号，只要满足狄里赫利条件[①]，都可以展开成傅里叶级数。即把非正弦周期信号展开成许多不同频率的正弦信号，这种分析方法就称为谐波分析法。设一非正弦周期函数为 $f(t)$，其角频率为 ω，那么就可以将其分解为下列傅里叶级数：

$$f(t) = A_0 + A_{1m}\sin(\omega t + \psi_1) + A_{2m}\sin(2\omega t + \psi_2) + \cdots$$
$$= A_0 + \sum_{k=1}^{\infty} A_{km}(k\omega t + \psi_k)$$

式中：A_0 称为直流分量；第二项的频率与周期函数的频率相同，称为基波分量或一次谐波分量；其余各项的频率分别为周期函数频率的整数倍，称为高次谐波分量，如 $k = 2, 3, \cdots$ 的各项分别称为二次谐波、三次谐波等。

非正弦周期电压和电流信号也都可以进行如上的傅里叶级数展开。非正弦周期电压和电流信号的有效值即均方根值与它的直流分量和各次谐波分量有如下关系：

$$U = \sqrt{U_0^2 + U_1^2 + U_2^2 + \cdots}$$
$$I = \sqrt{I_0^2 + I_1^2 + I_2^2 + \cdots}$$

当作用于电路的电源为非正弦周期信号电源时，电路中的电压和电流都将是非正弦周期量。对于这样的线性电路可以利用谐波分析和叠加定理共同分析。

首先，将非正弦周期信号电源进行谐波分析，求出电源信号的直流分量和各次谐波分量；然后，求出非正弦周期信号电源的直流分量和各次谐波分量分别单独作用时在电路中所产生的电压和电流；最后，将属于同一支路的分量进行叠加得到实际的电压和电流。

在计算过程中，对于直流分量，可以用直流电路的计算方法，即电容相当于开路，电感相当于短路；对于各次谐波分量，可用交流电路的相量分析法，注意容抗与频率成反比，感抗与频率成正比。尤其要注意的是，在最后进行叠加时，不能是相量相加，一定是瞬时值相加，因为直流分量和各次谐波分量的频率不同。

非正弦周期信号电路总的有功功率等于直流分量的功率和各次谐波分量的有功功率之和，即

$$P = P_0 + P_1 + P_2 + \cdots = U_0 I_0 + U_1 I_1 \cos\varphi_1 + U_2 I_2 \cos\varphi_2 + \cdots$$

[①] 所谓狄里赫利条件，就是周期函数在一个周期内包含有限个最大值和最小值，以及有限个第一类间断点。在电工技术中，所涉及的非正弦周期信号都能满足这个条件。

习　题

4－1　单项选择题

（1）下列正弦量表达式中正确的是(　　)。

　　A. $i = 5\sin(\omega t - 30°) = 5e^{-j30°}$ A

　　B. $U = 100\sqrt{2}\sin(\omega t + 45°)$ V

　　C. $I = 10\underline{/30°}$ A

　　D. $i = 10\sin t$ （单位为 A）

（2）正弦电流通过电感时，下列关系式正确的是(　　)。

　　A. $U = L\dfrac{\mathrm{d}i}{\mathrm{d}t}$

　　B. $\dot{I} = -\mathrm{j}\dfrac{\dot{U}}{\omega L}$

　　C. $u = \omega Li$

　　D. $\dot{I} = \mathrm{j}\omega L\dot{U}$

（3）RLC 串联电路中，下列表达式错误的是(　　)。

　　A. $u = u_R + u_L + u_C$

　　B. $I = \dfrac{U}{Z}$

　　C. $\dot{I} = \dfrac{\dot{U}}{R + \mathrm{j}\omega L + \dfrac{1}{\mathrm{j}\omega C}}$

　　D. $Z = R + \mathrm{j}\omega L + \dfrac{1}{\mathrm{j}\omega C}$

（4）当 RLC 串联电路的频率低于谐振频率时，电路呈(　　)。

　　A. 电容性　　　　　B. 电感性　　　　　C. 电阻性　　　　　D. 不确定

（5）当 RLC 串联电路的频率高于谐振频率时，电路呈(　　)。

　　A. 电容性　　　　　B. 电感性　　　　　C. 电阻性　　　　　D. 不确定

（6）图4.38所示的电路元件可能是一个电阻，一个电感，或者一个电容，若两端加以正弦电压 $u = 20\cos(10^3 t + 30°)$（单位为 V）时，电流为 $i = 5\sin(10^3 t - 60°)$ A，则该电路元件为(　　)。

　　A. 电感元件，$L = 4\mathrm{mH}$

　　B. 电阻元件，$R = 4\Omega$

　　C. 电容元件，$C = 250\mu\mathrm{F}$

　　D. 电阻元件，$R = -4\Omega$

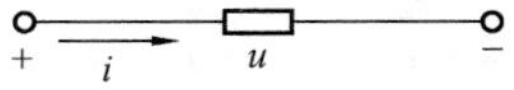

图4.38　习题4－1(6) 图

（7）若电压 $u = u_1 + u_2$，且 $u_1 = 10\sin\omega t$（单位为 V），$u_2 = 10\sin\omega t$（单位为 V），则 u 的有效值为(　　)。

　　A. 20A　　　　　B. $\dfrac{20}{\sqrt{2}}$A　　　　　C. 10A　　　　　D. $\dfrac{10}{\sqrt{2}}$A

（8）已知正弦电流 $i_1 = 10\cos(\omega t + 30°)$ A，$i_2 = 10\sin(\omega t - 15°)$ A，则 i_1 超前于 i_2 (　　)。

　　A. 45°　　　　　B. －45°　　　　　C. 105°　　　　　D. 135°

（9）在图4.39所示的电路，电压 $u = 4\sqrt{2}\cos\omega t$ V，$u_1 = 3\sqrt{2}\sin\omega t$ V，则电压表读数为(　　)。

　　A. 1V　　　　　B. 7V　　　　　C. 5V　　　　　D. $\sqrt{2}$V

(10) 在图 4.40 所示的电路，已知 $i_1 = 3\sqrt{2}\cos(\omega t + 45°)$ A，$i_2 = 3\sqrt{2}\sin(\omega t - 45°)$ A，则电流表读数为( )。

A. 6A   B. $3\sqrt{2}$ A   C. 3A   D. 0A

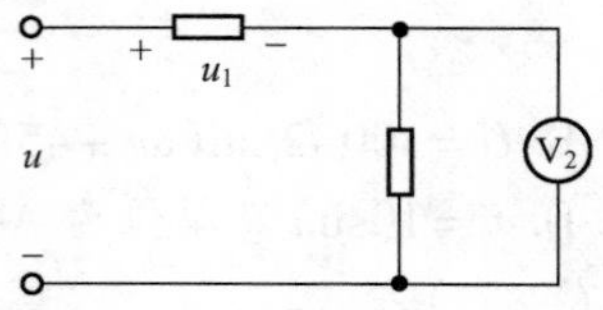

图 4.39　习题 4-1(9)图 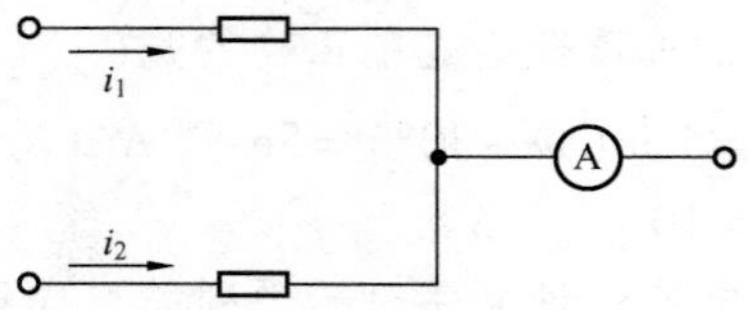   **图 4.40　习题 4-1(10)图**

4-2 判断题(正确的请在每小题后的圆括号内打"√"，错误的打"×")

(1) 两个同频的正弦电流在某瞬时都是 5A，则两者幅值相同。   (　　)

(2) $i_1 = 15\sin(100\pi t + 45°)$(单位为 A)，$i_2 = 10\sin(100\pi t - 30°)$(单位为 A)，两者的相位差为 75°。   (　　)

(3) 电阻元件的电压有效值与电流有效值的比值是电阻 R。   (　　)

(4) 电感元件的电压有效值与电流有效值的比值是电感 L。   (　　)

(5) 电感元件在相位上电流超前电压 90°。   (　　)

(6) 电容元件在相位上电流超前电压 90°。   (　　)

(7) 在电压有效值一定时，频率愈高，则通过电感元件的电流有效值愈小。   (　　)

(8) 在 RLC 串联的电路中，串联电压 $U = U_R + U_L + U_C$。   (　　)

(9) RLC 串联电路的功率因数一定小于 1。   (　　)

(10) RLC 串联电路发生谐振时，由于 $X_L = X_C$，于是 $\dot{U}_L = \dot{U}_C$。   (　　)

4-3 已知正弦电压 $u = 311\sin(314t + 30°)$(单位为 V)。求：

(1) 有效值、初相位、频率和周期；

(2) 画出该电压的波形图；

(3) 当 $t = 0$ 和 $t = 0.015$s 时的电压瞬时值。

4-4 有一正弦交流电流，其有效值为 20A，频率为 50Hz，若时间起点取在它的正向最大值处，试写出此正弦电流的瞬时值表达式。

4-5 已知两个同频正弦电流的相量分别为 $\dot{I}_1 = 5\underline{/30°}$ A，$\dot{I}_2 = -10\underline{/-150°}$A，其频率 $f = 50$Hz。试求：

(1) 两电流的瞬时值表达式；

(2) 两电流的相位差。

4-6 已知某一支路的电压和电流分别为 $u = 10\sin(10^3 t - 30°)$(单位为 V)，$i = 50\cos(10^3 t - 50°)$(单位为 A)。试完成：

(1) 画出二者的波形图，求出二者的有效值、频率和周期；

(2) 写出二者的相量表达式，求出相位差并且画出相量图；

(3) 如果把电压 u 的参考方向反向，重新计算(1)、(2)。

4-7 已知一条支路中两串联元件的电压分别为 $u_1 = 8\sqrt{2}\sin(\omega t + 60°)$ V，$u_2 = 6\sqrt{2}\sin(\omega t - 30°)$V。试求支路电压 $u = u_1 + u_2$，并画出相量图。

4-8 已知两支路并联，总电流 $i = 10\sqrt{2}\sin(\omega t + 60°)$ A，支路 1 的电流 $i_1 = 8\sqrt{2}\sin(\omega t + 30°)$ A。试求支路 2 的电流 i_2，并画出相量图。

4-9 已知线性电阻 $R = 10\Omega$，其上加正弦电压 $u = \sqrt{2}U\sin\omega t$（单位为 V），电压与电流取关联参考方向，此时测得电阻消耗的功率为 1kW。求此正弦电压的有效值。

4-10 已知电感线圈 $L = 20$mH，电阻忽略不计，电压与电流取关联参考方向。试求：

（1）当通以正弦电流 $i = 2\sqrt{2}\sin314t$（单位为 A）时，线圈两端的电压 u；

（2）当在电感两端加电压 $\dot{U} = 127\underline{/30°}$ V，$f = 50$Hz 时，其电流 $\dot{I}$ 并画出相量图。

4-11 已知电容 $C = 10\mu$F，电阻忽略不计，电压与电流取关联参考方向。

（1）当在电容上加正弦电压 $u = 220\sqrt{2}\sin314t$（单位为 V）时，求电流 i；

（2）若电容上通过 $f = 50$Hz 的正弦电流 $\dot{I} = \underline{/-30°}$ A，求电压 $\dot{U}$，并作相量图。

4-12 某一元件的电压和电流取关联的参考方向时，若分别为下列 4 种情况，则它可能是什么元件？

（1）$\begin{cases} u = 10\cos(10t + 45°)（单位为 V） \\ i = 5\sin(10t + 135°)（单位为 A） \end{cases}$ （2）$\begin{cases} u = 10\cos t（单位为 V） \\ i = 5\sin t（单位为 A） \end{cases}$

（3）$\begin{cases} u = 10\sin314t（单位为 V） \\ i = 5\cos314t（单位为 A） \end{cases}$ （4）$\begin{cases} u = 10\sin(314t + 45°)（单位为 V） \\ i = 5\sin314t（单位为 A） \end{cases}$

4-13 将一个电感线圈接到 20V 的直流电源时，通过的电流为 1A；将该线圈改接到 2kHz、20V 的交流电源时，电流为 0.8A。求该线圈的电阻 R 和电感 L。

4-14 已知电阻 $R = 4\Omega$、电容 $C = 354\mu$F、电感 $L = 19$mH，将三者串联后分别接在 220V、50Hz 和 220V、100Hz 的交流电源上。求上述两种情况下，串联电路的电流 $\dot{I}$，并分析电路性质。

4-15 在图 4.41 所示 RLC 并联电路中，电流表 A 和 A_1 的读数均为 5A，A_2 的读数为 3A。求电流表 A_3 的读数。

4-16 图 4.42 所示电路为用 3 个电流表测线圈参数的实验线路。已知电源频率 $f = 50$Hz，图中电流表 A_1 和 A_2 的读数均为 10A，A 的读数为 17.32A。试求线圈电阻 R 和电感 L。

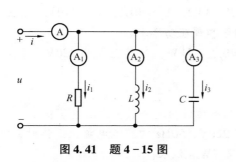

图 4.41 题 4-15 图

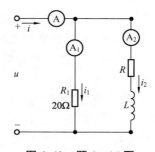

图 4.42 题 4-16 图

4-17 在图 4.43 所示正弦交流电路中，已知电压表 V、V_1 和 V_2 的读数分别为 10V、

6V 和 3V。试求电压表 V_3 的读数，并且画出相量图。

4－18 在图 4－44 所示电路中，已知 $f=50\text{Hz}$，$R=4\Omega$，$L=12.75\text{mH}$，$C=796\mu\text{F}$，$I_L=10\text{A}$。求 U 和 I 的值，并画出相量图。

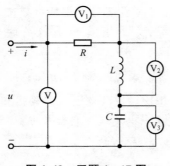 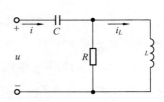

图 4.43 习题 4－17 图 　　　　　　图 4.44 习题 4－18 图

4－19 RLC 串联交流电路中，已知 $R=1.5\Omega$，$L=2\text{mH}$，$C=2000\mu\text{F}$。试求：

(1) ω 等于多少时，$\dot{I}$ 比 $\dot{U}$ 超前 $\dfrac{\pi}{4}$；

(2) ω 等于多少时，$\dot{I}$ 和 $\dot{U}$ 同相；

(3) ω 等于多少时，$\dot{U}$ 比 $\dot{I}$ 超前 $\dfrac{\pi}{4}$。

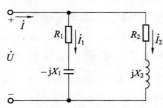

图 4.45 习题 4－20 图

4－20 在图 4.45 所示电路中，$U=220\text{V}$，$R_1=10\Omega$，$X_1=10\sqrt{3}\,\Omega$，$R_2=20\Omega$，$X_2=20\sqrt{3}\,\Omega$。试求：

(1) 各支路电流；

(2) 平均功率和无功功率；

(3) 功率因数，并判断电路性质。

4－21 有一 RC 串联电路，电源电压为 $\dot{U}$，电阻和电容上的电压分别为 $\dot{U}_R$ 和 $\dot{U}_C$。已知电路阻抗模为 $2\text{k}\Omega$，电源频率 $f=1\text{kHz}$，并设 $\dot{U}$ 与 $\dot{U}_C$ 之间的相位差为 $30°$。试求 R 和 C 的值，并说明在相位上 $\dot{U}_C$ 比 $\dot{U}$ 是超前还是滞后。

4－22 某感性负载（可视为 RL 串联）接在 220V，50Hz 的电源上，通过负载的电流 $I=10\text{A}$，消耗有功功率 1500W。求负载的功率因数以及电阻 R 和电感 L。

4－23 有一 RLC 串联的交流电路，$R=30\Omega$，$X_L=40\Omega$，$X_C=80\Omega$，接在 220V 的交流电源上。求电路的总有功功率、无功功率和视在功率。

4－24 某台感应电动机，其额定功率为 1.1kW。当其在工频 220V 的额定电压下工作时，电流 $I=10\text{A}$。试求：

(1) 感应电动机的功率因数；

(2) 若要使功率因数提高到 0.9，应在电动机两端并联多大的电容；

4－25 图 4.46 所示荧光灯电路接在 220V、50Hz 的交流电源上工作时，测得灯管电压为 100V，电流为 0.4A，镇流器的功率为 7W。试求：

(1) 灯管电阻 R、镇流器电阻 R_L 和电感 L；

（2）灯管消耗的有功功率、电路总的有功功率以及电路的功率因数；

（3）要使电路的功率因数提高到 0.9，需并联多大电容？

4－26 在图 4.47 所示电路中，已知 $R_1 = 30\Omega$，$R_2 = 50\Omega$，$R_3 = 100\Omega$，$X_{C1} = 20\Omega$，$X_{C2} = 100\Omega$，$X_L = 50\Omega$。试求输入端总阻抗 Z；若 $U = 200V$，试求 I_1、I_2 和 I。

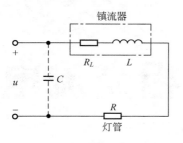

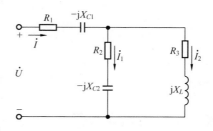

图 4.46 习题 4－25 图   图 4.47 习题 4－26 图

4－27 在如图 4.48 所示电路中，已知 $Z_1 = (30 + j40)\Omega$、$Z_2 = (50 - j20)\Omega$、$Z_3 = (10 + j20)\Omega$、$U = 100V$。试求各支路电流 I_1、I_2 和 I，并求电路的总有功功率。

4－28 在 RLC 串联电路中，$R = 50\Omega$，$L = 400mH$，谐振角频率 $\omega_0 = 5000rad/s$，电源电压 $U_s = 1V$。求电容 C 及各元件电压的瞬时值表达式。

4－29 某收音机的接收电路的电感约为 0.4mH，可调电容器的调节范围为 30～375pF。试问能否满足收听 450～1450kHz 波段的要求？

4－30 一 RLC 串联电路，接在 100V、50Hz 的交流电源上，$R = 4\Omega$，$X_L = 6\Omega$，电容 C 可调。试求：

（1）当电路电流为 20A 时，电容 C 是多少？

（2）电容 C 调节到何值时，电路电流最大？此时电流是多少？

4－31 在图 4.49 所示电路中，电源包含两种频率的信号，$\omega_1 = 1000rad/s$，$\omega_2 = 3000rad/s$，$C_2 = 0.125\mu F$。若使电阻上的输出电压 u_R 只含有 ω_1 的信号，试问 C_1 和 L_1 应为何值？

4－32 在图 4－50 所示电路中，已知电容 C 固定，要使电路在角频率 ω_1 时发生并联谐振，而在角频率 ω_2 时发生串联谐振，求 L_1、L_2 的表达式。

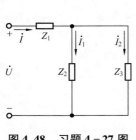

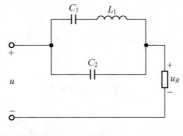

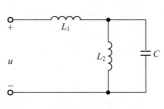

图 4.48 习题 4－27 图   图 4.49 习题 4－31 图   图 4.50 习题 4－32 图

第**5**章
三相交流电路

【三相异步电动机
实物图】

在现代电力系统中，电能的生产、输送和分配几乎都采用三相制，在用电方面最主要的负载是三相交流电动机，所以三相电路在生产上的应用最为广泛。本章主要学习三相电源、三相负载的连接方式、电压和电流的线值与相值之间的关系以及功率的计算等。

本章教学目标与要求

- 理解对称三相负载星形联结和三角形联结时线电压与相电压、线电流与相电流之间的关系。
- 掌握三相四线制供电系统中单相及三相负载的正确连接方法，了解中性线的作用。
- 掌握对称三相电路电压、电流及功率的计算。

引例

【停电】

在生产和生活中，有时我们会发现采用三相四线制供电的同一栋楼内的灯有某一层或几层彻底熄灭，而其他层的灯却能正常工作；有时也会发现某几层的灯突然暗下来，但其他层的灯能够正常工作；有时还会发现某几层的灯彻底熄灭，而另外几层的灯均暗下来等不正常的现象。通过本章学习，我们可以从中认识发生故障的原因。

5.1 三相对称电源

三相对称电源是由三相交流发电机产生的。三相交流发电机内有 3 个完全相同的线圈，称为三相对称绕组，三相对称绕组有星形联结和三角形联结两种，从而构成了三相四线制和三相三线制两种供电方式。本节将以三相对称绕组的星形联结为例简单介绍三相交流电的产生及其线电压与相电压的关系。

5.1.1 三相电源的产生

三相交流发电机的原理图如图5.1所示，它由定子和转子两个基本部分组成。定子是固定不动的部分，主要由定子铁心和三相绕组组成。定子铁心的内圆周表面冲有槽，用以均匀放置几何形状和尺寸相同，匝数相等的3个线圈。称为三相对称绕组，如图5.2所示。绕组的始端分别用 U_1、V_1、W_1 表示，末端分别用 U_2、V_2、W_2 表示。三相绕组的始端或末端之间在空间上互差120°。

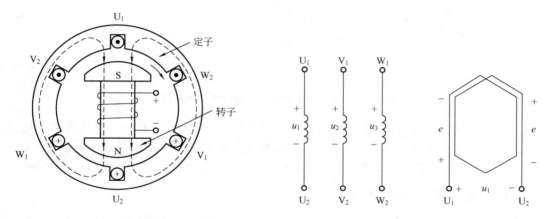

图5.1 三相交流发电机原理图   图5.2 定子绕组(三相对称绕组)示意图

转子是转动的部分，主要由磁铁构成。磁铁可以是永久磁铁，也可以是直流电磁铁。图5.1中所示的磁铁为直流电磁铁。选择合适的磁铁极面形状和励磁绕组的布置情况，使得在空气隙沿定子内圆周表面的磁感应强度按正弦规律分布。

当转子由原动机带动，按顺时针方向以角速度 ω 匀速旋转时，每相绕组依次切割磁感线，感应出三相正弦交流电动势，感应电动势的参考方向规定为自绕组的末端指向始端，如图5.1和图5.2所示。从而产生三相正弦交流电压。这3个电压的频率相同、幅值相等、相位互差120°，称这样的三相电压为三相对称正弦电压，分别用 u_1、u_2、u_3 表示。电压的参考方向规定为自绕组的始端指向末端。显然，u_2 比 u_1 滞后120°，u_3 比 u_2 滞后120°。若以 u_1 为参考正弦量，则这3个电压可分别表示为

$$\left.\begin{aligned}
u_1 &= U_\mathrm{m}\sin\omega t \\
u_2 &= U_\mathrm{m}\sin(\omega t - 120°) \\
u_3 &= U_\mathrm{m}\sin(\omega t - 240°) = U_\mathrm{m}\sin(\omega t + 120°)
\end{aligned}\right\} \tag{5-1}$$

用相量形式可对应表示为

$$\left.\begin{aligned}
\dot{U}_1 &= U\underline{/0°} = U \\
\dot{U}_2 &= U\underline{/-120°} = U\left(-\frac{1}{2} - \mathrm{j}\frac{\sqrt{3}}{2}\right) \\
\dot{U}_3 &= U\underline{/120°} = U\left(-\frac{1}{2} + \mathrm{j}\frac{\sqrt{3}}{2}\right)
\end{aligned}\right\} \tag{5-2}$$

三相对称正弦电压的波形图和相量图，如图5.3所示。

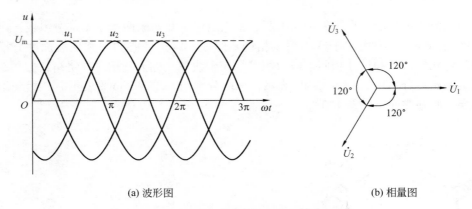

(a) 波形图   (b) 相量图

图 5.3　三相对称正弦电压的波形图和相量图

三相电压依次达到正的最大值的先后顺序称为相序。在图5.3中，三相电源电压达到正最大值的先后顺序为：U 相电源电压 u_1→V 相电源电压 u_2→W 相电源电压 u_3，则称U→V→W 为正相序，否则称为反相序。若无特殊说明，则对称三相电压的相序均为正相序。

5.1.2　线电压与相电压的关系

若由每相绕组的始端和末端通过导线直接向外输送电能，则需要6根导线。但在实际的电力系统中，常用的输电方式是三相四线制（3 根相线和 1 根中性线，只需 4 根导线），这种联结方式除经济外，还可提供两种电压，具体的联结形式如图5.4所示。

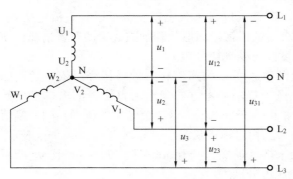

图 5.4　三相电源的星形联结

由于这种联结方式的三相绕组在形式上类似丫形状，故称为三相电源的丫联结或星形联结。这种接法实际上是将发电机三相绕组的末端连在一起，这一联结点称为中性点（简称中点），用 N 表示，从中性点引出的导线称为中性线（简称中线），由于中性点通常与大地相连，故中性线又称地线或零线。从三相绕组的始端引出的 3 根导线分别用 L_1、L_2、L_3 表示，称为相线或端线，俗称火线。

在图5.4中，相线与中性线间的电压，即每绕组始端与末端间的电压，称为相电压，其有效值用 U_1、U_2、U_3 或用 U_P 表示。相电压的参考方向规定为由相线指向中性线，即由绕组的始端指向末端。显然，电源的相电压是对称的。而任意两相线间的电压，即两绕组始端间的电压，称为线电压，其有效值用 U_{12}、U_{23}、U_{31} 或用 U_L 表示。线电压的参考方向为由下标文字的先后次序规定，例如，u_{12} 的参考方向为由相线 L_1 指向相线 L_2。各相电压和线电压的参考方向如图中正负号所示。

根据图5.4中所规定的各线电压和相电压的参考方向，由 KVL 得

$$u_{12} = u_1 - u_2 \left.\begin{matrix}\\\\\end{matrix}\right\}$$
$$u_{23} = u_2 - u_3$$
$$u_{31} = u_3 - u_1 \qquad\qquad (5-3)$$

相应的相量关系为

$$\dot{U}_{12} = \dot{U}_1 - \dot{U}_2 \left.\begin{matrix}\\\\\end{matrix}\right\}$$
$$\dot{U}_{23} = \dot{U}_2 - \dot{U}_3$$
$$\dot{U}_{31} = \dot{U}_3 - \dot{U}_1 \qquad\qquad (5-4)$$

若以 u_1 为参考相量，则由线电压与相电压间的相量关系可作出如图5.5所示的相量图。可见，由于相电压是三相对称正弦电压，故线电压也是三相对称正弦电压，且在相位上超前于对应的相电压30°，即 $\dot{U}_{12}$ 比 $\dot{U}_1$ 超前30°，$\dot{U}_{23}$ 比 $\dot{U}_2$ 超前30°，$\dot{U}_{31}$ 比 $\dot{U}_3$ 超前30°。由相量图可推导出线电压与相电压之间的大小关系如下：

$$\frac{1}{2}U_L = U_P\cos30° = \frac{\sqrt{3}}{2}U_P$$

即 $\qquad\qquad U_L = \sqrt{3}\,U_P \qquad (5-5)$

式(5-5)表明：在三相四线制电路中，电源线电压等于相电压的 $\sqrt{3}$ 倍。在三相四线制低压配电系统中，电源相电压为220V，线电压则为380V（380V近似地等于220V的 $\sqrt{3}$ 倍）。

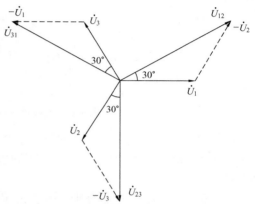

**图5.5　三相电源星形联结时
线电压与相电压的相量图**

用相量表示线电压与相电压之间的关系，则有

$$\dot{U}_{12} = \sqrt{3}\,\dot{U}_1\,\underline{/30°} \left.\begin{matrix}\\\\\\\end{matrix}\right\}$$
$$\dot{U}_{23} = \sqrt{3}\,\dot{U}_2\,\underline{/30°}$$
$$\dot{U}_{31} = \sqrt{3}\,\dot{U}_3\,\underline{/30°} \qquad\qquad (5-6)$$

需要指出，三相电源的另一种接法是三角形联结(或称△联结)，本书不作讨论。

5.2　三相负载的联结

常见的用电设备即负载一般可分为两类。一类是单相负载，如照明负载(荧光灯等)、家用电器(空调、电视机等)，这类负载只需接在三相电源的任意一相线和中性线之间便可正常工作；另一类是三相负载，如三相异步电动机等，这类负载必须同时接到三相电源的3个相线上才能正常工作。

三相电路中负载的联结方法有两种：星形联结和三角形联结。本节将分别讨论三相负载在作星形联结和三角形联结时，线电流和相电流的计算方法。为简单起见，将各相线和中线的阻抗忽略不计。

5.2.1 三相负载的星形联结

若将三相负载的始端分别与三相电源的相线相连，将三相负载的末端的联结点即三相负载的中点与中性线相连，则将这种联结方式称为三相负载的星形联结，从而形成了三相四线制电路，如图5.6所示。

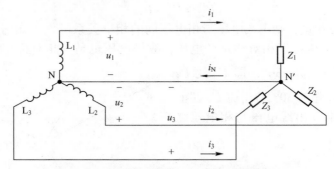

图5.6 负载星形联结的三相四线制电路

若三相负载阻抗完全相等，即阻抗模相等和阻抗角相同，即 $Z_1 = Z_2 = Z_3 = Z$，$|Z_1| = |Z_2| = |Z_3| = |Z|$，$\varphi_1 = \varphi_2 = \varphi_3 = \varphi$，则将这种负载称为三相对称负载，否则称为三相不对称负载。

图5.6中 i_1、i_2 和 i_3 是分别流过3根相线的电流，称为线电流，其有效值用 I_L 表示。流过各相负载的电流称为相电流，其有效值用 I_P 表示；流过中性线的电流 i_N 称为中性线电流。线电流的参考方向规定为从电源侧指向负载侧，中性线电流的参考方向规定为从负载的中性点指向电源的中性点，如图5.6所示。

在负载作星形联结的三相电路中，负载的相电压等于对应的电源相电压；各线电流与对应负载的相电流相等，即

$$I_P = I_L \tag{5-7}$$

以电源相电压 $\dot{U}_1$ 为参考相量，则

$$\dot{U}_1 = U\underline{/0°}, \quad \dot{U}_2 = U\underline{/-120°}, \quad \dot{U}_3 = U\underline{/120°}$$

由图5.6可知，每相负载所承受的电压为对应的电源相电压。而每相负载的相电流可用式(5-8)求出：

$$\left.\begin{array}{l}
\dot{I}_1 = \dfrac{\dot{U}_1}{Z_1} = \dfrac{U\underline{/0°}}{|Z_1|\underline{/\varphi_1}} = I_1\underline{/-\varphi_1} \\[3mm]
\dot{I}_2 = \dfrac{\dot{U}_2}{Z_2} = \dfrac{U\underline{/-120°}}{|Z_2|\underline{/\varphi_2}} = I_2\underline{/-120°-\varphi_2} \\[3mm]
\dot{I}_3 = \dfrac{\dot{U}_3}{Z_3} = \dfrac{U\underline{/120°}}{|Z_3|\underline{/\varphi_3}} = I_3\underline{/120°-\varphi_3}
\end{array}\right\} \tag{5-8}$$

中性线电流可根据 KCL 求出，由图可得

$$\dot{I}_N = \dot{I}_1 + \dot{I}_2 + \dot{I}_3 \tag{5-9}$$

【例5-1】 已知电源的线电压 $U_L = 380V$，每相负载的阻抗均为 10Ω，电路如图 5.7 所示，试求各相电流和中性线电流。

【解】 设以 L_1 相电源相电压为参考相量，则

$$\dot{U}_1 = \frac{380}{\sqrt{3}} \underline{/0°}\,V = 220 \underline{/0°}\,V, \qquad \dot{U}_2 = 220 \underline{/-120°}\,V,$$

$$\dot{U}_3 = 220 \underline{/120°}\,V$$

由于负载不对称，各相电流应分别进行计算。

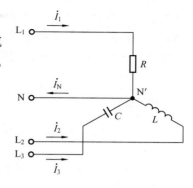

图 5.7 例 5-1 图

$$\dot{I}_1 = \frac{\dot{U}_1}{Z_1} = \frac{220 \underline{/0°}}{10}\,A = 22 \underline{/0°}\,A$$

L_1 相负载为电阻性负载，电流与电压同相位：

$$\dot{I}_2 = \frac{\dot{U}_2}{Z_2} = \frac{220 \underline{/-120°}}{jX_L} = \frac{220 \underline{/-120°}}{10 \underline{/90°}}\,A = 22 \underline{/150°}\,A$$

L_2 相负载为电感性负载，电流滞后于电压 $90°$：

$$\dot{I}_3 = \frac{\dot{U}_3}{Z_3} = \frac{220 \underline{/120°}}{-jX_C} = \frac{220 \underline{/120°}}{10 \underline{/-90°}}\,A = 22 \underline{/-150°}\,A$$

L_3 相负载为电容性负载，电流超前于电压 $90°$。

中性线电流为

$$\dot{I}_N = \dot{I}_1 + \dot{I}_2 + \dot{I}_3 = 22 + 22(\cos150° + j\sin150°) + 22[\cos(-150°) + j\sin(-150°)] = -16A$$

中性线电流为 $16A$，实际方向与图示方向相反。

对于三相对称负载，由式(5-8)可知，各相电流 $\dot{I}_1$、$\dot{I}_2$ 和 $\dot{I}_3$ 大小相等，相位互差 $120°$，为一组对称的三相正弦电流，它们的相量图如图 5.8 所示(以三相对称感性负载为例)。所以对于负载对称的三相电路，只需要求出一相电流，其余两相电流可由对称性求得。

此时，由于对称性，故中性线电流

$$\dot{I}_N = \dot{I}_1 + \dot{I}_2 + \dot{I}_3 = 0$$

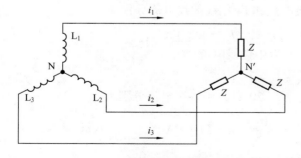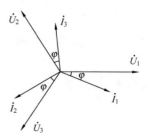

图 5.8 对称负载星形联结的三相三线制电路及电压和电流的相量图

既然中性线中此时没有电流,中性线就可省去,且不影响电路的正常工作,这种输电方式称为三相三线制。对于三相对称负载,如三相异步电动机等,可以省掉中性线而采用这种供电方式。但若三相负载不是对称的,比如常见的照明线路,则不能省掉中性线,否则,会造成负载上三相电压不对称,使用电设备不能正常工作,甚至造成用电设备被烧毁的事故。

特别提示

- 中性线省去后,3 个相电流便借助于各相线及各相负载互成回路。任一瞬间三相电流符合基尔霍夫电流定律。
- 中性线的作用在于使不对称负载的相电压保持对称。为此,供电规程中规定:在三相四线制供电系统中,不准在中性线安装开关和熔断器。

【**例 5 - 2**】 有一星形联结的三相电路,电源电压对称。电路如图 5.9 所示,设电源线电压 $u_{12} = 380\sqrt{2}\sin(\omega t + 30°)$ V。负载为灯组,若 $R_1 = R_2 = R_3 = 5\Omega$,求各线电流及中性线电流;若 $R_1 = 5\Omega$,$R_2 = 10\Omega$,$R_3 = 20\Omega$,求各线电流及中性线电流。

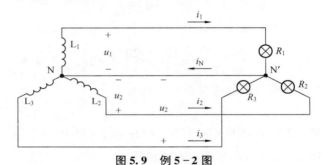

图 5.9 例 5 - 2 图

【**解**】 因为负载对称,只需计算一相即可,此处取 L_1 相为参考量。

由于 $u_{12} = 380\sqrt{2}\sin(\omega t + 30°)$ V,故有

$$U_1 = \frac{U_{12}}{\sqrt{3}} = \frac{380}{\sqrt{3}}V = 220V(u_1 \text{ 比 } u_{12} \text{ 滞后 } 30°),\ \text{故 } \dot{U}_1 = 220\underline{/0°}V$$

L_1 相线的线电流

$$\dot{I}_1 = 44\underline{/0°}A$$

由 3 个相线电流对称可得 L_2 相线的线电流和 L_3 相线的线电流分别为

$$\dot{I}_2 = 44\underline{/-120°}A,\quad \dot{I}_3 = 44\underline{/120°}A$$

根据图中各电流的参考方向,根据 KCL 得中性线电流

$$\dot{I}_N = \dot{I}_1 + \dot{I}_2 + \dot{I}_3 = 0$$

三相负载不对称($R_1 = 5\Omega$、$R_2 = 10\Omega$、$R_3 = 20\Omega$),则各线电流分别为

$$\dot{I}_1 = \frac{\dot{U}_1}{R_1} = \frac{220\underline{/0°}}{5}A = 44\underline{/0°}A$$

$$\dot{I}_2 = \frac{\dot{U}_2}{R_2} = \frac{220\underline{/-120°}}{10}A = 22\underline{/-120°}A$$

$$\dot{I}_3 = \frac{\dot{U}_2}{R_3} = \frac{220\ \underline{/120°}}{20}\text{A} = 11\ \underline{/120°}\text{A}$$

中性线电流

$$\dot{I}_N = \dot{I}_1 + \dot{I}_2 + \dot{I}_3 = 44\ \underline{/0°} + 22\ \underline{/-120°} + 11\ \underline{/120°}$$

$$= 44 + (-11 - j18.9) + (-5.5 + j9.45)$$

$$= 27.5 - j9.45 = 29.1\ \underline{/-19°}\text{A}$$

【例5-3】 在上例中，当 L_1 相发生短路和断路两种情况下，分别讨论在中性线完好和中性线断开时电路的工作情况如何。

【解】 该题目需分4种情况进行讨论。

（1） L_1 相短路。此时 L_1 相短路电流很大，将 L_1 相中的熔断器熔断，而由于中性线的存在， L_2 相和 L_3 相的相电压仍为220V，故这两相的工作状态不受影响。

（2） L_1 相短路且中性线断开。如图5.10所示，此时各相负载电压为

$$\dot{U}'_1 = 0,\quad U'_1 = 0$$

$$\dot{U}'_2 = \dot{U}_{21},\quad U'_2 = 380\text{V}$$

$$\dot{U}'_3 = \dot{U}_{31},\quad U'_3 = 380\text{V}$$

在这种情况下， L_2 相和 L_3 相的灯组上所加的电压都超过了灯的额定电压（220V），这是不容许的。

（3） L_1 相断路。同（1）， L_2 相和 L_3 相不受影响。

（4） L_1 相断路且中性线断开。如图5.11所示，此时 L_2 相的灯组和 L_3 相的灯组串联，成为单相电路，且电路端电压为电源线电压 $U_{23} = 380\text{V}$ 。

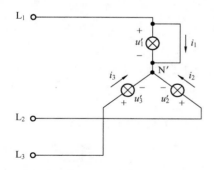

图5.10 例5-3解（2）图

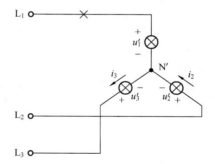

图5.11 例5-3解（4）图

各相负载相电压为

$$U'_2 = 380 \times \frac{10}{10 + 20}\text{V} = 127\text{V}$$

$$U'_3 = 380 \times \frac{20}{10 + 20}\text{V} = 253\text{V}$$

在这种情况下， L_2 相电灯组的电压低于电灯的额定电压，而 L_3 相的电压却高于灯的额定电压，这是不容许的。

5.2.2 三相负载的三角形联结

三角形(△)联结是把三相负载中每相的末端依次与另一相的始端连接在一起，形似三角形，并将 3 个连接点分别接到三相电源的 3 根相线上，如图 5.12 所示。

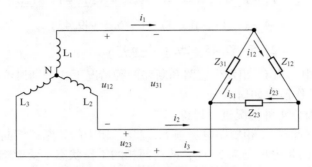

图 5.12 负载三角形联结的三相电路

由图 5.12 可知，各相负载都直接接在电源的相线上，所以负载的相电压等于对应的电源的线电压，即

$$U_{\mathrm{P}} = U_{\mathrm{L}} \tag{5-10}$$

各相电流的有效值相量分别为

$$\left. \begin{aligned} \dot{I}_{12} &= \frac{\dot{U}_{12}}{Z_{12}} = \frac{\dot{U}_{12}}{\mid Z_{12} \mid \underline{/\varphi_{12}}} \\ \dot{I}_{23} &= \frac{\dot{U}_{23}}{Z_{23}} = \frac{\dot{U}_{23}}{\mid Z_{23} \mid \underline{/\varphi_{23}}} \\ \dot{I}_{31} &= \frac{\dot{U}_{31}}{Z_{31}} = \frac{\dot{U}_{31}}{\mid Z_{31} \mid \underline{/\varphi_{31}}} \end{aligned} \right\} \tag{5-11}$$

线电流可根据 KCL 进行计算

$$\left. \begin{aligned} \dot{I}_1 &= \dot{I}_{12} - \dot{I}_{31} \\ \dot{I}_2 &= \dot{I}_{23} - \dot{I}_{12} \\ \dot{I}_3 &= \dot{I}_{31} - \dot{I}_{23} \end{aligned} \right\} \tag{5-12}$$

对于三相对称负载，由上式可作相量图，如图 5.13 所示(以三相对称感性负载为例)。从图中可知，线电流等于相电流的 $\sqrt{3}$ 倍。在相位上，线电流滞后于对应的相电流 30°，即

$$I_{\mathrm{L}} = \sqrt{3} I_{\mathrm{P}} \tag{5-13}$$

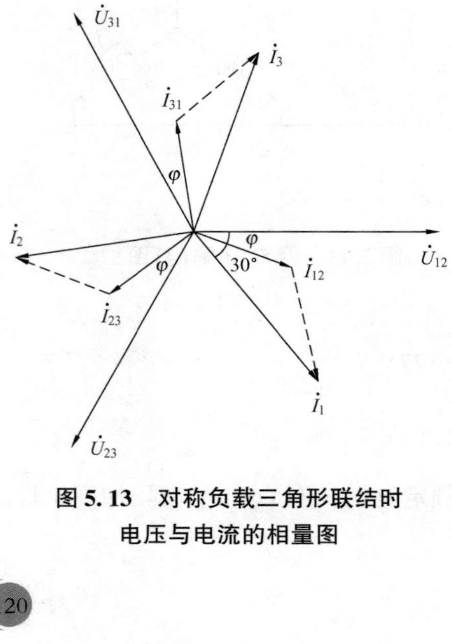

图 5.13 对称负载三角形联结时电压与电流的相量图

若用相量形式表示线电流与相电流的关系，则有

$$\left.\begin{array}{l} \dot{I}_1 = \sqrt{3}\dot{I}_{12} \underline{/-30°} \\ \dot{I}_2 = \sqrt{3}\dot{I}_{23} \underline{/-30°} \\ \dot{I}_3 = \sqrt{3}\dot{I}_{31} \underline{/-30°} \end{array}\right\} \qquad (5-14)$$

在负载对称的情况下，电路的三相电流(包括相电流和线电流)和电压(包括相电压和线电压)都是对称的，只需计算出一相电量，其余两相可由对称性求出。

【例5-4】 有一组三相对称负载，每相的阻抗为 $Z = (6+j8)\Omega$，三角形接法，电源线电压为380V，试求负载的相电流 $\dot{I}_{12}$、$\dot{I}_{23}$、$\dot{I}_{31}$ 和线电流 $\dot{I}_1$、$\dot{I}_2$、$\dot{I}_3$。

【解】 设 $\dot{U}_{12} = 380\underline{/0°}\text{V}$，则

$$\dot{I}_{12} = \frac{\dot{U}_{12}}{Z} = \frac{380\underline{/0°}}{6+j8} = \frac{380\underline{/0°}}{10\underline{/53.13°}}\text{A} \approx 38\underline{/-53°}\text{A}$$

根据对称性可得另外两相电流分别为

$$\dot{I}_{23} = 38\underline{/-173°}\text{A}$$

$$\dot{I}_{31} = 38\underline{/67°}\text{A}$$

由于线电流 $I_L = \sqrt{3}I_P$，且线电流滞后于对应负载的相电流30°，故得各线电流分别为

$$\dot{I}_1 = \sqrt{3}\times38\underline{/-53°-30°}\text{A} = 66\underline{/-83°}\text{A}$$

$$\dot{I}_2 = \sqrt{3}\times38\underline{/-173°-30°}\text{A} = 66\underline{/157°}\text{A}$$

$$\dot{I}_3 = \sqrt{3}\times38\underline{/67°-30°}\text{A} = 66\underline{/37°}\text{A}$$

5.3 三相电路的功率

本节将介绍三相功率的计算与测量方法。

5.3.1 三相功率的计算

在三相电路中，无论负载采用何种联结方式，也无论负载是否对称，三相电路的总有功功率恒均等于各相有功功率之和，即

$$P = P_1 + P_2 + P_3$$

当负载对称时

$$P = 3P_P = 3U_P I_P \cos\varphi \qquad (5-15)$$

式中 φ 角为负载相电压与相电流之间的相位差，即各相负载的阻抗角。

当对称负载作星形联结时，$U_L = \sqrt{3}U_P$，即 $U_P = U_L/\sqrt{3}$，$I_L = I_P$。故可得

$$P = 3U_P I_P \cos\varphi = 3(U_L/\sqrt{3})I_P \cos\varphi$$

$$= \sqrt{3}U_L I_L \cos\varphi$$

当对称负载作三角形联结时，$I_L = \sqrt{3}I_P$，即 $I_P = I_L/\sqrt{3}$，$U_L = U_P$。同样可以得到

$$P = 3U_P I_P \cos\varphi = 3U_L(I_L/\sqrt{3})\cos\varphi = \sqrt{3}U_L I_L \cos\varphi$$

可见，不论负载是星形联结还是三角形联结，三相对称负载所取用的总有功功率均为

$$P = \sqrt{3} U_{\mathrm{L}} I_{\mathrm{L}} \cos\varphi \qquad\qquad (5-16)$$

同理，三相无功功率和视在功率分别为

$$Q = 3U_{\mathrm{P}} I_{\mathrm{P}} \sin\varphi = \sqrt{3} U_{\mathrm{L}} I_{\mathrm{L}} \sin\varphi \qquad\qquad (5-17)$$

$$S = 3U_{\mathrm{P}} I_{\mathrm{P}} = \sqrt{3} U_{\mathrm{L}} I_{\mathrm{L}} \quad 或 \quad S = \sqrt{P^2 + Q^2} \qquad\qquad (5-18)$$

 **特别提示**

- 式(5-16)中 φ 角是负载相电压与相电流之间的相位差，即阻抗角，或称功率因数角，而不是线电压和线电流之间的相位差。

【例5-5】 在例5-4中，求：(1)电路的总有功功率 P；(2)负载为星形联结时相电流、线电流和总有功功率 P。

【解】 负载作三角形联结时，由例5-4的结果可得：

相电流

$$I_{\mathrm{P}} = 38\mathrm{A}$$

线电流

$$I_{\mathrm{L}} = \sqrt{3} I_{\mathrm{P}} = 66\mathrm{A}$$

总有功功率

$$P = \sqrt{3} U_{\mathrm{L}} I_{\mathrm{L}} \cos\varphi = \sqrt{3} \times 380 \times 66 \times \frac{8}{\sqrt{8^2 + 6^2}}\mathrm{W} = 34656\mathrm{W} = 34.7\mathrm{kW}$$

负载为星形联结时，则有：

相电压

$$U_{\mathrm{P}} = \frac{U_{\mathrm{L}}}{\sqrt{3}} = 220\mathrm{V}$$

相电流

$$I_{\mathrm{P}} = \frac{U_{\mathrm{P}}}{|Z|} = \frac{220}{\sqrt{8^2 + 6^2}}\mathrm{A} = 22\mathrm{A}$$

线电流

$$I_{\mathrm{L}} = I_{\mathrm{P}} = 22\mathrm{A}$$

总有功功率

$$P = \sqrt{3} U_{\mathrm{L}} I_{\mathrm{L}} \cos\varphi = \left(\sqrt{3} \times 380 \times 22 \times \frac{8}{\sqrt{8^2 + 6^2}}\right)\mathrm{W} = 11616\mathrm{W} = 11.7\mathrm{kW}$$

比较上例中的计算结果可知，在同一电源电压下，同一组三相负载作三角形联结时的总有功功率和线电流是作星形联结时的3倍。

由此可见，在同样的电源电压下，负载消耗的总功率与联结方式有关。因此，在给定电源电压下，要使负载能正常工作，必须采用正确的接法。

若正常接法是星形联结，而错接成三角形联结，则三相负载会由于电流和功率过大而被烧毁。若正常接法是三角形联结，而错接成星形联结，则由于电流和功率过低，导致三相负载工作不正常。

特别提示

- 负载如何联结,应视负载的额定电压而定。在通常的三相四线制电路中,若负载的额定电压等于电源的线电压,应作三角形联结;若负载的额定电压等于电源的相电压,应作星形联结。
- 三相异步电动机绕组可以联结成星形,也可以联结成三角形,依电源线电压的大小而定;而照明负载一般都联结成星形。照明负载应比较均匀地分配在各相中,以使整个系统的负载平衡。

【**例 5－6**】 某大楼照明系统发生故障,第二层楼和第三层楼的所有灯都突然暗下来,而第一层楼的灯亮度不变,这楼的灯是如何联结的?试问这种现象是什么原因导致的?同时发现,第三层楼的灯比第二层楼的灯还暗些,这又是什么原因导致的?

【**解**】 (1)在照明系统中,一般来说负载是不对称的,所以设备应采用星形联结,且有中线。由于出现故障后,3 层楼的灯状况都不同,可知每一层楼的灯接于不同的相线上,本系统的供电线路应如图 5.14 所示。

(2)由于 3 层楼的灯都没有断电,所以故障不在相线上,且仅第一层不受影响,故可知故障点应在图中的 P 处。

当 P 处断开时,第二、三层楼的灯串联接 380V 电压,所以亮度变暗,但第一层楼的灯仍承受 220V 电压,所以亮度不变。

(3)因为第三层楼的灯多于第二层楼灯,即 $R_3 < R_2$,所以第三层楼的灯比第二层楼的灯还暗些。

【**例 5－7**】 在图 5.15 所示的三相对称电路中,电源线电压 $U_L = 380$V,Y 联结的负载,$Z_Y = 30 \underline{/30°}$Ω,△联结的负载,$Z_\triangle = 60 \underline{/60°}$Ω。求:(1)各组负载的相电流;(2)电路的线电流;(3)三相总有功功率和总无功功率。

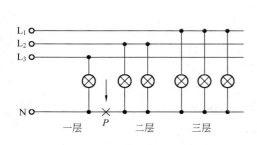

图 5.14 例 5－6 的供电系统示意图

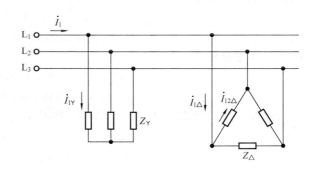

图 5.15 例 5－7 图

【**解**】 设电源线电压 $\dot{U}_{12} = 380 \underline{/0°}$V,则相电压 $\dot{U}_1 = 220 \underline{/-30°}$V。

(1)由于三相负载对称,所以计算一相即可,其他两相可以根据对称性求得。

对于星形联结的负载,其相电流即为线电流

$$\dot{I}_{1Y} = \frac{\dot{U}_1}{Z_Y} = \frac{220 \underline{/-30°}}{30 \underline{/30°}}A = 7.33 \underline{/-60°}A$$

对于三角形联结的负载,其相电流为

$$\dot{I}_{12\triangle} = \frac{\dot{U}_{12}}{Z_\triangle} = \frac{380\underline{/0°}}{60\underline{/60°}}A = 6.33\underline{/-60°}A$$

（2）先求三角形联结负载的线电流 $\dot{I}_{1\triangle}$：

$$\dot{I}_{1\triangle} = \sqrt{3}\dot{I}_{12\triangle}\underline{/-30°} = 6.33\sqrt{3}\underline{/-90°}A = 10.96\underline{/-90°}A$$

则电路的线电流为

$$\dot{I}_1 = \dot{I}_{1Y} + \dot{I}_{1\triangle} = (7.33\underline{/-60°} + 10.99\underline{/-90°})A = 17.69\underline{/-78°}A$$

（3）三相电路总有功功率为

$$\begin{aligned}
P &= P_Y + P_\triangle = \sqrt{3}U_L I_{1Y}\cos\varphi_Y + \sqrt{3}U_L I_{1\triangle}\cos\varphi_\triangle\\
&= (\sqrt{3}\times380\times7.33\times0.866 + \sqrt{3}\times380\times10.96\times0.5)W\\
&= (4178 + 3607)W = 7785W
\end{aligned}$$

三相电路总无功功率为

$$\begin{aligned}
Q &= Q_Y + Q_\triangle = \sqrt{3}U_L I_{1Y}\sin\varphi_Y + \sqrt{3}U_L I_{1\triangle}\sin\varphi_\triangle\\
&= (\sqrt{3}\times380\times7.33\times0.5 + \sqrt{3}\times380\times10.96\times0.866)\mathrm{var}\\
&= (2412 + 6247)\mathrm{var} = 8659\mathrm{var}
\end{aligned}$$

【例5-8】 在例5-7的电路中，若Y联结的负载为照明负载，共接有30只荧光灯，分三相均匀地接入三相电源，已知每只荧光灯的额定电压为220V，额定功率为40W，功率因数为0.5；△联结的负载为电动机负载，其额定电压为380V，输入功率为3kW，功率因数为0.8。试求电源供给的线电流。

【解】 两组负载的有功功率分别为

$$P_1 = 40\times30W = 1.2kW, \qquad P_2 = 3kW$$

两组负载的阻抗角分别为

$$\varphi_1 = \arccos0.5 = 60°$$
$$\varphi_2 = \arccos0.8 = 36.9°$$

故无功功率分别为

$$Q_1 = P_1\tan\varphi_1 = 1200\times\tan60°\mathrm{var} = 2078\mathrm{var}$$
$$Q_2 = P_2\tan\varphi_2 = 3000\times\tan36.9°\mathrm{var} = 2252\mathrm{var}$$

可得电源输出的总有功功率、无功功率和视在功率分别为

$$P = P_1 + P_2 = (1.2 + 3)kW = 4200W$$
$$Q = Q_1 + Q_2 = (2078 + 2252)\mathrm{var} = 4330\mathrm{var}$$
$$S = \sqrt{P^2 + Q^2} = \sqrt{4200^2 + 4330^2}\,V\cdot A = 6032V\cdot A$$

由此求得电源的线电流为

$$I_L = \frac{S}{\sqrt{3}U_L} = \frac{6032}{\sqrt{3}\times380}A = 9.2A$$

5.3.2 功率的测量

电路中的功率与电压和电流的乘积有关，因此用来测量功率的仪表必须同时具有感应电压和电流的两个线圈。其中一个线圈是固定的，称为电流线圈，所用的导线较粗、

匝数较少，允许通过较大的电流，使用时与被测电路串联；另一个相对可动的线圈称为电压线圈，导线较细、匝数较多，允许通过的电流较小，使用时与被测电路并联。下面介绍功率表的接法。

1. 单相功率的测量

图 5.16 所示为功率表的接线图。在接线及测量时要注意以下几个问题：

（1）在接线时，功率表的电流线圈必须与负载串联；电压线圈必须与负载并联。假若接错，可能烧坏仪表。

（2）为了使电动式功率表的指针按正确方向偏转，接线时应注意线圈的同极性端即电流线圈和电压线圈的同极性端应接在电源的同一端，一般用符号"＊"或"·"表示同极性端。

（3）功率表的电压线圈和电流线圈各有其量程。改变电压量程可调整倍压器的电阻值；电流线圈通常由两个相同的线圈组成，当两个线圈并联时，电流量程要比串联时大一倍。

2. 三相功率的测量

在三相三线制电路中，不论负载为星形联结还是三角形联结，也不论负载对称与否，都广泛采用两功率表法来测量三相功率。

图 5.17 所示为负载星形联结的三相三线制电路。

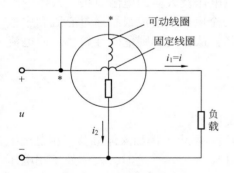

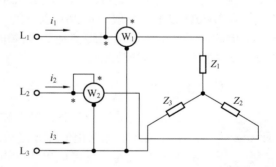

图 5.16 功率表的接线图　　　　图 5.17 用两功率表测量三相功率

其三相瞬时功率为

$$p = p_{L1} + p_{L2} + p_{L3} = u_1 i_1 + u_2 i_2 + u_3 i_3$$

由

$$i_1 + i_2 + i_3 = 0$$

得

$$
\begin{aligned}
p &= u_1 i_1 + u_2 i_2 + u_3(-i_1 - i_2) \\
&= (u_1 - u_3)i_1 + (u_2 - u_3)i_2 \\
&= u_{13} i_1 + u_{23} i_3 = p_1 + p_2
\end{aligned}
$$

由上式可知，三相功率可用两个功率表来测量。其接线如图 5.17 所示，两个功率表的电流线圈中通过的是线电流，电压线圈上所加的电压是线电压。

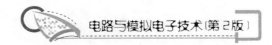

5.4 安全用电

安全用电包括人身安全和设备安全。当发生人身事故时，轻则灼伤，重则死亡。当发生设备事故时，不仅会损坏电器设备，而且往往会引起火灾。因此必须重视安全用电问题和具备基本的安全用电知识。

5.4.1 触电及触电伤害

触电是指人体接触到带电体时，电流流过人体所造成的伤害。按人体所受伤害方式的不同，触电又分为电击和电伤两种。电击是指电流使人体内部组织受到损伤，造成全身发热、发麻、肌肉抽搐和神经麻痹，影响心脏和呼吸系统甚至导致死亡。电伤是指由于电流的热效应、化学效应、机械效应及电流本身的作用，使人体肌肤及肢体受到灼伤、烙烧等，严重的也能使人丧命。

电流对人体伤害的严重程度与电流的种类、电流的大小、持续时间以及电流经过身体的途径等因素有关。工频交流电的危险性大于直流电，因为交流电流主要是麻痹破坏神经系统，往往难以自主摆脱，交流电频率在 2000Hz 以上时，由于集肤效应，危险性减小。流过人体的工频电流在 0.5～5mA 时，就有痛感，但尚可忍受和自主摆脱；电流大于 5mA 后，将发生痉挛，难以忍受；电流达到 50mA，持续数秒到数分钟将引起昏迷和心室颤动，就会有生命危险。流过人体的电流大小与触电电压及人体的电阻有关。人体的平均电阻在 1000Ω 以上，一般规定 36V 以下的电压为安全电压。电流最忌通过心脏和中枢神经，因此从手到手、从手到脚都是危险的电流途径，从脚到脚则危险性较小，而电流通过头部会损伤大脑而导致死亡。

5.4.2 触电方式

【单相触电】

触电方式可分为直接触电和间接触电两类。

直接与正常带电的部分接触，即为直接触电。例如人体触及三相电源中的一根相线时，就形成单相触电，如图 5.18 所示，这时，人体处于相电压下，电流将从人的手经过全身再由脚经大地流回到电源中性点，这是十分危险的。若脚与地面绝缘良好，则危险性可大为减小。若人体同时和两根相线接触，如图 5.19 所示，就形成两相触电，此时人体处于线电压下，其后果更为严重。

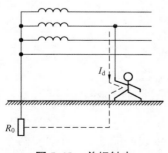

图 5.18　单相触电

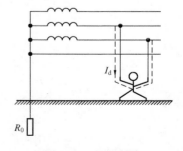

图 5.19　两相触电

间接触电是指与正常工作时不带电的金属部分接触发生的意外触电。例如电机、电器或电子仪器的金属外壳，在正常情况下是不带电的，但由于绝缘损坏，使内部的带电体与外壳相碰，于是当人接触金属外壳时，就会发生触电事故。因此对电气设备必须采取可靠绝缘保护措施，以防意外。

5.4.3　触电防护

低压配电系统的接地形式分为 IT 系统、TT 系统和 TN 系统 3 种类型。其文字代号的意义为：第一个字母表示电源侧接地状态，如 I 表示电源不接地或有一点通过高阻抗接地，T 表示电源端有一点直接接地；第二个字母表示负载侧接地状态，如 T 表示外露可导电部分直接接地，并与电源的接地彼此相互独立，N 表示外露可导电部分与电源接地点相连接。各种接地系统如图 5.20 所示。其中 TN 系统按中性线（N）和保护线（PE）的组合方式不同又可分为 TN‑C、TN‑S 和 TN‑C‑S 这 3 种形式。而其中 TT 系统和 IT 系统是保护接地系统，TN 系统为保护接零系统。

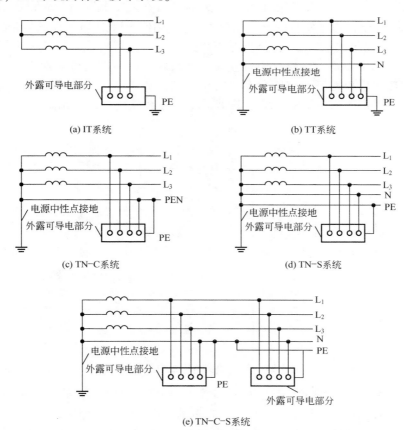

图 5.20　几种类型的接地系统图

1. 保护接地

将电气设备外露可导电部分（如金属外壳、构架等）与接地体或接地干线可靠地连接，

【保护接地】

【保护接零】

以保证人身安全，这种接地称为保护接地。

保护接地可以起到避免或减轻人体触电危险的作用。当电气设备处于某处的绝缘损坏，其金属外壳带电，此时若人体触及外壳，则人体与接地装置并联。人体电阻一般在1000Ω以上，若接地装置的接地电阻仅为几欧，则流过人体的电流极其微弱。可见，保护接地可以保证人身安全。

2. 保护接零

把电气设备外露可导电部分与电网的零线可靠连接起来，称为保护接零。一旦相线碰壳形成单相短路，很大的短路电流将导致线路的保护装置迅速动作，切断故障设备，防止人体触电的危险。

5.5 三相电路应用实例

通过上面的学习，我们对三相电源和负载的联结方式及电压、电流和功率的计算方法有了基本认识。下面以某学校的配电系统为例，介绍三相低压电的输送与分配。

低压配电线路由配电室（配电箱）、低压线路和用户线路组成。通常一个低压配电线路负责几十甚至几百用户的供电。为有效地管理线路，提高供电可靠性，一般采用分级供电方式，即按照用户地域或空间分布，将用户划分成供电区和片，通过干线、支线向区、片供电，然后再向用户供电，图5.21所示为某学校实验楼供电示意图。

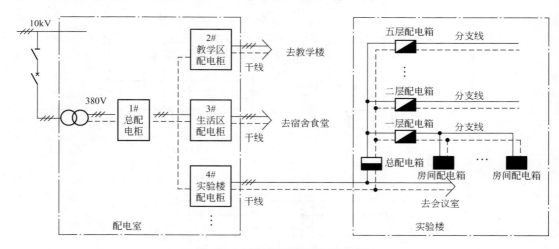

图5.21 某学校实验楼供电示意图

用户负载有两种，一种是车间、实验室等需要使用三相电的场所（统称动力负载），另一种是行政办公和居民生活等需要使用单相电的场所（统称照明负载）。

在比较大的工厂企业中，还可能设总配电室和多个分配电室。三相电通过干线进入实验楼后，经总配电箱再到各层配电箱，然后再经分支线到各房间配电箱。通常在总配电箱将三相电分成3个独立的单相电源，供给各层配电箱电能，再送到各房间配电箱和照明负载。在分配照明负载时，要对负载大小进行估计，使三相负载尽可能平衡。对于动力用电（如消防水泵、实验用三相电动机等），一般由总配电箱直接引入，而不与照明电混用。

小　结

1. 三相电压

三相供电系统中，3 个大小相等、频率相同、相位互差 120°的电压称为三相对称电压。在三相四线制供电系统中，各相线(火线)之间的电压称为线电压；各相线(火线)与中性线(零线)之间的电压称为相电压。当三相电源作星形联结时，线电压与相电压的大小关系为 $U_L = \sqrt{3}\,U_P$，在相位上，线电压超前于对应相电压 30°。我国低压供电系统的标准电压为 380V/220V。

2. 三相负载

阻抗相同的三相负载称为三相对称负载，即阻抗模相等，阻抗的辐角相同。计算三相对称负载的电路时，只需计算一相，其他两相可按对称性求出。

3. 线值与相值的关系

在计算三相对称电路时，当负载作星形联结时，$U_L = \sqrt{3}\,U_P$，且线电压超前于对应负载的相电压 30°，$I_L = I_P$；当负载作三角形联结时，$U_L = U_P$，$I_L = \sqrt{3}\,I_P$，且线电流滞后于对应负载的相电流 30°。

4. 三相负载的联结

三相负载究竟采用哪种联结方式，必须视电源电压的数值和负载的额定电压而定。当负载作星形联结时，对于不对称负载必须接成三相四线制，中性线必不可少；而对于三相对称负载，中性线可省去，接成三相三线制。

5. 三相对称负载的功率

三相对称负载的有功功率、无功功率和视在功率的计算公式分别为

$$P = \sqrt{3}\,U_L I_L \cos\varphi$$

$$Q = \sqrt{3}\,U_L I_L \sin\varphi$$

$$S = \sqrt{P^2 + Q^2} = \sqrt{3}\,U_L I_L$$

以上各式对星形、三角形联结的对称负载均适用。式中 φ 是各相负载相电压与相电流之间的相位差，即每相负载的阻抗角或称为功率因数角。在不对称负载的三相电路中其电流也是不对称的，三相电流和功率要分别计算。

6. 安全用电

低压配电系统的接地形式分为 TN 系统、TT 系统和 IT 系统 3 种类型，TT 系统和 IT 系统是保护接地系统，TN 系统为保护接零系统。

知识链接

电能的生产、输送、分配与消费

电力系统中电能的生产、输送、分配和消费是同时进行的，而电能在这些过程中是

以三相电的形式存在的。发电是将水力、火力、风力和核能等形式的能量转化成电能。输电则是将发电机的电能经变压器转换为 35kV 以上的高压电再远距离输送到降压变电所。配电是将电能降到设备所需的低压后分配给各个用户。在系统中根据用电设备的不同重要程度，将用户分成 3 个等级，不同等级的用户对供电的质量和可靠性等要求不同。

一般将电力网中 1kV 及以上的电压称为高压，其电压等级有 1、3、6、10、35、110、220、330 和 550kV 等；将 1kV 以下的电压称为低压，有 220、380V 和安全电压 12、24、36V 等。

习　题

5-1　单项选择题

(1) 当三相交流发电机的 3 个绕组接成星形时，若线电压 $u_{23} = 380\sqrt{2}\sin\omega t\,(\text{V})$，则相电压 $u_3 = (\quad)$。

  A. $220\sqrt{2}\sin(\omega t + 90°)\,\text{V}$ B. $220\sqrt{2}\sin(\omega t - 30°)\,\text{V}$

  C. $220\sqrt{2}\sin(\omega t - 150°)\,\text{V}$ D. $220\sqrt{2}\sin\omega t\,(\text{V})$

(2) 在负载为三角形联结的对称三相电路中，各线电流与相电流的关系是(　　)。

  A. 大小、相位都相等

  B. 大小相等、线电流超前对应的相电流 90°

  C. 线电流大小为相电流大小的 $\sqrt{3}$ 倍、线电流超前对应的相电流 30°

  D. 线电流大小为相电流大小的 $\sqrt{3}$ 倍、线电流滞后对应的相电流 30°

(3) 三相对称负载星形联结，若电源线电压为 380V，线电流为 10A，每相负载的功率因数为 0.5，则该电路总的有功功率为(　　)。

  A. 1900W   B. 2687W   C. 3291W   D. 5700W

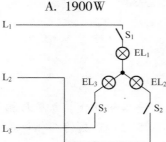

图 5.22　习题 5-1(4)图

(4) 三盏规格相同的白炽灯如图 5.22 所示接在三相交流电路中都能正常发光，现将 S_2 断开，则 EL_1、EL_3 将(　　)。

  A. 烧毁其中一个或都烧毁

  B. 不受影响，仍正常发光

  C. 都略为增亮些

  D. 都略为变暗些

(5) 将电力系统的金属外壳接地的方式称为(　　)。

  A. 工作接地   B. 保护接地

  C. 保护接零(中)   D. 以上答案都不对

(6) 三相对称电路是指(　　)。

  A. 三相电源对称   B. 三相负载对称

  C. 三相电源和三相负载均对称

5-2　判断题(正确的请在每小题后的圆括号内打"√"，错误的打"×")

(1) 三相对称正弦电压是指频率相同、幅值相等、相位相同的 3 个正弦电压。(　　)

130

（2）三相对称负载是指三相负载的阻抗模相等，相位角也相等。（　　）

（3）三相负载作星形联结时，无论负载对称与否，线电流必定等于相电流。（　　）

（4）电灯的开关可以接在相线上，也可以接在中性线上。（　　）

（5）在三相四线制供电系统中，当三相负载接近平衡时，中性线可以省去。（　　）

（6）在380V/220V三相四线制供电系统中，中性线上禁止安装开关和熔断器。（　　）

（7）交流电表测得交流电的数值是平均值。（　　）

（8）对称性负载不论丫联结还是△联结，其有功功率都可按 $P = \sqrt{3}\, U_{\mathrm{L}} I_{\mathrm{L}} \cos\varphi_{\mathrm{P}}$ 计算。（　　）

5－3　三相对称负载，其每相负载阻抗 $Z = (6 + \mathrm{j}8)\,\Omega$，额定电压为220V。

（1）当三相电源 $U_{\mathrm{L}} = 380\mathrm{V}$ 时，三相负载如何联结？求出 I_{P}、I_{L} 和 P；

（2）当三相电源 $U_{\mathrm{L}} = 220\mathrm{V}$ 时，三相负载如何联结？求出 I_{P}、I_{L} 和 P。

5－4　某住宅楼有30户居民，设计每户最大用电功率为2.4kW，功率因数为0.8，额定电压为220V。采用三相供电，线电压 $U_{\mathrm{L}} = 380\mathrm{V}$。试将用户均匀分配组成对称三相负载，并画出供电线路，计算线路总电流、每相负载阻抗、电阻及电抗以及三相变压器的总容量 S。

5－5　如图5.23所示，已知三相对称电源的 $U_{\mathrm{L}} = 380\mathrm{V}$，每只白炽灯的额定电压为220V，额定功率为100W，三相负载为星形联结。问：

（1）开关S闭合时，流过白炽灯的电流 I_1、I_2、I_3 各为多少？

（2）S断开时，A灯和B灯两端电压各为多少？A灯和B灯能否正常发光？

5－6　图5.24所示对称三相电路中，$R = 100\,\Omega$，电源线电压为380V。求：（1）电压表和电流表的读数是多少？（2）三相负载消耗的功率 P 是多少？

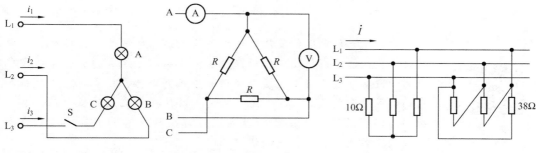

图5.23　习题5－5图　　　　图5.24　习题5－6图　　　　图5.25　习题5－8图

5－7　某建筑物有3层楼，每层的照明分别由三相电源的各相供电，电源电压为380V/220V，每层楼装有额定参数为"220V、100W"的白炽灯100盏。

（1）画出该照明电路接线图；

（2）求楼内灯全部点亮时的相电流、线电流的大小；

（3）若第一层的灯全关断，第二层全开亮，第三层只开亮10盏，电源中性线又因故断开，试分析该照明电路的工作情况。

5－8　在线电压为380V的三相电源上，接两组电阻性对称负载，如图5.25所示，试求线路电流 I（有效值）。

第 *6* 章
磁路与变压器

本章将主要介绍磁路与变压器的基本概念，利用安培环路定律推导出磁路欧姆定律，分析变压器的构造、原理，并对变压器的实际应用进行介绍。重点讨论变压器的工作原理。

本章教学目标与要求

- 理解磁路欧姆定律。
- 掌握同名端的判断。
- 了解变压器的构造，掌握变压器的工作原理。
- 了解自耦变压器、仪用互感器的特点。

引例

【强电专业
推荐教材】

　　发电厂生产的电能经变压器变成高压电后，经电力网络输送到变电站，再由变压器变成低压电供用户使用，变压器已经成为电力系统中非常重要的设备。我们日常生活中使用的手机充电器、计算机、电视机等所用的电源都是将 220V 的交流电经变压器转换成相应的低电压，然后再经整流实现的。变压器已经跟我们日常生活息息相关，通过本章学习，我们将对变压器有更多的认识。

6.1　磁场与磁路

本节将简单介绍描述磁场特性的基本物理量、磁性物质的磁性能以及定性分析磁路的磁路欧姆定律。

6.1.1　磁场的基本物理量

磁场是一种特殊的物质，有电流的地方就会伴随着磁场的存在。表征磁场特性的物理量主要有如下几个：

1. 磁感应强度

为了定量反映不同位置的磁场强弱和方向，我们引入磁感应强度这一物理量。

在磁场中垂直于磁场方向的一小段通电直导体所受的磁场力与直导体中的电流和直导体长度乘积的比值称为直导体所在处的磁感应强度，其表达式为

$$B = \frac{F}{Il} \tag{6-1}$$

式中：F 为磁场力，单位为牛[顿]（N）；I 为电流，单位为安[培]（A）；l 为长度，单位为米（m）；B 为磁感应强度，单位为特[斯拉]（T）。

磁感应强度是矢量，磁场中某点的磁感应强度方向即是该点的磁场方向。

若磁场中各点的磁感应强度大小相等、方向相同，则这样的磁场称为均匀磁场。

2. 磁通

在磁场中，垂直穿过某一面积的磁感应线的条数称为穿过这一面积的磁通量，简称磁通，用 Φ 表示。在均匀磁场中，磁通等于磁感应强度 B 和与磁感应强度垂直的某一面积的乘积，即

$$\Phi = BS \tag{6-2}$$

式中：Φ 为磁通，单位为韦[伯]（Wb）；B 为磁感应强度，单位为 T；S 为与磁感应强度方向垂直的面积，单位为 m^2。

3. 磁场强度

磁场强度是为计算方便而引入的一个物理量。磁场强度也是一个矢量，用 H 表示，其方向与磁感应强度的方向一致。磁场强度的单位是安[培]每米（A/m）。

4. 磁导率

磁导率是用来表征磁场中物质导磁能力的物理量，它在数值上等于磁感应强度与磁场强度的比值，即

$$\mu = \frac{B}{H} \quad 或 \quad B = \mu H \tag{6-3}$$

磁导率的单位是亨[利]每米（H/m）。

真空中的磁导率是一个常数，用 μ_0 来表示，由实验测出其值为

$$\mu_0 = 4\pi \times 10^{-7} H/m \tag{6-4}$$

任意一种物质的磁导率 μ 和真空的磁导率 μ_0 的比值，称为该物质的相对磁导率 μ_r，即

$$\mu_r = \frac{\mu}{\mu_0} \tag{6-5}$$

特别提示

● 磁场强度 H 与磁感应强度 B 的名称很相似，均是反映磁场强弱和方向的物理量，但 B 与磁场中物质的磁导率有关，而 H 与磁场中物质的磁导率无关。

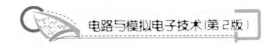

6.1.2 磁性物质的磁性能

物质在外磁场的作用下将产生不同程度的附加磁场，物质的这种在外磁场作用下从不表现磁性变为具有一定磁性的过程称为磁化。根据不同物质在磁场中被磁化的程度不同，可将物质分为两大类：非磁性物质和磁性物质。磁性物质主要指铁、镍、钴及其合金。

非磁性物质不易被磁化，其相对磁导率 μ_r 近似等于1。

磁性物质在外界磁场的作用下会被强烈地磁化，并大大增强原有的外磁场。因此磁性材料的相对磁导率 μ_r 很大，例如，变压器所用硅钢片的相对磁导率 $\mu_r = (7000 \sim 10000)$。

磁性物质是构成磁路的主要物质。磁性物质主要有以下的磁性能和相关特性。

1. 高导磁性

在磁性物质中的分子电流产生磁场，每个分子就相当于一个小磁铁。在没有外磁场作用时，磁性物质内部具有一个个小区域，在每个小区域内，分子电流形成的小磁铁都已排列整齐，显示一定磁性。这些具有自发磁化性质的小区域称为磁畴，在没有外磁场作用时，各个磁畴的取向不同，排列杂乱无章，对外界的作用相互抵消，因而不显示宏观的磁性。

当把磁性物质置于外磁场中，在外磁场的作用下，各磁畴将或多或少地沿外磁场方向取向，从而在宏观上产生了附加磁场。而且随着外磁场的加强，会有更多的磁畴转到与外磁场相同的方向，从而使物质内部的磁场得到大大的加强。

由于磁性物质具有高导磁性，使得用较小的励磁电流就可以令其产生足够强的磁场，并使磁感应强度 B 足够大。因此在工程上凡是需要强磁场的场合，如电机、变压器、电磁铁和电磁仪表等电气设备，均广泛选用磁性物质作为其磁路。

2. 磁饱和性

磁性物质的磁化不能随外磁场的增加而无限制地增加，当外磁场达到一定值后，磁性物质内部的磁畴几乎全部转向为与外磁场的方向一致，以后外磁场 H 再增加，磁感应强度 B 的变化也很小，磁感应强度 B 就达到了饱和。

磁性材料的磁特性可以用它的磁感应强度 B 与磁场强度 H 的关系曲线来表示，这条曲线称为磁化曲线。由于磁性物质具有磁饱和性，所以磁化曲线不具有线性关系，如图6.1所示。

根据磁导率的定义 $\mu = B/H$，可以得出 μ 值随 H 变化的曲线，可见 μ 是随 H 变化的，即磁性物质的磁导率 μ 不是常数。为了更合理地利用磁性物质，通常磁路的工作点选在 a 点附近的接近饱和区域。

3. 磁滞性

对磁性物质进行交流励磁时，得到的 $B-H$ 曲线是一条闭合曲线，称为磁滞回线，如图6.2所示。由该图可见，当外磁场由 H_m 逐渐减小时，B 并没有按原磁化路径返回，而是在其上部下降。当 H 减小到零时，B 并不为零，而是具有剩磁 B_r，要去掉剩磁，必须加一反向的磁场强度 H_c，称为矫顽磁力。磁性物质中，B 的变化总是滞后于 H 变化的性质称为磁滞性。

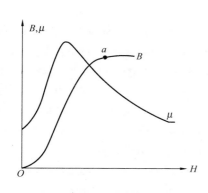

图 6.1 磁化曲线图

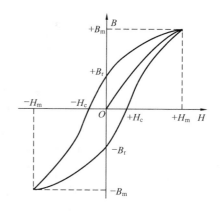

图 6.2 磁滞回线

根据磁滞特性，磁性物质可以分为软磁物质、永磁物质和矩磁物质。软磁物质的磁滞回线较窄，剩磁 B_r、矫顽磁力 H_c 都较小，一般用来制造变压器、电机、接触器等的铁心。永磁物质的磁滞回线较宽，剩磁 B_r、矫顽磁力 H_c 都较大，常用来制造永久磁铁。矩磁物质具有较小的矫顽磁力 H_c 和较大的剩磁 B_r，常用在控制元件中。

6.1.3　磁路欧姆定律

对磁路进行分析时，常用到磁路欧姆定律。磁路欧姆定律反映了磁路的磁通 Φ、磁通势 F 和磁阻 R_m 之间的关系。

根据安培环路定律可知：磁场中沿任何闭合曲线磁场强度矢量的线积分，等于穿过该闭合曲线所围曲面的电流的代数和，其数学表达式为

$$\oint H \cdot dl = \sum I \tag{6-6}$$

以具体磁路为例，如图 6.3 所示的一个均匀环形线圈，铁心由同一磁性材料构成，其截面积处处相等。励磁电流为 I，共有 N 匝均匀缠绕在铁心上。若取铁心中心线作为积分路径 l，沿路径 l 各点的 B 和 H 均有相同的值，其方向处处与积分路径绕行方向一致（即 H 与 dl 同向），因此式（6-6）可以写为

$$Hl = NI \quad 或 \quad H = \frac{NI}{l} \tag{6-7}$$

式中：NI 称为磁通势，用 F 表示，即 $F = NI$，其单位为 A。

因为 $\Phi = BS$、$B = \mu H$，所以 $\Phi = \mu HS$，将式（6-7）代入得

$$\Phi = \mu \frac{NI}{l} S = \frac{NI}{\dfrac{l}{\mu S}} = \frac{F}{\dfrac{l}{\mu S}}$$

令 $R_m = \dfrac{l}{\mu S}$，则

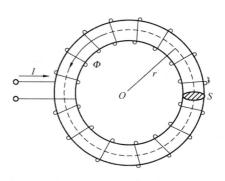

图 6.3 均匀环形线圈磁路

$$\Phi = \frac{F}{R_{\mathrm{m}}} \tag{6-8}$$

式(6-8)在形式上与电路中的欧姆定律($I = E/R$)相似，称为磁路欧姆定律。磁通势 F 反映了通电线圈励磁能力的大小；$R_{\mathrm{m}} = l/(\mu S)$ 称为磁阻，是表示磁路的材料对磁通起阻碍作用的物理量，反映了磁路导磁性能的强弱，它只与磁路的尺寸及材料的磁导率有关。对于磁性材料，由于 μ 不是常数，其 R_{m} 也不是常数，故式(6-8)主要用来定性分析磁路，一般不对磁路进行定量计算。

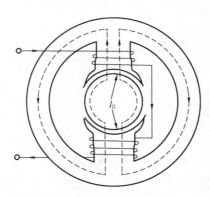

图 6.4　直流电机磁路

【单相变压器实物图】

对于由不同材料或不同截面组成的几段磁路，如图 6.4 所示带有空气隙的直流电机磁路。磁路的总磁阻为各段磁阻之和，由 $R_{\mathrm{m}} = l/(\mu S)$ 可知，对于空气隙这段磁路，其 l_0 虽小，但因 μ_0 很小，故 R_{m} 很大，从而使整个磁路的磁阻大大增加。若磁通势 $F = NI$ 不变，要保持磁通 Φ 不变，则空气隙愈大，所需的励磁电流 I 也愈大。

6.2　单相变压器

变压器是一种常见的电气设备，在电力和电子系统中均有极为广泛的应用。本节将主要讨论单相变压器的构造和工作原理。

6.2.1　变压器的构造

变压器最基本的部分是铁心和绕组，按变压器铁心和绕组的结构形式可分为心式和壳式，如图 6.5 所示。壳式变压器是由铁心包着绕组，用于小容量的变压器中。心式变压器的绕组则包围着铁心，构造简单，用铁量少，多用于大容量的变压器中。

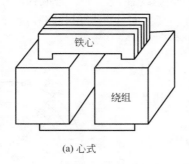
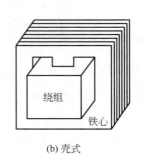

(a) 心式　　　　　　　　　　(b) 壳式

图 6.5　单相变压器构造图

铁心一般用 0.35～0.5mm 厚的硅钢片叠装而成，硅钢片表面涂有绝缘漆，形成绝缘层，其作用是减少涡流和磁滞损耗。

绕组就是线圈。小容量变压器的绕组多用高强度漆包线绕制，大容量变压器的绕组可用绝缘铜线或铝线绕制。

变压器绕组与电源相接的一侧称为一次绕组(或称初级绕组),与负载相接的一侧称二次绕组(或称次级绕组)。

由于变压器在工作时铁心和绕组都要发热,故需考虑散热问题。小容量的变压器采用空气自冷式;大、中容量的变压器采用油冷式,即把铁心和绕组装入有散热管的油箱中。

6.2.2 变压器的工作原理

图 6.6 所示的单相变压器,当变压器空载运行时(开关 S 断开),一次绕组在电压源 u_1 作用下,产生电流 i_1,此时 $i_1 = i_0$,i_0 称为空载电流或励磁电流。磁通势 $N_1 i_1$ 将产生两部分磁通,即主磁通 Φ 和漏磁通 $\Phi_{\sigma 1}$,它们又分别在一次绕组中感应两个电动势,即主磁电动势 e_1 和漏磁电动势 $e_{\sigma 1}$,并在二次绕组产生主磁电动势 e_2。

当变压器带负载运行时(开关 S 闭合),在电动势 e_2 作用下,二次绕组会产生电流 i_2,二次绕组的磁通势 $N_2 i_2$ 也产生两部分磁通,其绝大部分通过铁心闭合并与一次绕组在铁心中产生的磁通叠加共同形成主磁通,另一小部分为漏磁通 $\Phi_{\sigma 2}$。下面分别讨论变压器的电压变换、电流变换和阻抗变换作用。

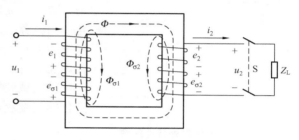

图 6.6 单相变压器原理图

1. 电压变换

根据基尔霍夫电压定律,可以得到一次绕组的电压平衡方程式为

$$u_1 = i_1 R_1 - e_{\sigma 1} - e_1 \qquad (6-9)$$

理想情况下,由于绕组电阻上的电压降 $i_1 R_1$ 和漏磁电动势 $e_{\sigma 1}$ 都很小,与主磁电动势 e_1 比较均可忽略不计,故由式(6-9)可知

$$u_1 \approx -e_1$$

通常加在一次绕组上的电压 u_1 为正弦电压,其有效值为

$$U_1 \approx E_1 \qquad (6-10)$$

同理

$$u_2 \approx -e_2 \qquad (6-11)$$

由于电压 u_1 为正弦电压,所以在磁路不太饱和的情况下,主磁通 Φ 可近似为正弦量,设 $\Phi = \Phi_m \sin\omega t$,则

$$e_1 = -N_1 \frac{d\Phi}{dt} = -N_1 \frac{d(\Phi_m \sin\omega t)}{dt} = -N_1 \omega \Phi_m \cos\omega t$$

$$= 2\pi f N_1 \Phi_m \sin(\omega t - 90°) = E_{m1} \sin(\omega t - 90°) \qquad (6-12)$$

式中:$E_{m1} = 2\pi f N_1 \Phi_m$,是主磁电动势 e_1 的幅值,其有效值为

$$E_1 = \frac{2\pi f N_1 \Phi_\mathrm{m}}{\sqrt{2}} = 4.44 f N_1 \Phi_\mathrm{m} \qquad (6-13)$$

同理,主磁电动势 e_2 的有效值为

$$E_2 = \frac{2\pi f N_2 \Phi_\mathrm{m}}{\sqrt{2}} = 4.44 f N_2 \Phi_\mathrm{m} \qquad (6-14)$$

这样一、二次绕组电压之比为

$$\frac{U_1}{U_2} \approx \frac{E_1}{E_2} = \frac{N_1}{N_2} = K \qquad (6-15)$$

式中:K 称为变压器的电压比(又称变比),亦即一、二次绕组匝数之比。可见,当电源电压 U_1 不变时,改变匝数比,就可以得到不同的输出电压 U_2。

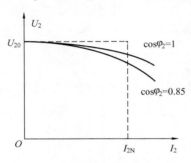

图 6.7 变压器外特性曲线

在实际应用中,当电源电压 U_1 不变时,随着二次绕组电流 I_2 的增加(增加负载),一、二次绕组的漏磁电动势也增加,这将使二次绕组的输出电压 U_2 发生变化。当电源电压 U_1 和负载功率因数 $\cos\varphi_2$ 不变时,U_2 随电流 I_2 的变化关系可用外特性曲线 $U_2 = f(I_2)$ 来表示,如图 6.7 所示。

从空载到额定负载,二次绕组的电压 U_2 随电流 I_2 变化的程度通常用电压调整率 $\Delta U\%$ 来表示,即

$$\Delta U\% = \frac{U_{20} - U_2}{U_{20}} \times 100\% \qquad (6-16)$$

一般地,在变压器中,由于绕组电阻和漏磁电抗较小,电压调整率较小,约为 5%。

【例 6-1】 某单相变压器的容量为 600V·A,额定电压为 220V/36V,变压器向某一负载供电时,二次电压为 35V,求变压器的电压比及此时的电压调整率。

【解】 变压器的电压比为

$$K = \frac{U_{1N}}{U_{2N}} = \frac{220}{36} = 6.1$$

变压器的电压调整率为

$$\Delta U\% = \frac{U_{20} - U_2}{U_{20}} \times 100\% = \frac{36 - 35}{36} \times 100\% = 2.8\%$$

2. 电流变换

由于变压器工作时,一次电压 U_1 基本不随负载变化,根据式(6-10)、式(6-13)可知,变压器铁心中的主磁通 Φ_m 也不随负载变化,由磁路欧姆定律可知,变压器空载和有载时磁路中的磁通势应基本保持不变,即

$$N_1 \dot{I}_1 + N_2 \dot{I}_2 = N_1 \dot{I}_0 \qquad (6-17)$$

由于变压器铁心磁导率很高,所以空载电流 i_0 很小,因此变压器有载时,空载电流常常可以忽略。于是式(6-17)可以写成

$$N_1 \dot{I}_1 + N_2 \dot{I}_2 = 0 \qquad (6-18)$$

由式(6-18)可得到流过变压器一、二次绕组的电流关系为

$$\frac{I_1}{I_2} \approx \frac{N_2}{N_1} = \frac{1}{K} \qquad\qquad (6-19)$$

3. 阻抗变换

变压器还有阻抗变换的作用，特别是在电子电路中，为了实现负载阻抗与电源（通常是信号源）的匹配，通常对负载进行阻抗变换。

如图6.8所示，负载 Z_L 经变压器接在电源 u_1 上，这样虚框内的阻抗模可以等效为 $|Z'_L|$。

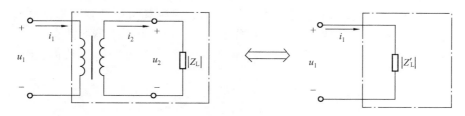

图6.8 负载阻抗的等效变换

根据式(6-15)和式(6-19)可得

$$|Z'_L| = \frac{U_1}{I_1} = \frac{KU_2}{I_2/K} = K^2 \frac{U_2}{I_2} = K^2 |Z_L| \qquad\qquad (6-20)$$

可见，采用不同电压比的变压器可以将负载阻抗 Z_L 转换为合适的值，以实现与电源的匹配。

【例6-2】 已知某交流电源的电动势 E 为220V，内电阻 R_0 为1000Ω，连接负载电阻 R_L 为10Ω，为使负载获得最大的电功率，需通过一单相变压器进行阻抗变换。若一次绕组的匝数为800，则二次绕组的匝数为多少？此时负载吸收的功率为多少？

【解】 根据阻抗变换公式得

$$R'_L = K^2 R_L = \left(\frac{N_1}{N_2}\right)^2 R_L$$

负载获得最大功率时，$R'_L = R_0$，于是求得

$$N_2 = N_1 \sqrt{\frac{R_L}{R'_L}} = 800 \sqrt{\frac{10}{1000}} \text{匝} = 80 \text{ 匝}$$

负载吸收的功率为

$$P = I^2 \times R'_L = \left(\frac{E}{R_0 + R'_L}\right)^2 R'_L = \left[\left(\frac{220}{1000+1000}\right)^2 \times 1000\right] \text{W} = 12.1 \text{W}$$

6.2.3 变压器的功率损耗及效率

变压器的功率损耗主要包括铜损耗 ΔP_{Cu} 和铁损耗 ΔP_{Fe}。

铜损耗由一、二次的电阻产生，即

$$\Delta P_{Cu} = I_1^2 R_1 + I_2^2 R_2 \qquad\qquad (6-21)$$

它与一、二次绕组电流有关，当负载变化时，电流变化，铜损耗也随着变化，故又称可变损耗。

铁损耗包括涡流损耗和磁滞损耗，即

$$\Delta P_{\text{Fe}} = \Delta P_{\text{e}} + \Delta P_{\text{h}} \qquad (6-22)$$

它与铁心材料、电源电压 U_1 和电源频率有关，而与负载大小无关，又称不变损耗。

由涡流产生的损耗称为涡流损耗 ΔP_{e}。涡流损耗是由铁心中的交变磁通感应产生的，它在垂直于磁通方向的平面产生环流。涡流损耗会引起铁心发热。通常为减小涡流损耗，变压器铁心都由彼此绝缘的硅钢片叠装而成，这样可以将涡流限制在较小的叠面内。

由磁滞产生的损耗称为磁滞损耗 ΔP_{h}。磁滞损耗与磁滞回线的面积成正比，还与电源频率呈正比。磁滞损耗也会引起铁心发热，要减小磁滞损耗可以选择磁滞回线较窄的软磁材料制造铁心，硅钢即是软磁材料，常用作变压器、电机和继电器的铁心。

变压器的效率 η 等于变压器输出有功功率 P_2 和输入有功功率 P_1 的比值，即

$$\eta = \frac{P_2}{P_1} \times 100\% = \frac{P_2}{P_2 + \Delta P_{\text{Fe}} + \Delta P_{\text{Cu}}} \times 100\% \qquad (6-23)$$

变压器的效率通常较高，大型变压器的效率通常在 99% 以上，由于电力变压器并不总是工作在满载的情况下，通常电力变压器负载为电阻性且为额定负载 50% 时效率最高。

【例 6-3】 有一单相变压器接电阻性负载，空载损耗为 50W，满载时输出功率为 4000W，损耗为 210W，试求满载和半载时的效率。

【解】 满载时的效率为

$$\eta_1 = \frac{P_2}{P_2 + \Delta P_{\text{Fe}} + \Delta P_{\text{Cu}}} \times 100\% = \frac{4000}{4000 + 210} \times 100\% = 95\%$$

空载损耗即为铁损耗，等于 50W，可知满载时铜损耗为

$$\Delta P_{\text{Cu}} = (210 - 50)\,\text{W} = 160\,\text{W}$$

半载时的效率为

$$\eta_{1/2} = \frac{4000 \times \dfrac{1}{2}}{4000 \times \dfrac{1}{2} + 50 + 160 \times \left(\dfrac{1}{2}\right)^2} \times 100\% = 95.7\%$$

6.3　变压器绕组的极性及多绕组变压器

在使用变压器或其他互感线圈时，为实现线圈的正确连接，必须明确互感线圈的同名端。本节将讨论互感线圈的同名端及其正确连接的问题。

6.3.1　变压器绕组的极性

变压器主磁通 Φ 在绕组中产生的感应电动势是交变的，本身没有固定的极性。这里讲的极性，是指变压器一、二次绕组的相对极性，即在某一瞬间当一次绕组的某一端电位为正极性时，二次绕组也必然同时有一个电位为正极性的对应端。这两个对应端就称

为同极性端，或者称为同名端，通常用符号"＊"或"·"标注。

对于已知绕向的两个绕组，可以从它们任意两端通入电流，根据右手螺旋定则判别，若电流在铁心中产生的磁场方向一致，则这两个端子为同名端。否则不是同名端，即称为异名端。图 6.9 所示端子①和④为同名端。

对于已经制成的变压器，无法从外观上看出绕组绕向。此时若变压器上无标记或标记不清就应该通过实验方法确定其同名端。实验方法有交流法和直流法两种，现将交流法简述如下。

若需判断如图 6.10 所示的两绕组 I 和 II 的同名端，可以把任意二端例如②和④连接在一起。然后在其一个绕组(如 I 绕组)的两端加上一个较低的交流电压 u，再用交流电压表测量①与②端、①与③端和③与④端间的电压有效值 U_{12}、U_{13}、U_{34}。如果测量结果是 $U_{13} = U_{12} - U_{34}$，则①和③端是同名端；如果测量结果是 $U_{13} = U_{12} + U_{34}$，则①和③端就是异名端。

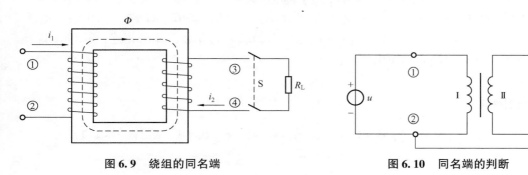

图 6.9 绕组的同名端   图 6.10 同名端的判断

6.3.2 多绕组变压器

含有 3 个及以上绕组的变压器称为多绕组变压器，例如变电站利用其高、中压绕组实现 500kV 和 220kV 电力网络的功率交换，并通过 35kV 的低压绕组进行无功补偿及供电。电子电路中也利用多绕组变压器将 220V 交流电转换成多个电压等级并整流以后给电路供电。

下面以三绕组变压器为例说明各绕组的电压与电流之间的关系，三绕组变压器的原理图如图 6.11 所示。

各绕组间的电压关系为

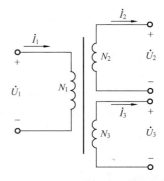

$$\left.\begin{array}{c} \dfrac{U_1}{U_2} = \dfrac{N_1}{N_2} = K_{12} \\[2mm] \dfrac{U_2}{U_3} = \dfrac{N_2}{N_3} = K_{23} \\[2mm] \dfrac{U_3}{U_1} = \dfrac{N_3}{N_1} = K_{31} \end{array}\right\} \qquad (6-24)$$

图 6.11 三绕组变压器原理图

各绕组间的电流关系为

$$N_1 \dot{I}_1 + N_2 \dot{I}_2 + N_3 \dot{I}_3 = N_0 \dot{I}_0 \qquad (6-25)$$

通常空载电流可以忽略不计，则式(6-25)可以写成

$$N_1 \dot{I}_1 + N_2 \dot{I}_2 + N_3 \dot{I}_3 = 0 \qquad (6-26)$$

有时单相变压器具有两个相同的一次绕组和几个二次绕组，以适应不同的输入电压或输出不同的电压，这时变压器应正确连接，以防止烧坏。

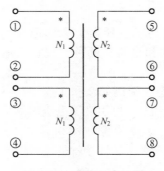

如图 6.12 所示的多绕组变压器同名端已标示出，两个一次绕组的匝数均为 N_1 匝，其额定电压为 110V。若接入 110V 的电源，则可以将任意一个一次绕组接电源，或者将两个一次绕组并联。并联时两绕组的同名端应接在一起，即①和③端子相连接，②和④端子相连接。若接入 220V 的电源，则应将两个一次绕组串联。串联时两绕组的异名端应接在一起，即②和③端子相连接，①和④端子接电源，或者①和④端子相连接，②和③端子接电源。

图 6.12 多绕组变压器

二次绕组匝数均为 N_2 匝，若⑥和⑦端子相串联，则⑤和⑧端子输出电压为 $2U_{2N}$，若⑤和⑦端子相连，⑥和⑧端子相连，则并联输出电压为额定电压 U_{2N}。

特别提示

● 变压器两绕组并联连接时，两绕组的匝数必须相同且同名端不能接反，否则会烧坏变压器。

6.4 特殊变压器

变压器的用途十分广泛，下面简单介绍几种具有特殊用途的变压器。

6.4.1 自耦变压器

自耦变压器是一种常用的实验室设备，由于它所输出的电压数值可以根据需要连续均匀地调节，使用起来非常方便。

自耦变压器在结构上的特点是它只有一个绕组，在绕组的中间处有一个抽头，如图 6.13 所示。

可见，自耦变压器与普通变压器的区别在于，普通变压器有两个绕组，而自耦变压器只有一个绕组。因此，后者一、二次侧不仅有磁的联系，而且有电的联系。

自耦变压器的工作原理和作用与双绕组变压器相同，双绕组变压器的电压、电流和阻抗变换的关系均适用于自耦变压器。

与同容量双绕组变压器相比较，自耦变压器具有用料省、体积小、成本低、输出电压连续可调等优点，故应用广泛。

它的缺点在于一、二次绕组的电路直接连在一起，高压绕组一侧的电气故障会波及低压绕组一侧，这是很不安全的。因此，在使用自耦变压器时必须正确接线，且外壳必须接地，并规定安全照明变压器不允许采用自耦变压器的结构形式。

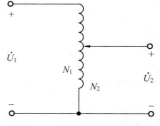

图 6.13 自耦变压器原理图

特别提示

- 不可以把电源接到可调输出端,否则会烧坏变压器。
- 公共端应接电源零线,另一个输入端接电源相线,不可反接,否则操作人员易触电。

6.4.2 仪用互感器

仪用互感器又分为电压互感器和电流互感器两类。仪用互感器与测量仪表配合使用可以扩大仪表量程。同时互感器还可以将仪表与高压电路隔离,保护人员和仪表安全。

为了保证运行安全,互感器的铁心及二次绕组的一端必须接地。这样,当互感器绕组的绝缘损坏时,不会危及工作人员。

1. 电压互感器

电压互感器如同一台单相双绕组变压器,如图 6.14 所示,其一次绕组匝数多,与被测的交流高压电并联;二次绕组匝数少,与电压表组成闭合回路。

根据变压器电压变换公式

$$U_1 = \frac{N_1}{N_2}U_2 = K_u U_2$$

可见,利用电压互感器可以用低量程的电压表测量高电压,通常电压互感器的二次电压额定值设计为标准值 100V 或 50V。上式中 K_u 为电压互感器变换系数。

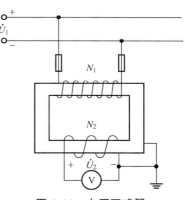

图 6.14 电压互感器

特别提示

- 电压互感器二次侧不允许短路。由于电压互感器正常运行时接近空载,如二次侧短路,电流会很大,进而烧坏设备。
- 二次侧必须接地。

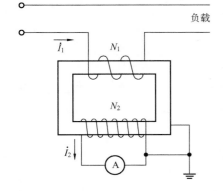

图 6.15 电流互感器

2. 电流互感器

如图 6.15 所示,电流互感器一次绕组匝数只有一匝或几匝,与被测的电流电路串联;二次绕组匝数多,与电流表组成闭合回路。

根据变压器电流变换公式

$$I_1 = \frac{N_2}{N_1}I_2 = K_i I_2$$

可见,利用电流互感器可以用低量程的电流表测量大电流,通常电流互感器的二次电流额定值设计为标准值 5A 或 1A。式中 K_i 为电流互感器变换系数。

特别提示

- 电流互感器二次侧不允许开路。由于电流互感器二次绕组匝数很多，如二次侧开路，二次绕组将会感应出很高的电压，将会危及工作人员及设备安全。
- 电流互感器二次侧必须接地。

【三相变压器实物图】

6.5 三相变压器

目前，我国供、配电系统中都采用三相交流供电，因此三相变压器得到了广泛的应用。三相电压变换可以由 3 台规格相同的单相变压器连接成变压器组来实现，也可以用一台三相变压器实现，如图 6.16 所示。

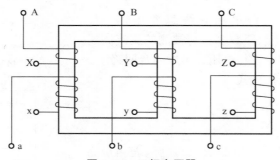

图 6.16 三相变压器

由图 6.16 可见，三相变压器共有 3 个铁心柱，每个铁心柱上都绕有两个绕组：一次绕组和二次绕组。规定接收功率的一侧为一次绕组，输出功率的一侧为二次绕组。

从每一相来看，其工作原理和单相变压器完全一样。三相变压器和 3 个单相变压器组成的变压器组比较，具有体积小、成本低、效率高等优点，因此得到了广泛应用，只有当变压器太大，受到运输等条件限制时，才考虑使用 3 个单相的变压器组。

三相变压器一、二次绕组的额定电压为线电压，一、二次绕组的额定电流为线电流，额定容量指三相的总容量，它与额定电压、额定电流的关系为

$$S_{\text{N}} = \sqrt{3}\, U_{1\text{N}} I_{1\text{N}} = \sqrt{3}\, U_{2\text{N}} I_{2\text{N}}$$

小 结

本章主要介绍了磁路与变压器的基本概念。利用安培环路定律推导出磁路欧姆定律，分析了变压器的构造、原理，并对变压器的实际应用进行了介绍。

1. 磁场与磁路

磁感应强度 B 与磁场强度 H 之间的关系为

$$\mu = \frac{B}{H}$$

磁性物质具有高导磁性、磁饱和性和磁滞性等性质。

磁路欧姆定律反映了磁通、磁通势和磁阻之间的关系，即

$$\varPhi = \frac{F}{R_{\mathrm{m}}}$$

2. 变压器的构造、工作原理、功率损耗及效率

变压器的构造：变压器最基本的部分包括铁心和绕组，其中绕组又分一次绕组和二次绕组。铁心构成变压器的磁路，绕组构成变压器的电路。

工作原理：变压器具有电压变换 $U_1 / U_2 = N_1 / N_2 = K$、电流变换 $I_1 / I_2 = N_2 / N_1 = 1/K$ 和阻抗变换 $Z_1 = K^2 Z_2$ 的作用。

变压器的损耗与效率：变压器的损耗主要包括铜损耗和铁损耗。铜损耗与负载电流的平方成正比，也称为可变损耗；铁损耗与电源电压、频率及铁心材料有关，与电流大小无关，也称为不变损耗，它包括涡流损耗和磁滞损耗。变压器的效率是输出有功功率与输入有功功率的比值，通常用百分数表示，即

$$\eta = \frac{P_2}{P_1} \times 100\%$$

3. 变压器绕组的极性

变压器绕组的同名端是由绕组的绕线方式决定的，若已知绕组的绕线方式时，则可以用右手螺旋定则判断同名端。若从外部不能看出绕组的绕线方式时，可以通过实验方式测出同名端。

两个绕组进行串、并联时，要特别注意绕组极性，防止变压器烧坏。

4. 特殊变压器

自耦变压器只有一个绕组，在绕组的中间处有一个抽头，其一、二次侧不仅有磁的联系，而且有电的联系。

电压互感器一次绕组匝数多，与被测的交流高压电并联；二次绕组匝数少，与电压表组成闭合回路，其一、二次电压关系为

$$U_1 = \frac{N_1}{N_2} U_2 = K_u U_2$$

电流互感器一次绕组匝数只有一匝或几匝，与被测的电流电路串联；二次绕组匝数多，与电流表组成闭合回路，其一、二次电流关系为

$$I_1 = \frac{N_2}{N_1} I_2 = K_i I_2$$

 知识链接

特高压输电

应用交流电最大的好处就是变压容易，电压等级越高，电能输送容量越大，输送距离越远。目前最高电压等级的输电线路为 1000kV，我国首条 1000kV 特高压输电线路路线为晋东南—南阳—荆门，其变压器容量为 1000MV·A，将我国电能输送能力从 1000km（500kV 线路）提升到现在的 2000km 以上。

习　题

6-1　单项选择题

(1) 变压器具有变换(　　)功能。

    A. 相位　　　　　　B. 频率　　　　　　C. 阻抗　　　　　　D. 输出功率

(2) 直流励磁磁路，将磁路气隙增大而其他不变时，励磁电流应(　　)。

    A. 增大　　　　　　B. 减小　　　　　　C. 不变　　　　　　D. A、B、C 都可能

(3) 变压器铁心采用硅钢片叠成是为了(　　)。

    A. 减轻重量　　　　B. 减少铁心损耗　　C. 减小尺寸　　　　D. 拆装方便

(4) 电流互感器二次绕组匝数比一次绕组匝数(　　)，流过的电流(　　)。

    A. 少/大　　　　　　　　　　　　　　　B. 少/小

    C. 多/大　　　　　　　　　　　　　　　D. 多/小

(5) 电流互感器的二次绕组不允许开路，其原因是(　　)。

    A. 二次绕组会产生高电压　　　　　　　B. 铁心损耗会增大

    C. 不能测电流值　　　　　　　　　　　D. A 和 B 两种原因

(6) 理想变压器一次绕组与二次绕组之间的关系，下列错误的是(　　)。

    A. $\dfrac{I_1}{I_2} = \dfrac{N_2}{N_1} = \dfrac{1}{K}$ B. $\dfrac{U_1}{U_2} = \dfrac{N_1}{N_2} = K$

    C. $\dfrac{|Z_1|}{|Z_L|} = \dfrac{N_1}{N_2} = K$ D. $\dfrac{|Z_1|}{|Z_L|} = \left(\dfrac{N_1}{N_2}\right)^2 = K^2$

(7) 一理想变压器一次绕组接交流电源，二次绕组接电阻，则可使输入功率增加为原来的 2 倍的原因是(　　)。

    A. 二次绕组的匝数增加为原来的 2 倍

    B. 一次绕组的匝数增加为原来的 2 倍

    C. 负载电阻变为原来的 2 倍

    D. 二次绕组匝数和负载电阻均变为原来的 2 倍

(8) 用一理想变压器向一负载 R 供电，当增大负载电阻 R 时，原绕组中电流 I_1 和二次绕组中电流 I_2 之间的关系是(　　)。

    A. I_2 增大，I_1 也增大　　　　　　　　B. I_2 增大，I_1 减小

    C. I_2 减小，I_1 也减小　　　　　　　　D. I_2 减小，I_1 增大

6-2　判断题(正确的请在每小题后的圆括号内打"√"，错误的打"×")

(1) 变压器也可以改变恒定的电压。　　　　　　　　　　　　　　　　　　　　(　　)

(2) 变压器的铁损耗是不变损耗，即使电源的电压和频率改变铁损耗也不变。

                                                          (　　)

(3) 电压互感器与电流互感器二次侧必须接地。　　　　　　　　　　　　　　(　　)

(4) 变压器的一次绕组相对电源而言起负载作用，而二次绕组相对负载而言起电源作用。　　　　　　　　　　　　　　　　　　　　　　　　　　　　　　　　　　(　　)

（5）变压器无论带什么性质的负载，只要负载电流增大，其输出电压就降低。

（ ）

6－3　有一单相照明变压器，其容量为 $10kV \cdot A$，电压为 10000V/220V，今欲在二次侧接上额定参数为"60W、220V"的白炽灯，若要求变压器在额定情况下运行，则这种灯可接多少个？并求一、二次绕组的额定电流。

6－4　一台单相变压器的一次电压 $U_1 = 380V$，二次电流 $I_2 = 21A$，电压比 $K = 10$，试求一次电流和二次电压。

6－5　已知某正弦交流电源的内电阻为 800Ω，有一负载电阻为 8Ω，今欲使负载从电源吸收的功率最大，则应在电源与负载间接入一理想变压器，试求该变压器的电压比。

6－6　一单相变压器，额定容量为 $S_N = 40kV \cdot A$，额定电压为 10000V/230V。试求：

（1）变压器的电压比 K；

（2）高低压绕组的额定电流 I_{1N} 和 I_{2N}；

（3）该变压器在额定状态下工作时，$U_2 = 220V$。试求此时的电压调整率。

6－7　用钳形电流表测量三相四线制接线的电流，已知负载对称，当钳入一根相线时，电流表读数为5A，试问当钳入1根零线、2根相线、3根相线及全部4根线时，电流表的读数分别为多少？

6－8　已知三相变压器的额定容量为 $S_N = 40kV \cdot A$，变压器的铁损耗为600W，满载时的铜损耗为1600W。求：

（1）在满载情况下，向功率因数为0.85的负载供电时的效率；

（2）在半载情况下，向功率因数为0.85的负载供电时的效率。

6－9　图6.17所示的变压器有两个一次绕组，每个绕组的额定电压是110V，匝数是220匝。它有一个二次绕组，匝数是11匝。

（1）试标出两个一次绕组的同名端；

（2）当电源电压为220V时，试画出两个一次绕组的正确连线图，并计算二次绕组端电压；

（3）当电源电压为110V时，试画出两个一次绕组的正确连线图，并计算二次绕组端电压。

6－10　试在图6.18中标出变压器二次绕组 B 和 C 的同极性端。已知绕组 B 和 C 的额定电压均为110V，额定电流均为10A，现要求二次绕组 B 和 C 对额定电压为110V，额定电流为20A的负载电阻 R_L 供电，试绘出接线图。

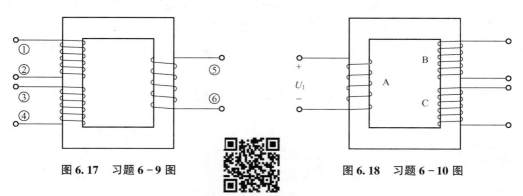

图6.17　习题6－9图　　　　　　　　　　图6.18　习题6－10图

【第1～6章测试题】

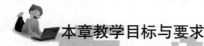

第7章
常用半导体器件

二极管、晶体管(三极管)和场效应晶体管等均是常用的半导体器件，它们所用的材料都是经过特殊工艺进行加工且导电性能可控的半导体材料。本章将从半导体的基本知识入手，首先介绍半导体的导电特性、PN 结的形成及其特性，然后介绍二极管、晶体管和场效应晶体管等常用半导体器件的结构、工作原理、特性曲线和主要参数，从而为后续章节的学习打下基础。

本章教学目标与要求

- 熟悉半导体的导电特性。
- 掌握 PN 结的特性。
- 了解二极管、晶体管和场效应晶体管的结构和工作原理，掌握其特性曲线及主要参数。
- 了解发光二极管、光电二极管、光电晶体管和光电耦合器等新型半导体器件的结构及工作原理。

引例

人们经常使用充电器给手机电池充电；在收音机、电视机和计算机等电器上都有能发出红、绿等光线的指示灯；扩音器能将微弱的声音输入变成响度非常大的声音输出；计算机的内存具有记忆功能，只要不掉电，它就能记住信息而经久不忘。所有这些功能的实现都是通过相应的半导体器件来完成的。

【手机充电器】

7.1 半导体的基本知识

自然界中的物体按导电能力大致可分为导体、绝缘体和半导体三大类。

在导体(如金属导体 Al、Cu)中，由于原子外层的电子受原子核的束缚力很小，电子极易挣脱原子核的束缚而成为自由电子，在外电场的作用下定向移动形成电流，导体中自由电子的浓度很高，故其电阻率很低，导电能力很强。在绝缘体(如玻璃、橡胶和塑料等高分子物质)中，

【导体与绝缘体】

原子的外层电子受原子核的束缚力很强，极难挣脱原子核的束缚而成为自由电子，故其电阻率极高，导电能力极差。而半导体(如硅、锗、大多数的金属氧化物和硫化物等)原子的外层电子既不像导体原子的外层电子被束缚得那么松，也不像绝缘体原子的外层电子被束缚得那么紧，故其导电能力介于导体和绝缘体之间。

能够运载电荷而形成电流的粒子称为载流子。可见，在金属导体中，只有一种载流子，即自由电子。

半导体之所以在电子技术中获得了广泛的应用，并不是因为其导电能力介于导体和绝缘体之间，而是因为半导体具有多变特性。例如，当环境温度升高时，某些半导体材料的导电能力明显变化，称为热敏特性。如钴、锰、铜、钛等氧化物随着环境温度的升高，其导电能力显著增强。利用热敏特性可制成热敏电阻。当受到光照时，某些半导体材料的导电能力也明显变化，称为光敏特性。如硫化镉、硒化镉等半导体随着光照的增强，其导电能力显著增强。利用光敏特性可制成光敏电阻。在纯净的半导体中掺入微量的、有用的杂质时，其导电能力显著增强，称为掺杂特性。利用掺杂特性可以制成具有不同用途的半导体器件，如二极管、晶体管、场效应晶体管等。

半导体的这种多变特性，是由半导体的特殊结构所决定的。位于元素周期表中第四主族的硅和锗是最常用的半导体材料，下面就以硅材料为例简单介绍一下半导体的导电原理。

7.1.1 本征半导体

纯净的、具有单晶体结构的半导体称为本征半导体。

硅原子最外层有 4 个电子(即价电子)。在提纯杂质硅，并按特定的工艺制成单晶体后，其原子便由杂乱无章的排列状态变成非常整齐的状态，硅单晶体结构示意如图 7.1 所示。其中，每个硅原子与周围相邻的 4 个硅原子相联系，每两个硅原子共用一对价电子，这种结合方式称为共价键。

在硅的单晶体中，硅原子的价电子受到共价键的束缚，且共价键具有很强的束缚力。在常温或一定的光照下，有少量的价电子获得足够的能量后，便挣脱共价键的束缚(称为本征激发或热激发)而成为自由电子。值得注意的是，在该自由电子原来的位置上留下了一个空位，称为空穴，如图 7.2 所示。由于具有空穴的原子失掉了一个电子而带正电，故它又会

【本征半导体本征激发】

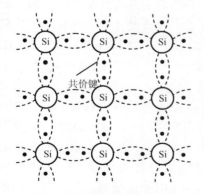

图 7.1 硅单晶体结构示意图

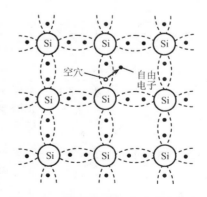

图 7.2 硅单晶体中自由电子和空穴

吸引相邻硅原子的价电子填补该空穴，从而在此邻近原子中又出现新的空穴，这个新的空穴又会被另一个价电子填补，如此不断地进行下去。我们将价电子填补空穴的运动，想象为空穴在运动，空穴的运动方向与填补空穴的价电子运动方向正相反。显然，空穴所带的电量与电子所带的电量大小相等，极性相反，即空穴是带正电荷的。自由电子在运动的过程中，也有可能与空穴重新结合，从而使自由电子和空穴同时消失，称为复合。在外电场的作用下，自由电子和空穴均能定向移动而形成电流。其中，自由电子定向移动的方向与外电场的方向相反，所形成的电流称为电子电流；空穴定向移动的方向与外电场的方向相同，所形成的电流称为空穴电流。总的电流等于电子电流和空穴电流之和。

在本征半导体中，自由电子和空穴总是成对出现的，即自由电子和空穴的数量相等，且自由电子和空穴在不断地产生，又不断地复合。光照越强或环境温度越高，自由电子和空穴的浓度就越高，导电能力就越强。当环境温度一定时，自由电子和空穴的产生率和复合率便达到了动态平衡，自由电子和空穴的浓度便保持不变。因此，在本征半导体中，自由电子和空穴的浓度相等，且是温度的函数，温度越高，自由电子和空穴的浓度就越高，导电能力就越强。可以证明，自由电子和空穴的浓度与温度之间呈指数函数关系。

可见，在本征半导体中，存在两种载流子，即自由电子和空穴，且自由电子和空穴均能参与导电；而在金属导体中，只有一种载流子（自由电子）参与导电，这也是半导体与金属导体导电的本质区别。

需要指出，在绝对零度（即 –273℃）时，本征半导体中的价电子完全被束缚在共价键中，没有可自由移动的载流子，所以，在外电场的作用下也无电流形成。

7.1.2　杂质半导体

由于本征半导体受到激发时所产生的自由电子和空穴的数量很少，故其导电能力仍然不强。为了提高半导体的导电能力，可以通过一定的工艺在本征半导体中掺入微量的、有用的杂质，从而形成杂质半导体。根据所掺入杂质元素的不同，可形成 N 型半导体和 P 型半导体两种。

1. N 型半导体

在硅单晶体中掺入微量的五价元素（如磷），就形成了 N 型半导体，如图 7.3 所示。当磷原子取代硅原子的位置时，它与周围 4 个相邻硅原子以共价键结合。由于磷原子核外有 5 个价电子，所以还有一个多余电子不被共价键所束缚，在常温下，这个多余电子很容易挣脱磷原子核的束缚而成为自由电子，从而使磷原子成为不能自由移动的正离子。这样一个磷原子就能提供一个自由电子，从而使自由电子的浓度远大于空穴的浓度，导电能力显著增强。在这种半导体中，所掺入杂质磷原子的浓度越高，自由电子的浓度就越高，自由电子与空穴复合的机会就越大，空穴的

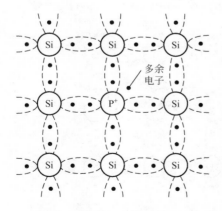

图 7.3　在硅单晶体中掺入磷元素

多余电子

浓度就越低。自由电子就成为这种半导体的多数载流子，简称多子；空穴则是少数载流子，简称少子。由于这种杂质半导体主要靠自由电子导电，故称为电子型半导体或 N[①] 型半导体。

2．P 型半导体

在硅单晶体中掺入微量的三价元素（如硼），就形成了 P 型半导体，如图 7.4 所示。当硼原子取代硅原子的位置时，由于硼原子核外有 3 个价电子，当它与周围 4 个相邻硅原子以共价键结合时，因缺少一个价电子而留下一个空位，在常温下，这个留有空位的硼原子很容易接受邻近硅原子的价电子来填补该空位，从而使硼原子变成不能自由移动的负离子。同时，在这个邻近硅原子中就出现了一个空穴。这样，一个硼原子就能提供一个空穴，从而使空穴的浓度远大于自由电子的浓度，导电能力显著增强。在这种半导体中，所掺入杂质硼原子的浓度越高，空穴的浓度就越高，自由电子与空穴复合的机会就越大，自由电子的浓度就越低。空穴是多子；自由电子是少子。由于这种杂质半导体主要靠空穴导电，故称为空穴型半导体或 P[②] 型半导体。

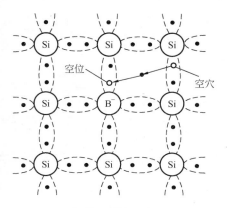

图 7.4　在硅单晶体中掺入硼元素

特别提示

- 杂质半导体中的杂质原子必须是微量的，且有用，否则将改变半导体的晶体结构。
- 在杂质半导体中，多子的浓度基本上取决于所掺杂质原子的浓度，而少子的浓度很低，且随杂质原子浓度的升高而降低，随温度的升高而升高。
- 在杂质半导体（N 型半导体或 P 型半导体）中，有多子和少子，但整块杂质半导体对外并不显电性，而呈中性。

7.2　PN 结

单块的杂质半导体（P 型半导体或 N 型半导体）仅仅能够做到导电能力的提高，在电路中只起电阻的作用。若把一块 P 型半导体和一块 N 型半导体制作在一起，则在交界面处就会形成 PN 结。PN 结是构成各种半导体器件的基础。下面首先介绍 PN 结的形成过程。

7.2.1　PN 结的形成

物质从浓度高的地方向浓度低的地方的运动称为扩散运动。若把一块

【PN结的形成】

---

① N 是英文 Negative（负）的首个字母，因电子带负电而得此名。
② P 是英文 Positive（正）的首个字母，因空穴带正电而得此名。

P 型半导体和一块 N 型半导体制作在一起，则在分界面两侧的 P 区和 N 区就会出现多子的扩散运动，如图 7.5(a)所示。图中带圆圈的负号表示 P 区中不能移动的杂质负离子，带圆圈的正号表示 N 区中不能移动的杂质正离子。P 区的多子是空穴，少子是自由电子；N 区的多子是自由电子，少子是空穴。为清晰起见，少子在图中并未标出，但少子是存在的。由于 P 区中的空穴浓度高，自由电子的浓度低，而 N 区中的自由电子浓度高，空穴的浓度低，这样，P 区的多子——空穴，向 N 区扩散，并与 N 区中的自由电子复合；而 N 区的多子——自由电子，向 P 区扩散，并与 P 区中的空穴复合。扩散和复合的结果是，在分界面两侧出现了不能移动的正负离子区，称为空间电荷区。N 区出现正离子区，P 区出现负离子区，如图 7.5(b)所示。

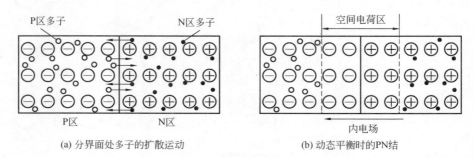

(a) 分界面处多子的扩散运动　　　　　　(b) 动态平衡时的PN结

图 7.5　PN 结的形成

由空间电荷区形成了电场，由于此电场是由载流子的扩散和复合形成，而不是外加的，故称为内电场。内电场的方向是从 N 区指向 P 区。显然，内电场对多子的扩散运动起阻碍作用，故空间电荷区又称为阻挡层。但这个内电场能将 N 区中的少子——空穴(包括从 P 区扩散过来的空穴)拉向 P 区，将 P 区中的少子——自由电子(包括从 N 区扩散过来的自由电子)拉向 N 区。载流子在电场力作用下的这种运动称为漂移运动。

随着扩散运动的不断进行，空间电荷区逐渐变宽，内电场逐渐增强，漂移运动逐渐加强。当扩散运动与漂移运动达到动态平衡时，就建立了一定宽度的空间电荷区，这个一定宽度的空间电荷区称为 PN 结，如图 7.5(b)所示。在动态平衡时，由扩散运动而形成的扩散电流和由漂移运动而形成的漂移电流大小相等、方向相反，互相抵消，PN 结中无电流通过。由此可见，PN 结是由多子的扩散运动和少子的漂移运动在达到动态平衡时而形成的一定宽度的空间电荷区。

由于空间电荷区内载流子的数量极少，在讨论 PN 结的导电特性时，常将空间电荷区内载流子的数量忽略不计，而只有不能移动的正负离子，故空间电荷区又称为耗尽层。

7.2.2　PN 结的单向导电性

若在 PN 结两端所施加的电压极性不同，则 PN 结就会表现出截然不同的导电特性，即呈现单向导电性。

1. PN 结正向偏置

若在 PN 结两端加以电压，且 P 区接电源的正极，N 区接电源的负极，称为给 PN 结外加正向电压，也称为正向偏置，如图 7.6 所示。此时，外加电压所形成外电场的方向与内电场的方向相反，对内电场起削弱作用。在外电场的作用下，P 区的空穴和 N 区的自由电子将进入空间电荷区，分别抵消不能移动的负离子和正离子，从而使空间电荷区变窄。这就打破了扩散运动和漂移运动之间的动态平衡，使扩散运动占优势。P 区的多子(空穴)向 N 区扩散，N 区的多子(自由电子)向 P 区扩散，从而形成正向电流(方向为从 P 区指向 N 区)，外加电源不断地提供电荷，使电流得以维持。PN 结正向偏置时，PN 结所呈现的正向电阻很小(理想时，可视为零)，PN 结处于导通状态。

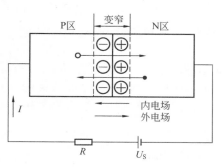

图 7.6 PN 结正向偏置

由于 PN 结的正向电阻很小，为防止 PN 结通过过大的正向电流而损坏，在回路中应串联一个限流电阻，如图 7.6 所示的电阻 R。

特别提示

● PN 结的正向电流可视为由多子的扩散运动形成的。

2. PN 结反向偏置

若将图 7.6 中外加电源的极性接反，即 N 区接电源的正极，P 区接电源的负极，称为给 PN 结外加反向电压，也称为反向偏置，如图 7.7 所示。此时，外加电压所形成外电场的方向与内电场的方向相同，对内电场起加强作用。在外电场的作用下，P

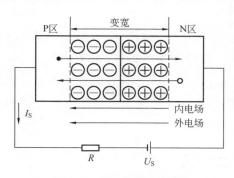

图 7.7 PN 结反向偏置

区的空穴和 N 区的自由电子便远离空间电荷区，从而使空间电荷区变宽。这就打破了扩散运动和漂移运动之间的动态平衡，使漂移运动占优势。P 区的少子(自由电子)向 N 区漂移，N 区的少子(空穴)向 P 区漂移，从而形成反向电流(方向是从 N 区指向 P 区)。由于少子数量极少，故反向电流极小(理想时，可视为零)，PN 结处于截止状态。PN 结反向偏置时，PN 结所呈现的反向电阻很大(理想时，可视为无穷大)。

反向电流又称为反向漏电流。又由于当环境温度一定时，反向电流在反向电压的一定范围内基本不变，故反向电流又称为反向饱和电流。

综上所述，PN 结正向偏置时处于导通状态，反向偏置时处于截止状态。因此，PN 结具有单向导电性。

【PN 结的单向导电性】

顺便指出，若 PN 结的端电压发生变化，则空间电荷区的宽度也随着发生变化，空间电荷区的电荷将增加或减少，这一现象犹如电容的充放电一样，故可将空间电荷区宽窄的变化等效为电容，称为势垒电容，用 C_b 来表示。利用 PN 结反向偏置时的势垒电容随反向电压的变化而明显变化的特点可以制作压控变容二极管。变容二极管在电调谐电路中应用得较为广泛；若外加到 PN 结上的正向电压发生变化时，P 区的自由电子和 N 区的空穴的数量将增加或减少，则可将在扩散区内载流子数的这种变化等效为电容，称为扩散电容，用 C_d 来表示。势垒电容和扩散电容都是非线性的。PN 结的结电容 C_j 等于势垒电容 C_b 与扩散电容 C_d 之和，即

$$C_j = C_b + C_d$$

PN 结的结电容与结面积、介电常数等因素有关。通常，PN 结的结电容很小［结面积小的为 1pF（皮法）左右，结面积大的为几皮法～几百皮法］，对低频信号呈现很高的容抗，可将其作用忽略不计，只有当工作频率较高时才考虑结电容的作用。

特别提示

- PN 结的反向电流可视为由少子的漂移运动形成的。
- 当环境温度升高时，少子的浓度升高，反向电流增大，故温度对反向电流的影响很大，这是导致半导体器件温度稳定性差的根本原因。

7.2.3 PN 结的电流方程

若通过 PN 结电流的参考方向为由 P 区指向 N 区，且 PN 结的端电压与通过 PN 结的电流取关联参考方向，则可以证明，通过 PN 结的电流 i 与其端电压 u 之间的关系为

$$i = I_S(e^{\frac{qu}{kT}} - 1) \tag{7-1}$$

式中：I_S 为通过 PN 结的反向饱和电流；k 为玻耳兹曼常量（$8.63 \times 10^{-5}\,\text{eV/K}$）；$q$ 为电子的电量；T 为热力学温度。若令 $U_T = kT/q$，则式（7-1）可改写为

$$i = I_S(e^{\frac{u}{U_T}} - 1) \tag{7-2}$$

式（7-2）中的 U_T 称为温度 T 的电压当量。常温下，即温度 $T = 300\text{K}（27\text{℃}）$ 时，$U_T \approx 26\text{mV}$。当 PN 结正向偏置，且 $u \gg U_T$[①]时，$i \approx I_S e^{\frac{u}{U_T}}$，电流 i 随电压 u 按指数规律变化；当 PN 结反向偏置，且 $|u| \gg U_T$ 时，$i \approx -I_S$。可以利用式（7-1）的规律来制作温度传感器（如 AD590 集成温度传感器），以便对温度进行测控。

【二极管的实物图片】

【二极管单向导电性动画】

7.3 二 极 管

半导体二极管又称晶体二极管，简称二极管（diode），其常见的几种外形如图 7.8（a）所示。

二极管实质上就是一个 PN 结。因此，二极管也具有单向导电性。它是以 PN 结为管心，两端各引出一个电极，并用管壳封装、加固而成，如图 7.8（b）所示。从 P 区引出的电极称为阳极，从 N 区引出的电极称为阴极。二极管的图形符号如图 7.8（c）所示。其中，三角形箭头表示二极管正向电流的方向。

---

① 在电子电路中，对于两个同量纲的物理量 X_1 和 X_2，若 $X_1 > (5 \sim 10)X_2$，则可以认为 $X_1 \gg X_2$。

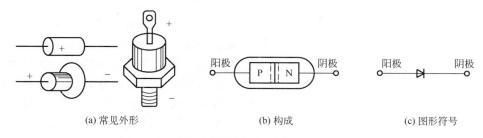

(a) 常见外形　　　　　　　　(b) 构成　　　　　　　　(c) 图形符号

图 7.8　半导体二极管的常见外形、构成及图形符号

7.3.1　二极管的类型和结构

根据所用半导体材料的不同，二极管可分为硅管和锗管两类。大功率的整流元件一般均采用硅管。

根据用途的不同，二极管可分为普通管、整流管和开关管等。

根据内部结构的不同，二极管可分为点接触型、面接触型和平面型 3 类。图 7.9(a) 所示为点接触型二极管，由一根金属丝与半导体相接触形成一个 PN 结。点接触型二极管多为锗管。由于点接触型二极管的 PN 结结面积很小，不允许通过大电流，但结电容小，故多用于高频信号的检波和小功率的电路中。图 7.9(b) 所示为面接触型二极管，面接触型二极管多为硅管。由于面接触型二极管的 PN 结结面积大，允许通过大电流，又由于结电容也较大，故多用于低频大电流的整流电路中，一般不能用于高频电路。图 7.9(c) 所示为平面型二极管，结面积较大的可用于大功率的整流电路中，结面积较小的可作为数字电路中的开关使用。

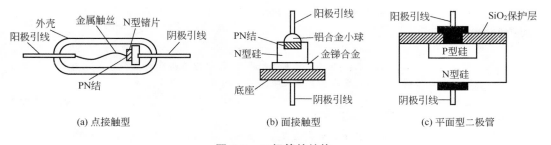

(a) 点接触型　　　　　　　(b) 面接触型　　　　　　　(c) 平面型二极管

图 7.9　二极管的结构

7.3.2　二极管的伏安特性

二极管的伏安特性曲线是指通过二极管的电流与二极管端电压之间的关系曲线。要正确使用二极管，就需正确理解其伏安特性曲线。可以用实验的方法测试出二极管的伏安特性曲线，如图 7.10 所示。

由图 7.10 可以看出，伏安特性曲线过原点，说明当 PN 结的端电压为零时，多子的扩散运动和少子的漂移运动达到动态平衡，扩散电流和漂移电流大小相等、方向相反，相互抵消，故通过 PN 结的电流为零。

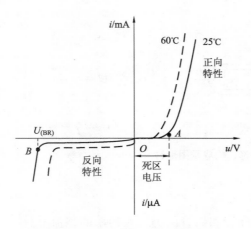

图 7.10　二极管的伏安特性曲线

正向特性是指当二极管正向偏置时的伏安特性。从图 7.10 中可以看出，当正向电压较低时，通过二极管的正向电流很小，几乎为零（图中的 OA 段），该段曲线所对应的电压称为死区电压（或称为开启电压）。硅管的死区电压约为 0.5V，锗管的死区电压约为 0.1V。这是因为当正向电压较低时，外电场对内电场还未起到足够的削弱作用，多子的扩散运动尚不占有明显的优势。所以，只有当外加正向电压大于死区电压以后，二极管的正向电流才会随外加正向电压的增加而明显地增大［由式（7-2）可知，当 $u \gg U_T$ 时，伏安特性近似为指数规律］。在正常情况下，硅管的正向导通电压降为 0.6～0.8V（典型值为 0.7V），锗管的正向导通电压降为 0.1～0.3V（典型值为 0.2V）。

反向特性是指当二极管反向偏置时的伏安特性。从图中可以看出，反向电压在一定的数值范围内，反向电流极小，可以认为二极管是不导通的。这是因为反向电流是由少子的漂移运动形成的。反向电流越小，二极管的反向截止性能就越好。通常，硅管的反向电流在几微安以下，而锗管可达数百微安，故硅管的反向电流比锗管小得多。当反向电压达到一定值时（图中 B 点所对应的电压 $U_{(BR)}$），反向电流将急剧增加，这种情况称为二极管被击穿。二极管被击穿时的反向电压称为反向击穿电压。一般地，一旦被击穿，二极管就会失去其单向导电作用，从而造成永久性的损坏。因此，一般不允许出现这种情况。不同型号二极管的反向击穿电压之值差别很大，从几十伏到几千伏不等。

特别提示

- 二极管的特性与环境温度有关。当环境温度升高时，正向特性曲线将左移，反向特性曲线将下移，反向饱和电流将增加，而反向击穿电压将降低，如图 7.10 所示。
- 一般地，硅二极管所允许的结温比锗二极管的高（硅管的最高结温约为 150℃，锗管的约为 90℃），故大功率的二极管几乎均为硅管。
- 二极管的正向特性曲线不是直线，而是近似为指数曲线。故二极管是一个非线性器件。

7.3.3　二极管的主要参数

要正确使用二极管，除应了解其伏安特性曲线外，还应了解其有关参数。二极管的参数很多，下面着重介绍二极管的两个主要参数，这两个主要参数也是二极管的两个极限参数，是正确选择二极管的主要依据。

1. 最大整流电流 I_{FM}

最大整流电流是指二极管允许长期通过的最大正向电流的平均值。若通过二极管的电流超过最大整流电流，则二极管结温会发热过甚，将会烧毁 PN 结。所以，在选用二极管时，应注意通过二极管的工作电流不得超过其最大整流电流。

2. 最高反向工作电压 U_{RM}

最高反向工作电压是指为防止二极管被反向击穿损坏，允许加到二极管上的反向电压的峰值。为了安全起见，一般最高反向工作电压取为反向击穿电压的 $1/2$ 或 $2/3$，即 $U_{RM} = U_{(BR)}/2$ 或 $U_{RM} = 2U_{(BR)}/3$。所以，在选用二极管时，应注意加到二极管上的反向电压的峰值（即最大值）不得超过其最高反向工作电压 U_{RM}。

二极管的参数还有最大反向电流、最高工作频率和极间电容等，它们均可在半导体手册中查到。

应当指出，由于半导体器件参数具有分散性，即使是同一型号的器件，其参数值的差别也很大，手册中所给出的参数值只能作为参考。

7.3.4 二极管的主要用途

尽管二极管的构成最简单（仅由一个 PN 结构成），但其用途却十分广泛。主要利用其单向导电性实现整流、检波、限幅、钳位和保护等作用。

1. 整流

将大小和方向随时间变化的交流电压变成单一方向的、脉动的直流电压的过程称为整流。为手机电池充电的充电器就是通过整流二极管来实现的，其整流原理详见第12章。

2. 检波

调制的方式通常分为调幅、调频和调相三种。所谓调幅是指载波（高频正弦波）的振幅随调制信号的变化而变化。检波通常称为解调，是调制的逆过程，即从已调波提取调制波的过程。对于调幅波来讲，是从它的振幅变化提取调制信号的过程，即从调幅波的包络中提取调制信号的过程。因此，有时把这种检波称为包络检波。包络检波原理框图和电路分别如图 7.11(a) 和 (b) 所示。图中的检波器件是一只二极管，此二极管称为检波二极管，由电容器 C 构成一低通滤波器。检波电路中的输入信号为一调幅波，根据二极管的单向导电性可知，当 $u_i > 0$ 时，二极管导通；当 $u_i < 0$ 时，二极管截止。通过二极管后的信号，经滤波电容滤去高频成分后，在负载电阻 R 两端得到上包络的输出信号，若除去直流分量，则只有低频的调制信号输出。如，我们用收音机收听调幅广播时，就是通过检波电路完成检波任务的。

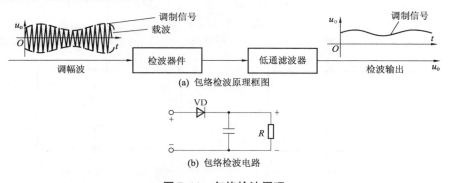

(a) 包络检波原理框图

(b) 包络检波电路

图 7.11 包络检波原理

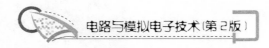

3. 限幅

将输出电压的幅值限制在一定数值范围之内的电路称为限幅器。它可以削去部分输入波形，以限制输出电压的幅度，因此，限幅器又称削波器。

4. 钳位

将电路中某点的电位钳制在某一数值上，称为钳位。

5. 保护

保护电路中某些元器件，防止受到过电压而损坏。其工作原理详见后面相关章节。

【例 7 - 1】 图 7.12(a)所示电路中，设输入电压 $u_i = 10\sin\omega t$ V，$U_{S1} = U_{S2} = 5$V，VD_1 和 VD_2 均为硅管，其正向导通电压降均为 $U_{VD} = 0.7$V。试画出输出电压 u_o 的波形。

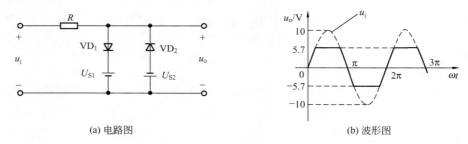

(a) 电路图　　　　　　　　　　　　　(b) 波形图

图 7.12　例 7 - 1 图

【解】 当 $u_i \geqslant 5.7$V 时，VD_1 导通，VD_2 因反向偏置而截止，$u_o = U_{VD} + U_{S1} = 5.7$V。
当 $u_i \leqslant -5.7$V 时，VD_1 因反向偏置而截止，VD_2 导通，$u_o = -U_{VD} - U_{S2} = -5.7$V。
当 -5.7V $< u_i < 5.7$V 时，VD_1 和 VD_2 均截止，$u_o = u_i$。

故输出电压 u_o 的波形如图 7.12(b)所示。该电路是一个简单的并联双限限幅器。其中，由 R、VD_1 和 U_{S1} 构成了上限限幅器；由 R、VD_2 和 U_{S2} 构成了下限限幅器。

需要指出，分析含有二极管电路的关键是首先要判断出二极管的工作状态，即判断二极管是导通的，还是截止的。对于简单的电路，可以用观察法直接判断；对于复杂的电路，可以先将二极管从电路中断开，再求出二极管所在处两端之间的电压或两端的电位，从而判断出在电路中二极管的工作状态，然后再进行相应处理。

【例 7 - 2】 图 7.13(a)所示电路中，VD 为硅管，其正向导通电压降 $U_{VD} = 0.7$V，$U_{S1} = 9$V，$U_{S2} = 12$V，$R_1 = 3$kΩ，$R_2 = 6$kΩ。试求输出端电压 U_O。

【解】 先将二极管从电路中断开，并设 C 点接地，如图 7.13(b)所示，则 A 点的电位为

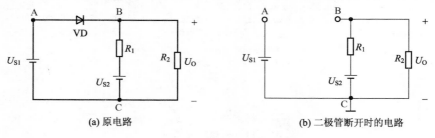

(a) 原电路　　　　　　　　　　　　　(b) 二极管断开时的电路

图 7.13　例 7 - 2 图

$$U_A = U_{S1} = 9\text{V}$$

B 点的电位为

$$U_B = \frac{R_2}{R_1 + R_2} U_{S2} = \frac{6}{3 + 6} \cdot 12\text{V} = 8\text{V}$$

可见，A 点的电位高于 B 点的电位。若将二极管接入电路中，则二极管的阳极电位高于阴极电位，故二极管因正向偏置而导通，此时

$$U_O = U_{S1} - U_{VD} = (9 - 0.7)\text{V} = 8.3\text{V}$$

在该电路中，二极管 VD 起钳位的作用，它将 B 点的电位钳制在 8.3V 上。

7.4 稳压二极管

稳压二极管(术语为"单向击穿二极管"，又称齐纳二极管，电压调整二极管，行业习惯称稳压管)是一种特殊的面接触型硅二极管，其形状与普通二极管差不多，也是由一个 PN 结构成的。其伏安特性曲线和图形符号如图 7.14 所示。

【稳压二极管】

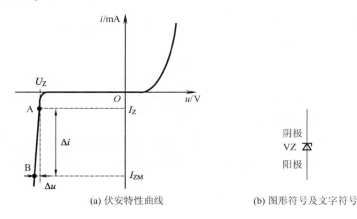

(a) 伏安特性曲线   (b) 图形符号及文字符号

图 7.14 稳压二极管的伏安特性曲线及其图形符号

稳压管的正向特性与普通二极管的相似(也近似为指数曲线)。但由于其掺杂重(反向击穿电压较低)、散热条件好，决定了其反向特性的特殊性。当被击穿时，稳压管的反向特性曲线是非常陡直的，几乎与纵轴平行。

如前所述，普通二极管是不允许工作于反向击穿区的，若被反向击穿，则将使二极管丧失其单向导电性而导致永久性的损坏。而稳压管则不然，当它被反向击穿时，只要控制反向电流不超过所规定的最大值，就不会导致其因过热而损坏，即不会破坏它的单向导电性。由稳压管的伏安特性曲线可以看出，在反向击穿区的 $A-B$ 段，反向电流的变化范围很大(一般可从几毫安到几十毫安)，而稳压管端电压的变化却很小，如果让稳压管工作于这一区域，即可达到稳定电压的目的。由此可见，稳压管的稳压区就是它的反向击穿区(即反向伏安特性曲线上的 $A-B$ 段)。

为了正确使用稳压管，必须了解其参数，其主要参数有：

(1) 稳定电压 U_Z：指稳压管在规定的工作电流和环境温度条件下的反向击穿电压。

由于受到制造工艺的限制，半导体器件的参数具有分散性，即使是同一型号的稳压管其 U_Z 之值差别也很大，手册上只给出同一型号稳压管 U_Z 的大小范围。例如，型号为 2CW56 型的稳压管的稳定电压 U_Z 为 $(7 \sim 8.8)\,\mathrm{V}$。但就某一只具体管子而言，稳定电压 U_Z 具有确定值。

（2）稳定电流 I_Z：指稳压管工作于稳压状态时反向电流的参考值，当反向电流小于该值时，稳压效果将变坏，甚至根本达不到稳压的目的，故也常将 I_Z 用 I_{Zmin} 来表示。通常要求稳压管的工作电流不小于 I_Z，以达到较好的稳压效果。

（3）最大稳定电流 I_{ZM}：指稳压管最大的工作电流。若稳压管的工作电流超过 I_{ZM}，则稳压管将因过热而损坏。

（4）最大耗散功率 P_{ZM}：指稳压管最大允许的耗散功率。若稳压管的实际耗散功率超过 P_{ZM}，管子将因过热而损坏。最大耗散功率 P_{ZM} 等于管子的稳定电压 U_Z 和最大稳定电流 I_{ZM} 之积，即

$$P_{ZM} = U_Z I_{ZM} \tag{7-3}$$

对于给定的稳压管，可以根据其最大耗散功率 P_{ZM} 和稳定电压 U_Z 求出其最大稳定电流 I_{ZM}。

（5）动态电阻 r_Z：指稳压管工作于稳压区时，稳压管端电压的变化量与对应电流的变化量之比，即

$$r_Z = \frac{\Delta U_Z}{\Delta I_Z} \tag{7-4}$$

r_Z 表示反向击穿区陡峭的程度，是反映稳压管稳压性能好坏的重要参数。r_Z 越小，反向击穿区越陡，稳压性能越好。

通常，可以采取与稳压管串联适当阻值的限流电阻的措施，来保证通过稳压管的工作电流在最小稳定电流和最大稳定电流之间，从而使稳压管安全地起到稳压的作用。

特别提示

- 稳压管的正常稳压区在其反向击穿区内。
- 为保证稳压管安全地起到稳压作用，要求通过稳压管的工作电流 I_{VZ} 符合 $I_Z \leqslant I_{VZ} \leqslant I_{ZM}$ 的关系。

【例 7 - 3】 图 7.15 所示电路为一个简单的并联型直流稳压电路。稳压电路的输入电压 $U_i = 24\mathrm{V}$，稳压管 VZ 的型号为 2CW58，其参数为 $U_Z = 10\mathrm{V}$，$I_Z = 5\mathrm{mA}$，$I_{ZM} = 23\mathrm{mA}$，限流电阻 $R = 500\,\Omega$，为保证电路为负载 R_L 提供 10V 的稳定直流电压，试确定负载电阻 R_L 的适用范围。

【解】 为保证电路输出 10V 的稳定直流电压，应使稳压管安全地工作于稳压区。

$$I_R = \frac{U_i - U_o}{R} = \frac{24 - 10}{0.5}\mathrm{mA} = 28\mathrm{mA}$$

根据 KCL 得

$$I_R = I_{VZ} + I_L$$

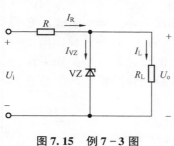

图 7.15　例 7 - 3 图

当稳压管工作于稳压区时，若负载电阻 R_L 最小，则负载电流 I_L 最大。由于 I_R 不变，故由上式可知，稳压管的电流 I_VZ 最小。此时，应有

$$I_\text{VZ} = I_\text{Z} = I_R - I_\text{Lmax} = I_R - \frac{U_\text{o}}{R_\text{Lmin}} = \left(28 - \frac{10}{R_\text{Lmin}}\right)\text{mA}$$

解得

$$R_\text{Lmin} = 435\,\Omega$$

若负载电阻 R_L 最大，则负载电流 I_L 最小。由于 I_R 不变，故稳压管的电流最大。此时，应有

$$I_\text{VZ} = I_\text{ZM} = I_R - I_\text{Lmin} = I_R - \frac{U_\text{o}}{R_\text{Lmax}} = \left(28 - \frac{10}{R_\text{Lmax}}\right)\text{mA}$$

解得

$$R_\text{Lmax} = 2\,\text{k}\Omega$$

所以，负载电阻 R_L 的适用范围为 $435\,\Omega \sim 2\,\text{k}\Omega$。

对于不在该范围的负载电阻，为使稳压管正常工作，必须重新选择合适的限流电阻。读者可参考本例题，不难作出正确选择。

7.5　晶　体　管

晶体管(transistor)又称半导体三极管，简称三极管，是放大电路的核心器件。晶体管的外部特性是通过其特性曲线和参数来体现的。为了更好地理解和掌握其外部特性，下面首先简介晶体管的类型、结构及其内部载流子的运动规律。

【晶体管实物图片】

7.5.1　晶体管的类型和结构

在同一个半导体基片上采用特定的工艺制作 3 层掺杂区域，并形成两个 PN 结便构成了晶体管(三极管)。晶体管的几种常见外形如图 7.16 所示。其中，图(a)表示小功率管，图(b)表示中功率管，图(c)表示大功率管。

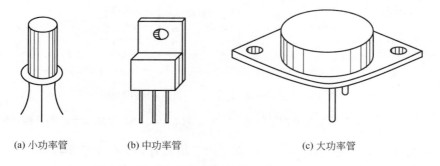

(a) 小功率管　　　　(b) 中功率管　　　　(c) 大功率管

图 7.16　晶体管的几种常见外形

根据构成管子材料的不同，晶体管可分为硅管和锗管两类；根据管子内部结构的不同，晶体管可分为平面型管和合金型管两类；根据 PN 结构成方式的不同可分为 NPN 型管和 PNP 型管两类，NPN 型管多为硅管，PNP 型管多为锗管。

【晶体管的结构】

晶体管的结构如图 7.17 所示，其中，图(a)表示 NPN 型硅晶体管的平面型结构，图(b)表示 PNP 型锗晶体管的合金型结构。硅管的结构多为平面型，锗管的结构均为合金型。

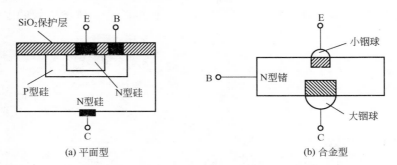

图 7.17　晶体管的结构

在图 7.17(a)中，位于中间的 P 区称为基区；位于上层的 N 区称为发射区；位于下层的 N 区称为集电区。在图 7.17(b)中，位于中间的 N 区称为基区；小铟球所在的 P 区称为发射区；大铟球所在的 P 区称为集电区。从发射区、基区和集电区所引出的电极分别称为发射极(用 E 来表示)、基极(用 B 来表示)和集电极(用 C 来表示)。发射区与基区之间所形成的 PN 结称为发射结；集电区与基区之间所形成的 PN 结称为集电结。NPN 型晶体管和 PNP 型晶体管的结构示意图及图形符号分别如图 7.18 和图 7.19 所示。图形符号上箭头的方向表示当发射结正向偏置时通过发射极正向电流的方向。

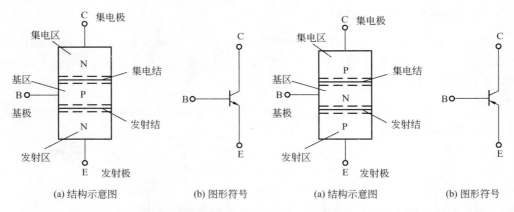

图 7.18　NPN 管结构示意图及图形符号　　图 7.19　PNP 管结构示意图及图形符号

无论是 NPN 型管还是 PNP 型管在内部结构上均具有如下两个重要特点：

(1) 虽然发射区和集电区均是同类型的半导体，但发射区掺杂浓度高，与基区的接触面积小(有利于发射区发射载流子)；集电区掺杂浓度低，与基区的接触面积大(有利于集电区收集载流子)；

（2）基区很薄，且掺杂浓度极低(有利于减少载流子的复合机会)。

晶体管内部结构的这种特殊性为晶体管能够起电流放大作用创造了内部条件，是引起电流放大的内因。

特别提示

- 一般地，发射极和集电极不能互换使用。
- 晶体管并不是两个 PN 结的简单组合，它不能用两个二极管来简单的代替。

PNP 型晶体管和 NPN 型晶体管的电流放大原理相似，只是将电源的极性接反即可。下面将重点以 NPN 型管为例介绍晶体管的电流放大原理、特性曲线及其主要参数。

7.5.2　晶体管的电流放大原理

要使晶体管能够起到电流放大作用，必须要具备两个条件，即内部条件和外部条件。内部条件就是管子本身的内部结构要合理；外部条件是发射结正向偏置，集电结反向偏置，这是晶体管起电流放大作用的外因。

图 7.20 所示电路为一个基本放大电路。被放大的输入电压信号 Δu_i 加到晶体管 VT 的发射结所在的输入回路；放大后的电压信号 Δu_o 从集电极到发射极所在的输出回路输出。因为发射极是输入回路和输出回路的公共极，所以该电路又称共射放大电路。

在如图 7.20 所示电路中，基极直流电源 V_{BB} 通过 R_B 给晶体管 VT 的发射结施加正向电压；集电极直流电源 V_{CC} 通过 R_C 给晶体管 VT 的集电结施加反向电压。为保证发射结正向偏置，集电结反向偏置，要求 $V_{CC} > V_{BB}$。

晶体管的电流放大作用，实际上是一种电流控制作用，即用小的基极电流 i_B 控制大的集电极电流 i_C。为了更好地理解晶体管的电流放大原理，下面将对晶体管内部载流子的运动规律作一简单的介绍。

【晶体管内部载流子的运动规律】

1. 晶体管内部载流子的运动规律

为简单起见，令 $\Delta u_i = 0$，则载流子在晶体管内部的运动情况如图 7.21 所示。

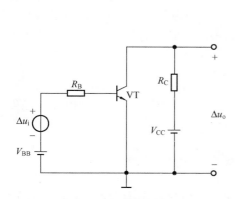

图 7.20　基本放大电路

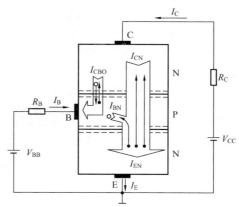

图 7.21　晶体管内部载流子的运动规律

其运动规律如下：

（1）发射区向基区扩散（发射）自由电子，由扩散运动形成发射极电流 I_E。由于发射结正向偏置，故有利于多子的扩散运动。这样，发射区中的自由电子向基区扩散，并由电源不断地加以补充。同样，基区的空穴也向发射区扩散，但因为其浓度远低于发射区自由电子的浓度，所以由基区扩散到发射区的空穴数极少（图中未画出），在近似分析时，可忽略不计。可以认为发射极电流 I_E 等于发射区的自由电子向基区扩散而形成的扩散电流 I_{EN}。

（2）扩散到基区的自由电子与基区中的空穴复合，由复合运动形成基极电流 I_B。扩散到基区的自由电子便成为基区的非平衡少子[①]，并在基区中形成浓度上的差别，在基区内靠近发射结边缘的浓度最高，靠近集电结边缘的浓度最低。因此，这些自由电子将朝向集电结方向扩散。由于基区很薄，掺杂浓度极低，且集电结又有较强的反向电场，故在扩散的过程中，仅有极少量的自由电子与基区中的空穴复合，绝大多数自由电子扩散到集电结边缘。被复合掉的空穴又由电源 V_{BB} 的正极不断地加以补充（实际上是自由电子被基极电源 V_{BB} 的正极拉走），从而形成极小的复合电流 I_{BN}。基极电流 I_B 近似地等于复合电流 I_{BN}。

（3）集电区收集自由电子，由漂移运动形成集电极电流 I_C。由于集电结反向偏置，故有利于少子的漂移运动。在集电结反向电场的作用下，在基区中扩散到集电结边缘的自由电子几乎全部越过集电结而被拉入集电区。同时，集电区和基区中的平衡少子也产生漂移运动而形成电流 I_{CBO}。但由于 I_{CBO} 很小，近似分析时，可以忽略不计。被拉入集电区的自由电子又不断地被电源 V_{CC} 的正极拉走，从而形成漂移电流 I_{CN}。若不计 I_{CBO}，则集电极电流 I_C 就近似地等于漂移电流 I_{CN}。

综上所述，在从发射区扩散到基区的自由电子中，仅有极少一部分与基区中的空穴复合，而绝大部分被集电区所收集。因此，一方面集电极电流比基极电流大得多；另一方面，若 $\Delta u_i \neq 0$，就会引起发射结电压的变化，进而引起基极电流的变化，由基极电流的变化又会引起集电极电流的变化，且基极电流只要有微小的变化，就会引起集电极电流很大的变化。这就是晶体管的电流放大作用。

电流放大是晶体管的主要作用。在扩音器中，先利用声音传感器（即话筒）将声音非电信号的变化转换成微弱的电压信号的变化（即电压的变化量），再将微弱电压信号的变化转换成晶体管基极电流的变化，利用晶体管的电流放大作用，将基极电流的变化转换为被放大了的集电极电流的变化，再将被放大了的集电极电流的变化通过集电极电阻 R_C 转换成电压的变化，从而实现电压放大。最后，利用晶体管进行功率放大，即可从扬声器发出很响的声音。

2. 电流分配关系及电流放大系数

由图 7.21 可以看出，若不计从基区扩散到发射区的空穴而形成的扩散电流，则发射极电流 I_E 可分成两部分，一部分为 I_{BN}，另一部分为 I_{CN}，即

$$I_E \approx I_{EN} = I_{BN} + I_{CN} \qquad (7-5)$$

[①] PN 结在动态平衡时，P 区中的少子（自由电子）和 N 区中的少子（空穴）统称为平衡少子。PN 结在正向偏置时，由 P 区扩散到 N 区的空穴和由 N 区扩散到 P 区的自由电子统称为非平衡少子。

图 7.21 中的 I_{CBO} 是当发射极断开，集电结反向偏置时，从集电极流向基极的集电结反向饱和电流。通常 I_{CBO} 很小，且与集电结的反向电压的大小基本无关，但对温度却特别敏感，是造成晶体管温度稳定性差的根本原因。若考虑 I_{CBO} 的影响，则集电极电流 I_C 等于 I_{CN} 与 I_{CBO} 之和，即

$$I_C = I_{CN} + I_{CBO} \tag{7-6}$$

基极电流为

$$I_B \approx I_{BN} - I_{CBO} \tag{7-7}$$

根据式(7-5)、式(7-6)、式(7-7)可得

$$I_E = I_B + I_C \tag{7-8}$$

式(7-8)说明，若以晶体管为闭合面，则 3 个电极的电流 I_E、I_B 和 I_C 之间正好满足 KCL。

电流 I_{CN} 与 I_{BN} 之比称为共射直流电流放大系数，用 $\bar{\beta}$ 来表示。根据式(7-6)和式(7-7)可得

$$\bar{\beta} = \frac{I_{CN}}{I_{BN}} = \frac{I_C - I_{CBO}}{I_B + I_{CBO}} \approx \frac{I_C}{I_B}$$

整理得

$$I_C = \bar{\beta} I_B + (1+\bar{\beta}) I_{CBO} = \bar{\beta} I_B + I_{CEO} \tag{7-9}$$

式(7-9)中的 I_{CEO} 称为集电极到发射极的穿透电流。其物理意义是，当基极断开时，在集电极电源 V_{CC} 的作用下，使集电结反向偏置、发射结正向偏置时从集电极流向发射极的电流。

若不计 I_{CBO} 的影响(一般地，只有在讨论温度对晶体管性能的影响时，才考虑 I_{CBO} 的存在)，则

$$I_C \approx \bar{\beta} I_B$$

$$I_E = I_B + I_C \approx (1+\bar{\beta}) I_B$$

当集电极与发射极之间的电压 u_{CE} 为常数 U_{CE} 时，集电极电流的变化量与基极电流的变化量之比，称为共射交流电流放大系数，用 β 来表示，即

$$\beta = \frac{\Delta i_C}{\Delta i_B} \bigg|_{u_{CE} = U_{CE} = 常数} \tag{7-10}$$

一般地，在一定的范围内，$\bar{\beta}$ 和 β 的数值非常接近。因此，在近似分析时，通常不对 $\bar{\beta}$ 和 β 加以严格区分，即认为 $\beta \approx \bar{\beta}$。在选用晶体管时，一般取 β 为几十～一百多倍的管子为好。因为 β 太小，电流控制能力(即电流放大能力)差；β 太大又会带来管子的性能不够稳定。

以上介绍了 NPN 型晶体管的工作原理。PNP 型晶体管的工作原理与 NPN 型晶体管的相似。所不同的是，发射区扩散到基区的多子是空穴。为保证发射结正向偏置，集电结反向偏置，基极直流电源和集电极直流电源的极性必须反接。NPN 型晶体管的 u_{BE} 和 u_{CE} 均为正值，PNP 型晶体管的 u_{BE} 和 u_{CE} 均为负值。在放大状态时，PNP 型晶体管与 NPN 型晶体管三个电极电流的实际方向也不相同，如图 7.22 所示。其中，NPN 型晶体管各极电流的实际方向为从晶体管的基极和集电极流进，从发射极流出；PNP 型晶体管各极电流

的实际方向为从晶体管的发射极流进，从基极和集电极流出。

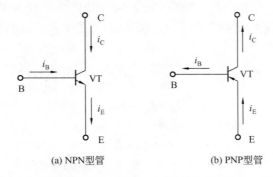

(a) NPN型管　　　　　　　　　(b) PNP型管

图7.22　NPN 型管和 PNP 型管各极电流的实际方向

**特别提示**

- 一般地，在对放大电路进行分析时，不管是 NPN 型管还是 PNP 型管，各电极电流的参考方向均规定为从晶体管的基极和集电极流进，从发射极流出。

7.5.3　晶体管的输入和输出特性曲线

为了正确使用晶体管，需要正确理解其输入和输出特性曲线。晶体管的输入和输出特性曲线是表示晶体管各极电流和各极间电压之间关系的曲线，可以通过实验加以测绘，实用中，通常用晶体管特性图示仪加以显示。

1. 输入特性曲线

输入特性是指当集-射极电压 u_{CE} 为常数 U_{CE} 时，基极电流 i_B 和基-射极电压（即发射结电压）u_{BE} 之间的函数关系，即

$$i_B = f(u_{BE})\big|_{u_{CE} = U_{CE} = 常数}$$

由于一个确定的 U_{CE} 就对应一条输入特性曲线，故晶体管的输入特性曲线实际上是一曲线族，如图7.23所示。

$U_{CE} = 0V$ 时的输入特性曲线，即图7.23中所标注的 $U_{CE} = 0V$ 的那条曲线与二极管的正向伏安特性曲线相似。这是因为当 $U_{CE} = 0V$ 时，即将集电极和发射极之间短路，晶体管相当于两个相并联的 PN 结。

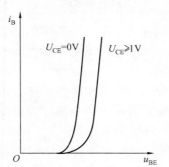

图7.23　晶体管的输入特性曲线

随着 U_{CE} 的增加，曲线右移。这是因为随着 U_{CE} 的增加，基区内的自由电子进入到集电区的数量增多，与基区内空穴的复合机会减小，表现为当 u_{BE} 一定时，i_B 减小。对于确定的 u_{BE}，当 U_{CE} 增加到一定的值（如 $U_{CE} = 1V$）时，集电结已反向偏置，集电结的反向电场几乎能将在基区内扩散到集电结边缘的自由电子全部拉入集电区而形成集电极电流 i_C。故当 U_{CE} 再增加时，基极电流 i_B 将基本保持不

变。因此，可将 $U_{CE} \geqslant 1V$ 后的所有输入特性曲线视为是重合的。所以，实际中可以用 $U_{CE} = 1V$ 时的输入特性曲线来代表 $U_{CE} > 1V$ 时的所有输入特性曲线。

由图 7.23 不难看出，与二极管的伏安特性曲线一样，晶体管的输入特性曲线也有死区。硅管的死区电压约为 0.5V；锗管的死区电压约为 0.1V。在晶体管正常工作时，NPN 型硅管的发射结电压 $u_{BE} = (0.6 \sim 0.8)V$；PNP 型锗管的发射结电压 $u_{BE} = -(0.1 \sim 0.3)V$。

必须指出，与二极管的伏安特性曲线相似，当环境温度升高时，载流子的浓度将增大，若保持基极电流 i_B 不变，则发射结电压 u_{BE} 将下降，故正向特性曲线将左移。可以证明，在室温附近，温度每升高 1℃，u_{BE} 下降 $(2 \sim 2.5)mV$。

2. 输出特性曲线

输出特性是指当基极电流 i_B 为常数 I_B 时，集电极电流 i_C 和集-射极电压 u_{CE} 之间的函数关系，即

$$i_C = f(u_{CE})\big|_{i_B = I_B = 常数}$$

由于一个确定的 I_B 就对应一条输出特性曲线，故晶体管的输出特性曲线实际上也是一曲线族，如图 7.24 所示。

可以看出，对于每一条输出特性曲线的起始段，随着 u_{CE} 的增加 i_C 明显增大。这是因为随着 u_{CE} 的增加，集电结从基区拉走非平衡少子(自由电子)的能力逐渐增强的缘故。当 u_{CE} 增加到一定值(如 1V)时，集电结反向电场增强到几乎能将在基区内扩散到集电结边缘的自由电子全部拉入集电区，形成集电极电流。故当 u_{CE} 再增加时，集电极电流 i_C 几乎不再增大，输出特性曲线几乎与横轴平行，即 i_C 几乎只取决于 i_B，而与 u_{CE} 无关。

必须指出，当环境温度升高时，一方面，当 I_B 一定时，i_C 增大，输出特性曲线向上平移；另一方面，当 I_B 变化相同数值时，两条特性曲线之间的距离将变大，说明电流放大系数 β 增大。

晶体管的输出特性曲线有 3 个工作区，如图 7.24 所示，这 3 个工作区对应着晶体管的 3 个工作状态，下面结合图 7.25 所示的共射放大电路进行介绍。

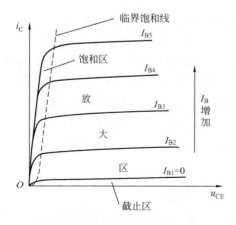

图 7.24 晶体管的输出特性曲线

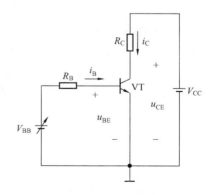

图 7.25 共射放大电路

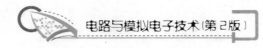

1）放大区

输出特性曲线近于平直的区域就是放大区。晶体管工作于放大区的外部条件是，发射结正向偏置，集电结反向偏置。在正常工作的情况下，对于 NPN 型硅管，$u_{BE} = (0.6 \sim 0.8)V$；对于 PNP 型锗管，$u_{BE} = -(0.1 \sim 0.3)V$；$u_{CE} > u_{BE}$，即 $u_{CB} > 0$。晶体管只有工作于放大区，才具有电流放大作用。此时，i_C 几乎只受 I_B 的控制而与 u_{CE} 无关，$i_C = \beta I_B$，$\Delta i_C = \beta \Delta I_B$。理想时，当 I_B 变化相同的数值时，输出特性曲线是与横轴平行且间距相等的直线族，即 β 为常数。

2）饱和区

当晶体管工作于放大区时，由图 7.25 可知，$u_{CE} = V_{CC} - i_C R_C = V_{CC} - \beta I_B R_C$。当 I_B 增加时，u_{CE} 降低。当 I_B 增加到使 $u_{CE} = u_{BE}$，即 $u_{CB} = 0$ 时，晶体管处于临界饱和或临界放大状态，临界饱和线为如图 7.24 所示的虚线。

临界饱和时，集电极临界饱和电流为

$$I_{CS} = \frac{V_{CC} - U_{CES}}{R_C} \qquad (7-11)$$

式中：U_{CES} 为集-射极临界饱和电压降。对于 NPN 型硅管，U_{CES} 的典型值为 0.7V（而 PNP 型锗管 U_{CES} 的典型值为 -0.2V）。

基极临界饱和电流为

$$I_{BS} = \frac{I_{CS}}{\beta} = \frac{V_{CC} - U_{CES}}{\beta R_C} \qquad (7-12)$$

当 I_B 继续增加时，将使 $u_{CE} < u_{BE}$，即 $u_{CB} < 0$，晶体管处于饱和工作状态。晶体管工作于饱和区时，基极电流 i_C 随着 I_B 的增大不再成比例的增大，而是增大得很小，甚至不再增大，即 $i_C = \beta I_B$ 和 $\Delta i_C = \beta \Delta I_B$ 的关系不再成立。进入饱和区后

$$i_B > I_{BS} \qquad (7-13)$$

故晶体管工作于饱和区时，发射结和集电结均正向偏置。NPN 型硅管的典型饱和管压降 $U'_{CES} \approx 0.3V$（PNP 型锗管的典型饱和管压降 $U'_{CES} \approx -0.2V$）。若将 U'_{CES} 忽略不计，则集电极 C 和发射极 E 之间相当于短路。

另外，可以根据式(7-13)是否成立来判断管子是否工作于饱和区。

3）截止区

当 $I_B = 0$ 时的那条输出特性曲线以下的区域就是截止区。晶体管工作于截止区时，$i_C \leqslant I_{CEO} \approx 0$，$u_{CE} \approx V_{CC}$，集电极 C 和发射极 E 之间相当于开路。由于晶体管有死区电压，故只要当 u_{BE} 小于死区电压就算截止。但在实际应用中，为使晶体管可靠地截止，通常使发射结反向偏置，集电结也反向偏置，此时 $u_{BE} < 0$，$u_{CE} > u_{BE}$（即 $u_{CB} > 0$）。

特别提示

- 在模拟电路中，晶体管多工作在放大状态，而作为放大器件使用。
- 若用基极电流控制晶体管使其在截止状态和饱和状态之间转换，则可将晶体管的集电极和发射极之间视为受基极电流控制的电子开关，多用于数字电路中。

● 晶体管的集电极和发射极之间还可作为受基极电流控制的可变电阻。当基极电流从零逐渐增大时，集电极和发射极之间的等效电阻将从无穷大逐渐减小为零。

【例 7-4】 在如图 7.26 所示的电路中，若 $V_{CC} = 12V$，$R_B = 5k\Omega$，$R_C = 1k\Omega$，晶体管 $\beta = 50$，$U_{BE} = 0.7V$。试分别分析当 V_{BB} 分别等于 $-1V$、$1V$ 和 $3V$ 时晶体管的工作状态。

【解】 由式(7-11)可得，集电极临界饱和电流为

$$I_{CS} = \frac{V_{CC} - U_{CES}}{R_C} = \frac{12 - 0.7}{1}\text{mA} = 11.3\text{mA}$$

由式(7-12)可得，基极临界饱和电流为

$$I_{BS} = \frac{I_{CS}}{\beta} = \frac{11.3}{50}\text{mA} = 0.226\text{mA} = 226\mu\text{A}$$

（1）当 $V_{BB} = -1V$ 时，发射结和集电结均反向偏置，故晶体管处于截止状态。

（2）当 $V_{BB} = 1V$ 时，因为基极电流

$$I_B = \frac{V_{BB} - U_{BE}}{R_B} = \frac{1 - 0.7}{5}\text{mA} = 60\mu\text{A} < I_{BS}$$

所以 VT 处于放大状态。

（3）当 $V_{BB} = 3V$ 时，因为基极电流

$$I_B = \frac{V_{BB} - U_{BE}}{R_B} = \frac{3 - 0.7}{5}\text{mA} = 460\mu\text{A} > I_{BS}$$

所以 VT 处于深度饱和状态。

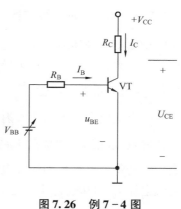

图 7.26 例 7-4 图

当发射结正向偏置时，晶体管可能工作于放大状态，也可能工作于饱和状态，除了用上述方法判断外，还可以用如下方法判断：先假设晶体管工作于放大状态，求出集-射极电压 U_{CE}，然后，判断集电结的偏置情况。若集电结反向偏置（即 $|u_{CE}| > |u_{BE}|$），则晶体管处于放大状态；若集电结正向偏置（即 $|u_{CE}| < |u_{BE}|$），则晶体管处于饱和状态（若 $|u_{CE}| = |u_{BE}|$，则晶体管处于临界饱和状态）。

【例 7-5】 经测得某放大电路中晶体管 VT_1 3 个引脚 F_1、F_2 和 F_3 的直流电位分别为 6V、2V 和 1.3V；晶体管 VT_2 3 个引脚 F_1'、F_2' 和 F_3' 的直流电位分别为 6V、3V 和 6.2V。试分别指出晶体管各引脚的名称以及管子的类型（NPN 型或 PNP 型、硅管或锗管）。

分析思路：

既然两只管子均能起电流放大作用，则这两只管子就满足发射结正向偏置、集电结反向偏置的外部条件，即对于 NPN 型管，3 个电极的直流电位之间的关系为

$$U_E < U_B < U_C$$

对于 PNP 型管，3 个电极的直流电位之间的关系为

$$U_C < U_B < U_E$$

因此，不管是 NPN 型管还是 PNP 型管，基极电位值总是 3 个电极的中间值。据此可以首先判断出基极来。

再确定管子的发射极。与基极间电压的绝对值为 0.7V 或 0.2V 的电极为发射极，则剩下的电极即为集电极。

最后判断管子的类型。若基极电位高于发射极的电位，则为 NPN 型管；反之，则为

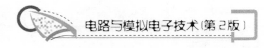

PNP 型管。若基-射极电压的绝对值为 0.7V，则为硅管；若为 0.2V，则为锗管。

【解】 根据上述思路可得判断结果如下。

VT_1 管：F_1、F_2 和 F_3 分别为集电极、基极和发射极；是 NPN 型硅管。

VT_2 管：F_1'、F_2' 和 F_3' 分别为基极、集电极和发射极；是 PNP 型锗管。

7.5.4　晶体管的主要参数

要正确使用晶体管，除应理解晶体管的伏安特性曲线外，还应了解晶体管的参数。晶体管的参数很多，可以在半导体手册中查到。下面着重介绍晶体管的几个主要参数。

1. 共射电流放大系数

共射电流放大系数包括共射直流（静态）电流放大系数和共射交流（动态）电流放大系数。共射直流（静态）电流放大系数 $\bar{\beta}$ 的定义已在前面讲过。在半导体手册中，$\bar{\beta}$ 常用 h_{FE} 来表示。若将集电结反向饱和电流 I_{CBO} 忽略不计，则共射直流电流放大系数 $\bar{\beta}$ 约等于集电极直流电流 I_C 和基极直流电流 I_B 之比，即

$$\bar{\beta} \approx \frac{I_C}{I_B}$$

共射交流（动态）电流放大系数是指当集-射极之间的电压 u_{CE} 为常数 U_{CE} 时，集电极电流的变化量与基极电流的变化量之比，用 β 来表示，即

$$\beta = \frac{\Delta i_C}{\Delta i_B}\bigg|_{u_{CE}=U_{CE}=常数}$$

β 值与输出特性曲线的位置有关，当集电极电流过小或过大时，β 值均将明显减小。所以，通常晶体管的 β 值不是常数，即晶体管是一个非线性器件。只有在放大区的中间区域才有较大的 β 值，且在该区域内的 β 值变化很小，近似分析时，可以认为 β 值为常数。

由于受到制造工艺的限制，半导体器件的参数具有分散性，即使是同一型号的晶体管，β 值也存在很大的差别。通常晶体管的 β 值在 20~200 之间。

2. 极间反向电流

极间反向电流包括集电结反向饱和电流 I_{CBO} 和集电极到发射极的穿透电流 I_{CEO}，其物理意义已在 7.5.2 小节中讲过，在此不再赘述。

I_{CEO} 与 I_{CBO} 之间的关系可由式（7-9）得出，即

$$I_{CEO} = (1+\beta)I_{CBO}$$

需要强调指出，I_{CBO} 与环境温度有关。由于 I_{CBO} 是由少子的漂移运动形成的，当环境温度升高时，少子的浓度增大，故 I_{CBO} 随着环境温度的升高而增大。可以证明，在室温附近，温度每升高 10℃，I_{CBO} 约增大一倍。

在使用时，应选择 I_{CBO} 小的管子。I_{CBO} 越小，管子的热稳定性越好。小功率锗管的 I_{CBO} 约为几 μA 到几十 μA，小功率硅管的 I_{CBO} 在 1 μA 以下。由于硅管的 I_{CBO} 比锗管的小得多，故硅管的热稳定性比锗管好。

3. 集电极最大允许电流 I_{CM}

如前所述，当集电极电流 i_C 过大时将造成电流放大系数 β 值的明显下降。当电流放大系数 β 值下降到所规定值(通常为正常值的 2/3)时所对应的集电极电流称为集电极最大允许电流，用 I_{CM} 来表示。因此，若集电极工作电流超过集电极最大允许电流 I_{CM}，则不一定造成管子的损坏，但却会使 β 值明显下降。

4. 集电极最大耗散功率 P_{CM}

当集电极电流通过集电结时会在集电结上产生热量而使结温升高。若结温过高，则会导致晶体管的性能变坏甚至被烧毁。晶体管集电结所允许的最大功率损耗称为集电极最大耗散功率，用 P_{CM} 来表示。对一只给定的晶体管而言，若环境温度和散热条件一定，则 P_{CM} 是常数，即

$$P_{CM} = u_{CE} i_C = 常数$$

在输出特性曲线坐标平面上对应于倒数曲线中的一支，称为等功耗线，如图 7.27 所示。

集电极最大耗散功率 P_{CM} 与测试条件有关。当环境温度一定时，同一只管子，若加装了散热片，则 P_{CM} 将增大。

5. 集-射极反向击穿电压 $U_{(BR)CEO}$

当基极开路时，集电极与发射极之间的反向击穿电压称为集-射极反向击穿电压，用 $U_{(BR)CEO}$ 来表示。在实际应用中，集-射极电压 u_{CE} 必须低于 $U_{(BR)CEO}$，否则晶体管的集电结将被击穿。

以上介绍了晶体管的主要参数。其中，集电极最大允许电流 I_{CM}、集电极最大耗散功率 P_{CM} 和集-射极反向击穿电压 $U_{(BR)CEO}$ 这三个参数称为晶体管的极限参数，是正确选择晶体管的主要依据，在使用时要求不要超过它们的限制，即要求 $i_C < I_{CM}$，$u_{CE} < U_{(BR)CEO}$，$u_{CE} i_C < P_{CM}$。由以上三个关系在输出特性曲线坐标平面上就构成了晶体管的安全工作区域，即图 7.27 中 I_{CM} 以下、$U_{(BR)CEO}$ 以左和等功耗线左下方所限定的区域称为安全工作区；图 7.27 中等功耗线右上方的区域称为过损耗区。

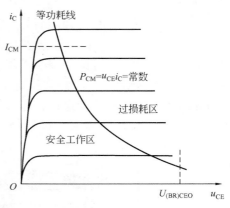

图 7.27 晶体管的安全工作区

 特别提示

- 在选择晶体管时，应选择 β 较大和 I_{CBO} 较小的管子。
- 因晶体管的输入特性曲线不是直线，晶体管的电流放大系数 β 也不是常数。故晶体管是一非线性器件。
- 若环境温度升高，晶体管的输入特性曲线会左移，β 增大，I_{CBO} 增大，则最终将导致 i_C 的增大。
- 在使用晶体管时，应确保管子工作在安全工作区内。

7.6 场效应晶体管

场效应晶体管（FET[1]）是利用外加电压所产生的电场效应来控制电流大小的一种半导体器件，并由此而得名。与晶体管不同，场效应晶体管只有一种极性的载流子——多子参与导电，故又称单极型晶体管，而晶体管又称双极型晶体管。与晶体管相比，场效应晶体管具有输入电阻高（可高达 $10^9 \sim 10^{14}\Omega$）、噪声低、热稳定好、抗辐射能力强和耗电省等优点，所以已获得广泛的应用。

根据结构的不同，可将场效应晶体管分为结型和绝缘栅型两类。由于绝缘栅型场效应晶体管（又称 MOS[2] 管，后面均称 MOS 管）比结型场效应晶体管性能更好，且制造工艺简单、易于集成化、耗电省，故应用也更为广泛。本节主要介绍 MOS 管。

根据管子导电沟道类型的不同，MOS 管可分为 N 型沟道 MOS 管和 P 型沟道 MOS 管；根据管子是否具有原始导电沟道，MOS 管又有增强型和耗尽型之分。这样，MOS 管就有 N 型沟道增强型 MOS 管、P 型沟道增强型 MOS 管、N 型沟道耗尽型 MOS 管和 P 型沟道耗尽型 MOS 管四种。

7.6.1 N 型沟道 MOS 管

N 型沟道 MOS 管有 N 型沟道增强型 MOS 管和 N 型沟道耗尽型 MOS 管两种。下面首先介绍 N 型沟道增强型 MOS 管的结构和工作原理。

1. N 型沟道增强型 MOS 管

图 7.28（a）所示为 N 型沟道增强型 MOS 管的结构，（b）图为其图形符号。以低掺杂浓度的 P 型硅片为衬底，利用扩散工艺在其上制作两个高掺杂浓度的 N 型区（用 N^+ 来表示），分别称为源区和漏区，并在 P 型硅片表面之上覆盖一层很薄的 SiO_2 绝缘层。在源区和漏区之间的 SiO_2 绝缘层表面之上，利用蒸铝工艺制作一层金属铝片，并引出一个电极，称为栅极（用 G 来表示）。同时，从源区和漏区也各向外引出一个电极，分别称为源极（用 S 来表示）和漏极（用 D 来表示）。由于栅极分别与源

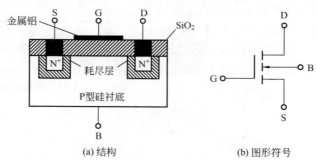

(a) 结构　　　　　　　　　　(b) 图形符号

图 7.28　N 型沟道增强型 MOS 管的结构及其图形符号

---

[1] FET 是英文 Field Effect Transistor（场效应晶体管）的缩写。

[2] MOS 是英文 Metal‐Oxide‐Semiconductor（金属-氧化物-半导体）的缩写。

极和漏极相互绝缘,故称其为绝缘栅型场效应晶体管,又称金属-氧化物-半导体场效应晶体管,简称 MOS 管。可见,栅-源极之间的电阻(即 MOS 管的输入电阻)很高(可高达 $10^{14}\Omega$),栅极几乎没有电流通过。

通常,将源极和衬底连接在一起使用。这样,源极和衬底一起作为一个极板与金属铝片之间便形成了一个栅极电容。利用 MOS 管具有一定的栅极电容和具有极高的输入电阻(一旦栅极电容储有电荷,便不易丢失)的特点就发展起来了动态 MOS 电路。计算机内存中的随机存取存储器(RAM)就属于这类电路,只要不掉电,它就能记住信息而经久不忘。

【计算机内存条】

【N沟道MOS管的工作原理】

以下首先介绍导电沟道的形成以及栅-源极电压 u_{GS} 对漏极电流 i_D 的控制作用。

当栅-源极电压 $u_{GS}=0$ 时,栅极和源极之间相当于两个相串联的背靠背的 PN 结,此时,无论漏-源极之间电压的大小和极性如何,两个 PN 结中总有一个反向偏置,故漏极电流 i_D 几乎为零。

当在栅-源极之间加上正向电压,即 $u_{GS}>0$,而漏-源极之间的电压 $u_{DS}=0$ 时,如图 7.29(a)所示,栅极金属铝片上将聚集正电荷,并建立垂直于 P 型硅衬底表面的电场,P 型硅衬底中的电子受到电场力的作用而被吸引到 P 型硅衬底与 SiO_2 绝缘层之间,并与空穴复合形成不能移动的负离子区,即所谓耗尽层。当 u_{GS} 增加到一定值时,部分电子将会出现在耗尽层与 SiO_2 绝缘层之间,从而形成 N 型薄层,如图 7.29(b)所示。显然,N 型薄层与源区和漏区的类型相同,从而构成了从漏极到源极之间的导电沟道。因为该沟道的类型为 N 型,所以称为 N 型沟道,又因为 N 型薄层的类型与 P 型衬底相反,所以又称反型层。使导电沟道刚刚能形成的栅-源极电压值称为开启电压,用 $U_{GS(th)}$ 来表示。显然,u_{GS} 越大,反型层越厚,导电沟道的电阻就越小。

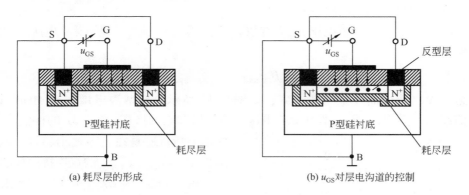

(a) 耗尽层的形成   (b) u_{GS} 对层电沟道的控制

图 7.29 $u_{DS}=0$ 时 u_{GS} 对导电沟道的控制

当导电沟道形成,并保持 $u_{GS}>U_{GS(th)}$ 中的某值不变时,即保持导电沟道的厚度不变时,若在漏-源极之间加上正向电压,即 $u_{DS}>0$,则源区中的电子在电场力的作用下将沿着导电沟道漂移到漏区,从而形成漏极电流 i_D,其方向如图 7.30 所示。值得注意的是,由于 u_{DS} 的存在,使得在沟道内沿源极到漏极方向的电位逐点升高,即栅极与从源极到漏极方向各点间的电压逐渐降低,从而造成在沟道内反型层的厚度沿源极到漏极方向逐渐减小，如图 7.30(a) 所示（为简单起见，图中省去了耗尽层部分）。随着 u_{DS} 的增加，漏极附近反型层的厚度越来越小。当 u_{DS} 增加到使 $u_{GD} = u_{GS} - u_{DS} = U_{GS(th)}$，即 $u_{DS} = u_{GS} - U_{GS(th)}$ 时，在沟道内靠近漏极一侧的反型层刚好消失，如图 7.30(b) 所示，这种状态称为预夹断。当 u_{DS} 继续增加时，夹断区将延长，如图 7.30(c) 所示。

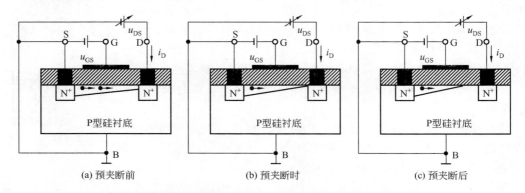

(a) 预夹断前   (b) 预夹断时   (c) 预夹断后

图 7.30　导电沟道形成后并保持 u_{GS} 不变时 u_{DS} 对沟道的影响

若 $u_{GS} > U_{GS(th)}$，则在预夹断之前 [即 $u_{DS} < u_{GS} - U_{GS(th)}$ 时]，可以认为沟道电阻基本上只取决于 u_{GS}，且随着 u_{GS} 的增加而减小。若 u_{GS} 保持不变，则沟道电阻基本不变，i_D 基本上随着 u_{DS} 的增加而线性增大。而在预夹断后 [即 $u_{DS} > u_{GS} - U_{GS(th)}$ 时]，由于夹断区的等效电阻很大，当 u_{DS} 增加时，u_{DS} 的增量部分几乎全部降落在夹断区上，故随着 u_{DS} 的增加 i_D 几乎保持不变，而与 u_{DS} 无关，从而表现出恒流特性。

当 u_{GS} 取 $u_{GS} > U_{GS(th)}$ 内的其他值时，管子的工作情况与上述情况相似。

要正确使用场效应晶体管，必须了解其特性曲线，N 型沟道增强型 MOS 管的特性曲线包括输出特性曲线和转移特性曲线。

输出特性是指当栅-源极电压 u_{GS} 为常数 U_{GS} 时，漏极电流 i_D 与漏-源极电压 u_{DS} 之间的函数关系，即

$$i_D = f(u_{DS})\big|_{u_{GS} = U_{GS} = 常数}$$

显然，输出特性曲线是一曲线族，如图 7.31 所示。N 型沟道增强型 MOS 管的输出特性曲线有 3 个工作区，即可变电阻区、恒流区和夹断区（见图 7.31 的标注）。图中的预夹断轨迹是在各条输出特性曲线上由满足 $u_{DS} = u_{GS} - U_{GS(th)}$ 的点连接而成的。

由 $u_{DS} = u_{GS} - U_{GS(th)}$ 可知，预夹断时 N 型沟道增强型 MOS 管所对应的漏-源极电压 u_{DS} 随着 u_{GS} 的增加而增大；当 u_{GS} 相差较大时，预夹断时所对应的漏-源极电压 u_{DS} 也相差较大；而晶体管在临界饱和时 $u_{CE} = u_{BE}$，由于 u_{BE} 的变化很小，故集-射极临界饱和电压降的变化也很小，一般只有零点几伏。

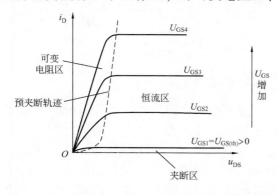

图 7.31　N 型沟道增强型 MOS 管的特性曲线

1）可变电阻区（又称非饱和区）

预夹断轨迹以左的区域称为可变电阻区。N 型沟道增强型 MOS 管工作于可变电阻区的外部条件是，在栅极与源极之间和漏极与源极之间均应加上正向电压，且 $u_{GS} > U_{GS(th)}$，$0 < u_{DS} < u_{GS} - U_{GS(th)}$。当 u_{GS} 一定时，导电沟道的等效电阻基本不变，故该区域内的曲线可近似为直线。直线的斜率的倒数即为导电沟道的等效电阻。u_{GS} 越大，导电沟道的电阻值就越小，曲线就越陡。在该区域内，通过改变 u_{GS} 的大小就可改变导电沟道等效电阻的大小，故将该区域称为可变电阻区。

2）恒流区（又称饱和区或线性区）

输出特性曲线的平直区域，即预夹断轨迹以右、$U_{GS} = U_{GS(th)}$ 的那条输出特性曲线以上的区域称为恒流区。N 型沟道增强型 MOS 管工作于恒流区的外部条件是，在栅极与源极之间和漏极与源极之间均应加上正向电压，且 $u_{GS} > U_{GS(th)}$，$u_{DS} > u_{GS} - U_{GS(th)}$。在该区域内，漏极电流 i_D 几乎只取决于栅-源极电压 u_{GS}，而与漏-源极电压 u_{DS} 无关。所以，当场效应晶体管工作于恒流区时，可将漏极电流 i_D 视为只受栅-源极电压 u_{GS} 控制的受控恒流源。由此可见，场效应晶体管是电压控制型器件。要使场效应晶体管工作于放大状态，应使其工作于恒流区。

3）夹断区

当 $U_{GS} = U_{GS(th)}$ 时的那条输出特性曲线以下的区域称为夹断区。N 型沟道增强型 MOS 管工作于夹断区的外部条件是，$u_{GS} < U_{GS(th)}$。在该区域内，导电沟道尚未形成，漏极电流近似等于零，即 $i_D \approx 0$。

转移特性是指当漏-源极电压 u_{DS} 为常数 U_{DS} 时，漏极电流 i_D 与栅-源极电压 u_{GS} 之间的函数关系，即

$$i_D = f(u_{GS})\big|_{u_{DS} = U_{DS} = 常数}$$

显然，转移特性曲线也是一曲线族。当场效应晶体管工作于恒流区时，设将场效应晶体管的输出特性曲线视为与横轴的平行线。在场效应晶体管的输出特性曲线的恒流区内作横轴的垂线，并与各条输出特性曲线相交，将各个 u_{GS} 值和与交点对应的 i_D 的值作为点的坐标在以 u_{GS} 为横轴、以 i_D 为纵轴的直角坐标平面上表示出来，连接各点后所得到的曲线即为 u_{DS} 为某值时的转移特性曲线。显然，在恒流区内对于不同 u_{DS} 值所对应的转移特性曲线是重合的。故可用 u_{DS} 为某值时的一条转移特性曲线来代替 u_{DS} 为其他值时的转移特性曲线，如图 7.32 所示。其中，I_{DO} 为当 $u_{GS} = 2U_{GS(th)}$ 时的漏极电流。

当场效应晶体管工作于可变电阻区时，不同的 u_{DS} 所对应的转移特性曲线是不同的，而且差别很大。

可以得出，在恒流区内，转移特性曲线所对应的电流方程为

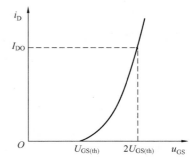

图 7.32　N 型沟道增强型 MOS 管的转移特性曲线

$$i_D = I_{DO}\left[\frac{u_{GS}}{U_{GS(th)}} - 1\right]^2 \tag{7-14}$$

2. N 型沟道耗尽型 MOS 管

N 型沟道增强型 MOS 管无原始导电沟道,即当 $u_{GS}=0$ 时,即使漏-源极电压 $u_{DS}>0$,也不能形成漏极电流 i_D。若在制造管子时,在 SiO_2 绝缘层内掺入大量的正离子,即可形成原始的导电沟道,即当 $u_{GS}=0$,$u_{DS}>0$ 时,$i_D \neq 0$。这种具有原始导电沟道的管子称为 N 型沟道耗尽型 MOS 管。图 7.33(a)是其结构示意图,图 7.33(b)为其图形符号。

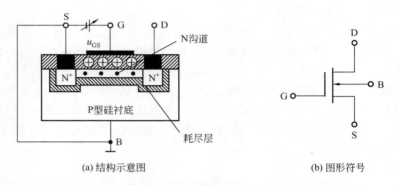

(a) 结构示意图   (b) 图形符号

图 7.33 N 型沟道耗尽型 MOS 管的结构示意图及其图形符号

由于在 SiO_2 绝缘层内掺有大量的正离子,故在 SiO_2 绝缘层内产生了电场。由于这个电场不是外加的,故称为内电场。在内电场的作用下,P 型硅衬底内的电子由于受到电场力的作用而被吸引到 SiO_2 绝缘层的表层,形成反型层,从而构成了导电沟道,这就是原始的导电沟道。所以,当栅-源极电压 $u_{GS}=0$,漏-源极电压 $u_{DS}>0$ 时,就能形成漏极电流 i_D;当栅-源极电压 $u_{GS}>0$ 时,外加电场与内电场的方向相同,内电场被加强,使导电沟道变厚,沟道电阻变小。若 u_{DS} 一定,则漏极电流 i_D 变大;当栅-源极电压 $u_{GS}<0$ 时,外加电场与内电场的方向相反,内电场被削弱,使导电沟道变薄,沟道电阻变大。若 u_{DS} 一定,则漏极电流 i_D 变小。当栅-源极电压 u_{GS} 达到某一负值时,导电沟道消失。使导电沟道刚刚消失时的栅-源极电压值 u_{GS} 称为夹断电压,用 $U_{GS(off)}$ 来表示。N 型沟道耗尽型 MOS 管的转移特性和输出特性曲线如图 7.34 所示。

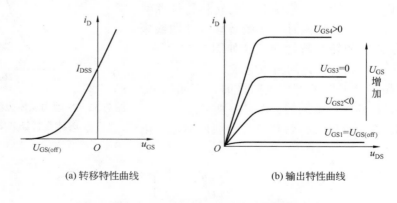

(a) 转移特性曲线   (b) 输出特性曲线

图 7.34 N 型沟道耗尽型 MOS 管的特性曲线

可见，N 型沟道耗尽型 MOS 管的使用条件要比 N 型沟道增强型 MOS 管的宽松，栅-源极在电压 u_{GS} 为正值、负值或零值的一定范围内均能实现对漏极电流 i_D 的控制作用，但一般使管子工作在负栅-源极电压状态，即 $U_{GS(off)} < u_{GS} < 0$，以确保管子的工作安全；对于 N 型沟道增强型 MOS 管而言，只有在栅-源极电压 u_{GS} 为正值时，才能实现栅-源极电压 u_{GS} 对漏极电流 i_D 的控制作用。

可以得出，在恒流区内，转移特性曲线所对应的电流方程为

$$i_D = I_{DSS}\left[1 - \frac{u_{GS}}{U_{GS(off)}}\right]^2 \tag{7-15}$$

式中，I_{DSS} 称为漏极饱和电流。

7.6.2 P 型沟道 MOS 管

与 N 型沟道 MOS 管相对应，P 型沟道 MOS 管也有增强型和耗尽型两种。P 型沟道增强型 MOS 管和 P 型沟道耗尽型 MOS 管的结构示意图及其图形符号分别如图 7.35 和图 7.36 所示。其工作原理与 N 型沟道 MOS 管的基本相同。所不同的是，应在它们的漏极与源极之间加上反向电压，漏极电流 i_D 的方向也与 N 型沟道 MOS 管的相反；P 型沟道增强型 MOS 管的开启电压 $U_{GS(th)}$ 为负值，当栅-源极电压 $u_{GS} < U_{GS(th)}$ 时管子才导通；P 型沟道耗尽型 MOS 管的夹断电压 $U_{GS(off)}$ 为正值，在栅-源极电压 u_{GS} 为正值、负值或零值的一定范围内均能实现对漏极电流 i_D 的控制作用，但一般应使管子工作在正栅-源极电压状态，即 $0 < u_{GS} < U_{GS(off)}$，以确保管子的工作安全。

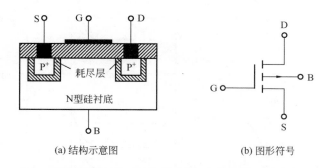

(a) 结构示意图　　　　　　(b) 图形符号

图 7.35　P 型沟道增强型 MOS 管的结构示意图及其图形和文字符号

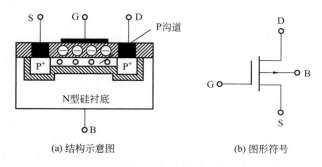

(a) 结构示意图　　　　　　(b) 图形符号

图 7.36　P 型沟道耗尽型 MOS 管的结构示意图及其图形符号

4 种 MOS 管的图形符号、特性曲线及工作于恒流区的外部条件如表 7 - 1 所示。

表 7 - 1　4 种 MOS 管的图形符号、特性曲线及放大条件

名称	图形和文字符号	转移特性曲线	输出特性曲线	工作于恒流区条件
N 型沟道增强型				$u_{GS} > U_{GS(th)}$ $u_{DS} > u_{GS} - U_{GS(th)}$
N 型沟道耗尽型				$u_{GS} > U_{GS(off)}$ $u_{DS} > u_{GS} - U_{GS(off)}$
P 型沟道增强型				$u_{GS} < U_{GS(th)}$ $u_{DS} < u_{GS} - U_{GS(th)}$
P 型沟道耗尽型				$u_{GS} < U_{GS(off)}$ $u_{DS} < u_{GS} - U_{GS(off)}$

特别提示

- 增强型和耗尽型 MOS 管的区别在于有无原始导电沟道，无原始导电沟道的是增强型管，有原始导电沟道的是耗尽型管。
- 在图形符号中，增强型 MOS 管的沟道用断续线表示，意为无原始导电沟道；耗尽型 MOS 管的沟道用实线表示，意为有原始导电沟道。衬底上箭头的方向表示由衬底与源区和漏区之间 PN 结的正方向，同时也表示导电沟道的类型，箭头向里表示 N 型沟道，箭头向外表示 P 型沟道。
- 在使用 MOS 管时，要根据管子的类型来决定偏置电压的极性，并注意漏极电流的实际方向。

7.6.3　场效应晶体管的主要参数

要正确使用场效应晶体管，除应理解场效应晶体管的特性曲线外，还应了解场效应晶体管的其他参数。场效应晶体管的参数很多，并可以在半导体手册中查到。下面着重介绍场效应晶体管的几个主要参数。

1. 开启电压 $U_{GS(th)}$ 和夹断电压 $U_{GS(off)}$

开启电压 $U_{GS(th)}$ 是增强型 MOS 管的参数，夹断电压 $U_{GS(off)}$ 是耗尽型 MOS 管的参数。手册上所给出的值均指在栅-漏极电压 u_{DS} 为常数的条件下，漏极电流 i_D 达到所规定的微小电流(如 $5\mu A$)时所对应的栅-源极电压 u_{GS}。

2. 漏极饱和电流 I_{DSS}

对于耗尽型 MOS 管而言，在 $U_{GS}=0$ 的条件下，产生预夹断时的漏极电流称为漏极饱和电流。

3. 低频跨导 g_m

当场效应晶体管工作于恒流区，且栅-漏极电压 u_{DS} 为常数 U_{DS} 时，漏极电流 i_D 的变化量与栅-源极电压 u_{GS} 的变化量之比称为低频跨导，即

$$g_m = \frac{\Delta i_D}{\Delta u_{GS}}\bigg|_{u_{DS}=U_{DS}=\text{常数}} \tag{7-16}$$

其单位为西［门子］（S）。低频跨导是衡量场效应晶体管栅-源极电压 u_{GS} 对漏极电流 i_D 的控制能力(即电流放大能力)强弱的参数。g_m 越大，控制能力越强；g_m 越小，控制能力越弱。在恒流区内，g_m 等于转移特性曲线上某点切线的斜率，可由式(7-14)和式(7-15)通过求导求得。由于场效应晶体管的转移特性曲线并不是一条直线，故漏极电流 i_D 越大，低频跨导 g_m 也就越大。

4. 极间电容

3 个极之间均存在电容。一般地，栅-源极电容 C_{GS} 和栅-漏极电容 C_{GD} 为 $1\sim3pF$，漏-源极电容 C_{DS} 为 $0.1\sim1pF$。

5. 栅-源极击穿电压 $U_{(BR)GS}$

栅-源极击穿电压是指 SiO_2 绝缘层(指 MOS 管)被击穿时的栅-源极电压。

6. 漏-源极击穿电压 $U_{(BR)DS}$

漏-源极击穿电压是指漏极和源极之间允许加的最高电压。若漏-源极工作电压超过 $U_{(BR)DS}$，则耗尽层被击穿，漏极电流将剧增，场效应管将被损坏。

7. 漏极最大允许电流 I_{DM}

漏极最大允许电流是指管子在正常工作的情况下所允许通过的最大漏极电流。

8. 最大耗散功率 P_{DM}

最大耗散功率是指在规定的散热条件下，场效应管所允许损耗功率的最大值。

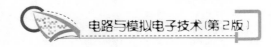
9. 噪声系数 N_F

设 P_{si} 和 P_{so} 分别为信号的输入功率和输出功率，P_{ni} 和 P_{no} 分别为噪声的输入功率和输出功率。噪声的输入功率与输出功率之比和信号的输入功率与输出功率之比的复合比值称为噪声系数，用 N_F 来表示，即

$$N_F = \frac{P_{si}/P_{so}}{P_{ni}/P_{no}}$$

噪声系数 N_F 要求越小越好。

$U_{(BR)DS}$、I_{DM} 和 P_{DM} 是场效应管的极限参数，管子在工作时，要求 u_{DS}、i_D 和 P_D 分别不要超过它们的限制。由 $U_{(BR)DS}$、I_{DM} 和 P_{DM} 在输出特性坐标平面上所限定的工作区域称为管子的安全工作区。

另外，由于 MOS 管栅极与衬底之间通过很薄的 SiO_2 绝缘层相互绝缘，栅极与衬底之间就形成一个很小的电容，且管子具有极高的输入电阻，使得在栅极上感应出的电荷极不易通过该电阻而泄放掉，同时又可产生很高的电压以至于将 SiO_2 绝缘层最终击穿而造成场效应管的永久性损坏(目前，有很多 MOS 管在制造时已在栅极和衬底间并联一个二极管，以限制由感应电荷所产生的电压的大小，防止绝缘层被击穿而造成管子的永久性损坏)，为此，在存放时和使用前应避免栅极悬空(通常将 3 个极短接)；在管子的工作电路中，应给场效应管的栅-源极间提供一个直流通路；在焊接时应使电烙铁良好接地。

特别提示

- 因场效应晶体管的转移特性曲线不是直线，其低频跨导 g_m 并不是常数。故场效应晶体管与晶体管一样，也是一种非线性器件。

7.6.4　场效应晶体管与晶体管的比较

场效应晶体管和晶体管(三极管)都具有 3 个电极，场效应晶体管的栅极、源极和漏极分别对应晶体管的基极、发射极和集电极，而且其作用也非常相似。

场效应晶体管特别是 MOS 管具有极高的输入电阻，故对于要求输入电阻高的电路宜选用场效应晶体管。

场效应晶体管只有一种极性的载流子(多子)参与导电，而晶体管中两种极性的载流子(多子和少子)均参与导电，故场效应晶体管比晶体管的温度稳定性好、抗辐射能力强。在环境条件变化无常的恶劣环境中使用时宜选用场效应晶体管。

场效应晶体管和晶体管都具有电流放大作用，但场效应晶体管的电流控制能力远不如晶体管。所以，在要求高放大倍数的电路中，宜选用晶体管。

从场效应晶体管和晶体管的内部结构上可以看出，场效应晶体管的源极和漏极可以互换使用，互换后场效应管的特性与互换前差不多；但若将晶体管的发射极和集电极互换后，则其特性差异很大，故晶体管的发射极和集电极一般不能互换使用。

预夹断时场效应晶体管所对应的漏-源极电压 u_{DS} 随着 u_{GS} 的增加而增大，且 u_{GS} 越大，

预夹断时的 u_{DS} 也越大；而晶体管在临界饱和时的集-射极电压 u_{CE} 也随着 u_{BE} 的增加而增大，但因 u_{BE} 变化很小，故 u_{CE} 变化也很小，可以认为基本不变。

场效应晶体管的噪声系数比晶体管的噪声系数小。故对于低噪声的放大电路，特别是输入级应优先考虑选用场效应晶体管。

为便于学习和合理选用放大晶体管，现将两者的性能比较列成表格，如表7-2所示。

表7-2 场效应晶体管与晶体管的性能比较

比 较 项 目	场效应晶体管(包括结型和绝缘栅型)	晶 体 管
参与导电的载流子	只有一种极性的载流子，即多子	有两种极性的载流子，即多子和少子
控制方式	电压控制型	电流控制型
导电类型	N型沟道型和P型沟道型	NPN型和PNP型
控制能力(即放大能力)	较弱 $[g_m$ 较小，$g_m = (1 \sim 5)\,\text{mS}]$	较强 $[\beta$ 较大，$\beta = (20 \sim 200)]$
输入电阻	很高($10^7 \sim 10^{14}\,\Omega$)	较低($10^2 \sim 10^4\,\Omega$)
功耗	很低	较高
热稳定性	好	差
抗辐射能力	强	弱
噪声系数	小	大
制造工艺	简单、成本低	较复杂
集成化	容易	较难
电极对应关系	栅极←→基极 源极←→发射极 漏极←→集电极	

7.7 新型半导体器件

随着半导体技术的迅猛发展，新型的半导体器件层出不穷。如：光电器件、大功率的半导体器件——晶闸管等，不少文献对它们均有较详细的论述。本节仅对常用的光电器件和晶闸管进行简单的介绍。

7.7.1 发光二极管

发光二极管(简称LED[①])，是一种将电能转换成光能的半导体器件，所发出的光可以是可见光、不可见光和激光，广泛应用于显示(如：各种电子设备的指示灯和二极管阵列显示屏等)、报警、耦合、检测、控制以及光纤通信等众多领域。下面仅对可见光发光二极管进行简单的介绍。

【发光二极管的实物图片】

发光二极管所用的材料有磷化镓(GaP)、磷砷化镓(GaAsP)等。通常将发光二极管的管心用环氧树脂等透明材料封装，并根据用途的不同制成方形、圆形等多种形状和尺寸，如图7.37(a)所示为外形是圆形的发光二

---

① LED 是英文 Light Emitting Diode 的缩写。

极管,(b)图是发光二极管的图形符号。

与普通的二极管一样,发光二极管也具有单向导电性。若发光二极管正向偏置,则有正向电流通过 PN 结,电子和空穴相遇复合时,便向外释放能量。一旦正向电流足够大,发光二极管就发光。电流越大,发光越强。其发光的颜色与所用的材料和浓度有关,发光的颜色有红色、绿色、黄色、橙色等。可见,要使发光二极管发光,首先必须使其正向偏置,其次是正向电流必须达到足够大。

发光二极管的工作电压比普通二极管的要高,通常为 $1.5 \sim 3V$,工作电流为 10mA 左右。

在使用发光二极管时,应特别注意不能超过其最大正向电流(通常串联一个限流电阻以限制其正向电流的大小,如图 7.38 所示)和反向击穿电压的极限参数。

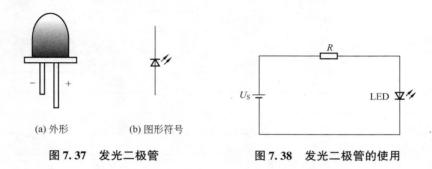

图 7.37 发光二极管　　　　　图 7.38 发光二极管的使用

7.7.2　光电二极管

【光电二极管实物图片】

光电二极管(又称光敏二极管)是一种利用半导体的光敏特性将光信号变成电信号的半导体器件,其结构与普通二极管差不多,其 PN 结被安装在透明的管壳内,可以直接接受外来光线的照射。其常见的外形、图形符号和伏安特性曲线分别如图 7.39 和图 7.40 所示。

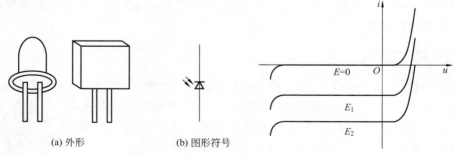

图 7.39 光电二极管　　　　图 7.40 光电二极管的伏安特性曲线

无光照即光的照度 $E = 0$ 时,光电二极管的伏安特性曲线与普通的二极管一样。无光照时的反向电流称为暗电流。暗电流很小,通常小于 $0.2\mu A$。

当有光照即光的照度 $E > 0$ 时,光电二极管的特性曲线下移。有光照时的反向电流称为光电流。随着照度的增强，少子的浓度增大，光电流增大，并且照度越大，光电流就越大。在一定的反向电压范围内，反向特性曲线可视为一组与横轴平行的线（即第三象限中的伏安特性曲线）。此时，可以认为光电流只受光照度的控制，而与反向电压无关。当反向电流达到一定值（通常为超过几十微安）后，光电流与照度呈正比关系。

在实际电路中，光电二极管多处于反向工作状态，被广泛地应用于遥控、报警和光电传感器中，其电路如图 7.41 所示。

另外，当光电二极管的 PN 结受到光照时，由于吸收了光子的能量便产生了电子-空穴对，在 PN 结内电场的作用下，电子被拉向 N 区，空穴被拉向 P 区，从而在 P 区内积累了大量的过剩空穴，使 P 区带正电；在 N 区内积累了大量的过剩电子，使 N 区带负电。于是，进而产生了光生电动势，形成了光电池。若与一个阻值一定的电阻构成闭合回路，则在回路中便形成了大小一定的电流（见图 7.40 中第四象限中的伏安特性曲线），电流的方向如图 7.42 所示。

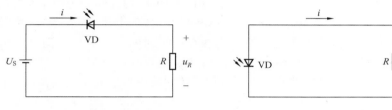

图 7.41　光电二极管反向　　　　图 7.42　光电二极管形成光电池
　　　　偏置时的应用

7.7.3　光电晶体管

光电晶体管（又称光敏晶体管），与普通的晶体管非常相似，也有两个 PN 结，其结构如图 7.43（a）所示。（b）图为其图形符号，（c）图为其外形，大多数光电晶体管只有集电极 C 和发射极 E 两个引脚，少数光电晶体管有基极引脚，用作温度补偿。（d）图为其基本电路。

【光电三极管实物图片】

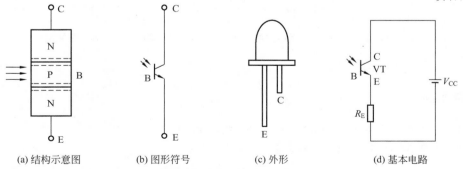

(a) 结构示意图　　(b) 图形符号　　(c) 外形　　(d) 基本电路

图 7.43　光电晶体管的结构示意图、图形符号、外形以及基本电路

无光照时的集电极电流 I_{CEO} 称为暗电流；有光照时的集电极电流 I_{CEO} 称为光电流。在图 7.43(d) 所示的电路中，集电极直流电源 V_{CC} 通过发射极电阻 R_E 使光电晶体管的发射结正向偏置，集电结反向偏置，光电晶体管工作于放大状态。当光线照射在集电结时，在集电结的附近将激发出电子–空穴对而形成 I_{CBO}，所产生的光电流 $I_C = I_{CEO} = (1+\beta)I_{CBO}$。显然，光照越强，$I_{CBO}$ 越大，光电流就越大。当集射极电压 u_{CE} 足够大时，光电流几乎只取决于光的照度，而与 u_{CE} 无关。光电晶体管的输出特性曲线与普通晶体管的相似，只不过是将控制量(基极电流 I_B)用光的照度 E 来替代，如图 7.44 所示。

可见，与普通晶体管用基极电流的大小来控制集电极电流的大小不同，光电晶体管用入射光线的照度来控制集电极电流的大小。由于光电晶体管具有电流放大作用，故光电晶体管比光电二极管具有更高的灵敏度。

图 7.45 所示为光控开关电路。无光照时，光电晶体管 VT_1 和晶体管 VT_2 均截止，继电器 K 处于释放状态，被控电路断开。有光照时，VT_1 和 VT_2 均导通，K 吸合，接通被控电路。图中的二极管 VD 对 VT_2 起保护作用。由于当 VT_2 由导通变为截止时，将在继电器吸引线圈上产生很高的自感电动势，自感电动势的极性为上负下正，二极管因承受正向电压而导通，从而将吸引线圈所储存的磁场能在很短时间内释放掉，消耗在由继电器和二极管所构成的回路电阻上，以防止 VT_2 在由导通变为截止时被瞬时高压[1]击穿而损坏。由于在晶体管截止后，在继电器和二极管所构成的回路中形成电流，故称此二极管 VD 为"续流二极管"。

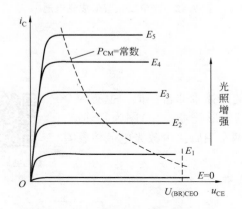

图 7.44 光电晶体管的输出特性曲线

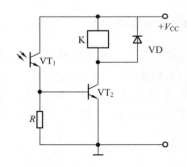

图 7.45 光控开关电路

特别提示

- 光电二极管和光电晶体管各有特点，若要求线性好、工作频率高时，宜选用光电二极管；若要求灵敏度高时，则宜选用光电晶体管。

---

[1] 晶体管 VT_2 的集–射极电压等于吸引线圈的自感电压与电源电压之和。

7.7.4 光耦合器

光耦合器又称光隔离器(有些文献中称为"光电耦合器")。光耦合器实际上是发光器件和光敏器件的组合体(将发光器件和光敏器件封装在一起)。图 7.46 所示为两种常用的光耦合器的电路原理图。两种形式的光耦合器的发光器件均为发光二极管,图 7.46(a)所示光耦合器的光敏器件为光电二极管,图 7.46(b)所示光耦合器的光敏器件为光电晶体管。由发光二极管构成了光耦合器的输入回路,由晶体管 VT 构成了输出回路。在输入回路中,利用发光二极管将电信号转换成为光信号;在输出回路中,利用光敏器件再将光信号转换成为电信号。

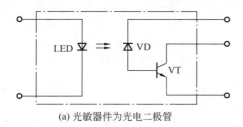
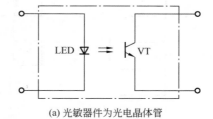

(a) 光敏器件为光电二极管　　　　　　(a) 光敏器件为光电晶体管

图 7.46　光耦合器电路原理图

由图 7.46 可以看出,输入回路和输出回路之间只是通过光路相联系,而没有直接电的联系,从而实现了电气上的相互隔离,大大提高了抗干扰能力。

光耦合器的最大优点是它的抗干扰能力强,故很适合在干扰严重的恶劣环境中使用。但由于由光信号转换而来的电信号比较微弱,故一般仍需进行进一步的放大处理。目前,已经出现了具有较强放大能力的集成光耦合放大电路,供用户选用。

*7.7.5 晶闸管

闸流晶体管简称晶闸管(thyristor),曾称为可控硅(SCR[①]),是一种大功率的半导体器件。晶闸管的控制能力很强,只要用很小的控制信号 [控制电压仅为 1～5V,控制电流仅为几十毫安到几百毫安],就能控制大功率(几十安到几千安、几百伏甚至上万伏)电路的导通或关断,而且控制迅速。晶闸管的问世,使半导体的应用从弱电领域进入到了强电领域,并且逐步发展成为新兴的电力电子技术学科。晶闸管的应用范围十分广泛,目前,主要应用于可控整流、逆变、交流调压和无触点开关这 4 个方面。

晶闸管有普通型、双向型和可关断型等多种。下面首先就普通晶闸管的基本结构和工作原理进行简单介绍。

1. 普通晶闸管

普通晶闸管是具有 3 个 PN 结的半导体器件,其结构示意图如图 7.47(a)所示。由图可见,晶闸管由 4 层杂质半导体构成。从最外层的 P 区和 N 区所引出的电极分别称为阳极(用 A 来表示)和阴

---

① SCR 是英文 Silicon Controlled Rectifier 的缩写。

极（用 K 来表示），从内层的 P 区所引出的电极称为控制极（又称门极）（用 G 来表示）。可以将中间两层半导体 N_1 区和 P_2 区一分为二，如图 7.47（b）所示。这样，可将晶闸管视为集电极和基极相互连接在一起的一个 PNP 型晶体管 VT_1 和一个 NPN 型晶体管 VT_2 的组合。其中，由 $P_1 - N_1 - P_2$ 构成了 PNP 型晶体管 VT_1，由 $N_1 - P_2 - N_2$ 构成了 NPN 型晶体管 VT_2，其等效电路如图 7.47（c）所示。其中，VT_1 管的发射极作为晶闸管的阳极 A，VT_2 管的发射极作为晶闸管的阴极 K。图 7.47（d）所示为晶闸管的图形符号。

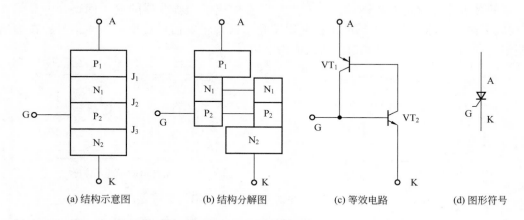

(a) 结构示意图　　　　　(b) 结构分解图　　　　　(c) 等效电路　　　　(d) 图形符号

图 7.47　晶闸管的结构示意图、结构分解图、等效电路及其图形符号

若晶闸管的阳极加上正向电压（即阳极接电源的正极，阴极接电源的负极），而控制极不加电压，则由于 J_2 结处于反向偏置，故晶闸管的阳极无电流通过而处于截止状态。显然，若在晶闸管的阳极加上正向电压，而在控制极加上反向电压（即控制极接电源的负极，而阴极接电源的正极），则晶闸管也处于截止状态。

若在晶闸管的阳极加上反向电压，不管控制极是否加有电压，晶闸管均处于截止状态。

若在晶闸管的阳极加上正向电压，而控制极也加上正向电压，如图 7.48 所示，则 VT_2 的发射结因正向偏置而导通。设 VT_2 的基极电流为 I_{B2}（刚开始时，VT_2 的基极电流 I_{B2} 与控制极电流 I_G 相等），VT_1 和 VT_2 的电流放大系数分别为 β_1 和 β_2，则 VT_2 的集电极电流 $I_{C2} = \beta_2 I_{B2}$，I_{C2} 作为 VT_1 的基极电流 I_{B1} 再被 VT_1 放大，得到集电极电流 I_{C1}，$I_{C1} = \beta_1 \beta_2 I_{B2}$，这个电流又流入 VT_2 的基极再一次被放大，如此循环下去。只要开始时有足够大的控制极电流 I_G，就能使两只晶体管具有足够大的电流放大系数，从而在电路中形成强烈的正反馈作用，使两只晶体管的集电极电流迅速增大（但不能无限制地增大下去），从而使晶闸管迅速地进入饱和导通状态。两只晶体管饱和导通后，晶闸管的阳极电压降很低（只有 1V 左右）。这时，电源电压几乎

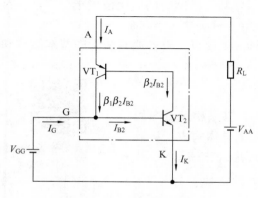

图 7.48　晶闸管的工作原理

全部加到了负载电阻 R_L 的两端，通过晶闸管的阳极电流便由电源电压和负载电阻共同决定（$I_A \approx V_{AA}/R_L$）。

晶闸管一旦导通，若撤除控制极电压，则由于已有足够大的基极电流 I_{B2}，使得两晶体管有足够大的电流放大系数从而使 $\beta_1\beta_2 \geq 1$，晶闸管内部就能自动维持正反馈过程而使管子一直保持饱和导通状态。所以，控制极电压 V_{GG} 的作用只是触发晶闸管导通，导通后便失去其控制作用。在实际电路中，通常在控制极和阴极之间加正触发脉冲电压来触发晶闸管导通。

根据晶体管的工作原理可知，当晶体管的集电极电流过小时将引起电流放大系数 β 的减小。所以，要使晶闸管导通，必须要有足够大（但应适当）的控制极触发电压，从而为晶闸管提供足够大的触发电流，以确保两晶体管有足够大的电流放大系数，进而使晶闸管内部具有正反馈的作用而迅速进入到饱和导通状态。各种晶闸管的触发电压均可在半导体手册中查到。

普通晶闸管一经导通便立即处于深度饱和状态。这时，即使在控制极加反向电压也不能改变其饱和状态，因此无法关断。

若增大负载电阻 R_L 或减小电源电压 V_{AA}，则通过晶闸管的阳极电流将减小。当阳极电流减小到使两晶体管的电流放大系数减小到一定值时，晶闸管内部将不能维持正反馈作用，以至于使晶闸管由饱和导通状态迅速进入到截止状态。能够维持晶闸管处于饱和导通的最小阳极电流称为维持电流，用 I_H 来表示。

综上所述，要使晶闸管导通必须满足两个条件，其一是必须要为阳极加正向电压，其二是必须要为控制极加适当的正向电压。

若要关断晶闸管，可以采取如下措施：

（1）增大阳极回路电阻或降低阳极电压，从而使阳极电流减小到维持电流以下；

（2）使阳极电压为零或为阳极加上反向电压。

要正确使用晶闸管必须要了解其参数，如正向重复峰值电压 U_{FRM}、反向重复峰值电压 U_{RRM}、维持电流 I_H 和触发电压 U_G 等，这些参数均可在半导体手册中查到。

晶闸管的主要缺点是其过载能力很差，过电压和过电流均易造成晶闸管的损坏。所以，在选择晶闸管的额定值时应适当留有余量，并注意在电路中采取过电压、过电流保护措施，同时还应注意保持良好的通风和散热条件。

特别提示

- 与二极管相似，晶闸管也具有单向导电性（正向偏置时可能导通，反向偏置时截止），但其是否导通要受控制极电流的控制。
- 与晶体管不同，晶闸管对控制极电流不具有放大作用。
- 对于普通晶闸管而言，若管子已经导通，则在控制极和阴极之间加负触发电压时并不能将其关断。

2. 双向晶闸管

双向晶闸管可视为两个反向并联的普通晶闸管，共用一个控制极 G。其图形和文字符号如图 7.49 所示，T_1 和 T_2 分别称为第一电极和第二电极，控制电压加在控制极 G 和第一电极 T_1 之间。当在

【双向晶闸管实物图】

控制极 G 和第一电极 T_1 之间加上正向电压时，晶闸管正向导通，电流由 T_2 流向 T_1；当在控制极 G 和第一电极 T_1 之间加上反向电压时，晶闸管反向导通，电流由 T_1 流向 T_2。因此，通过控制极电压的控制可实现双向触发导通。

【可关断晶闸管实物图】

3. 可关断晶闸管

从内部结构上看，可关断晶闸管（GTO[1]）与普通晶闸管一样也是具有 3 个 PN 结的半导体器件，也由 4 层半导体构成，其图形符号如图 7.50 所示。但普通晶闸管的控制极只能正向触发晶闸管使其正向导通，而不能反向触发使其关断（即截止）。而对于可关断晶闸管而言，由于在控制极正向触发使其导通时，只能使其处于临界饱和状态，所以，若在可关断晶闸管的控制极加上反向电压，则由于晶体管电流放大系数的迅速减小，使得在晶闸管内部不能继续维持正反馈的作用而使其关断，而且其关断既可靠又迅速，是一种较为理想的直流开关元件。可关断晶闸管在逆变电路中有着极其广泛的应用。

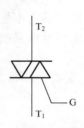

图 7.49　双向晶闸管的图形和文字符号

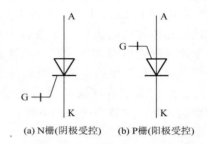
(a) N栅(阴极受控)　(b) P栅(阳极受控)

图 7.50　可关断晶闸管的图形符号

小　结

半导体器件是构成各种电子电路的基本器件。本章的主要内容有：

1. 半导体的基本知识

半导体具有热敏特性、光敏特性和掺杂特性。半导体中的两种载流子（自由电子和空穴）均能参与导电。在本征半导体中，自由电子和空穴总是成对出现的，数量相等；杂质半导体分为 N 型半导体和 P 型半导体两种，两种载流子的数量不等。在 N 型半导体中，自由电子是多子，空穴是少子；在 P 型半导体中，空穴是多子，自由电子是少子。若将 P 型半导体和 N 型半导体制作在一起，则当扩散运动和漂移运动达到动态平衡时，在分界面处就形成了 PN 结。PN 结的特性是具有单向导电性。

2. 二极管

二极管实质上就是一个 PN 结，因此二极管的特性也是具有单向导电性。当正向偏置时，其正向特性曲线近似为指数曲线。主要参数有最大整流电流 I_{FM} 和最高反向工作电压 U_{RM}，这也是二极管的两个极限参数，使用时不要超过它们。

---

[1] GTO 是英文 Gate‑Turn‑Off 的缩写。

稳压二极管、发光二极管和光电二极管均为特殊二极管,与普通二极管一样,具有单向导电性。稳压二极管的正常稳压区即为其反向击穿区;当发光二极管通过足够大的正向电流时,便能发光;当光电二极管反向偏置时,其光电流随着光照的增强而明显增大。

3. 晶体管

晶体管是电流控制型器件,用基极电流 i_B(或发射极电流 i_E)来控制集电极电流 i_C,其控制能力用电流放大系数来衡量。晶体管的主要作用是电流放大。晶体管的特性曲线有输入特性曲线和输出特性曲线,表明晶体管各电极电流和极间电压之间的关系。根据不同的外部条件可使晶体管工作于放大状态、截止状态和饱和状态,在输出特性曲线上对应于放大区、截止区和饱和区。在电路中,也可以将晶体管的集电极和发射极之间视为受基极电流控制的可变电阻。当基极电流从零逐渐增大时,集电极和发射极之间的等效电阻将从无穷大逐渐减小为零。晶体管有 3 个极限参数,即最大集电极电流 I_{CM}、集电极最大耗散功率 P_{CM} 和集-射极反向击穿电压 $U_{(BR)CEO}$,由该 3 个极限参数确定了晶体管的安全工作区。

光电晶体管是特殊的晶体管,用入射光的照度来控制集电极电流的大小。

4. 场效应晶体管

场效应晶体管是电压控制型器件,用栅-源极电压 u_{GS} 来控制漏极电流 i_D,其控制能力用低频跨导 g_m 来衡量,应用最为广泛的是 MOS 管,有 N 型沟道和 P 型沟道两种类型,每一种沟道的 MOS 管又有增强型和耗尽型两种。

MOS 管的特性曲线有输出特性曲线和转移特性曲线。其输出特性曲线有恒流区(线性区)、夹断区(截止区)和可变电阻区 3 个工作区。学习时要注意掌握其主要参数。

除上述主要内容外,本章还介绍了晶闸管的结构和工作原理。

知识链接

电子技术的发展历史回顾

自从电子管特别是半导体管问世以来,电子技术的发展突飞猛进、日新月异,电子器件的不断更新,大致经历了四个发展阶段。

第一代(1906—1950)——电子管时代

英国科学家汤姆逊(J. J. Thomson,1856—1940)在 1895—1897 年间经过反复实验,证明了电子的存在。其后,英国科学家弗莱明(J. A. Fleming)发明了具有单向导电作用的二极电子管。1906 年美国人德福雷斯特(L. De Forest)发明了具有放大作用的三极电子管。电子管的出现大大地推动了无线电技术的发展。1925 年,英国人贝尔德(J. J. Baird)首先发明了电视。1936 年,黑白电视机正式问世。

第二代(1950—1965)——晶体管时代

1947 年 12 月,贝尔实验室的布拉顿(W. H. Brattain)、巴丁(J. Bardeen)和肖克利(W. B. Shockley)发明了半导体晶体管,并于 1948 年公布于世。与电子管相比,它具有体积小、重量轻、耗电少、寿命长等优点,很快就应用于通信、计算机等领域,从而使电子技术正式进入了半导体时代。

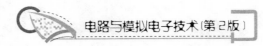

第三代(1965—1975)——中小规模集成电路时代

1958 年出现了固体组件——集成电路(IC)，即将电阻、二极管和晶体管以及它们之间的连接导线一起制作在一块半导体硅片上。20 世纪 60 年代初，只限于小规模集成电路(每个硅片上只有几十个元器件)。随着半导体集成技术的发展，集成度(每个硅片所包含的元器件的个数)越来越高，后来又出现了中规模集成电路(每个硅片上有几百个元器件)。

第四代(1975 至今)——大规模和超大规模集成电路时代

到了 20 世纪 70 年代出现了大规模集成电路(每个硅片上有几千个到几万个元器件)，到了 80 年代又出现了超大规模集成电路(每个硅片上有几十万个以上元器件)，电子技术进入了崭新的集成电路时代。

需要指出，以上关于年代的划分并不是绝对的。另外，每进入一个新的时代，老一代的器件并不是完全地被淘汰了。例如，在超大功率的广播电视发射设备中，大功率的电子管并未完全退出历史舞台，仍有其用武之地；在目前的计算机系统中，除了使用大规模和超大规模集成电路外，中小规模集成电路甚至二极管和晶体管等分立元器件仍然在继续被使用。

随着电子技术的发展，电子产品的综合性能越来越高。例如，1946 年在美国宾夕法尼亚大学研制成功的世界上第一台电子计算机 ENIAC，共用了 18000 个电子管，重达 30t，功耗为 150kW，占地面积为 170m^2。而现在用集成电路制成同样功能的电子计算机，重量不到 300g，功耗仅为 0.5W。再如，2001 年由美国 Intel 公司推出的 Pentium 4(奔腾 4)微处理器，内含 4200 万只晶体管，采用超级流水线、跟踪性指令缓存等一系列新技术来面向网络功能和图像功能，提升了多媒体性能。继 Pentium 4 不久又推出了 Itanium(安腾)，Itanium 是具有超强处理能力的处理器，外部数据总线和地址总线均为 64 位，内含 2.2 亿只晶体管，集成度是 Pentium 4 的 5 倍多。Itanium 在 Pentium 基础上又引入了三级缓存、多个执行部件和多个通道、数量众多的寄存器等多项新技术，在三维图形处理、多任务操作、运算速度等各个方面的性能均得到了提高。

习　题

7-1　单项选择题

(1) 对于杂质半导体而言，下列说法中错误的是(　　　)。

  A. 多子的数量一定多于少子的数量

  B. 多子的浓度基本上取决于所掺杂质的浓度

  C. 若杂质的浓度升高，则少子的浓度将保持不变

(2) PN 结反向偏置时，空间电荷区将(　　　)。

  A. 变窄   B. 变宽   C. 基本不变

(3) 当环境温度升高时，PN 结的反向电流将(　　　)。

  A. 增大   B. 减小   C. 不变

(4) PN 结的电流方程为(　　　)。

  A. $i = I_S \mathrm{e}^{\frac{qu}{kT}}$ B. $i = I_S(\mathrm{e}^{\frac{qu}{kT}} - 1)$ C. $i = I_S(\mathrm{e}^{\frac{Tu}{kq}} - 1)$ D. $i = I_S \mathrm{e}^{\frac{Tu}{kq}}$

（5）稳压二极管的正常稳压区处于伏安特性曲线中的（　　　）。

  A. 正向特性的工作区   B. 反向击穿区

  C. 特性曲线的所有区域

（6）晶体管工作于放大状态的外部条件是（　　　）。

  A. 发射结正向偏置，集电结反向偏置 B. 发射结和集电结均正向偏置

  C. 发射结和集电结均反向偏置

（7）当晶体管工作于放大状态时，若基极电流从小逐渐增大，则集电极和发射极之间的等效电阻将（　　　）。

  A. 增大   B. 减小   C. 基本不变   D. 无法确定

（8）对于工作于放大状态的晶体管而言，当环境温度从 20℃ 升高到 70℃ 时，若保持基极电流不变，则发射结电压将（　　　）。

  A. 增大   B. 减小   C. 不变

（9）对于 N 沟道 MOS 管而言，若漏极电流 i_D 从 2mA 增加到 5mA，则其低频跨导将（　　　）。

  A. 增大   B. 减小   C. 基本不变   D. 无法确定

（10）N 沟道增强型 MOS 管工作于恒流区的外部条件是（　　　）。

  A. $u_{GS} > U_{GS(th)}$，$u_{DS} < u_{GS} - U_{GS(th)}$ B. $u_{GS} < U_{GS(th)}$，$u_{DS} > u_{GS} - U_{GS(th)}$

  C. $u_{GS} < U_{GS(th)}$，$u_{DS} < u_{GS} - U_{GS(th)}$ D. $u_{GS} > U_{GS(th)}$，$u_{DS} > u_{GS} - U_{GS(th)}$

（11）当 $u_{GS} = 0$，$u_{DS} > 0$ 时，N 沟道耗尽型 MOS 管将工作于（　　　）。

  A. 可变电阻区   B. 恒流区   C. 夹断区

（12）在图 7.51 所示的各图中，表示 N 沟道耗尽型 MOS 管转移特性的为图（　　　）。

  A.（a）   B.（b）   C.（c）   D.（d）

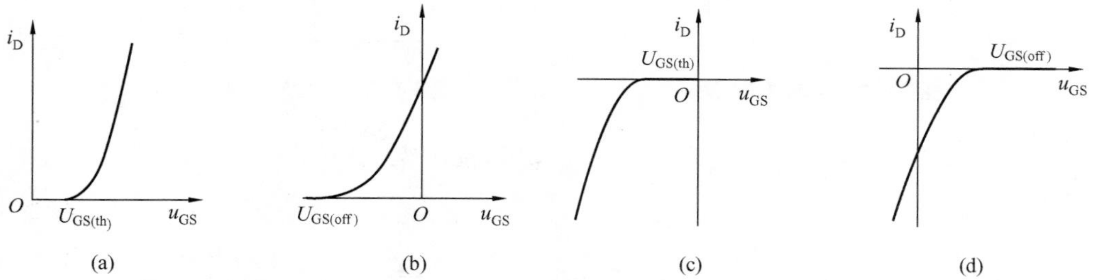

图 7.51　习题 7-1（12）图

7-2 判断题（正确的请在题后的圆括号内打"√"，错误的打"×"）

（1）空穴电流是由自由电子填补空位所形成的。   （　　　）

（2）在本征半导体中掺入五价元素即可形成 N 型半导体。   （　　　）

（3）若将 1.5V 的干电池的正极与二极管的阳极相连，负极与阴极相连，则二极管即能正常导通。   （　　　）

（4）用万用表的 $R \times 100\Omega$ 档和 $R \times 1k\Omega$ 档所测得二极管的正向电阻值相等。（　　　）

（5）在使用任何二极管时，千万注意不能使其反向击穿。   （　　　）

（6）在任何情况下，少子的数量一定比多子的数量少。   （　　　）

（7）在某电路中，有一只 NPN 型晶体管，经测得 3 个电极的电位分别为：$U_E = -6.6V$，$U_B = -6V$，$U_C = -3V$，则该晶体管工作于放大状态。（　　）

（8）当晶体管工作于饱和区时，由于集电结正向偏置，故集电区的多子向基区扩散，基区的多子向集电区扩散，从而形成了集电极电流。（　　）

（9）由于当晶体管的发射结电压 u_{BE} 变化时，集电极电流也发生变化，故晶体管是电压控制型器件。（　　）

（10）工作于恒流区的 N 沟道增强型 MOS 管在 $u_{GS} > U_{GS(th)}$ 后的栅极和源极之间的等效电阻将明显减小。（　　）

（11）耗尽型 MOS 管的使用条件较增强型 MOS 管的宽松，u_{GS} 在大于零、小于零或等于零的一定范围内均可使管子工作于恒流区。（　　）

（12）当场效应晶体管的漏极电流 I_D 从 3mA 增至 3.5mA 时，其跨导将减小。（　　）

7-3　电路如图 7.52 所示，设二极管的正向导通电压降和反向电流均为零，$R = 3k\Omega$，$U_{S1} = 6V$，$U_{S2} = 12V$。试求：

（1）输出电压 U_o；

（2）若 $U_{S1} = 12V$，$U_{S2} = 6V$，则 $U_o = ?$

7-4　电路如图 7.53 所示，已知 $U_{S1} = 16V$，$U_{S2} = 12V$，$R_1 = 2k\Omega$，$R_2 = 4k\Omega$，VD_1 和 VD_2 均可视为理想二极管，试判断 VD_1 和 VD_2 的工作状态，并计算电压 U_o 之值。

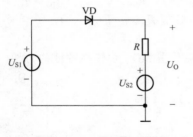

图 7.52　习题 7-3 图

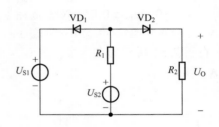

图 7.53　习题 7-4 图

7-5　在如图 7.54 所示的电路中，若 $u_i = 10\sin\omega t$ V，试画出 u_O 的波形(设二极管具有理想特性)。

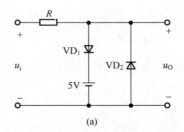

(a)

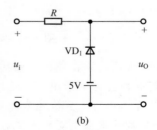

(b)

图 7.54　习题 7-5 图

7-6　如图 7.55 所示，稳压管的型号为 2CW59，其参数 $U_Z = 10V$，$I_Z = 5mA$，$I_{ZM} = 20mA$，另外 $u_I = 24V$，$R = 500\Omega$。

（1）求稳压管的最大耗散功率 P_{ZM}；

（2）若负载电阻 R_L 为 3kΩ，则稳压管能否正常工作？

（3）若输出端开路，则将会出现何种后果？

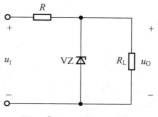

7-7 若已知条件与习题 7-6 相同，为确保稳压管能够安全地工作于稳压区，试求负载电阻 R_L 的取值范围。

7-8 在习题 7-6 中，若负载电阻 $R_L = 2kΩ$，为确保稳压管正常工作，试求限流电阻 R 的取值范围。

图 7.55 习题 7-6 图

7-9 有两只晶体管，其中一只的 $\beta = 100$，$I_{CEO} = 200\mu A$；另一只的 $\beta = 60$，$I_{CEO} = 10\mu A$，其他参数相同。应选择哪只晶体管为好？试说明理由。

7-10 在如图 7.56 所示电路中，晶体管的电流放大系数 $\beta = 100$，$R_{B1} = 500kΩ$，$R_{B2} = 50kΩ$，$R_C = 3kΩ$，$V_{BB1} = 5V$，$V_{BB2} = 1.5V$，$V_{CC} = 12V$，发射结的正向导通电压降 $u_{BE} = 0.7V$，试分别判断当开关合至 a、b 和 c 时晶体管的工作状态。

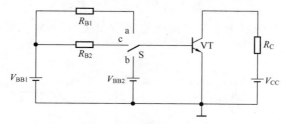

图 7.56 习题 7-10 图

7-11 试判断如图 7.57 所示各电路是否可能具有电流放大作用并说明其理由。

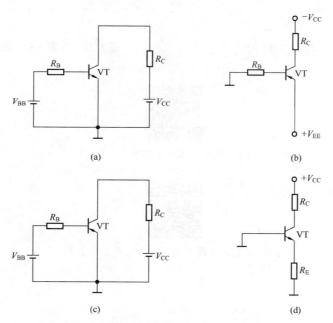

图 7.57 习题 7-11 图

7-12 在放大电路中，经测得两只晶体管的①、②、③这3个电极电位 U_1、U_2、U_3 之值分别如下：

(1) $U_1 = 3.3V$、$U_2 = 2.6V$、$U_3 = 12V$；

(2) $U_1 = 3V$、$U_2 = 3.2V$、$U_3 = 12V$。

试分别判断各管是 NPN 型管还是 PNP 型管，是硅管还是锗管，并确定各晶体管的各电极名称。

7-13 若某 MOS 管的 $I_{DSS} = 2mA$，$U_{GS(off)} = -5V$。

(1) 指出该 MOS 管的名称(N 型沟道增强型 MOS 管、P 型沟道增强型 MOS 管、N 型沟道耗尽型 MOS 管、P 型沟道耗尽型 MOS 管)；

(2) 画出其转移特性曲线和输出特性曲线，并大致标出其 3 个工作区。

7-14 电路如图 7.58 所示，已知 VT 管的 $I_{DSS} = 2mA$，$U_{GS(off)} = -4V$，试判断场效应管的工作状态。

7-15 已知某场效应晶体管的输出特性曲线如图 7.59 所示，试分析指出该场效应管的名称(N 型沟道增强型 MOS 管、P 型沟道增强型 MOS 管、N 型沟道耗尽型 MOS 管、P 型沟道耗尽型 MOS 管)。

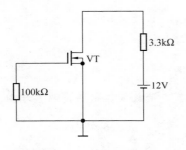

图 7.58 习题 7-14 图

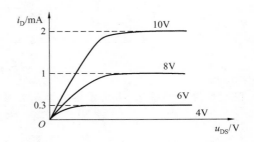

图 7.59 习题 7-15 图

【第7章自测试题（二极管）】

【第7章自测试题（晶体管与场效应管）】

第 8 章
基本放大电路

本章介绍基本放大电路的组成及其工作原理。讲述放大电路的基本分析方法，静态和动态参数的计算。阐述温度变化对静态工作点的影响、典型稳定静态工作点的电路以及多级放大电路的有关知识。简述差分放大电路的组成及其工作原理，场效应晶体管放大电路的组成及其静态与动态分析。

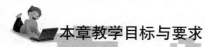

本章教学目标与要求

- 掌握放大电路的组成及其作用，了解放大电路的工作原理，理解温度变化对静态工作点的影响。
- 了解差分放大电路的组成及其工作原理，场效应晶体管放大电路静态和动态参数的计算。
- 熟练掌握放大电路的基本分析方法，静态和动态参数的计算。

引例

在教室里上课，坐在后排的同学也能清楚地听到老师的声音，是因为教室里有扩音器，扩音器是如何放大声音的？收音机、电视机都要将接收到的电台信号进行放大，才能带动扬声器发出声音。那么，收音机是如何将接收到的微弱电台信号放大的？电视机是如何将电视台发送的信号进行放大的？学完本章的内容之后，你将对这些奥秘不再陌生。

8.1 放大电路的组成及其作用

所谓放大，就是通过放大电路将微弱的电信号不失真地放大到所需要的数值。从表面上看，放大电路是把输入信号放大了，但放大的实质只是进行能量的控制或转换，而不是能量的放大。因此放大电路中必须有进行能量控制的器件，如晶体管、场效应晶体管等，并有提供能量的直流电源。放大电路只是将小能量的输入信号，转换成为大能量的信号输出给负载而已。例如，扩音器就是一种最简单的放大电路，它可以将讲话人的

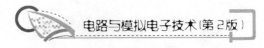
声音放大成较强的声音。

【放大电路的组成原则】

8.1.1　放大电路的组成

放大电路的作用是将微弱的信号进行放大。为了使放大电路不失真地放大信号，在组成放大电路时必须遵循以下几项原则：

（1）必须有为放大管及其他元器件提供能量的直流电源。

（2）静态工作点合适：保证晶体管工作在放大区；场效应晶体管工作在恒流区。

（3）动态信号能够作用于放大管的输入回路。对于晶体管能产生 Δu_{BE} 或 Δi_B，对于场效应晶体管能产生 Δu_{GS}。

（4）负载上能够获得放大了的动态信号。

（5）对实用放大电路：要求共地、无断路或短路。

图 8.1 所示为基本共射放大电路的组成原理图。图中，放大管 VT 是 NPN 型晶体管，它是放大电路的核心器件，VT 的作用是进行电流放大。V_{BB} 是基极直流电源，V_{BB} 的作用是使晶体管的发射结处于正向偏置状态，同时与 R_B 共同为晶体管的基极提供合适的静态工作电流。集电极直流电源 V_{CC} 的作用是使晶体管的集电结处于反向偏置状态，同时充当放大电路的能源。集电极负载电阻 R_C 是将晶体管的电流放大作用转换为电压的形式。C_1 为输入耦合电容，C_1 的作用是隔直通交，一方面隔断交流信号源与放大电路之间的直流联系，另一方面为待放大的交流信号提供交流通路。C_2 为输出耦合电容，同样起着隔直通交的作用，一方面隔断负载与放大电路之间的直流联系，另一方面为已放大的交流信号提供交流通路，使交流信号有效地作用到负载上。

在如图 8.1 所示的基本共射放大电路中，用了两组直流电源，这既不实用也不方便，因而在实际应用中，常将 V_{BB} 用 V_{CC} 来代替。另外，为了简化电路，通常在电路中将输入、输出和直流电源的公共端作为电路的参考点，也称为接"地"，实际一般为连接机壳，用符号"⊥"表示。这样 V_{CC} 不必用直流电源的图形符号画出，而只标出电位值和极性即可。简化后的电路如图 8.2 所示。

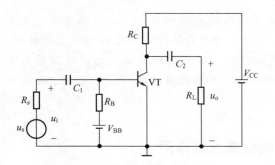

图 8.1　基本共射放大电路

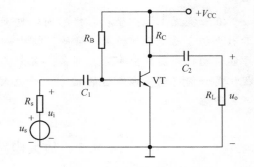

图 8.2　单管共射放大电路

特别提示

● 若为 PNP 型晶体管，则直流电源的极性必须反接，才能满足晶体管的放大条件。

● 放大电路的输出端都接有负载，如扬声器、继电器、测量仪表等，或者接有下一级放大电路。这些负载，一般可用一个等效电阻来代替，如图8.1中的 R_L。

【例8-1】 试分别指出如图8.3(a)和(b)所示放大电路中的错误(设 $V_{CC} > V_{BB}$)。

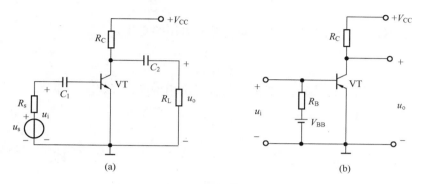

图8.3　例8-1的图

【解】　(a) 图中缺少基极直流电源 V_{BB} 和基极电阻 R_B。

(b) 图中缺少耦合电容 C_1 和 C_2。另外，为保证发射结正向偏置，集电结反向偏置，基极直流电源 V_{BB} 和集电极直流电源 V_{CC} 的极性应变反。

8.1.2　放大电路的主要性能指标

任何一个放大电路都可以用如图8.4所示的框图来表示。放大电路中的放大器件可以是晶体管，也可以是场效应晶体管或集成运算放大器等，它们统称为有源器件。另外，还有电阻、电容等无源元件以及为放大电路提供静态值的直流电源。放大电路的输入端 A、B 接信号源，即放大对象，输出端接负载 R_L。

为了测试放大电路的性能指标，一般是在放大电路的输入端加上一个正弦测试电压信号，正弦电压信号可以用相量 $\dot{U}_s$ 表示，如图8.5所示。

【正弦测试信号】

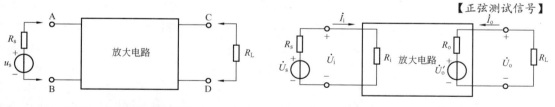

图8.4　放大电路的框图　　　　图8.5　放大电路测试电路

在 $\dot{U}_s$ 的作用下，放大电路得到输入电压 $\dot{U}_i$，同时产生输入电流 $\dot{I}_i$，经放大电路放大后，在输出端得到输出电压 $\dot{U}_o$ 和输出电流 $\dot{I}_o$，R_L 为负载电阻。通过测试可知，即使在信号源 $\dot{U}_s$ 和负载电阻 R_L 相同的条件下，不同放大电路的输入电流 $\dot{I}_i$、输出电压 $\dot{U}_o$ 和输出电流 $\dot{I}_o$ 也不相同，说明不同放大电路的放大能力不同。此外，对于同一个放大电路，当改变信号源的频率时，输出电压和输出电流也会发生变化，本章只讨论在中频段内工作的放大电路。为了反映放大电路的动态性能，特引入以下几项主要指标。

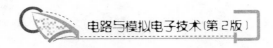

1. 放大倍数

放大倍数是用来衡量放大电路放大能力的技术指标，其值为输出量与输入量的比值。放大倍数愈大，则放大电路的放大能力愈强。放大倍数分为电压放大倍数和电流放大倍数等。

电压放大倍数是指输出电压的变化量与输入电压的变化量之比，即

$$A_u = \frac{\Delta u_\text{O}}{\Delta u_\text{I}}$$

若输入信号为正弦量，则电压放大倍数也可用相量形式来表示，即

$$\dot{A}_u = \frac{\dot{U}_\text{o}}{\dot{U}_\text{i}} \tag{8-1}$$

电流放大倍数是指输出电流的变化量与输入电流的变化量之比，即

$$A_i = \frac{\Delta i_\text{O}}{\Delta i_\text{I}}$$

若输入信号为正弦量，则电流放大倍数也可用相量形式来表示，即

$$\dot{A}_i = \frac{\dot{I}_\text{o}}{\dot{I}_\text{i}} \tag{8-2}$$

若不考虑输出电压与输入电压的相位关系，只求电压放大倍数的数值时，可由下式求得

$$|A_u| = \frac{U_\text{om}}{U_\text{im}} = \frac{U_\text{o}}{U_\text{i}} \tag{8-3}$$

2. 输入电阻

放大电路的输入电阻是指从放大电路的输入端看进去的等效电阻，用 R_i 表示。R_i 定义为输入电压的变化量与输入电流的变化量之比，即

$$R_\text{i} = \frac{\Delta u_\text{I}}{\Delta i_\text{I}}$$

若输入信号为正弦量，则

$$R_\text{i} = \frac{\dot{U}_\text{i}}{\dot{I}_\text{i}} \tag{8-4}$$

输入电阻越大，表示放大电路从信号源索取的电流越小，信号源内阻上的电压损失越小，输入电压越大，放大电路的输出电压也越大。因此对于电压放大电路来说，为了得到大的输出电压，希望输入电阻越大越好。但如果要使输入电流大一些，则应使输入电阻小一些。

3. 输出电阻

任何一个放大电路对于负载或下一级放大电路来说，都可以等效成一个有内阻的电压源。电压源的内阻，就是放大电路的输出电阻，也即从放大电路的输出端看进去的等效电阻，用 R_o 表示。R_o 定义为输出端开路电压的变化量与短路电流的变化量的比值，即

$$R_o = \frac{\Delta u_{OC}}{\Delta I_{SC}}$$

若输入信号为正弦量，即

$$R_o = \frac{\dot{U}_{oc}}{\dot{I}_{sc}}$$

R_o 也可定义为：当输出端开路，且使输入信号 $\dot{U}_S = 0$ 时，外加的输出端电压 $\dot{U}_o$ 与输出端电流 $\dot{I}_o$ 的比值，即

$$R_o = \frac{\dot{U}_o}{\dot{I}_o} \bigg|_{\dot{U}_s = 0, R_L \to \infty} \qquad (8-5)$$

输出电阻是衡量放大电路带负载能力的指标。对电压放大电路而言，输出电阻越小，放大电路带负载的能力越强。对于电压放大电路希望输出电阻越小越好。

特别提示

- 输出电阻不应包含负载电阻 R_L，输入电阻不应包含信号源的内阻 R_S。
- 求输出电阻时，应将交流电压信号源短路，但要保留其内阻。
- 输入电阻 R_i 和输出电阻 R_o 均指放大电路在中频段内的交流(动态)等效电阻。
- 在中频范围内，电压放大倍数、电流放大倍数、输入电阻和输出电阻也可以分别表示为 $A_u = \frac{u_o}{u_i}$、

$A_i = \frac{i_o}{i_i}$、$R_i = \frac{u_i}{i_i}$ 和 $R_o = \frac{u_o}{i_o} \bigg|_{u_s = 0, R_L \to \infty}$。

8.2 放大电路的工作原理

由放大电路的组成原理图8.2可知，放大电路中既有直流电源又有交流信号源。即电路中各电压和电流都是由直流和交流两部分叠加而成的。直流部分是为正常放大而设置的，交流则是放大的对象。为便于分析，通常将直流和交流分开进行讨论，也即对放大电路分别进行静态分析和动态分析。

8.2.1 静态工作与静态工作点

当交流输入信号 $u_i = 0$ 时，电路所处的状态称为静态。此时，电路中只有直流电源，在直流电源的作用下，会产生出直流电压和直流电流，称为静态值。静态电压 U_{BEQ}、U_{CEQ} 和静态电流 I_{BQ}、I_{CQ} 的数值可以在晶体管的特性曲线上确定一点。因此，静态时的 U_{BEQ}、I_{BQ}、U_{CEQ} 和 I_{CQ} 的数值称为静态工作点，用 Q 表示。

为了使放大电路不失真地放大信号，必须设置合适的静态工作点。如果静态工作点设置得过高或过低，都会使放大电路产生非线性失真。所谓静态工作点合适，是指静态时各电极电压和电流都有合适的值，也即将静态工作点设置在放大区域，这样当交流输入信号输入后，晶体管就可进行放大了。

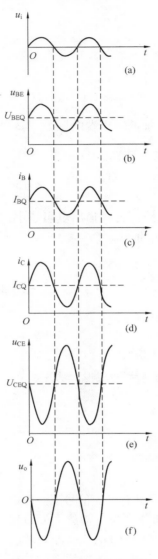

图 8.6　放大电路的波形图

【晶体管3种组态的判断】

8.2.2　动态工作与放大原理

当交流输入信号 $u_i \neq 0$ 时，电路所处的状态称为动态。设输入信号为 u_i，波形如图 8.6(a)所示。当交流信号 u_i 输入后，晶体管的发射结电压在直流分量的基础上，叠加了一个交流分量 u_{be}，发射结总电压为 $u_{BE} = U_{BEQ} + u_{be}$，波形如图 8.6(b)所示。因晶体管发射结处于正向偏置状态，故当发射结电压发生变化时，即引起基极电流的变化，使得基极电流也在静态直流分量的基础上，产生一个交流分量 i_b，基极总电流为 $i_B = I_{BQ} + i_b$，波形如图 8.6(c)所示。因为晶体管已处于放大状态，具有电流放大作用，基极电流的变化会引起集电极电流的较大变化，使得集电极电流同样在静态直流分量的基础上，再叠加一个交流分量，集电极总电流为 $i_C = I_{CQ} + i_c$，波形如图 8.6(d)所示。集电极电流的变化会引起集电极电阻 R_C 两端电压的变化，进而引起管压降 u_{CE} 的变化，u_{CE} 也在静态直流分量的基础上叠加了一个交流分量，总电压 $u_{CE} = U_{CEQ} + u_{ce}$，波形如图 8.6(e)所示。$u_{CE}$ 的交流分量即为交流输出电压 u_o，波形如图 8.6(f)所示。

从以上分析知，交流信号是被驮载在静态直流电之上的，因此，放大电路只有静态工作点合适，使得交流信号在整个周期的变化过程中，晶体管始终处在放大区，才能将交流信号不失真地进行放大。

特别提示

● 为保证电路不失真地放大信号，电路处在静态时，必须设置合适的静态工作点。

● 静态工作点合适是指不仅静态时，静态工作点要处在晶体管的放大区，而且要使交流信号在整个变化过程中，都能使晶体管处在放大区。

8.3　放大电路的 3 种基本接法

在用晶体管组成放大电路时，因为晶体管有 3 个电极，按照晶体管哪个电极作为输入和输出回路公共端的不同，有 3 种基本接法，又称 3 种基本组态，即共发射极电路、共集电极电路和共基极电路。

（1）共发射极放大电路，简称共射放大电路。这种电路是以发射极为输入、输出公共端的放大电路，即是一种在晶体管的基极施加输入信号，从集电极取出信号的电路。图 8.7 所示为阻容耦合共射放大电路。共射放大电路的电流放大系数 $\beta = i_c/i_b$，多为 50～100；电压放大倍数通常为几十到几百；输入电阻较低；输出电阻较高。共射电路既有电压放大能力，也有电流放大能力。

（2）共集电极放大电路，简称共集放大电路。与共射放大电路一样输入信号仍然由基极输入，但输出信号由发射极取出，负载电阻接到发射极上，集电极通过直流电源接地，集电极是输入与输出回路的公共端，如图8.8所示。共集放大电路的电压放大倍数$u_o/u_i \approx 1$；输入电阻最高；输出电阻最低，一般为几欧到几十欧。共集电路只有电流放大能力，无电压放大能力。

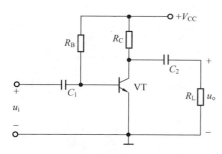

图8.7 共射放大电路

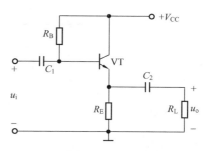

图8.8 共集放大电路

（3）共基极放大电路，简称共基放大电路。输入信号由发射极输入，输出信号从集电极取出，基极作为输入和输出回路的公共端，如图8.9所示。

共基放大电路的电流放大系数$\alpha = i_c/i_e \approx 1$；在3种组态中，共基电路的输入电阻最低；输出电阻与共射电路的相当。共基放大电路适合于宽频带的放大电路。共基电路只有电压放大能力，无电流放大能力。

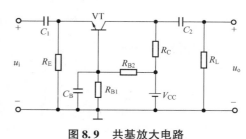

图8.9 共基放大电路

8.4 放大电路的基本分析方法

如上所述，用晶体管可以组成3种基本放大电路，下面以图8.2所示共射放大电路为例，讲述放大电路的基本分析方法。

8.4.1 直流通路与交流通路

在放大电路中，直流量与交流量是共存的。直流量是直流电源作用的结果，交流量是输入交流信号作用的结果，通常是将两者区分开来分别进行讨论。为便于分析，应分别画出相应的电路图，即直流通路图和交流通路图。所谓直流通路，就是只在直流电源的作用下形成的电流通路，也称为静态电路；所谓交流通路，就是只在交流输入信号的作用下形成的电流通路，也称为动态电路。直流通路用于讨论静态工作点，交流通路用于研究动态参数。下面分别介绍直流通路与交流通路的画法。

直流通路的画图原则：

（1）电容可视为开路。根据电容元件的容抗表达式$X_C = 1/(\omega C)$可知，电容对直流信

号的容抗为无穷大,不允许直流信号通过,也即相当于开路。

(2)电感线圈可视为短路。根据电感元件的感抗表达式 $X_L = \omega L$ 可知,电感对直流信号的感抗为零,当忽略线圈的电阻时,对直流信号相当于短路。

(3)交流信号源视为短路,但应保留其内阻。

根据以上原则,可以画出如图 8.10(a)所示共射放大电路的直流通路,如图 8.10(b)所示。

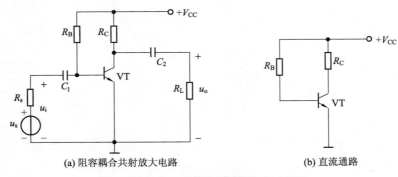

(a) 阻容耦合共射放大电路　　　　　　　(b) 直流通路

图 8.10　共射放大电路及其直流通路图

交流通路的画图原则:

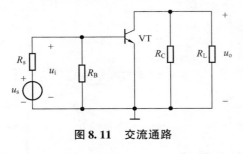

图 8.11　交流通路

(1)对于容量较大的电容元件可视为短路。根据电容元件的容抗表达式 $X_C = 1/(\omega C)$ 可知,对于交流信号来说,当电容的容量足够大时,电容的容抗非常小,可以视为短路。

(2)直流电源可视为短路,如有内阻应保留。

根据以上原则,可以画出如图 8.10(a)所示阻容耦合共射放大电路的交流通路,如图 8.11所示。

　**特别提示**

- 画直流通路图时,在将电容开路、电感和交流信号源短路后,一定要保持电路的原有结构不变。
- 画交流通路图时,在将电容和直流电源短路后,也一定要保持电路的原有结构不变。
- 画交流通路图时,只有交流信号源的频率在中频段或高频段时,才可将较大容量的电容视为短路。

8.4.2　放大电路的静态分析

如前所述,要使放大电路不失真地放大交流信号,必须设置合适的静态工作点。因此,对放大电路进行静态分析,目的就是确定静态工作点,并分析电路参数对静态工作点的影响。求解静态工作点的方法通常有两种,即估算法和图解法。

1.估算法求静态工作点

求解静态工作点,实际上就是求电路处在静态时,基极电流 I_{BQ}、发射结电压 U_{BEQ}、

集电极电流 I_{CQ} 和集射极电压 U_{CEQ} 这 4 个物理量。通常将 U_{BEQ} 作为已知量，硅管为 $0.6 \sim 0.8V$，一般取 $0.7V$；锗管为 $0.1 \sim 0.3V$，一般取 $0.2V$。因此只需求 I_{BQ}、I_{CQ} 和 U_{CEQ} 这 3 个物理量。估算法求静态工作点，就是先画出放大电路的静态电路图，在静态电路图中根据电路原理中所讲的电路分析方法，求出各电压和电流的静态值。下面仍以图 8.2 为例介绍用估算法求静态工作点的方法。

首先画出图 8.2 所示放大电路的静态电路如图 8.12 所示，各电压和电流的参考方向已标出。在输入回路中，根据基尔霍夫电压定律，可以求出单管共射放大电路的基极电流为

$$I_{BQ} = \frac{V_{CC} - U_{BEQ}}{R_B} \qquad (8-6)$$

当 U_{BEQ} 与 V_{CC} 相比较小时，也可将 U_{BEQ} 忽略不计。

由晶体管基极电流与集电极电流之间的关系，可求得静态集电极电流 I_{CQ} 为

$$I_{CQ} \approx \beta I_{BQ} \qquad (8-7)$$

然后，由图 8.12 可以求得静态时的 U_{CEQ} 为

$$U_{CEQ} = V_{CC} - I_{CQ}R_C \qquad (8-8)$$

【例 8-2】 在图 8.2 所示单管共射放大电路中，已知 $V_{CC} = 24V$，$R_B = 330k\Omega$，$R_C = 2k\Omega$，晶体管为 NPN 型硅管，电流放大系数 $\beta = 60$。试用估算法求解静态工作点。

【解】 因为晶体管为 NPN 型硅管，可取 $U_{BEQ} = 0.7V$，静态工作点为

$$I_{BQ} = \frac{V_{CC} - U_{BEQ}}{R_B} = \frac{24 - 0.7}{370 \times 10^3}A \approx 63\mu A$$

$$I_{CQ} = \beta I_{BQ} = 60 \times 63 \times 10^{-6}A = 3.8mA$$

$$U_{CEQ} = V_{CC} - I_{CQ}R_C = (24 - 3.8 \times 10^{-3} \times 2 \times 10^3)V = 16.4V$$

2. 图解法求静态工作点

图解法求静态工作点就是利用晶体管的输入和输出特性曲线，用作图的方法确定静态工作点。可根据以下几步来确定静态工作点。

1）确定 I_{BQ} 与 U_{BEQ} 的值

当电路处在静态时，由图 8.12 所示的静态电路图知，i_B 与 u_{BE} 的关系在三极管内部要符合输入特性曲线的关系，在外部要符合基尔霍夫电压定律，也即要满足下列关系式：

$$U_{BE} = V_{CC} - i_B R_B \qquad (8-9)$$

式（8-9）称为输入回路直流负载线方程。

显然，要使 i_B 与 u_{BE} 的值同时符合输入特性曲线与直流负载线的关系，必须由这两条曲线的交点共同确定，确定方法如下：

首先作出晶体管的输入特性曲线，再根据输入回路直流负载线方程取两点，M 点 $(V_{CC}, 0)$ 和 N 点 $(0, V_{CC}/R_B)$，在输入特性曲线坐标中找到这两点，连接起来即为输入回路直流负载

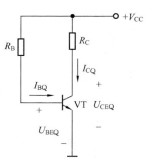

图 8.12 共射放大电路的静态电路

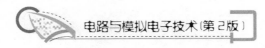

线。输入特性曲线与直流负载线的交点即为静态工作点 Q，由该点的坐标值即可求得静态值 I_{BQ} 与 U_{BEQ}，如图 8.13 所示。

2）确定 I_{CQ} 与 U_{CEQ} 的值

由如图 8.12 所示的静态电路图知，i_C 与 u_{CE} 的关系在晶体管内部要符合输出特性曲线的关系，在外部要符合基尔霍夫电压定律所确定的关系式，即

$$u_{CE} = V_{CC} - i_C R_C \tag{8-10}$$

式（8-10）称为输出回路直流负载线方程。

同样，要使 i_C 与 i_{CE} 的值同时符合输出特性曲线与直流负载线的关系，应由这两条曲线的交点共同确定，确定方法如下：

首先作出晶体管的输出特性曲线，再根据输出回路直流负载线方程取两点，A 点 $(V_{CC}，0)$ 和 B 点 $(0，V_{CC}/R_C)$，在输出特性曲线坐标中找到这两点，连接起来即为输出回路直流负载线。显然，直流负载线的斜率为 $-1/R_C$。与 I_{BQ} 相对应的那条输出特性曲线与直流负载线的交点即为静态工作点 Q，由该点的坐标值即可求得静态值 I_{CQ} 与 U_{CEQ}，如图 8.14 所示。

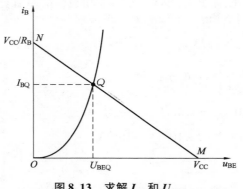

图 8.13　求解 I_{BQ} 和 U_{BEQ}

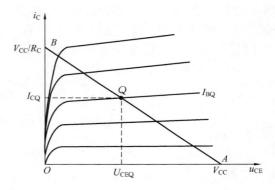

图 8.14　求解 I_{CQ} 和 U_{CEQ}

在实际应用中，输入特性不易测得准确，而用近似估算法较为理想。因此求静态工作点时，通常是先用估算法求出 I_{BQ}，然后再从输出特性曲线上求出 Q 点。所以输出回路直流负载线相对重要，直流负载线一般是指输出回路直流负载线。

【例 8-3】　在图 8.15（a）所示的单管共射放大电路中，已知 $V_{CC} = 12V$，$R_B = 285k\Omega$，$R_C = 3k\Omega$，$R_L = 3k\Omega$，晶体管的输出特性曲线如图 8.15（b）所示。试用图解法求静态工作点。

【解】　首先利用估算法求出 I_{BQ}：

$$I_{BQ} = \frac{V_{CC} - U_{BEQ}}{R_B} = \frac{12 - 0.7}{285 \times 10^3}A \approx 40\mu A$$

再作直流负载线 AB，A 点（12V，0），B 点（0，4mA），如图 8.15（b）所示。

直流负载线与 $I_{BQ} = 40\mu A$ 的那一条输出特性曲线的交点就是静态工作点 Q。由 Q 点的坐标可知，$I_{CQ} = 2mA$、$U_{CEQ} = 6V$。

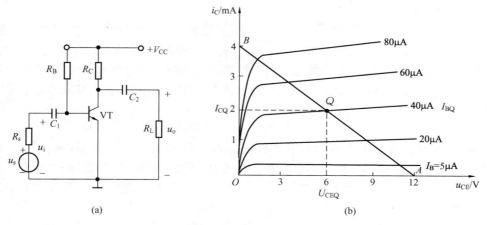

图 8.15 例 8－3 的图

3. 电路参数对静态工作点的影响

1）R_B 的影响

当 R_B 增大时，静态工作点将沿直流负载线向下移动。因为当 R_B 增大时，由公式（8－6）知，I_{BQ} 将减小至 I'_{BQ}，而 V_{CC} 和 R_C 不变，直流负载线不变，静态工作点将沿直流负载线向下移动至 Q_1 点，如图 8.16（a）所示。反之，当 R_B 减小时，I_{BQ} 相应减小，静态工作点将沿直流负载线向上移动。

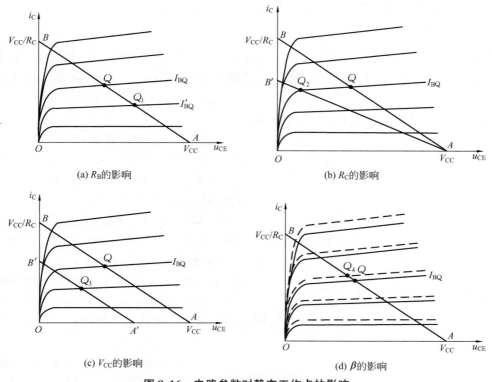

图 8.16 电路参数对静态工作点的影响

2) R_C 的影响

当 R_C 增大时，静态工作点将沿与 I_{BQ} 相对应的那条输出特性曲线向左下方移动。因为当 R_C 增大时，直流负载线的斜率变小，直流负载线变平坦，而 V_{CC} 和 R_B 不变，所以 I_{BQ} 不变，静态工作点沿与 I_{BQ} 相对应的那条输出特性的曲线向左移动至 Q_2 点，如图 8.16(b) 所示。反之，当 R_C 减小时，直流负载线变陡，静态工作点将沿与 I_{BQ} 相对应的那条输出特性的曲线向右移动。

3) V_{CC} 的影响

当 V_{CC} 减小时，静态工作点向左下方移动。因为当 V_{CC} 减小时，I_{BQ} 减小。A 点(V_{CC},0)左移至 A' 点。B 点(0, V_{CC}/R_C)下移至 B' 点。而 R_C 不变，直流负载线的斜率不变，所以直流负载线向左下方平移，而 I_{BQ} 也在减小，使 Q 点向左下方移动至 Q_3 点，如图 8.16(c) 所示。反之当 V_{CC} 增大时，静态工作点将向右上方移动。

4) β 的影响

当 β 值增大时，静态工作点将向饱和区移动。因为当 β 值增大时，输出特性曲线的间距将增大，其他参数不变，直流负载线与 I_{BQ} 均不变，静态工作点将沿直流负载线向上移动至 Q_4 点，如图 8.16(d) 所示。

8.4.3 放大电路的动态分析

对放大电路进行动态分析的目的是求解电路的动态参数，并分析静态工作点对放大电路工作性能的影响。进行动态分析时，也有两种分析方法，即图解法和微变等效电路法。下面仍以图 8.2 所示的单管共射放大电路为例进行分析。

1. 动态图解法

用图解法对放大电路进行动态分析，就是在静态分析的基础上，用作图的方法来分析各个电压和电流交流分量之间的关系，并求出电压放大倍数。动态图解法可按以下几步进行分析。

1) 根据静态图解法求出电路的静态工作点

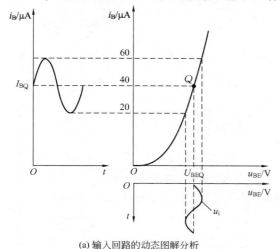

(a) 输入回路的动态图解分析

图 8.17 放大电路的动态图解分析

2) 根据 u_i 的波形作出 u_{BE} 的波形

由共射放大电路的交流通路图知，对于交流输入信号，由于输入耦合电容 C_1 可视为短路，u_{BE} 的交流分量应等于交流输入电压 u_i，即 $u_{BE} = U_{BEQ} + u_i$，由此可画出 u_{BE} 的波形，如图 8.17(a) 所示。

3) 根据 u_{BE} 的波形画出 i_B 的波形

因为 i_B 与 u_{BE} 的关系符合输入特性曲线的关系，可以根据 u_{BE} 的波形利用描点连线的方法作出 i_B 的波形。如图 8.17(a) 所示。

4) 作交流负载线

当放大电路处在静态时，i_C 与 u_{CE} 的关系在外部应符合直流负载线的关系，但对于动态交流信号来说，由于输出耦合电容 C_2 可视为短路，负载电阻 R_L 与集电极电阻 R_C 并联，所以 i_C 与 u_{CE} 应符合交流负载线的关系。不难看出，交流负载线有两个特点，一是交流负载线必过静态工作点，输入信号为零时即回到静态；二是交流负载线的斜率为 $-1/R_L'$，其中 $R_L' = R_C // R_L$（即 R_C 与 R_L 并联后的等效电阻）。根据这两个特点，即可作出放大电路的交流负载线。方法是：先在输出特性曲线坐标上取两点 A 点 $(V_{CC}, 0)$ 和 A' 点 $(0, V_{CC}/R_L')$，连接 AA'，再过静态工作点作 CD 平行于 AA'，则直线 CD 即为交流负载线，如图 8.17（b）所示。

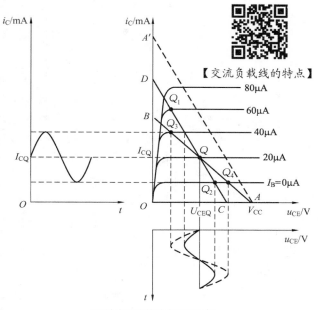

（b）输出回路的动态图解分析

图 8.17　放大电路的动态图解分析（续）

5）根据 i_B 的波形画出 i_C 与 u_{CE} 的波形

当输入信号变化使得 i_B 在 $20\mu A \sim 60\mu A$ 之间变化时，并且当输出端带负载时，工作点将沿交流负载线在 Q_1 与 Q_2 点之间变化，据此，利用描点连线的方法可画出 i_C 与 u_{CE} 的波形。如果输出端不带负载，工作点将沿直流负载线在 Q_3 与 Q_4 点之间变化，同样可利用描点连线法画出 i_C 与 u_{CE} 的波形，如图 8.17（b）中虚线所示。

6）确定电压放大倍数

由于输出耦合电容 C_2 对交流信号相当于短路，所以 u_{CE} 的交流分量即为输出电压 u_o。根据输出电压 u_o 的波形图，可以求得其最大值或有效值。在已知输入电压 u_i 时，即可根据公式（8-3）求得电压放大倍数。

图 8.17（b）中 u_{CE} 的交流分量（即输出电压 u_o）波形有两个，其中实线波形是输出端带负载时输出电压 u_o 的波形，虚线波形是输出端不带负载时输出电压 u_o 的波形。不难看出，输出端带负载后，输出电压幅值减小了。另外，由图解法可以看出，输出电压与输入电压反相位。

特别提示

- 对于单管共发射极放大电路，输出电压与输入电压反相位。
- 放大电路输出端接负载后，电压放大倍数将降低。

2. 静态工作点对放大电路动态性能的影响

当放大电路处在静态时，必须要设置合适的静态工作点，否则，将会使放大电路产生失真。当静态工作点设置得过低时，在输入信号变化时会使工作点移到截止区，输出信号将产生截止失真，如图 8.18 所示。

【波形失真分析】

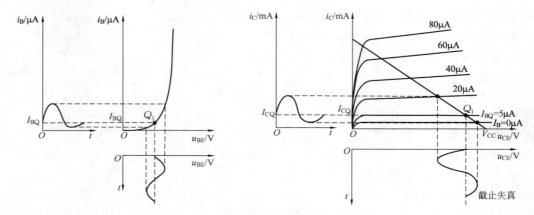

图 8.18　放大电路截止失真

若静态工作点设置得过高，则当输入信号变化时，会使工作点移到饱和区，输出信号将产生饱和失真，如图 8.19 所示。

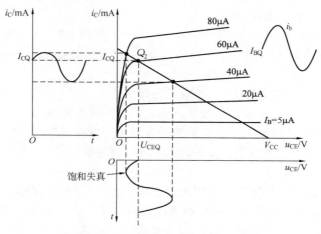

图 8.19　放大电路饱和失真

所以，当静态工作点设置得过高或过低时，都会使放大电路产生非线性失真。因此，应将静态工作点设置合适。一般来说，静态工作点应设置在交流负载线的中点附近较为合适。

另外，当输入信号过大时，也会使晶体管进入截止区或饱和区，使放大电路产生非线性失真。

8.4.4　微变等效电路法

在对放大电路进行动态分析时，最直接的方法是图解法，但是这种方法非常麻烦，所以，当输入信号较小时，一般采用微变等效电路法进行动态分析。

所谓微变等效电路法，就是当输入信号很小时，将晶体管这个非线性元件视为线性元件，从而用线性电路的分析方法对放大电路进行动态分析计算。

1. 晶体管的简化 h 参数等效电路

由晶体管的输入、输出特性曲线可知，晶体管是非线性器件，但当放大电路输入信号较小时，可将晶体管的输入、输出特性曲线局部线性化，如图8.20所示。

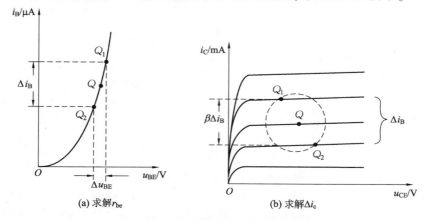

图 8.20 r_{be} 及受控电流源的物理意义

当输入信号变化时，使放大电路的工作点在静态工作点 Q 附近发生变化，在 $Q_1 \sim Q_2$ 范围内，输入特性曲线基本上近似一条直线，如图8.20(a)所示。即 Δi_B 与 Δu_{BE} 接近于成正比，因此晶体管 u_{be} 与 i_b 之间的关系可以用一个线性电阻 r_{be} 来等效代替，即

$$r_{be} = \frac{\Delta u_{BE}}{\Delta i_B} = \frac{u_{be}}{i_b} \tag{8-11}$$

r_{be} 称为晶体管的输入电阻，它是一个动态电阻，当信号较小时，它大体是一个常数。对于低频小功率管的输入电阻常用下式估算：

$$r_{be} = r_{bb'} + (1+\beta)\frac{26\text{mV}}{I_{EQ}(\text{mA})} \tag{8-12}$$

式中：$r_{bb'}$ 为晶体管基区的体电阻，一般取 $100 \sim 300\Omega$；I_{EQ} 为发射极电流的静态值，单位为 mA。

【晶体管输入电阻公式的推导】

从晶体管的输出特性曲线图8.20(b)来看，在静态工作点 Q 附近一个微小的范围内，特性曲线基本上是水平的，即 i_C 仅受 i_B 控制，与 u_{CE} 无关，因此晶体管的集电极与发射极之间可以用受控电流源来代替，即

$$\Delta i_C = \beta \Delta i_B \tag{8-13}$$

式(8-13)中的 β 可视为常数。因为当输入信号变化使得静态工作点 Q 在 Q_1 与 Q_2 之间这个小范围内变化时，输出特性曲线是一组近似等距的平行直线。

通过以上分析，可以画出晶体管的简化 h 参数等效电路如图8.21所示。在这个等效电路中，忽略了 u_{CE} 对 i_C 的影响，也没有考虑 u_{CE} 对输入特性的影响，所以称为简化 h 参数等效电路。

2. 放大电路的交流微变等效电路

用微变等效电路法进行动态分析，目的是求解放大电路的几个主要动态参数，如电压放大倍数 $\dot{A}_u$、输入电阻 R_i、输出电阻 R_o。在求解这些参数时，首先要画出放大电路的

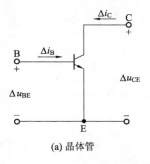
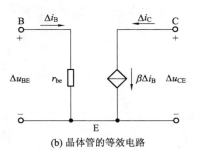

(a) 晶体管　　　　　　　　　　　　　(b) 晶体管的等效电路

图 8.21　晶体管的简化 h 参数等效电路

交流微变等效电路，在交流微变等效电路中求解动态参数。

交流微变等效电路可按下述方法来画。首先画出晶体管的简化 h 参数等效电路，然后将电路中所有容量较大的电容和直流电源视为短路，再将其他元件按原结构接到电路中。其实放大电路的交流微变等效电路就是在交流通路中，将晶体管用简化 h 参数等效电路来代替即可。

3. 用微变等效电路法分析基本放大电路

下面用微变等效电路法对基本共射放大电路进行分析计算。将共射放大电路重新画出如图 8.22(a)所示。再画出其交流微变等效电路如图 8.22(b)所示。

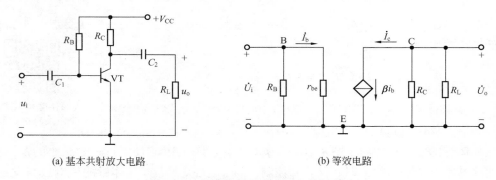

(a) 基本共射放大电路　　　　　　　　　　(b) 等效电路

图 8.22　基本共射放大电路和等效电路

1) 求电压放大倍数 $\dot A_u$

由图 8.22(b)可以求得

$$\dot U_i = \dot I_b r_{be}$$

$$\dot U_o = -\dot I_C R_L' = -\beta \dot I_b R_L'$$

式中 $R_L' = R_C /\!/ R_L$。所以，电压放大倍数

$$\dot A_u = \frac{\dot U_o}{\dot U_i} = -\beta \frac{R_L'}{r_{be}} \tag{8-14}$$

负号说明输出电压与输入电压反相位，因此，共射放大电路是反相放大电路。当输出端不带负载时，电压放大倍数为

$$\dot{A}_u = -\beta \frac{R_C}{r_{be}} \qquad (8-15)$$

将式（8-14）与式（8-15）进行比较可知，当放大电路带负载后，电压放大倍数将降低。

2）求输入电阻 R_i

如前所述，输入电阻 R_i 是从放大电路的输入端看进去的等效电阻，可以求得

$$\dot{U}_i = \dot{I}_i \cdot (R_B /\!/ r_{be})$$

所以，基本共射放大电路的输入电阻为

$$R_i = \frac{\dot{U}_i}{\dot{I}_i} = R_B /\!/ r_{be} \qquad (8-16)$$

实用电路中，R_B 的阻值远大于 r_{be}，因此，基本共射放大电路的输入电阻近似等于 r_{be}，一般为几百欧～几千欧，是不高的。

3）求输出电阻 R_o

放大电路的输出电阻 R_o 是从放大电路输出端看进去的等效电阻。此时，应断开负载电阻 R_L，并将交流信号源 $\dot{U}_s$ 短路，但保留其内阻。显然，基本共射放大电路的输出电阻为

$$R_o = R_C \qquad (8-17)$$

基本共射放大电路的输出电阻约为几千欧。

特别提示

- 交流微变等效电路法仅适用于小信号电路的动态分析，当交流输入信号较大时，应使用图解法。
- 在对放大电路进行分析计算时，一定要遵循先"静态"后"动态"的原则。

【例8-4】 在图8.22（a）所示电路中，已知 $V_{CC} = 12V$，$R_B = 310k\Omega$，$R_C = 3k\Omega$，$R_L = 3k\Omega$，晶体管导通时的 $U_{BEQ} = 0.7V$，电流放大系数 $\beta = 50$，$r_{bb'} = 300\Omega$，试求解：

（1）静态工作点；

（2）$\dot{A}_u$、R_i 和 R_o。

【解】 （1）用估算法，根据式（8-6）、式（8-7）、式（8-8）可求得 Q 点参数为

$$I_{BQ} = \frac{V_{CC} - U_{BEQ}}{R_B} = \frac{12 - 0.7}{310 \times 10^3} A = 36.5 \mu A$$

$$I_{CQ} = \beta I_{BQ} = 50 \times 36.5 \times 10^{-6} A = 1.8mA$$

$$U_{CEQ} = V_{CC} - I_{CQ} R_C = (12 - 1.8 \times 10^{-3} \times 3 \times 10^3) V = 6.6V$$

（2）根据式（8-12）求出 r_{be}，取 $I_{EQ} \approx I_{CQ} = 1.8mA$，可得

$$r_{be} = r_{bb'} + (1+\beta)\frac{26mV}{I_{EQ}} = \left[300 + (1+50)\frac{26}{1.8}\right]\Omega \approx 1k\Omega$$

$$R_L' = R_C /\!/ R_L = \left(\frac{3 \times 3}{3+3}\right)k\Omega = 1.5k\Omega$$

根据式(8-13)、式(8-16)、式(8-17)可得

$$\dot{A}_u = -\beta \frac{R'_L}{r_{be}} = -50 \times \frac{1.5}{1} = -75$$

$$R_i \approx r_{be} = 1k\Omega$$

$$R_o = R_C = 3k\Omega$$

【例8-5】 在图8.23(a)所示放大电路中,已知 $V_{CC} = 12V$, $R_B = 370k\Omega$, $R_C = 2k\Omega$, $R_E = 2k\Omega$, $R_L = 3k\Omega$, 电流放大系数 $\beta = 80$, $r_{be} = 1k\Omega$, 晶体管导通时的 $U_{BEQ} = 0.7V$。

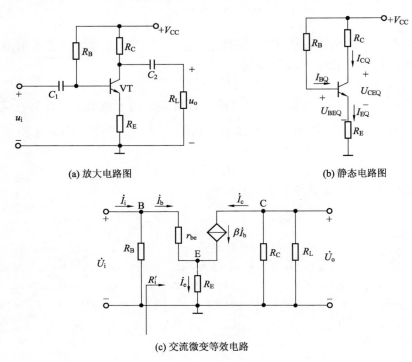

(a) 放大电路图

(b) 静态电路图

(c) 交流微变等效电路

图8.23 例8-5的图

试求:

(1) 静态工作点;

(2) $\dot{A}_u$、R_i、R_o。

【解】 (1) 用估算法求静态工作点。首先画出静态电路如图8.23(b)所示。由静态电路图可以列出下列关系式:

$$V_{CC} = I_{BQ}R_B + U_{BEQ} + I_{EQ}R_E$$

而 $I_{EQ} = (1+\beta)I_{BQ}$,所以可得

$$I_{BQ} = \frac{V_{CC} - U_{BEQ}}{R_B + (1+\beta)R_E} = \left(\frac{12-0.7}{370+81\times2}\right)mA = 21\mu A$$

$$I_{CQ} = \beta I_{BQ} = 80 \times 21 \times 10^{-6}A = 1.68mA$$

$$U_{CEQ} = V_{CC} - I_{CQ}(R_C + R_E) = (12 - 1.68 \times 10^{-3} \times 4 \times 10^3)\,V = 5.28V$$

（2）画出交流微变等效电路如图 8.23（c）所示。由图 8.23（c）可得

$$\dot{U}_i = \dot{I}_b[r_{be} + (1+\beta)R_E]$$

$$\dot{U}_o = -\dot{I}_c R'_L = -\beta \dot{I}_b R'_L$$

由此可求得电压放大倍数

$$R'_L = R_C /\!/ R_L = \left(\frac{2 \times 3}{2+3}\right)k\Omega = 1.2k\Omega$$

$$\dot{A}_u = \frac{\dot{U}_o}{\dot{U}_i} = -\frac{\beta R'_L}{r_{be} + (1+\beta)R_E} = -\frac{80 \times 1.2 \times 10^3}{1 \times 10^3 + 81 \times 2 \times 10^3} = -58.9$$

求放大电路的输入电阻时，可先求出 R'_i

$$R'_i = \frac{\dot{U}_i}{\dot{I}_b} = r_{be} + (1+\beta)R_E$$

则放大电路的输入电阻为

$$R_i = R_B /\!/ R'_i = R_B /\!/ [r_{be} + (1+\beta)R_E] = \{370 /\!/ [1 + (1+80) \times 2]\}k\Omega \approx 113k\Omega$$

放大电路的输出电阻为

$$R_o = R_C = 2k\Omega$$

8.5 静态工作点的稳定

从前面的分析可以看出，放大电路的静态工作点是否合适，直接关系到放大电路能否不失真地进行放大，而且还影响着放大电路的动态参数，因此一定要设置合适的静态工作点。但是由于放大电路中的放大器件晶体管是由半导体材料制成的，其导电性能极易受外界因素的影响，如环境温度的变化、电源电压的波动、器件的老化等都会引起晶体管参数的变化，从而造成静态工作点的不稳定，有时甚至使电路无法正常工作。实际上，在引起静态工作点不稳定的诸多因素中，温度变化对静态工作点的影响是最主要的。

8.5.1 温度变化对静态工作点的影响

如第 7 章所述，当温度变化时，晶体管的发射结电压 U_{BE} 及其他特性参数 I_{CEO}、β 都将随之变化，从而引起静态工作点的变化，主要影响如下。

【温度对Q点的影响】

1. 温度变化对 U_{BE} 的影响

如前所述，当温度升高时，U_{BE} 将减小，温度每升高 1℃，U_{BE} 减小 2～2.5mV。在基本共射放大电路中，由于 $I_{BQ} = (V_{CC} - U_{BEQ})/R_B$，$U_{BE}$ 的减小会使 I_{BQ} 增大，I_{CQ} 也将增大，使静态工作点上移。

2. 温度变化对 I_{CEO} 的影响

温度升高时，集电极反向饱和电流 I_{CBO} 上升，实验表明，温度每升高 10℃，I_{CBO} 增大

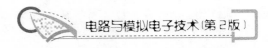

一倍左右，而穿透电流 $I_{CEO} = (1 + \beta)I_{CBO}$ 会上升更多，在 I_B 不变的情况下，将引起集电极电流 I_C 增大，使静态工作点上移。

3. 温度变化对 β 的影响

温度升高时，晶体管的 β 值将增大，实验表明，温度每升高 $1℃$，β 将增大 0.1% 左右，最高可增大到 2%。β 值的增大同样会在 I_B 不变的情况下，引起集电极电流 I_C 增大，使静态工作点上移。

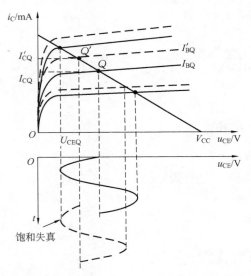

综上所述，温度升高时对晶体管参数的影响，将导致静态工作点向饱和区移动，从而引起放大电路产生饱和失真，如图 8.24 所示。所以，不仅要设置合适的静态工作点，还要想办法使静态工作点稳定。

稳定静态工作点的措施通常有两个：首先是要精选晶体管，选温度稳定性好的管子，即穿透电流小的管子。硅管的穿透电流较锗管的小，所以在同等条件下，应优先选硅管。但无论怎么精选管子，都不能杜绝温度变化对晶体管参数的影响，只是尽量减小而已。所以，除精选晶体管之外，还必须从电路上采取温度补偿措施。

前面所分析的基本共射放大电路为固定偏置电路，当温度发生变化时，它没有温度补偿作用，即温度变化时，它不能自动调节使静态工作点稳定。

图 8.24　温度变化对静态工作点的影响

因此，必须对电路进行改进。在实际应用中通常采用下面能够自动稳定静态工作点的电路。

8.5.2　典型稳定静态工作点的电路

1. 电路组成

典型稳定静态工作点的电路又称分压式电流负反馈偏置电路，其电路组成如图 8.25(a) 所示。其静态电路图如图 8.25(b) 所示。

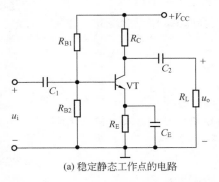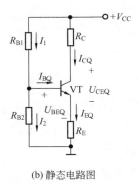

(a) 稳定静态工作点的电路　　　　　　(b) 静态电路图

图 8.25　典型稳定静态工作点的电路

与基本共射放大电路相比，电路中增加了 R_{B2}、R_E、C_E 这 3 个元件。各元件的作用是，R_{B2} 与 R_{B1} 组成分压式偏置电路，为晶体管基极电位提供合适的静态值。R_E 为发射极电阻，构成直流负反馈电路，当温度变化时其两端的电压发生变化，从而起调节作用稳定静态工作点。C_E 为发射极旁路电容，其作用是提高电压放大倍数，这在后面动态分析时将会看到。C_E 的取值一般为几十微法到几百微法。

要使放大电路能够稳定静态工作点，电路必须具备以下两个条件：一是 $I_2 \gg I_{BQ}$，一般应使 $I_2 \approx (5 \sim 10) I_{BQ}$；二是晶体管基极电位 $U_{BQ} \gg U_{BEQ}$，一般应使 $U_{BQ} \approx (5 \sim 10) U_{BEQ}$，通常 U_{BQ} 对硅管取 3~5V，锗管取 1~3V。

2. 稳定静态工作点的原理

在如图 8.25(b) 所示的静态电路图中，因为 $I_2 \gg I_{BQ}$，因此求基极电位时，可将 I_{BQ} 忽略不计，认为 $I_1 \approx I_2$，即基极电位 U_{BQ} 为

$$U_{BQ} \approx \frac{R_{B2}}{R_{B1} + R_{B2}} \cdot V_{CC} \tag{8-18}$$

式(8-18)说明，基极电位 U_{BQ} 只取决于分压电阻 R_{B1} 和 R_{B2} 对 V_{CC} 的分压，而与环境温度无关。即当温度变化时，基极电位 U_{BQ} 基本不变。

稳定静态工作点的原理如下。当环境温度升高时，集电极电流 I_{CQ} 增大，发射极电流 I_{EQ} 也将相应增大，使晶体管的发射结电压 $U_{BEQ} = U_{BQ} - I_{EQ}R_E$ 降低，由晶体管的输入特性曲线可知，当 U_{BE} 减小时，基极电流 I_{BQ} 将减小，于是 I_{CQ} 也随之减小，结果使静态工作点稳定。上述过程可表示如下：

$$T \uparrow \rightarrow I_{CQ} \uparrow \rightarrow Q \uparrow \rightarrow I_{EQ} \uparrow \rightarrow U_{BEQ} \downarrow (U_{BEQ} = U_{BQ} - I_{EQ}R_E) \rightarrow I_{BQ} \downarrow \rightarrow I_{CQ} \downarrow$$
$$Q \downarrow \longleftarrow$$

上述稳定过程是通过发射极电阻 R_E 的作用进行调节的，显然 R_E 越大，电路的稳定性越好。但是 R_E 增大后，其功率损耗也会增大，同时，R_E 的增大使 U_{CE} 减小，将导致晶体管的工作范围变窄。因此 R_E 不宜取得太大，在小电流工作状态下，R_E 的取值一般为几百欧到几千欧，当电流较大时，R_E 为几欧到几十欧。

3. 静态工作点的估算

由如图 8.25(b) 所示的静态电路可以求得：

基极电位为

$$U_{BQ} \approx \frac{R_{B2}}{R_{B1} + R_{B2}} \cdot V_{CC} \tag{8-19}$$

发射极电流为

$$I_{EQ} = \frac{U_{BQ} - U_{BEQ}}{R_E} \tag{8-20}$$

集电极电流为

$$I_{CQ} \approx I_{EQ} \tag{8-21}$$

基极电流为

$$I_{BQ} = \frac{I_{EQ}}{1+\beta} \qquad (8-22)$$

集电极与发射极之间的电压为

$$U_{CEQ} \approx V_{CC} - I_{CQ}(R_C + R_E) \qquad (8-23)$$

4. 动态参数的估算

先画出如图 8.25(a) 所示电路的交流微变等效电路，如图 8.26 所示。

由交流微变等效电路图不难看出，其电压放大倍数与基本共射放大电路完全相同，即

$$\dot{A}_u = \frac{\dot{U}_o}{\dot{U}_i} = -\beta \frac{R_L'}{r_{be}} \qquad (8-24)$$

式中 $R_L' = R_C // R_L$。

放大电路的输入电阻为

$$R_i = \frac{\dot{U}_i}{\dot{I}_i} = R_{B1} // R_{B2} // r_{be} \approx r_{be} \qquad (8-25)$$

放大电路的输出电阻为

$$R_o = R_C \qquad (8-26)$$

如果将发射极旁路电容 C_E 去掉，则如图 8.25(a) 所示放大电路的交流微变等效电路将变为如图 8.27 所示的电路。

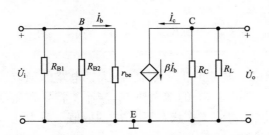

图8.26　图8.25(a)电路的交流微变等效电路

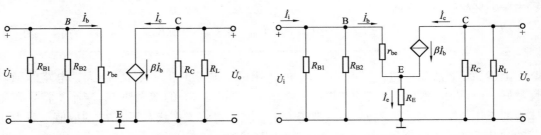

图8.27　图8.25(a)电路无旁路电容的交流微变等效电路

由图 8.27 可知

$$\dot{U}_i = \dot{I}_b r_{be} + \dot{I}_e R_E = \dot{I}_b r_{be} + \dot{I}_b(1+\beta)R_E$$

$$\dot{U}_o = -\beta \dot{I}_b(R_C // R_L)$$

电压放大倍数、输入电阻和输出电阻分别为

$$\dot{A}_u = \frac{\dot{U}_o}{\dot{U}_i} = -\frac{\beta R_L'}{r_{be} + (1+\beta)R_E} \quad (R_L' = R_C // R_L) \qquad (8-27)$$

$$R_i = \frac{\dot{U}_i}{\dot{I}_i} = R_{B1} // R_{B2} // [r_{be} + (1+\beta)R_E] \qquad (8-28)$$

$$R_o = R_C \tag{8-29}$$

由此可见，去掉旁路电容后，将使电压放大倍数大为降低。

特别提示

● 稳定静态工作点除了用上面所介绍的电路之外，还可以在电路中外加温度补偿元件，如二极管、稳压管等。

【例 8 - 6】 如图 8.25（a）所示，已知 $V_{CC} = 20V$，$R_{B1} = 120k\Omega$，$R_{B2} = 40k\Omega$，$R_C = 2k\Omega$，$R_E = 1k\Omega$，$R_L = 2k\Omega$，$\beta = 100$，$r_{bb'} = 300\Omega$，静态时 $U_{BEQ} = 0.7V$。试求：

（1）静态工作点；

（2）$\dot{A}_u$、R_i、R_o；

（3）若将 C_E 去掉，画出交流微变等效电路图，并求电压放大倍数 $\dot{A}_u$。

【解】（1）由式（8 - 19）、式（8 - 20）、式（8 - 21）、式（8 - 22）、式（8 - 23）可以求得

$$U_{BQ} \approx \frac{R_{B2}}{R_{B1} + R_{B2}} \cdot V_{CC} = \frac{40 \times 10^3}{120 \times 10^3 + 40 \times 10^3} \times 20V = 5V$$

$$I_{CQ} \approx I_{EQ} = \frac{U_{BQ} - U_{BEQ}}{R_E} = \frac{5 - 0.7}{1 \times 10^3}A = 4.3mA$$

$$I_{BQ} = \frac{I_{EQ}}{1 + \beta} = \frac{4.3 \times 10^{-3}}{1 + 100}A = 42.6\mu A$$

$$U_{CEQ} \approx V_{CC} - I_{CQ}(R_C + R_E) = [20 - 4.3 \times 10^{-3} \times (2 + 1) \times 10^3]V = 7.1V$$

（2）由式（8 - 12）可以求得

$$r_{be} = 300 + (1 + \beta)\frac{26}{I_{EQ}} = \left(300 + 101 \times \frac{26}{4.3}\right)\Omega = 910.7\Omega$$

由式（8 - 24）、式（8 - 25）和式（8 - 26）可以求得电压放大倍数为

$$\dot{A}_u = -\beta\frac{R'_L}{r_{be}} = -100 \times \frac{1 \times 10^3}{910.7} = -109.8$$

式中，$R'_L = R_C \mathbin{/\mkern-5mu/} R_L = \left(\frac{2 \times 2}{2 + 2}\right)k\Omega = 1k\Omega$。

输入电阻 $\qquad\qquad\qquad\qquad R_i = R_{B1} \mathbin{/\mkern-5mu/} R_{B2} \mathbin{/\mkern-5mu/} r_{be} \approx r_{be} = 1k\Omega$

输出电阻 $\qquad\qquad\qquad\qquad R_o = R_C = 2k\Omega$

（3）若将 C_E 去掉，交流微变等效电路图如图 8.27 所示，由式（8 - 27）得

$$\dot{A}_u = -\frac{\beta R'_L}{r_{be} + (1 + \beta)R_E} = -\frac{100 \times 1 \times 10^3}{910.7 + 101 \times 1 \times 10^3} = -0.98$$

由计算结果看出，去掉 C_E 后，电压放大倍数大大降低。

8.6 射极输出器的分析及其应用

如 8.3 节中所述，用晶体管构成放大电路时，有 3 种基本接法，即共射放大电路、共

集放大电路和共基放大电路。上面主要对共射放大电路进行了分析。本节以如图 8.28 所示电路为例，对共集放大电路进行讨论。

共集放大电路与共射放大电路的不同之处是，改集电极输出为发射极输出，故共集放大电路又称射极输出器。对于交流信号，由于输出电压 $u_o = u_i - u_{be} \approx u_i$，即输出电压与输入电压的大小和相位基本相同，故又称射极跟随器。

8.6.1　静态分析

首先画出共集放大电路的静态电路如图 8.29 所示。

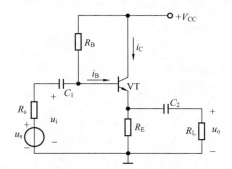

图 8.28　共集放大电路

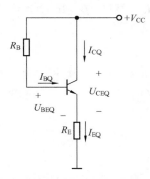

图 8.29　共集放大电路的静态电路

由静态电路可得计算静态工作点的公式如下：

$$I_{BQ} = \frac{V_{CC} - U_{BEQ}}{R_B + (1 + \beta) R_E} \tag{8-30}$$

$$I_{CQ} \approx I_{EQ} = (1 + \beta) I_{BQ} \tag{8-31}$$

$$U_{CEQ} = V_{CC} - I_{EQ} R_E \tag{8-32}$$

8.6.2　动态分析

首先画出共集放大电路的交流微变等效电路如图 8.30 所示。

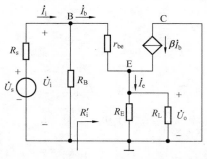

图 8.30　共集放大电路的微变等效电路

1. 电压放大倍数

由交流微变等效电路，可得电压放大倍数为

$$\dot{A}_u = \frac{\dot{U}_o}{\dot{U}_i} = \frac{\dot{I}_e R_L'}{\dot{I}_b r_{be} + \dot{I}_e R_L'} = \frac{(1 + \beta) R_L'}{r_{be} + (1 + \beta) R_L'} \tag{8-33}$$

式中 $R_L' = R_E /\!/ R_L$。

当输出端不带负载时，电压放大倍数为

$$\dot{A}_u = \frac{\dot{U}_o}{\dot{U}_i} = \frac{\dot{I}_e R_E}{\dot{I}_b r_{be} + \dot{I}_e R_E} = \frac{(1 + \beta) R_E}{r_{be} + (1 + \beta) R_E} \tag{8-34}$$

式(8-34)表明，共集放大电路输出电压与输入电压同相位。又由于通常 $\beta \gg 1$，$(1+\beta)R_E \gg r_{be}$，故 $\dot{A}_u \approx 1$。因此，共集放大电路无电压放大作用，其电压放大倍数约等于1。且电压放大倍数较共射放大电路小得多。

2. 输入电阻

共集放大电路的输入电阻为

$$R_i = R_B \mathbin{/\!/} R_i' = R_B \mathbin{/\!/} [r_{be} + (1+\beta)R_L'] \tag{8-35}$$

由式(8-35)看出，共集放大电路的输入电阻较基本共射放大电路的输入电阻高。

3. 输出电阻

求输出电阻时，可用除源法，即令输入信号源 $\dot{U}_S = 0$，在输出端外加一个电压 $\dot{U}_o$，在此电压下，所产生的电流为 $\dot{I}_o$，如图8.31所示。于是可以求得

$$\dot{I}_b = \frac{\dot{U}_o}{r_{be} + R_s'} \quad (R_s' = R_B \mathbin{/\!/} R_s)$$

$$\dot{I}_{RE} = \frac{\dot{U}_o}{R_E}$$

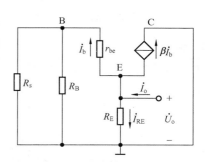

图8.31 求输出电阻的电路

$$\dot{I}_o = \dot{I}_b + \beta \dot{I}_b + \dot{I}_{RE} = (1+\beta)\dot{I}_b + \dot{I}_{RE}$$

据此，可以求得放大电路的输出电阻为

$$R_o = \left. \frac{U_o}{I_o} \right|_{\dot{U}_S = 0} = \frac{U_o}{\dfrac{U_o}{R_E} + (1+\beta)\dfrac{U_o}{r_{be} + R_s'}} = \frac{1}{\dfrac{1}{R_E} + (1+\beta)\dfrac{1}{r_{be} + R_s'}} = R_E \mathbin{/\!/} \frac{r_{be} + R_s'}{1+\beta} \tag{8-36}$$

由式(8-36)看出，共集放大电路的输出电阻较共射放大电路低得多。

8.6.3 射极输出器的应用

由前述分析不难看出，射极输出器具有输入电阻高、输出电阻低、输出电压与输入电压同相位、无电压放大作用但有电流放大作用等特点。因此，在多级放大电路中，射极输出器常被用作输入级、中间级或输出级。

1. 用作输入级

在多级放大电路中，第一级的输入电阻即为整个放大电路的输入电阻，将射极输出器作为输入级时，由于它的输入电阻高，从而提高了整个放大电路的输入电阻，因此放大电路从信号源取用的电流很小，减轻了信号源的负担，这对高内阻的信号源更有意义。另外，由于放大电路的输入电阻高，与信号源的内阻分压时，分到放大电路输入端的电压就大，使交流电压得到有效的传输。例如用在测量仪器中，可以提高测量的精度。

2. 用作中间级

在多级放大电路中，后一级的输入电阻即是前一级的负载电阻，而前一级是后一级的信号源。将射极输出器作为中间级时，由于它的输入电阻很高，就相当于前一级的等效负载电

阻提高了，从而使前一级的电压放大倍数得以提高；同时射极输出器又是后一级的信号源，由于它的输出电阻小，使后一级分到的输入电压增大，接收信号能力增强，从而提高了整个放大电路的电压放大倍数。实际上，射极输出器用作中间级时，起到了变换阻抗的作用。

3. 用作输出级

当射极输出器用作输出级时，由于它的输出电阻低，则当负载接入后，负载增大或减小时，输出电压的变化相对较小，因此说它带负载的能力较强，从而提高了多级放大电路带负载的能力。

【例 8 – 7】 在图 8.28 所示电路中，已知 $V_{CC} = 15V$，$R_B = 200k\Omega$，$R_S = 200\Omega$，$R_E = 3k\Omega$，$R_L = 3k\Omega$，晶体管的 $\beta = 80$，$r_{be} = 1k\Omega$，静态时 $U_{BEQ} = 0.7V$。试求：

（1）静态工作点；

（2）$\dot{A}_u$、R_i、R_o。

【解】 （1）由式（8 – 30）、（8 – 31）、（8 – 32）分别得

$$I_{BQ} = \frac{V_{CC} - U_{BEQ}}{R_B + (1+\beta)R_E} = \frac{15 - 0.7}{200 \times 10^3 + 81 \times 3 \times 10^3}A \approx 32.3 \mu A$$

$$I_{EQ} = (1+\beta)I_{BQ} = (1+80) \times 32.3 \times 10^{-6}A \approx 2.62mA$$

$$U_{CEQ} = V_{CC} - I_{EQ}R_E = (15 - 2.62 \times 10^{-3} \times 3 \times 10^3)V \approx 7.14V$$

（2）由式（8 – 33）可得电压放大倍数为

$$\dot{A}_u = \frac{(1+\beta)(R_E /\!/ R_L)}{r_{be} + (1+\beta)(R_E /\!/ R_L)} = \frac{(1+80) \times [(3 \times 3)/(3+3)] \times 10^3}{1000 + (1+80) \times [(3 \times 3)/(3+3)] \times 10^3} \approx 0.992$$

由式（8 – 35）可得输入电阻为

$$R_i = R_B /\!/ [r_{be} + (1+\beta)(R_E /\!/ R_L)] \approx 76k\Omega$$

由式（8 – 36）可得输出电阻为

$$R_o = R_E /\!/ \frac{r_{be} + R_S'}{1+\beta} \approx \frac{r_{be} + R_S}{1+\beta} = \frac{1000 + 200}{1+80}\Omega = 14.8\Omega$$

8.7 多级放大电路

在实际应用中，要放大的信号往往是很微弱的，如电视机、收音机中所接收到的电视台和电台信号，在恒温、恒压控制系统中所检测到的温度、压力的变化量等，要放大这种微弱信号，一级放大电路往往达不到要求，因此，一个实际放大电路是由多个单管放大电路组成的。在组成多级放大电路时，首先要解决的问题是级与级之间如何连接，也即多级放大电路的级间耦合问题。

8.7.1 多级放大电路的级间耦合方式

多级放大电路的级间耦合方式通常有直接耦合、阻容耦合、变压器耦合、光电耦合。

1. 直接耦合

直接耦合放大电路如图 8.32 所示。直接耦合放大电路的特点是，既能放大交流信号，

也能放大直流信号,同时便于制作集成电路。但直接耦合电路前级与后级之间存在直流通路,使得各级之间的静态工作点相互影响,使得分析、设计和调试比较麻烦。

2. 阻容耦合

阻容耦合放大电路如图 8.33 所示。前后两级之间通过电容 C_2 连接起来,C_2 称为耦合电容。耦合电容的取值一般比较大,通常为几微法到几十微法。阻容耦合放大电路的特点是,静态时,电容 C_2 可视为开路,从而使各级的静态工作点互不影响,各自独立,便于分析、设计和调试。动态时,对要放大的交流信号,电容 C_2 可视为短路,交流信号可以通畅流过,使交流信号得到有效的传输。但是,阻容耦合放大电路的低频特性差,不能放大变化缓慢的信号。因为当信号频率较低时,电容的容抗较大,电容两端的电压增大,交流信号损失过多,不能得到有效传输。此外,阻容耦合电路不便于制作集成电路。

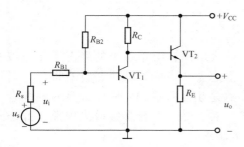

图 8.32 直接耦合放大电路

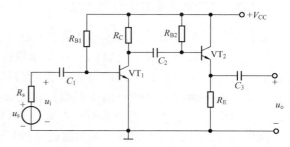

图 8.33 阻容耦合放大电路

3. 变压器耦合

变压器耦合放大电路如图 8.34 所示。变压器耦合方式的特点是,静态时,变压器绕组可视为短路,使各级的静态工作点互不影响,各自独立,便于调试。动态时,能使交流信号通畅传输,同时,由于变压器具有阻抗变换作用,可使放大电路与负载之间或者是放大器级与级之间进行阻抗匹配,以得到最佳的放大效果。但变压器耦合方式的低频特性较差,只能放大交流信号,不能放大变化缓慢的信号。并且,由于变压器体积大、笨重,不易集成化,因此变压器耦合方式一般只用于集成功率放大电路无法满足需要且用分立元件构成的功率放大电路中。

4. 光电耦合

光电耦合放大电路如图 8.35 所示。图中 LED 为发光二极管,VT_1 为光电晶体管。当

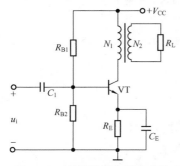

图 8.34 变压器耦合放大电路

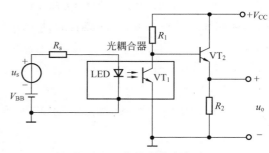

图 8.35 光耦合放大电路

电路处在静态时，由直流电源 V_{BB} 和 V_{CC} 分别为二极管和晶体管提供合适的静态电压、电流值。当有动态信号输入时，引起 LED 的电流发生变化，LED 发出光的强弱随即发生变化，从而使 VT_1 的集电极电流作线性变化，通过发射极电阻 R_2 将电流的变化转化成电压信号传输到下一级。图中采用 V_{BB} 和 V_{CC} 两个直流电源分别供电，是为了远距离传输信号时，增强抗干扰的能力。

光电耦合放大电路的特点是，以光为媒介实现电信号的传输，输入端与输出端没有直接的电的联系，因此能有效地抗干扰、除噪声，而且具有响应快、寿命长等特点。且信号在进行传输放大时无损耗，也不会引起信号失真。所以这种耦合方式得到了越来越广泛的应用。但是，由于光耦合器的传输功率比较小，使得电压放大倍数较低。

8.7.2　多级放大电路的分析方法

分析多级放大电路时，仍然要遵循"先静态""后动态"的原则。

进行静态分析时，对于阻容耦合和变压器耦合放大电路，由于各级的静态工作点彼此独立，所以，按照前面所讲的单级放大电路计算静态工作点的方法进行计算即可。对于直接耦合的多级放大电路，由于各级的静态工作点是相互联系的，所以计算时要综合考虑前后级电压、电流之间的关系，在此不作讨论。对于光电耦合多级放大电路，静态时，交流信号为零，只要根据直流电路的分析计算方法求解即可。

对多级放大电路进行动态分析时，应先画出各级放大电路的交流微变等效电路，然后根据不同的耦合方式将各级正确地连接起来，即为整个放大电路的交流微变等效电路。根据交流微变等效电路，求出电压放大倍数及输入、输出电阻。

多级放大电路的电压放大倍数等于各级电压放大倍数的乘积，即

$$\dot{A}_u = \dot{A}_{u1} \cdot \dot{A}_{u2} \cdot \dot{A}_{u3} \cdots \dot{A}_{un} \tag{8-37}$$

多级放大电路的输入电阻就是第一级放大电路的输入电阻。多级放大电路的输出电阻就是最后一级放大电路的输出电阻。

特别提示

- 计算各级电压放大倍数时，必须考虑后级对前级的影响，即后级的输入电阻是前级的负载电阻。
- 当共集放大电路作输入级时，它的输入电阻与第二级的输入电阻有关。
- 当共集放大电路作输出级时，它的输出电阻与前一级的输出电阻有关。

【例8-8】 如图 8.36 所示，已知晶体管的 $\beta_1 = \beta_2 = 100$，$r_{be1} = r_{be2} = 1\text{k}\Omega$，晶体管导通时 $U_{BE1Q} = U_{BE2Q} = 0.7\text{V}$。试求：

（1）静态工作点；

（2）电压放大倍数 $\dot{A}_u$、R_i、R_o。

【解】 （1）画出电路的静态电路如图 8.37 所示。静态工作点为

$$U_{BQ1} = \frac{V_{CC}R_{12}}{R_{12} + R_{B1}} = \frac{12 \times 20 \times 10^3}{(20 + 55) \times 10^3}\text{V} = 3.2\text{V}$$

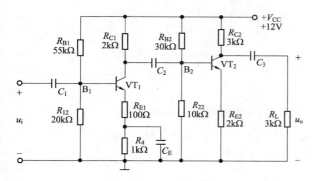

图 8.36 例 8-8 的图

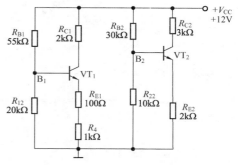

图 8.37 例 8-8 的静态电路图

$$I_{CQ1} \approx I_{EQ1} = \frac{U_{BQ1} - U_{BEQ1}}{R_{E1} + R_4} = \frac{3.2 - 0.7}{100 + 1000}A = 2.3mA$$

$$I_{BQ1} = \frac{I_{EQ1}}{1 + \beta} = \frac{2.3 \times 10^{-3}}{1 + 100}A = 22.8\mu A$$

$$U_{CEQ1} \approx V_{CC} - I_{CQ1}(R_{C1} + R_{E1} + R_4) = [12 - 2.3 \times 10^{-3} \times (2 + 0.1 + 1) \times 10^3]V = 4.9V$$

$$U_{BQ2} = \frac{V_{CC}R_{22}}{R_{22} + R_{B2}} = \frac{12 \times 10 \times 10^3}{(10 + 30) \times 10^3}V = 3V$$

$$I_{CQ2} \approx I_{EQ2} = \frac{U_{BQ2} - U_{BEQ2}}{R_{E2}} = \frac{3 - 0.7}{2000}A = 1.2mA$$

$$I_{BQ2} = \frac{I_{EQ2}}{1 + \beta} = \frac{1.2 \times 10^{-3}}{1 + 100}A \approx 12\mu A$$

$$U_{CEQ2} \approx V_{CC} - I_{CQ2}(R_{C2} + R_{E2}) = [12 - 1.2 \times 10^{-3} \times (3 + 2) \times 10^3]V = 6V$$

（2）交流微变等效电路如图 8.38 所示。

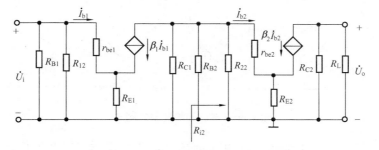

图 8.38 例 8-8 的交流微变等效电路图

电压放大倍数计算如下：

$$R_{i2} = R_{B2} /\!/ R_{22} /\!/ [r_{be2} + (1 + \beta_2)R_{E2}] = 30k\Omega /\!/ 10k\Omega /\!/ [1k\Omega + (1 + 100) \times 2k\Omega] \approx 10k\Omega$$

$$\dot{A}_{u1} = -\frac{\beta_1(R_{C1} /\!/ R_{i2})}{r_{be1} + (1 + \beta_1)R_{E1}} = -\frac{100 \times (2k\Omega /\!/ 10k\Omega)}{1000\Omega + 101 \times 100\Omega} = -15.15$$

$$\dot{A}_{u2} = -\frac{\beta_2(R_{C2} /\!/ R_L)}{r_{be2} + (1 + \beta_2)R_{E2}} = -\frac{100 \times (3k\Omega /\!/ 3k\Omega)}{1000\Omega + 101 \times 2000\Omega} = -0.75$$

$$\dot{A}_u = \dot{A}_{u1}\dot{A}_{u2} = (-15.1) \times (-0.75) = 11.3$$

放大电路的输入电阻为

$$R_i = R_{B1} /\!/ R_{12} /\!/ [r_{be1} + (1 + \beta_1)R_{E1}]$$

$$= 55k\Omega /\!/ 20k\Omega /\!/ [1k\Omega + (1 + 100) \times 100] \approx 6.3k\Omega$$

放大电路的输出电阻为

$$R_o = R_{C2} = 3k\Omega$$

8.8　差分放大电路

【热电偶】

　　在实际应用中，除需要放大交流信号外，经常还需要放大直流信号或者说变化缓慢的信号，比如空调及冰箱中的恒温控制，工业上压力及流量的自动控制等，所检测回来的信号都是变化缓慢的信号，而这些信号往往又是很微弱的信号，需要进行放大后才能驱动执行元件动作，以对温度或压力进行自动调节。对变化缓慢的信号进行放大时，如前所述，可以采用直接耦合放大电路。但是直接耦合放大电路除了静态工作点相互影响之外，还有一个更为严重的问题，就是存在零点漂移现象。

8.8.1　零点漂移

　　放大电路的输入电压 u_i 为零，而输出电压 u_o 不为零且变化缓慢的现象，称为零点漂移现象。零点漂移现象可由实验测出，将直接耦合放大电路的输入端短路，即输入信号 u_i 为零，用灵敏度较高的电压表测量输出电压 u_o，测出的输出电压 u_o 的波形如图 8.39 所示。

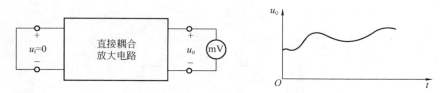

图 8.39　零点漂移现象的测试

　　产生零点漂移的原因主要是电源电压的波动、元器件老化引起的电路参数的变化、温度变化引起的晶体管参数的变化等。在诸多原因中，由温度变化所引起的半导体器件参数的变化是产生零点漂移的主要原因，所以零点漂移又称为温度漂移或简称温漂。

　　在多级直接耦合放大电路中，第一级的漂移影响最为严重，因为是直接耦合，第一级的漂移被逐级放大，以至于在输出端很难区分哪是有用信号、哪是漂移电压，导致放大电路不能正常工作。因此，要采取一定的措施抑制第一级放大电路的零点漂移。通常，克服零点漂移最有效的方法是在多级放大电路的第一级采用差分放大电路。

8.8.2 差分放大电路的组成及工作原理

1. 基本差分放大电路的组成

基本差分放大电路的组成如图 8.40 所示。基本差分放大电路是由两个单管放大电路对接而成，电路结构对称，理想情况下，两管的特性参数及对应电阻元件的参数值都相同，因而它们的静态工作点也必然相同。输入信号 u_{i1} 和 u_{i2} 由两管的基极输入，输出电压 u_o 则取自两管的集电极之间。由于电路有两个输入端，两个输出端，故又称为双端输入-双端输出的差分放大电路。

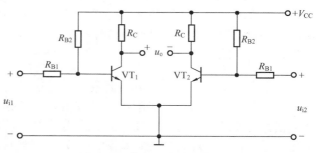

图 8.40 基本差分放大电路

2. 零点漂移的抑制

【差分电路零漂抑制原理】

当输入信号为零时，即 $u_{i1} = u_{i2} = 0$，由于电路结构对称，所以两管的集电极电流相等，即 $I_{C1} = I_{C2}$，因而两管的集电极电位相同，即 $U_{C1} = U_{C2}$，输出电压 $U_o = U_{C1} - U_{C2} = 0$。

当温度发生变化时，尽管两管的集电极电位变化，但由于两边电路完全对称，理想情况下，两管参数变化是相同的，所以两管集电极电流的变化量是相同的，即 $\Delta i_{C1} = \Delta i_{C2}$，因此各管的集电极电位的变化也相同，即 $\Delta u_{C1} = \Delta u_{C2}$，则输出电压为 $u_o = (U_{C1} + \Delta u_{C1}) - (U_{C2} + \Delta u_{C2}) = 0$。

可见，对基本差分放大电路而言，虽然温度变化会引起各管集电极电位的变化，但由于采用双端输出，电路参数理想对称，故由于温度变化而引起的输出变化量相互抵消，从而抑制了零点漂移。

3. 差分放大电路的输入信号与电压放大倍数

1）共模信号与共模电压放大倍数

一对大小相等、极性相同的信号，即 $u_{i1} = u_{i2}$，称为共模信号。共模信号用 u_{ic} 表示。当差分放大电路输入共模信号时，由于电路对称，两管的集电极对地电压相等，即 $u_{c1} = u_{c2}$，差分放大电路的输出电压 $u_o = u_{C1} - u_{C2} = 0$。

差分放大电路对共模信号的放大倍数称为共模电压放大倍数，用 A_c 表示。共模信号一般为干扰信号。另外，若把差分放大电路输出的漂移电压，折合到输入端，则可以将零点漂移视为由共模信号产生的。希望对共模信号的放大能力越小越好。共模放大倍数越小，抑制干扰信号和零点漂移的能力越强。显然，当电路结构完全对称时，差分放大电路的共模电压放大倍数 $A_c = 0$。

2）差模信号与差模电压放大倍数

一对大小相等、极性相反的信号，即 $u_{i1} = -u_{i2}$，称为差模信号，用 u_{id} 表示。当差分放大电路输入差模信号时，由于电路对称，两管的集电极对地电压大小相等，但极性相反，即 $u_{c1} = -u_{c2}$，差分放大电路的输出电压 $u_o = u_{c1} - u_{c2} = 2u_{c1}$。由此可见，差分电路对差模信号有一定的放大能力。

差分放大电路对差模信号的放大倍数称为差模电压放大倍数，用 A_d 表示。差模信号是要放大的有用信号，希望对差模信号的放大能力越大越好。

3）比较信号

一对大小不等、极性任意的信号，即 $u_{i1} \neq u_{i2}$，称为比较信号。通常可以将比较信号分解成一对共模信号和一对差模信号。

4. 共模抑制比

如上所述，对差分放大电路而言，差模信号是有用的信号，要求有较大的电压放大倍数；而共模信号则是一些干扰信号或由零点漂移等效的信号，因而要求对共模信号的放大倍数越小越好。为了衡量差分放大电路对差模信号的放大能力和对共模信号的抑制能力，通常把差分放大电路的差模电压放大倍数 A_d 与共模电压放大倍数 A_c 的比值，称为共模抑制比，用 K_{CMR} 表示

$$K_{CMR} = \left| \frac{A_d}{A_c} \right| \qquad (8-38)$$

显然 K_{CMR} 越大越好，在电路完全对称的情况下 $A_c = 0$，$K_{CMR} \to \infty$。但实际应用中电路不可能做到完全对称，所以 K_{CMR} 不可能为无穷大，只能使其值尽可能地大。

8.8.3 典型差分放大电路

在基本差分放大电路中，虽然由温度变化而引起各管集电极的电位变化，但由于采用双端输出形式，且电路参数具有对称性，使得由温度变化引起的输出变化量相互抵消，从而抑制了零点漂移。但是，在实际应用中，两管的特性参数不可能完全相同，电路结构也不可能完全对称，所以抑制零点漂移的效果并不十分理想。为了进一步提高电路对零点漂移的抑制能力，常采用典型差分放大电路。

1. 典型差分放大电路的组成

典型差分放大电路如图 8.41 所示。与基本差分放大电路相比，典型差分放大电路增加了发射极电阻 R_E 和负直流电源 $-V_{EE}$。发射极电阻 R_E 的作用是形成直流负反馈，进一步减小零点漂移。而直流电源 $-V_{EE}$ 是用来补偿 R_E 两端的电压降，从而获得合适的静态工作点。

R_E 对共模信号有明显抑制作用。当温度升高使 i_{C1}、i_{C2} 增大时，i_E 随之增大，通过电阻 R_E 的电流是 i_E 的 2 倍，引起发射极电位 u_E 的迅速升高，从而使两管的发射结电压 u_{BE1}、u_{BE2} 降低，进而限制了 i_{C1}、i_{C2} 的增加。显然，R_E 越大抑制零漂的效果越好。

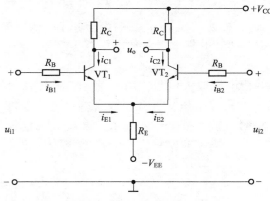

图 8.41 典型差分放大电路

对于差模信号 R_E 不起作用，因为当输入差模信号时，由于两管的输入信号大小相等而极性相反，所以 i_{E1} 增加多少，i_{E2} 就减少相同的数量，因此通过发射极电阻 R_E 的电流总量保持不变，即 R_E 对差模信号相当于短路。

2. 静态分析

典型差分放大电路的静态电路如图 8.42 所示。

由于电路结构对称，故设 $I_{BQ1} = I_{BQ2} = I_{BQ}$，$I_{CQ1} = I_{CQ2} = I_{CQ}$，$U_{CEQ1} = U_{CEQ2} = U_{CEQ}$，$\beta_1 = \beta_2 = \beta$。由晶体管的基极回路可得

$$I_{BQ}R_B + U_{BEQ} + 2I_{EQ}R_E = V_{EE} \tag{8-39}$$

显然

$$I_{BQ} = \frac{V_{EE} - U_{BEQ}}{R_B + 2(1+\beta)R_E} \tag{8-40}$$

$$I_{CQ} = \beta I_{BQ} \tag{8-41}$$

由式（8-39）可知，当忽略前两项时，$V_{EE} \approx 2I_{EQ}R_E$，即 $U_E \approx 0$，于是

$$U_{CEQ} = V_{CC} - I_{CQ}R_C - U_E \approx V_{CC} - I_{CQ}R_C \tag{8-42}$$

3. 动态分析

由于 R_E 对差模信号不起作用，可视为短路，由此可画出交流通路如图 8.43 所示。

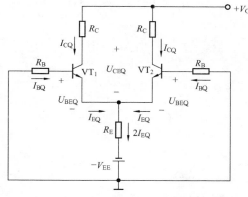

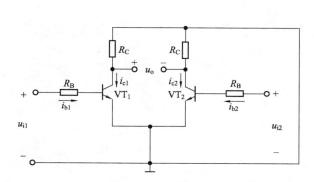

图 8.42 典型差分放大电路的静态电路图　　　　**图 8.43 典型差分放大电路的交流通路图**

由交流通路图 8.43 可知

$$u_{i1} = i_{b1}R_B + i_{b1}r_{be} = i_{b1}(R_B + r_{be})$$

$$u_{c1} = -i_{c1}R_C = -\beta i_{b1}R_C$$

由此可得差模电压放大倍数为

$$A_d = \frac{u_o}{u_{id}} = \frac{u_{c1} - u_{c2}}{u_{i1} - u_{i2}} = \frac{2u_{c1}}{2u_{i1}} = -\frac{\beta R_C}{R_B + r_{be}} \tag{8-43}$$

当在输出端即两管的集电极之间接入负载 R_L 时，电压放大倍数为

$$A_d = -\frac{\beta R_L'}{R_B + r_{be}} \tag{8-44}$$

式中，$R'_L = R_C /\!/ (R_L/2)$。因为当输入差模信号时，一管的集电极电位升高，另一管的集电极电位降低，而且升高与降低的数值相等，所以可以认为 R_L 中点处的电位为零，即相当于交流接"地"，所以每管各带一半的负载。

另外，当信号从 VT_1 管的集电极或 VT_2 管的集电极单端输出时，则电压放大倍数分别为

$$A_d = \frac{u_o}{u_{id}} = \frac{u_{c1}}{u_{i1} - u_{i2}} = \frac{u_{c1}}{2u_{i1}} = -\frac{1}{2} \times \frac{\beta R_C}{R_B + r_{be}} \quad （反相输出）$$

$$A_d = \frac{u_o}{u_{id}} = \frac{u_{c2}}{u_{i1} - u_{i2}} = -\frac{u_{c2}}{2u_{i2}} = \frac{1}{2} \times \frac{\beta R_C}{R_B + r_{be}} \quad （同相输出）$$

对于差分放大电路，单端输出时的电压放大倍数只有双端输出时的一半。

从两管的输入端向里看，差分放大电路的差模输入电阻为

$$R_{id} = 2(R_B + r_{be}) \tag{8-45}$$

两管集电极之间的输出电阻为

$$R_o = 2R_C \tag{8-46}$$

特别提示

- 对差分电路进行静态分析时，通过 R_E 的电流为 $2I_E$。
- 对差分电路进行动态分析时。对共模信号，通过 R_E 的电流为 $2I_E$。对差模信号，通过 R_E 的电流为零。

【例 8-9】 如图 8.41 所示。已知 $R_B = 1k\Omega$，$R_C = 10k\Omega$，$R_L = 5.1k\Omega$（图中未画出 R_L），$V_{CC} = 12V$，$V_{EE} = 6V$；晶体管的 $\beta = 100$，$r_{be} = 2k\Omega$。

(1) 为使 VT_1 管和 VT_2 管的发射极静态电流均为 $0.5mA$，R_E 的取值应为多少？VT_1 管和 VT_2 管的管压降 U_{CEQ} 等于多少？

(2) 计算 A_d、R_{id} 和 R_o。

【解】 (1) 由式(8-39)得

$$R_E \approx \frac{V_{EE} - U_{BEQ}}{2I_{EQ}} = \frac{6 - 0.7}{2 \times 0.5}k\Omega = 5.3k\Omega$$

由式(8-42)得

$$U_{CEQ} = V_{CC} - I_{CQ}R_C = (12 - 0.5 \times 10)V = 7V$$

(2) 由式(8-44)、式(8-45)、式(8-46)分别得

$$A_u = -\frac{\beta(R_C /\!/ R_L/2)}{R_B + r_{be}} = -\frac{100 \times [(10 \times 2.55)/(10 + 2.55)]}{1 + 2} \approx -68$$

$$R_{id} = 2(R_B + r_{be}) = 2 \times (1 + 2)k\Omega = 6k\Omega$$

$$R_o = 2R_C = 2 \times 10k\Omega = 20k\Omega$$

4. 差分放大电路的 4 种输入输出方式

从输入端看，差分放大电路有双端输入和单端输入之分，从输出端看，差分放大电

路有双端输出和单端输出之分。因此差分放大电路的输入、输出端可以有 4 种不同的接法，即双端输入-双端输出、双端输入-单端输出、单端输入-双端输出、单端输入-单端输出。对于如图 8.41 所示的典型差分放大电路，4 种不同接法时的特点如表 8 - 1 所示。

表 8 - 1 4 种差分放大电路的特点比较

电路接法	双入-双出	双入-单出	单入-双出	单入-单出
差模放大倍数 A_d	$-\dfrac{\beta R_C}{R_B + r_{be}}$	$\pm \dfrac{1}{2} \dfrac{\beta R_C}{R_B + r_{be}}$	$-\dfrac{\beta R_C}{R_B + r_{be}}$	$\pm \dfrac{1}{2} \dfrac{\beta R_C}{R_B + r_{be}}$
差模输入电阻 R_{id}	$2(R_B + r_{be})$	$2(R_B + r_{be})$	$2(R_B + r_{be})$	$2(R_B + r_{be})$
差模输出电阻 R_o	$2R_C$	R_C	$2R_C$	R_C

特别提示

● 在单端输出的差分放大电路中，存在零点漂移现象。

8.8.4 改进型差分放大电路

通过上面的分析知道，在典型差分放大电路中，发射极电阻 R_E 越大，抑制零点漂移的效果越好，但是 R_E 的增大是有限的。原因有两个，一是为保证放大电路具有合适的静态工作点，R_E 越大，直流负电源电压值 V_{EE} 就越大，而采用过高电压的电源是不现实的；二是在集成电路中难于制作大电阻。为此，可以用恒流源来代替 R_E，因为恒流源交流等效电阻很大，且直流电阻不太大。改进后的电路如图 8.44 所示。图中 R_P 是调零电位器，当电路结构不完全对称时，通过调节 R_P 的阻值使静态时的 u_o 为零。R_P 的阻值一般较小，在几十欧到几百欧之间。

由图 8.44 可以看出，所谓恒流源实际上就是一个由晶体管构成的单管放大电路。当晶体管 VT_3 工作在放大状态时，其输出特性的放大区呈现恒流的特性，即集电极电流 i_C 仅受基极电流 i_B 控制，与 u_{CE} 基本无关，当集电极电压有一个较大的变化量 Δu_{CE} 时，集电极电流 i_C 基本不变。此时晶体管 C - E 之间的等效电阻 $r_{ce} = \Delta u_{CE}/\Delta i_C$ 的值很大。因此用恒流源来代替发射极电阻 R_E，既解决了只用较低的电源电压就能为放大电路提供合适的静态工作点的问题，又解决了利用等效动态大电阻来有效抑制零点漂移的问题。因此，在集成运算放大器中常采用这种电路。实用中，常将图 8.44 画成如图 8.45 所示的简化画法的电路。对于改进型差分放大电路的分析计算，本书不作讨论，有兴趣的读者可参考其他书籍。

特别提示

● 可以证明，在理想情况下，无论是双端输出还是单端输出改进型差分放大电路的共模电压放大倍数为零，因此能够完全抑制零点漂移。

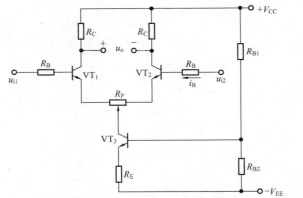

图 8.44　改进型差分放大电路

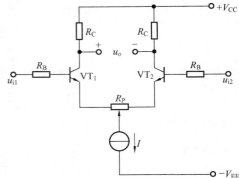

图 8.45　图 8.44 的简化电路

8.9　场效应晶体管放大电路

由于场效应晶体管的输入电阻较晶体管的输入电阻大得多，所以在一些要求具有高输入电阻的放大电路中，常用场效应晶体管放大电路作为多级放大电路的输入级。与晶体管相似，场效应晶体管放大电路也有 3 种基本接法，即共源放大电路、共栅放大电路和共漏放大电路，分别与晶体管的共射放大电路、共基放大电路和共集放大电路相对应。下面对共源放大电路和共漏放大电路进行分析。由于共栅放大电路很少采用，所以对共栅放大电路不予讨论。

8.9.1　共源放大电路

在用场效应晶体管组成共源放大电路时，常采用下面介绍的自给偏压电路和分压式偏置电路。

1. 自给偏压电路

自给偏压电路的组成如图 8.46 所示。电路中的 VT 是 N 型沟道耗尽型 MOS 管，其栅源电压 u_{GS} 为正、为负、为零的一定范围内都能正常工作，但一般应使其工作在负栅压状态。直流电源 V_{DD} 在源极电阻 R_S 上的分压可为场效应晶体管提供负栅压，以使它工作在恒流区。漏极电阻 R_D 的作用与共射放大电路中 R_C 的作用相同，将漏极电流 i_D 的变化转换成电压 u_{DS} 的变化，从而实现电压放大。R_D 的阻值一般为几十千欧。栅极电阻 R_G 用以构成栅源之间的直流通路，其阻值一般为 $200k\Omega \sim 10M\Omega$，若 R_G 太小，会影响放大电路的输入电阻。C_S 为旁路电容，其作用与晶体管放大电路中射极旁路电容 C_E 的作用相同。即静态时稳定静态工作点，动态时使电压放大倍数不会降低。C_1、C_2 为输入、输出耦合电容。

与晶体管放大电路一样，电路处在静态时，必须设置合适的静态工作点，电路才能正常工作。场效应晶体管放大电路中的静态工作点是指静态时的栅源电压 U_{GS}、漏极电流 I_D 和漏源之间的电压 U_{DS}。也可用图解法和估算法求静态工作点，本节采用估算法先画出静态电路如图 8.47 所示。

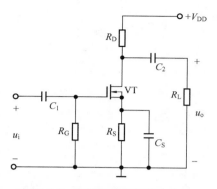

图 8.46 自给偏压共源放大电路

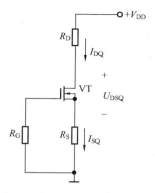

图 8.47 自给偏压电路的静态电路

在图 8.47 中，由于栅极电流为零，所以栅源之间的电压为

$$U_{GSQ} = U_{GQ} - U_{SQ} = 0 - I_{SQ}R_S = -I_{DQ}R_S \qquad (8-47)$$

与场效应晶体管的电流方程

$$I_{DQ} = I_{DSS}\left[1 - \frac{U_{GSQ}}{U_{GS(Off)}}\right]^2 \qquad (8-48)$$

联立求解，即可求得静态时的 U_{GSQ} 和 I_{DQ}。漏源电压 U_{DSQ} 为

$$U_{DSQ} = V_{DD} - I_{DQ}(R_D + R_S) \qquad (8-49)$$

特别提示

- 在自给偏压共源放大电路中，场效应晶体管 VT 不可以是 N 型沟道增强型 MOS 管，因为 N 型沟道增强型管在正常放大时，栅源之间的电压必须为正，电路无法提供。

2. 分压式偏置电路

分压式偏置电路的组成如图 8.48 所示。图中场效应晶体管 VT 为 N 型沟道增强型 MOS 管。实际上，VT 可以是任何类型的场效应晶体管。要使 N 型沟道增强型的管子工作在恒流区，栅源之间的电压 U_{GS} 应大于开启电压 $U_{GS(th)}$，漏源之间应加正向电压，且数值应足够大。为求解静态工作点，先画出静态电路如图 8.49 所示。

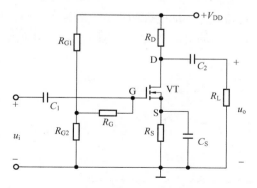

图 8.48 分压式偏置电路

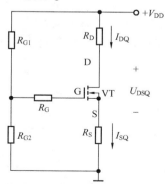

图 8.49 图 8.47 的静态电路

1）静态工作点

在图 8.49 所示电路中，由于栅极电流为零，所以栅极电位 U_G 为

$$U_{GQ} = \frac{R_{G2}}{R_{G1} + R_{G2}} V_{DD}$$

栅源之间的电压 U_{GSQ} 为

$$U_{GSQ} = U_{GQ} - U_{SQ} = \frac{R_{G2}}{R_{G1} + R_{G2}} V_{DD} - I_{SQ} R_S \qquad (8-50)$$

与场效应晶体管的电流方程

$$I_{DQ} = I_{DO} \left[\frac{U_{GSQ}}{U_{GS(th)}} - 1 \right]^2 \qquad (8-51)$$

联立求解，即可求得静态时的 U_{GSQ} 和 I_{DQ}。而漏源电压 U_{DSQ} 为

$$U_{DSQ} = V_{DD} - I_{DQ}(R_D + R_S) \qquad (8-52)$$

2）动态分析

与分析晶体管放大电路一样，进行动态分析时，也有图解法和交流微变等效电路法两种分析方法。这里只介绍交流微变等效电路法。

由于场效应晶体管栅源之间的电阻很大，因此在近似分析时，可以将栅源间视为开路。对于输出回路当场效应晶体管工作在恒流区时，漏极动态电流 i_d 几乎仅仅取决于栅源电压 u_{gs}，所以可将输出回路等效成一个电压控制的电流源。因此，与晶体管一样，在低频小信号时，可以将场效应晶体管用小信号等效电路表示，如图 8.50 所示。

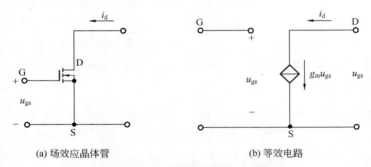

(a) 场效应晶体管　　　　　　　(b) 等效电路

图 8.50　场效应晶体管的微变等效电路

画出场效应晶体管的交流等效电路后，再将电路中的电容和直流电源视为短路，将其他元件照原结构接入电路。由此画出分压式偏置电路的交流微变等效电路如图 8.51 所示。

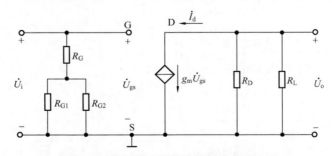

图 8.51　分压式电路的交流微变等效电路

由图 8.51 可以得出

$$\dot{U}_i = \dot{U}_{gs} \tag{8-53}$$

$$\dot{U}_o = -\dot{I}_D(R_D /\!/ R_L) = -g_m \dot{U}_{gs}(R_D /\!/ R_L) \tag{8-54}$$

由此,可得电压放大倍数为

$$\dot{A}_u = \frac{\dot{U}_o}{\dot{U}_i} = \frac{-g_m \dot{U}_{gs}(R_D /\!/ R_L)}{\dot{U}_{gs}} = -g_m(R_D /\!/ R_L) \tag{8-55}$$

不难看出,放大电路的输入电阻为

$$R_i = R_G + (R_{G1} /\!/ R_{G2}) \tag{8-56}$$

放大电路的输出电阻为

$$R_o = R_D \tag{8-57}$$

【例 8-10】 如图 8.52 所示,已知 $R_{G1} = 60\text{M}\Omega$,$R_{G2} = 20\text{M}\Omega$,$R_{G3} = 12\text{M}\Omega$,$R_D = R_L = 5\text{k}\Omega$,$R_S = 2\text{k}\Omega$,$V_{DD} = 15\text{V}$,$g_m = 1.5\text{mS}$。设静态值 $U_{GSQ} = -0.3\text{V}$。求:

(1)静态值 I_{DQ} 和 U_{DSQ};

(2)电路的输入电阻 R_i、输出电阻 R_o 和电压放大倍数 $\dot{A}_u$;

(3)若将电容 C_S 除去,画出交流微变等效电路图,并求出电压放大倍数 $\dot{A}_u$。

【解】 (1)因为

所示
$$U_{GQ} = \frac{V_{DD} \cdot R_{G2}}{R_{G1} + R_{G2}} = \frac{15 \times 20 \times 10^6}{60 \times 10^6 + 20 \times 10^6}\text{V} = 3.75\text{V}$$

$$I_{DQ} = \frac{U_{GQ} - U_{GSQ}}{R_S} = \frac{3.75 - (-0.3)}{2 \times 10^3}\text{A} \approx 2\text{mA}$$

$$U_{DSQ} = V_{DD} - I_{DQ}(R_D + R_S) = (15 - 2 \times 10^{-3} \times 7 \times 10^3)\text{V} = 1\text{V}$$

(2)放大电路的输入、输出电阻、电压放大倍数分别为

$$R_i = R_{G3} + (R_{G1} /\!/ R_{G2}) = \left(12 + \frac{60 \times 20}{60 + 20}\right)\text{M}\Omega = 27\text{M}\Omega$$

$$R_o = R_D = 5\text{k}\Omega$$

$$\dot{A}_u = -g_m R_D = -1.5 \times 10^{-3} \times 2.5 \times 10^3 = -3.75$$

(3)将电容 C_S 除去后的交流微变等效电路如图 8.53 所示。

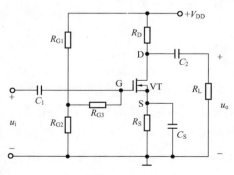

图 8.52 例 8-10 图

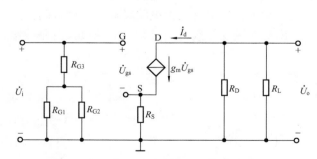

图 8.53 去掉 C_S 后的交流微变等效电路

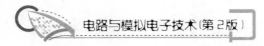

去掉 C_S 后，电压放大倍数为

$$\dot{A}_u = -\frac{g_m R_D}{1 + g_m R_S} = -\frac{1.5 \times 10^{-3} \times 2.5 \times 10^3}{1 + 1.5 \times 10^{-3} \times 2 \times 10^3} = -0.94$$

由本例可以看出，与晶体管的共射放大电路相比，场效应晶体管的共源放大电路的输入电阻较高，但它的电压放大倍数较共射放大电路小得多。因此，只有在要求输入电阻很高时才采用共源放大电路。

8.9.2 共漏放大电路

共漏放大电路又称为源极输出器，其电路组成如图 8.54 所示。该电路采用分压式偏置方式，其静态分析方法与图 8.48 的静态分析方法类似，所以不再重复。共漏放大电路的交流微变等效电路如图 8.55 所示。

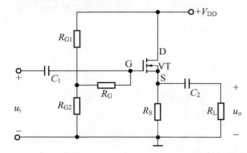

图 8.54　共漏放大电路

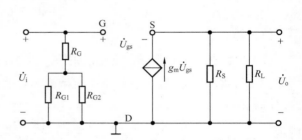

图 8.55　共漏放大电路的交流微变等效电路

由图 8.55 交流微变等效电路可知

$$\dot{U}_i = \dot{U}_{gs} + \dot{U}_o = \dot{U}_{gs} + g_m \dot{U}_{gs}(R_S /\!/ R_L) = (1 + g_m R_S')\dot{U}_{gs} \tag{8-58}$$

$$\dot{U}_o = g_m \dot{U}_{gs}(R_S /\!/ R_L) = g_m \dot{U}_{gs} R_S'$$

由此可得电压放大倍数为

$$\dot{A}_u = \frac{\dot{U}_o}{\dot{U}_i} = \frac{g_m R_S'}{1 + g_m R_S'} \tag{8-59}$$

式中，$R_S' = R_S /\!/ R_L$。

由此可见，共漏放大电路的电压放大倍数小于1，无电压放大能力。输出电压与输入电压同相位，故共源放大电路又称为源极跟随器。

由交流微变等效电路可知，共源放大电路的输入电阻为

$$R_i = R_G + (R_{G1} /\!/ R_{G2}) \tag{8-60}$$

求输出电阻时，可用除源法，即令输入电压 $\dot{U}_i = 0$，并断开负载电阻 R_L，在输出端外加一电压 $\dot{U}_o$，在此电压下产生电流 $\dot{I}_o$，如图 8.56 所示。由此可得

$$\dot{U}_{gs} = -\dot{U}_o$$

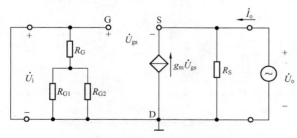

图 8.56　求输出电阻的电路

$$\dot{I}_{o} = \frac{\dot{U}_{o}}{R_{S}} - g_{m}\dot{U}_{gs} = \frac{\dot{U}_{o}}{R_{S}} + g_{m}\dot{U}_{o} = \left(\frac{1}{R_{S}} + g_{m}\right)\dot{U}_{o}$$

所以输出电阻为

$$R_{o} = \frac{\dot{U}_{o}}{\dot{I}_{o}} = \frac{1}{\frac{1}{R_{S}} + g_{m}} = R_{S} // \frac{1}{g_{m}} = \frac{R_{S}}{1 + g_{m}R_{S}} \tag{8-61}$$

由式（8-61）可见，共漏电路的输出电阻较共源电路小得多。

【例 8-11】 如图 8.54 所示，已知 $R_{G1} = 6M\Omega$，$R_{G2} = 3M\Omega$，$R_{G} = 2M\Omega$，$R_{L} = 5k\Omega$，$R_{S} = 2k\Omega$，$V_{DD} = 15V$，$g_{m} = 1.5mS$。试求电路的输入电阻 R_{i}、输出电阻 R_{o} 和电压放大倍数 $\dot{A}_{u}$。

【解】 由式（8-60）可知，放大电路的输入电阻为

$$R_{i} = R_{G} + (R_{G1} // R_{G2}) = \left(2 + \frac{6 \times 3}{6 + 3}\right)M\Omega = 4M\Omega$$

由式（8-61）可知，放大电路的输出电阻为

$$R_{o} = R_{S} // \frac{1}{g_{m}} = \frac{R_{S}}{1 + g_{m}R_{S}} = \frac{2 \times 10^{3}}{1 + 1.5 \times 10^{-3} \times 2 \times 10^{3}}\Omega = 500\Omega$$

由式（8-59）可知，放大电路的电压放大倍数为

$$\dot{A}_{u} = \frac{g_{m}R'_{S}}{1 + g_{m}R'_{S}} = \frac{1.5 \times 10^{-3} \times [(2 \times 5)/(2 + 5)] \times 10^{3}}{1 + 1.5 \times 10^{-3} \times [(2 \times 5)/(2 + 5)] \times 10^{3}} = 0.68$$

通过以上分析可知，共漏放大电路与晶体管的共集放大电路类似，具有输入电阻高、输出电阻低、电压放大倍数小于 1 且输出电压与输入电压同相位的特点。

 特别提示

- 场效应晶体管组成的放大电路与晶体管组成的放大电路相比，具有输入电阻高、温度稳定性好且便于集成化等特点。所以场效应晶体管放大电路被广泛应用于各种电子电路中。
- 画场效应晶体管放大电路的交流微变等效电路时，应注意栅源之间是开路的。

8.10 放大电路应用实例

在实际生活中，放大电路的应用非常广泛。下面介绍几种简单的实用电路。

8.10.1 家电防盗报警器

图 8.57 所示为一种家电防盗报警器电路。VS、R_{1} 和 SB 组成晶闸管触发开关电路；IC、R_{2}、VT_{1}、VT_{2} 和 BL 组成模拟警笛声电路。平时，按钮 SB 受到家用电器的压迫，使其两动断（常闭）触点断开，晶闸管 VS 无触发信号而阻断，报警器不工作。当家用电器被搬起时，SB 两触点自动闭合，VS 的触发端经 R_{1} 从电源正极获得触发信号，VS 导通，音响集成电路 IC 通电工作，其输出端输出的警笛声电信号经晶体管 VT_{1}、VT_{2} 作功率放大，驱动扬声器 BL 发出报警声。直到按下开关 SA，报警声才解除。

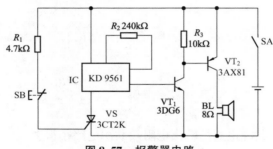

图 8.57　报警器电路

8.10.2　光控照明电路

图 8.58 所示为一种光控照明电路原理图。220V 交流电压经照明灯 EL 及桥式整流器后，输出脉动直流电压，作为正向偏压加在晶闸管 VS 及 R_1 支路上。白天，由于光线较亮，光敏二极管 VD 呈现低阻状态，使晶体管 VT 截止，其发射极无电流输出，VS 因无触发电流而不能导通。此时通过灯的电流较小而不能发光。当夜晚亮度较弱时，光敏二极管 VD 呈现高阻状态，VT 进入导通放大状态，进一步使晶闸管触发导通。此时通过灯的电流较大而使其发光。

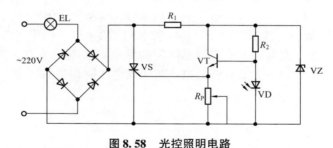

图 8.58　光控照明电路

8.10.3　水位自动控制电路

水位自动控制电路如图 8.59 所示。由水位传感电极控制电路、电动机(小离心水泵用)

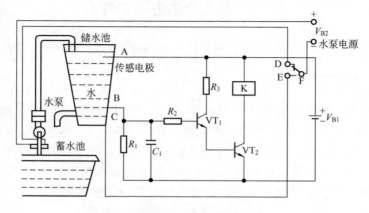

图 8.59　水位自动控制电路

和电源等组成。当水箱缺水时，水位低于 B 点，水位传感电极 A-B、B-C 之间由于没有被水淹没而开路，VT_1、VT_2 处于截止状态。继电器 K 线圈中无电流，因而继电器呈释放状态，继电器衔铁 F 与动断触点 D 接触，接通水泵电源 V_{B2}，小离心水泵电动机启动，向储水池供水。当水位上升至 A 点时，水位传感电极 A-B 之间被水淹没，产生基极偏置电流使得 VT_1、VT_2 导通放大，继电器吸合，动断触点断开，小离心水泵停止供水。此时，继电器衔铁 F 与动合触点 E 接触，水泵电源 V_{B2} 通过已接通的 F-E 与 C-B 之间能微弱导电的水，继续产生维持 VT_1、VT_2 导通所需的偏置电流，使继电器吸合。直到水位降至 B 点以下时，C-B 之间开路，VT_1、VT_2 截止，继电器释放，动断触点接通，小离心水泵开始供水。如此周而复始，完成水位的自动控制。

小　结

本章主要介绍了以下内容：

(1) 放大电路的组成原则。直流通路必须保证晶体管有合适的静态工作点；交流通路必须保证输入信号能够作用于放大电路的输入回路，并且能够使放大后的交流信号传送到放大电路的输出端。

(2) 分析放大电路的原则是"先静态""后动态"。静态分析主要是确定静态工作点，动态分析一是确定动态指标 $\dot{A}_u$、R_i 和 R_o，二是分析输出电压波形。

(3) 分析放大电路的方法有图解法、估算法或微变等效电路法。图解法就是利用晶体管的输入、输出特性曲线用作图的方法求解电路的静态工作点 Q，并分析电路参数对静态工作点的影响，动态图解分析主要是根据输入电压的波形画出输出电压的波形，从而分析静态工作点 Q 对输出电压波形失真情况的影响；图解法直观、形象，但较麻烦。估算法主要用于静态工作点的估算，它是根据直流通路图，运用直流电路的分析方法求解静态工作点，较图解法简单，应重点掌握。微变等效电路法是当输入信号较小时，将晶体管等效成线性元件，从而用线性电路的分析方法进行分析计算，只适用于小信号的情况。

(4) 晶体管和场效应晶体管的基本放大电路。晶体管的基本放大电路有共射、共集和共基这 3 种。共射放大电路输出电压与输入电压反相位，既有电流放大作用又有电压放大作用。共集放大电路输出电压与输入电压同相位，只能放大电流而不能放大电压信号，因它输入电阻高、输出电阻低，常被用作多级放大电路的输入级、中间级或输出级。

场效应晶体管的基本放大电路有共源、共漏和共栅这 3 种，分别对应于晶体管的共射、共集和共基放大电路，但比晶体管电路的输入电阻高。

(5) 多级放大电路有 4 种耦合方式，分别是直接耦合、阻容耦合、变压器耦合和光电耦合。多级放大电路的电压放大倍数等于各单级电压放大倍数的乘积；输入电阻等于第一级放大电路的输入电阻；输出电阻为最后一级放大电路的输出电阻。

(6) 差分放大电路结构对称，它能够有效地抑制零点漂移。差分放大电路对共模信号具有较强的抑制能力，而对差模信号具有一定的放大能力。对共模信号的抑制能力和对差模信号的放大能力用共模抑制比衡量，共模抑制比越大越好。差分放大电路具有 4 种输入-输出方式，分别是双端输入-双端输出、双端输入-单端输出、单端输入-双端输出、单端输入-单端输出。

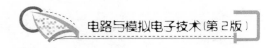

电子管及其放大电路

目前多数电子仪器设备中的放大电路，无论是分立元件还是集成放大电路，所用的放大器件大都是半导体器件，但放大电路最初所用的放大器件是电子管，称为电子管放大电路。大家所熟知的世界上第一台计算机所用的即电子管放大电路。虽然电子管具有体积大、功耗多的缺点，但是其工作的稳定性是半导体器件所望尘莫及的。且由于制作工艺水平的限制，半导体器件还存在稳定性较差、功率不够大及参数分散性较大(同一型号的管子性能参数差别较大)等弱点，以至于尚不能完全取代电子管，电子管放大电路尚未完全退出历史舞台，如广播电视发射设备中的放大电路。

电子管通常有二极电子管、三极电子管、五极电子管和束射四级管等。

二极电子管的主要结构是在高度真空的玻璃管壳内装有两个金属电极，阴极和阳极。二极电子管与晶体二极管一样，也具有单向导电性，可用于整流电路中。

三极电子管的主要结构是在高度真空的玻璃管壳内装有3个金属电极，阴极、阳极和栅极。三极电子管的阴极相当于晶体管的发射极，阳极相当于集电极，栅极相当于基极。三极电子管主要用于放大电路中，可组成单管放大电路，也可以组成阻容耦合、变压器耦合或直接耦合等形式的多级放大电路。三极电子管极间电容较大，放大系数较小。

五极电子管的构造是在三极电子管的基础上，又增加了两个栅极，是具有阴极、阳极和三个栅极的电子管。五极电子管与三极电子管相比，不仅极间电容大为减小，且放大倍数大为提高。五极电子管可用于中频及高频电压放大电路中。

束射四级管在结构上和五极电子管不同之处是少了一个栅极，另装置了一对和阴极相连的聚束板。束射四级管允许通过的电流较大，并且有较大的输出功率，常用于放大电路的最后一级作为功率放大电路。

习　题

8-1　单项选择题

(1) 如图8.60所示，当测量集电极电压 U_{CE} 时，发现它的值接近于电源电压，此时晶体管处于(　)状态。

　A. 截止状态　　　　B. 饱和状态　　　　C. 放大状态

(2) 在图8.60中，设 $V_{CC}=12V$，晶体管的饱和管压降 $U_{CES}=0.5V$。当 R_B 开路时，集电极电压 U_{CE} 应为(　)。

　A. 0V　　　　　　B. 0.5V　　　　　　C. 12V

(3) 如图8.61所示，晶体管不能工作在放大状态的原因是(　)。

　A. 发射结正偏　　　B. 集电结正偏　　　C. 发射结反偏

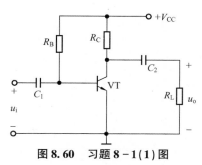

图8.60 习题8-1(1)图

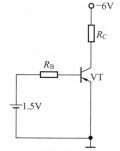

图8.61 习题8-1(3)图

(4) 用晶体管组成一单管放大电路,已知该放大电路输出电压与输入电压反相位,既能放大电流又能放大电压,则该电路是( )。

 A. 共基放大电路　　　 B. 共集放大电路　　 C. 共射放大电路

(5) 选用差分放大电路的原因是( )。

 A. 克服零点漂移　　　 B. 提高输入电阻　　 C. 稳定放大倍数

(6) 差分放大电路的差模信号是两个输入端信号的( ),共模信号是两个输入端信号的( )。

 A. 差　　　　　　　　 B. 和　　　　　　　 C. 平均值

(7) 用恒流源取代典型差分放大电路中的发射极电阻 R_E,是为了( )。

 A. 增大差模电压放大倍数　　　　　 B. 增强抑制共模信号的能力

 C. 增大差模输入电阻

(8) 直接耦合放大电路存在零点漂移的原因是( )。

 A. 电源电压不稳定　　　　　　　　 B. 晶体管参数受温度影响

 C. 电路参数的变化

8-2　判断题(正确的请在每小题后的圆括号内打"√",错误的打"×")

(1) 交流放大电路不需要外加直流电源,电路也能正常工作。 ( )

(2) 画交流通路时,可将直流电源视为短路,所以当电路处在动态时,直流电源不再工作。 ( )

(3) 共集放大电路既能放大电流,也能放大电压。 ( )

(4) 要使放大电路得到最大不失真输出电压,静态工作点应选在交流负载线的中点上。 ( )

(5) 在基本共射放大电路中,电路所带的负载电阻越大,输出电压就越大。 ( )

(6) 放大电路的失真都是由于静态工作点设置不合适引起的。 ( )

(7) 现测得两个共射放大电路空载时的电压放大倍数均为-100,将它们连成两级放大电路,其电压放大倍数应为10000。 ( )

(8) 阻容耦合多级放大电路各级的 Q 点相互独立。 ( )

(9) 直接耦合多级放大电路各级的 Q 点相互影响。 ( )

(10) 只有直接耦合放大电路中晶体管的参数才随温度而变化。 ( )

8-3　试画出图8.62(a)和(b)的直流通路和交流通路。

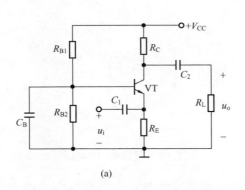

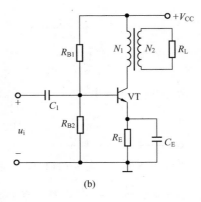

(a)   (b)

图 8.62   习题 8-3 图

8-4 放大电路如图 8.63(a) 所示，晶体管的输出特性及交、直流负载线如(b) 图所示，试求：

(1) 电源电压 V_{CC}、电阻 R_B、R_C 各为多少？

(2) 若输入电压 $u_i = 20\sin 314t$（单位为 mV），基极电流 i_B 的变化范围是 $20 \sim 60\mu A$，电压放大倍数 $\dot{A}_u$ 和输出电压 u_o 分别是多少？

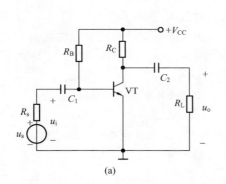

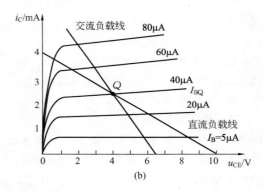

(a)   (b)

图 8.63   习题 8-4 图

8-5 在图 8.63(a) 中，已知 $V_{CC} = 12V$，$R_B = 225k\Omega$，$R_C = 3k\Omega$，$R_L = 3k\Omega$，晶体管的 $\beta = 50$，$r_{bb'} = 300\Omega$，静态时的 $U_{BEQ} = 0.7V$。试求：(1) 静态工作点；(2) $R_L = 3k\Omega$ 和 $R_L \to \infty$ 时的电压放大倍数 $\dot{A}_u$；(3) 放大电路的输入电阻 R_i 和输出电阻 R_o；(4) 若 $U_i = 15mV$，$R_s = 160\Omega$，则 U_s 是多少？

8-6 上题中，若保持其他参数不变，(1) 调整 R_B 使 $U_{CEQ} = 6V$，求 R_B 的值；(2) 若调整 R_B 使 $I_{CQ} = 4mA$，求 R_B 的值。

8-7 图 8.64 所示为一种利用温度变化时，二极管的反向电流会发生相应变化来稳定静态工作点的电路，试说明其稳定静态工作点的原理。

8-8 如图 8.65 所示，已知 $V_{CC} = 12V$，$R_{B1} = 51k\Omega$，$R_{B2} = 20k\Omega$，$R_C = 5k\Omega$，$R_E = 2.7k\Omega$，$R_L = 5k\Omega$，$\beta = 50$，$r_{bb'} = 200\Omega$，静态时 $U_{BEQ} = 0.7V$。

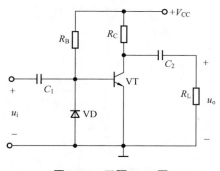

图 8.64　习题 8-7 图

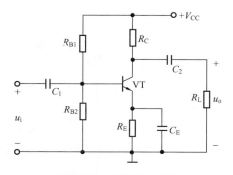

图 8.65　习题 8-8 图

（1）试估算静态工作点；

（2）画出电路的交流微变等效电路，并求 $\dot{A}_u$、R_i、R_o；

（3）若将 C_E 去掉，画出交流微变等效电路图，并求 $\dot{A}_u$、R_i、R_o。

8-9　在图 8.66 中，已知 $V_{CC}=10V$，$R_B=200k\Omega$，$R_E=5.4k\Omega$，$R_L=5.4k\Omega$，$\beta=40$，$r_{be}=1.4k\Omega$，信号源内阻 $R_s=200\Omega$，静态时 $U_{BEQ}=0.7V$。

（1）试估算静态工作点；

（2）画出电路的交流微变等效电路，并求 $\dot{A}_u$、R_i、R_o。

8-10　在图 8.67 中，若变压器绕组匝数 $N_1=200$ 匝，$N_2=100$ 匝，晶体管的 $\beta=50$，$r_{be}=1.1k\Omega$，负载电阻 $R_L=4k\Omega$，求电压放大倍数 $\dot{A}_u$。

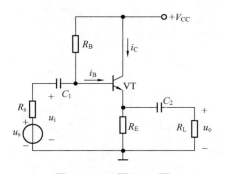

图 8.66　习题 8-9 图

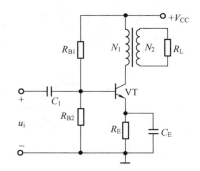

图 8.67　习题 8-10 图

8-11　如图 8.68 所示，已知 $V_{CC}=12V$，$R_B=300k\Omega$，$R_C=5k\Omega$，$R_E=5k\Omega$，晶体管的 $\beta=50$，$r_{be}=1.2k\Omega$，静态时 $U_{BEQ}=0.7V$。

（1）试估算电路的静态工作点；

（2）画出电路的交流微变等效电路；

（3）若 $u_i=20\sin314t$（单位为 mV），则输出电压 u_{o1}、u_{o2} 各是多少？

8-12　如图 8.69 所示，已知 $V_{CC}=15V$，$R_{B1}=20k\Omega$，$R_{B2}=5k\Omega$，$R_C=5k\Omega$，$R_E=2k\Omega$，$R_f=300\Omega$，$R_L=5k\Omega$，晶体管的 $\beta=100$，$r_{be}=1k\Omega$，静态时 $U_{BEQ}=0.7V$。

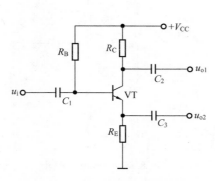

图8.68　习题8-11图

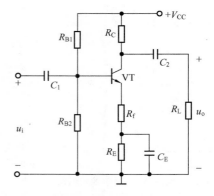

图8.69　习题8-12图

（1）试估算电路的静态工作点；

（2）画出电路的交流微变等效电路；

（3）求 $\dot{A}_u$、R_i、R_o；

（4）C_E 的作用是什么？

8-13　如图8.70所示，已知晶体管的 β 为80，r_{be} 为 $1.2\mathrm{k}\Omega$，场效应晶体管的 g_m 为 6mS；静态工作点合适。

（1）试画出电路的交流微变等效电路；

（2）求电压放大倍数 $\dot{A}_{u1}$、$\dot{A}_{u2}$、A_u；

（3）求输入电阻 R_i 和输出电阻 R_o。

8-14　如图8.71所示，电路参数理想对称，晶体管的 β 均为80，$r_{be}=1\mathrm{k}\Omega$，$R_B=20\mathrm{k}\Omega$，$R_C=10\mathrm{k}\Omega$，$R_P=200\Omega$。试求当 R_P 在中点时的电压放大倍数 A_u。

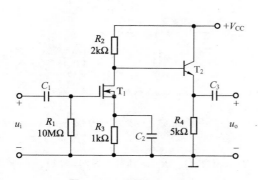

图8.70　习题8-13图

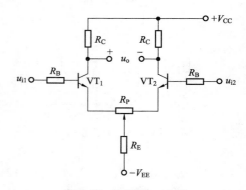

图8.71　习题8-14图

8-15　如图8.72所示，电路参数理想对称，晶体管的 β 均为80，$r_{be}=1\mathrm{k}\Omega$，$R_B=20\mathrm{k}\Omega$，$R_C=10\mathrm{k}\Omega$，$R_P=200\Omega$，试求当 R_P 在中点时的电压放大倍数 A_u。

8-16　如图8.73所示，电路参数理想对称，场效应晶体管 VT_1、VT_2 的低频跨导 g_m 均为4mS，$R_D=10\mathrm{k}\Omega$，$R_L=10\mathrm{k}\Omega$。试求电路的差模电压放大倍数 A_u。

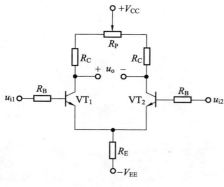

图 8.72 习题 8-15 图

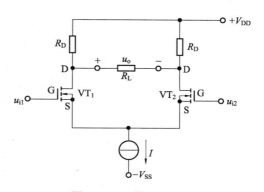

图 8.73 习题 8-16 图

8-17 图 8.74 所示电路为"一断即响"的防盗电路。使用时，将防盗线 L(很细的金属漆包线) 缠绕在防盗物上，然后接在电路的 C、D 两端。合上电源开关 S，当窃贼无意中弄断报警线 L 时，扬声器 B 即会发出"嘟……"的报警声来。试说明其工作原理。

8-18 图 8.75 所示为一自动灭火的自动控制电路。图中 S 是双金属复片式开关，当火焰烧烤到双金属复片时，复片趋于伸直状态而使得开关接通。M 是带动小风扇叶片旋转的电动机，小风扇对准火焰吹风时，使火焰熄灭。试说明其工作原理。

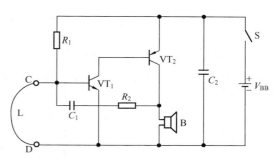

图 8.74 习题 8-17 图

8-19 图 8.76 所示为一自动关灯的控制电路，图中 KA 是直流继电器。当按下按钮 SB 后，灯 EL 点亮，经过一定时间后自动熄灭。试说明其工作原理。

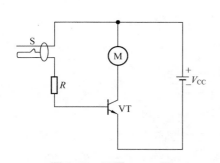

图 8.75 习题 8-18 图

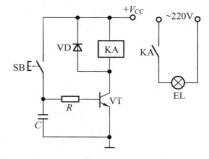

图 8.76 习题 8-19 图

【第8章自测试题
（多级放大电路）】

【第7-8章测试题】

第9章 功率放大电路

在实际应用中，有很多负载，如扬声器、电动机、继电器、仪表指针等必须要有足够大的功率才能推动它们正常工作。功率放大电路的主要任务就是尽可能地向这些负载提供足够大的输出功率，从而使这些负载能够正常工作。而在对信号功率进行放大之前，通常利用电压放大电路，将微弱的信号电压放大成幅度足够大的信号电压。因此，功率放大电路属于整个放大电路的末级或末前级。

本章首先介绍功率放大电路的特点；重点介绍实际中应用最多的 OTL 和 OCL 功率放大电路的工作原理；最大输出功率和转换效率是功率放大电路的两个主要技术指标，本章将围绕这两个主要的技术指标对功率放大电路展开讨论。

本章教学目标与要求

- 掌握对功率放大电路与电压放大电路的基本要求；了解功率放大电路的甲类、乙类和甲乙类 3 种工作状态的特点。
- 掌握 OTL 和 OCL 功率放大电路的工作原理。
- 了解功率放大电路的特点。

引例

甲和乙两人各拥有一台袖珍式收音机，用于收听广播电台的节目，且均采用两节 5 号电池供电。除功率放大电路部分不同外，其余部分电路均相同。为了省电，甲习惯于将收音机的音量调得尽量的低。可事与愿违，其收音机较早因电池电能的耗尽而无法使用，而尽管乙的收音机用时较长，却仍能继续使用。通过本章的学习，读者可以从中找到导致这种结果的答案。

9.1 功率放大电路的特点

功率放大电路(简称功放)与电压放大电路在工作原理上并没有本质的不同，均是利用了晶体管的电流放大作用，但由于功率放大电路和电压放大电路所担负的主要任务不同，故功率放大电路也就有着其本身的特点。对电压放大电路的基本要求是失真小、电压放大倍数大。对功率放大电路的基本要求是失真小、输出功率大、效率高，其具体要求论述如下。

1. 功率放大电路要有尽可能大的输出功率

功率放大电路的输出功率是指提供给负载的信号功率。若负载一定，则当输入为正弦信号且基本不失真时，功率放大电路的输出功率与输出电压和输出电流有效值的乘积呈正比，即 $P_o \propto U_o I_o$。要使输出功率 P_o 尽可能的大，必须使输出电压 U_o 和输出电流 I_o 均尽可能的大。而尽管电压放大电路的输出电压大，但由于其输出电流较小，故其输出功率并不大。

最大输出功率是指在电路参数一定时负载上可能获得的最大交流功率，用 P_{om} 来表示。

2. 功率放大电路要有尽可能高的效率

功率放大电路的输出功率较大，而其输出功率是通过晶体管的控制作用由直流电源转换而来的，为了提高电源的利用率，就要求功率放大电路要有尽可能高的转换效率。

转换效率 η 是指功率放大电路的输出功率 P_o 与电源所提供的直流功率 P_V 之比，即

$$\eta = \frac{P_o}{P_V} \tag{9-1}$$

要使转换效率 η 尽可能的高，一方面输出功率 P_o 要尽可能的大；另一方面电源所提供的直流功率 P_V 要尽可能的小。而在电压放大电路中，由于输出功率很小，故一般不考虑转换效率的问题。

3. 功率放大电路的功放管要接近于极限运用状态

要使功率放大电路的输出功率尽可能的大，其输出电压和输出电流的动态范围都要尽可能的大。即要求功率放大电路的功放管要接近于极限运用状态，但不能超出其如图 7.27 所示的安全工作区。由于信号的动态范围较大，就必须要考虑信号失真的问题，在实用电路中，通常采取引入交流负反馈的措施（详见第 11 章），以减少信号的非线性失真。

4. 不能采用微变等效电路法对功率放大电路进行分析

如前一章所述，放大电路的分析方法有微变等效电路法和图解法两种。由于功率放大电路的输出电压和输出电流的变化幅度较大，属于大信号，而在大信号工作状态下，放大管的非线性是不可忽视的，因此，在分析功率放大电路时不能采用微变等效电路法，而只能采用图解法。

9.2 变压器耦合功率放大电路

图 9.1 所示为基本的共射放大电路，R_L 为负载电阻。若输入为正弦信号，且信号能够不失真的加以放大，则当 R_L 很小时，负载的端电压很低；当 R_L 很大时，负载的端电压很高，但负载的电流却很小。故当 R_L 很小或很大时，R_L 均不会得到最大功率。可以想象，一定存在一个合适的负载电阻 R_L 能使其获得最大功率。实际上，像扬声器、继电器

等负载电阻都很小(约为几欧～几十欧)，这些负载不可能获得最大功率。另外，集电极直流负载电阻 $R_{\rm C}$ 要消耗功率，所以该电路的效率不可能很高。为了提高效率，可用变压器取代 $R_{\rm C}$，从而构成了变压器耦合单管功率放大电路，如图9.2所示，变压器的一次绕组串接在集电极电路中，根据变压器的阻抗变换公式得出的变压器一次侧的交流等效负载电阻 $R'_{\rm L} = n^2 R_{\rm L}$（$n$ 为变压器的电压比）可知，通过选择合适的电压比 n，即可实现最佳匹配，从而使负载 $R_{\rm L}$ 获得最大功率，同时也提高了效率。

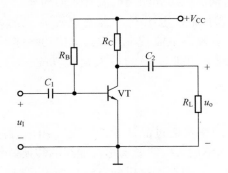

图 9.1　基本的共射放大电路

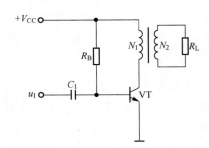

图 9.2　变压器耦合单管功放电路

9.2.1　变压器耦合单管功率放大电路

设输入为正弦信号，功放管的穿透电流 $I_{\rm CEO} \approx 0$。下面用图解法对变压器耦合单管功率放大电路进行分析。

若将变压器一次绕组的电阻忽略不计，则直流负载线是一条过点$(V_{\rm CC}，0)$且垂直于横轴的直线，如图9.3所示。直流负载线与 $I_{\rm B} = I_{\rm BQ}$ 的那条输出特性曲线的交点 Q 即为静态工作点。

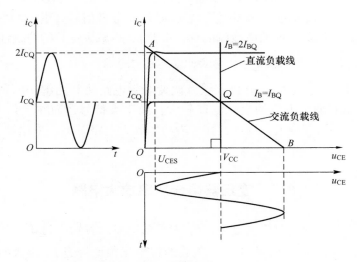

图 9.3　单管功放的图解法分析

若不计基极回路的损耗，则静态时电源所提供的直流功率为

$$P_V = V_{CC}I_{CQ} \qquad (9-2)$$

此时，该功率全被功放管（主要是集电结）所损耗。

过 Q 点作斜率为 $-1/R'_L$ 的交流负载线 AB。通过适当调节变压器的电压比 n 使 Q 点位于交流负载线 AB 的中点附近。若将 U_{CES} 忽略不计，则 Q 点即为交流负载线 AB 的中点。此时，B 点的坐标为 $(2V_{CC}, 0)$，A 点的坐标为 $(0, 2I_{CQ})$，R'_L 两端交流电压的最大值为 V_{CC}，所通过交流电流的最大值为 I_{CQ}，最大输出功率为

$$P_{om} \approx \frac{V_{CC}}{\sqrt{2}} \cdot \frac{I_{CQ}}{\sqrt{2}} = \frac{1}{2}V_{CC}I_{CQ} \qquad (9-3)$$

即等于三角形 OAB 面积的 1/4 倍。

电源所提供的直流功率 P_V 等于电源的电压 V_{CC} 和电源所输出电流的平均值 I_{AV} 之积，即

$$P_V = V_{CC}I_{AV} \qquad (9-4)$$

集电极电流为

$$i_C = I_{CQ} + i_c = I_{CQ} + I_{CQ}\sin\omega t$$

集电极电流的平均值为

$$I_{AV} \approx I_{C(AV)} = \frac{1}{T}\int_0^T (I_{CQ} + i_c)\,dt = I_{CQ} \qquad (9-5)$$

由式(9-4)和式(9-5)可以得出，动态时电源所提供的直流功率与式(9-2)相同。

综上所述，对于变压器耦合单管功率放大电路来讲，在输入信号的整个周期内，功放管均处于导通状态（导通角为 360°），称为甲类状态。功放管工作于甲类状态时，静态和动态时电源所提供的直流功率均如式(9-2)所示而保持不变。无输入信号时，电源所提供的直流功率全部被功放管所损耗，输出功率为零，效率为零；输入信号越大，输出功率越大，功放管的损耗越小，效率越高。由式(9-1)、式(9-2)、式(9-3)不难得出，变压器耦合单管功率放大电路的理想效率有 50%，但实际上是达不到的。

特别提示

● 对单管功放而言，输入信号越小，功放管损耗越大，效率越低。

通过上述分析可知，在引例中，由于甲的收音机所采用的功放是单管甲类的，所以，尽管将音量调低了，但只是做到输出交流功率的降低，而由于电源所提供的直流功率一定，故使功放管的损耗增大，转换效率降低，根本达不到省电的目的。

为了提高效率，一方面要增大输出信号的动态范围，以提高输出功率；另一方面要减少电源提供的直流功率。可以设想，静态工作点越低，集电极的静态电流 I_{CQ} 就越小，功放管的功耗就越小，电源所提供的直流功率就越小，效率就越高。若把静态工作点设置在横轴上，如图 9.4 所示，则集电极的静态电流 I_{CQ} 为零，即静态时功放管处于截止状态，功放管的功耗为零，静态时电源所提供的直流功率也为零；电源所提供的直流功率将随着输入信号的增大而增大，随着输入信号的减小而减小，这正是所期望的结果。在输入信号的整个周期内，功放管只有半个周期导通（导通角为 180°），称为乙类状态。当

功放工作于乙类状态时,虽然效率提高了,但是由于在输入信号的整个周期内功放管只有半个周期导通,在负载上只能得到半个波形的输出信号,而另外半个周期的信号被削掉,输出信号出现了严重的失真。为了能在负载上得到完整的正弦波,可以采用两只参数完全相同的功放管,使功放管在输入信号的正负半周内交替地导通,在负载上即能合成完整的正弦波,从而既提高了效率又避免了严重的失真。可以得出,乙类功放的理想效率为 $\pi/4$(即 78.5%)。

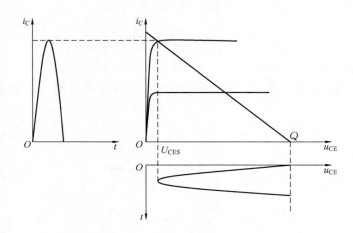

图9.4　功放的乙类工作状态

*9.2.2　变压器耦合乙类推挽功率放大电路

变压器耦合乙类推挽功率放大电路如图 9.5 所示。图中的 T_1 和 T_2 分别是带有中心抽头的输入变压器和输出变压器,VT_1 管和 VT_2 管的类型和参数完全相同。设 VT_1 和 VT_2 的死区电压和穿透电流均忽略不计,输入电压 u_i 为正弦信号。

当 u_i 为零时,VT_1 和 VT_2 均截止,其集–射极电压均为 V_{CC},电源提供的直流功率为

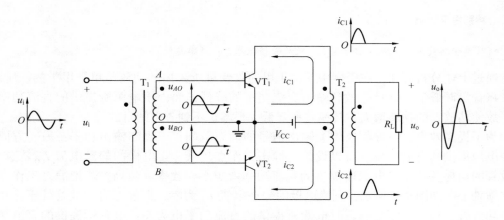

图9.5　变压器耦合乙类推挽功率放大电路

零，输出电压为零；当 $u_i > 0$，即 u_i 处于正半周时，VT_1 因正向偏置而导通，VT_2 因反向偏置而截止；当 $u_i < 0$，即 u_i 处于负半周时，VT_2 因正向偏置而导通，VT_1 因反向偏置而截止。这样就能在负载 R_L 两端得到完整的电压波形，同时获得交流功率。

两只类型相同的管子在电路中交替导通的方式称为"推挽"工作方式。两只参数相同的同类型管子称为推挽管。由于上述电路处于乙类工作状态，故称为乙类推挽功率放大电路。

若在输入信号的整个周期内功放管在大于半个周期小于一个周期的时间内导通（即管子的导通角大于 $180°$ 小于 $360°$），则称为甲乙类状态。

另外，为了降低功放管的功耗，以进一步提高功放的效率，可以采用如下两种方法：一种方法是，减少功放管在一个周期内的导通时间，以增大功放管的截止时间，使管子工作于丙类状态（即导通角小于 $180°$）；另一种方法是使管子工作于开关状态，即丁类状态。这样，当功放管截止时，其集电极电流几乎为零，而当功放管饱和时，其集-射极饱和电压降很低，管子的损耗均不大，从而使功放的效率得到了提高。但对工作于丙类和丁类状态的功放而言，由于输出信号产生了严重的失真，故必须要进行滤波等处理。通常，低频功放均采用甲乙类。

由于变压器具有笨重、体积大、效率低、不便于集成化且低频和高频特性差等诸多缺点，故目前很少采用，而无变压器的互补对称功率放大电路获得了广泛的应用。

9.3　互补对称功率放大电路

互补对称功率放大电路有：无输出变压器的互补对称功率放大电路（简称 OTL[①] 电路）和无输出电容的互补对称功率放大电路（简称 OCL[②] 电路），下面分别加以介绍。

【OTL电路工作原理】

9.3.1　OTL 电路

若用输出电容 C 来取代变压器耦合功放中的输出变压器，则可构成 OTL 电路，如图 9.6 所示。其中，VT_1 是 NPN 型管，VT_2 是 PNP 型管，VT_1 和 VT_2 管的参数相同、特性对称。设输入信号是正弦波，两只晶体管的死区电压和穿透电流均忽略不计。

静态时，应使两只晶体管的基极电位为 $V_{CC}/2$。由于电路结构对称，故发射极的静态电位为 $V_{CC}/2$，电容的端电压也为 $V_{CC}/2$，此时，两只晶体管的发射结电压均为零而处于截止状态，输出电压 $u_o = 0$。

若输入电压 u_i 处于正半周，则 VT_1 因正向偏置而导通，VT_2 因反向偏置而截止，电源 $+V_{CC}$ 给

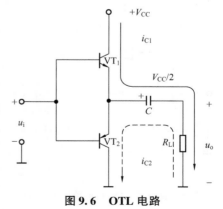

图 9.6　OTL 电路

---

① OTL 是英文 output transformerless（无输出变压器）的缩写。

② OCL 是英文 output capacitorless（无输出电容）的缩写。

电容充电，充电电流的方向如图 9.6 中实线所示；若输入电压 u_i 处于负半周，则 VT_2 因正向偏置而导通，VT_1 因反向偏置而截止，电容放电，放电电流的方向如图 9.6 中虚线所示。这样，在负载上就能合成完整的正弦波。正由于在输入信号的整个周期内，VT_1 和 VT_2 交替地导通，互相弥补对方的不足，故将这种方式称为"互补"工作方式，而将两只参数相同、特性对称但类型不同的管子称为互补管。由互补管构成的功率放大电路称为互补对称功率放大电路。

若输出电容选得足够大（一般为几千微法），则对于交流信号而言，电容可视为短路，电路为射极输出形式，故输出电压 u_o 约等于输入电压 u_i，即 $u_o \approx u_i$。由于电路采用了互补对称结构，故一方面提高了电路的带负载能力；另一方面也扩大了输出信号的动态范围。如图 9.4 所示，静态工作点 Q 的坐标为 $(V_{CC}/2, 0)$。输出电压 u_o 不失真时的最大值为 $(V_{CC}/2 - U_{CES1})^{[1]}$，有效值为

$$U_{om} = \frac{V_{CC}/2 - |U_{CES}|}{\sqrt{2}}$$

最大输出功率为

$$P_{om} = \frac{U_{om}^2}{R_L} = \frac{(V_{CC}/2 - |U_{CES}|)^2}{2R_L} \tag{9-6}$$

OTL 电路克服了变压器耦合功放的缺点。为了改善功放的低频特性，要求输出电容的容量越大越好，且采用电解电容。但是，一旦输出电容的容量增大到一定程度后，一方面会带来电解电容体积的增大；另一方面也会带来漏电阻和电感效应，反而不利于低频特性的进一步改善。

【OCL电路工作原理】

9.3.2 OCL 电路

OCL 电路如图 9.7 所示。电路采用双电源供电。与 OTL 电路相同，该电路也采用了互补对称结构和射极输出器形式。设输入信号是正弦波，两只互补管的死区电压和穿透电流均忽略不计。

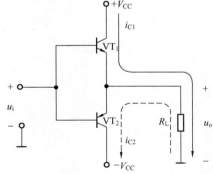

图 9.7 OCL 电路

静态时，两只晶体管的发射结电压均为零而处于截止状态，输出电压 $u_o = 0$。若输入电压 u_i 处于正半周，则 VT_1 因正向偏置而导通，VT_2 因反向偏置而截止，正电源 $+V_{CC}$ 供电，电流的方向如图 9.7 中实线所示；若输入电压 u_i 处于负半周，则 VT_2 因正向偏置而导通，VT_1 因反向偏置而截止，负电源供电，电流的方向如图 9.7 中虚线所示。这样，在负载上就能合成完整的正弦波，且 $u_o \approx u_i$。如图 9.4 所示，静态工作点 Q 的坐标为 $(V_{CC}, 0)$。输出电压

---

[1] 大功率功放管的集-射极饱和管压降 $|U_{CES}|$ 较大（通常为 2～3V），故一般不能忽略不计。

u_o 不失真时的最大值为 $(V_{CC} - U_{CES1})$，有效值为

$$U_{om} = \frac{V_{CC} - |U_{CES}|}{\sqrt{2}}$$

最大输出功率为

$$P_{om} = \frac{U_{om}^2}{R_L} = \frac{(V_{CC} - |U_{CES}|)^2}{2R_L} \qquad (9-7)$$

实际上，晶体管有死区电压。只有当输入电压 u_i 大于死区电压时，晶体管才导通；而当输入电压 u_i 小于死区电压时，晶体管是截止的。所以，当输入电压 u_i 过零时，输出电压将产生失真。由于这种失真发生在两晶体管交替导通的时刻，故称为交越失真，如图 9.8 所示。

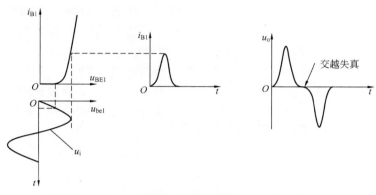

图 9.8 交越失真

如前所述的乙类推挽功放和 OTL 电路均存在交越失真，故不能成为实用电路。消除交越失真的方法是建立合适的静态工作点，以使功放管避开死区而处于临界导通状态或微导通状态，即让功放工作于甲乙类状态。消除交越失真的 OCL 电路如图 9.9(a) 所示。图中的两只二极管 VD$_1$ 和 VD$_2$ 与功放管采用同一种半导体材料。图 9.9(b) 为 VT$_1$ 管在 u_i 作用下的输入特性图解分析。

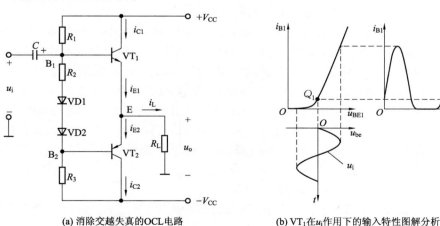

(a) 消除交越失真的OCL电路 (b) VT$_1$在u_i作用下的输入特性图解分析

图 9.9 消除交越失真的 OCL 电路及 VT$_1$ 的输入特性图解分析

静态时，由 $+V_{CC}$ 经 R_1、R_2、VD_1、VD_2 和 R_3 到 $-V_{CC}$ 构成一直流通路，并使两功放管的基极之间获得合适的静态电压 U_{B1B2}，从而使两只功放管均处于微导通状态。由于管子参数相同、特性对称，故负载上的静态电流 $I_L = I_{E1} - I_{E2} = 0$，输出电压 $u_o = 0$。

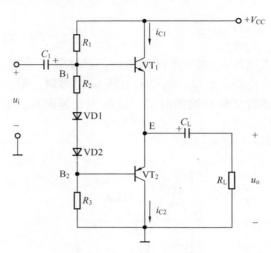

由于 VD_1 和 VD_2 的动态电阻很小，而电阻 R_2 的阻值也不大，故对于交流信号而言，两只互补管的基极之间相当于短路。动态时的工作情况不难进行分析。

如将图 9.9（a）所示电路接上输出电容，并将电源 $-V_{CC}$ 去掉，即将 $-V_{CC}$ 接地，采用单电源供电，就构成了消除交越失真的 OTL 电路，如图 9.10 所示。静态时，使两功放管的发射极 E 对地的电位为 $V_{CC}/2$，即电容 C_L 的端电压为 $V_{CC}/2$，并使两功放管的基极之间获得合适的静态电压 U_{B1B2}，从而使两功放管处于微导通状态。动态时的工作情况不难进行分析。

图 9.10　消除交越失真的 OTL 电路

 特别提示

- OCL 和 OTL 电路均属于互补对称电路，但 OTL 电路有输出电容，而 OCL 电路无输出电容；OCL 电路采用双电源供电，而 OTL 电路采用单电源供电（输出电容相当于电源）。
- 在 OCL 和 OTL 电路中，要防止两只互补管的基极之间出现虚焊或断路现象。因为一旦出现虚焊或断路的情况，就会使两互补管出现较大的基极直流电流，从而导致很大的集电极直流电流，以至于功放管因功耗过大而损坏。

由于推挽功放、OTL 和 OCL 功放的静态电流很小，功放管的损耗也很小，并且动态工作范围大，输出功率大，故功放的效率得到了提高。

需要指出，互补对称功放需要一对参数相同、特性对称的 PNP 型和 NPN 型的功放管，对于小功率的互补管，尚易配对。但是，对于大功率的互补管要配对就比较困难了，而选配一对参数相同、类型相同的功放管就比较容易。因此，可以采用复合管。

复合管（又称达林顿管），它由两只类型相同（NPN 型或 PNP 型）或类型不同（一只为 NPN 型，一只为 PNP 型）的晶体管构成。图 9.11 所示为由两只 NPN 型管所构成的一只 NPN 型复合管，图 9.12 所示为由一只 PNP 型和一只 NPN 型管所构成的一只 PNP 型复合管。

在构成复合管时，必须遵循两条原则：其一是必须保证每只管子都能工作在放大状态，并具有合理的电流通路；其二是要保证推动管（即第一只管子）的集电极电流或发射极电流等于输出管（即第二只管子）的基极电流。

下面以图 9.11 为例，讨论复合管的电流放大系数 β 与 VT_1、VT_2 的电流放大系数 β_1、β_2 之间的关系。

由图 9.11 不难看出，复合管 VT 的基极电流 i_B 等于推动管 VT_1 的基极电流 i_{B1}，复合

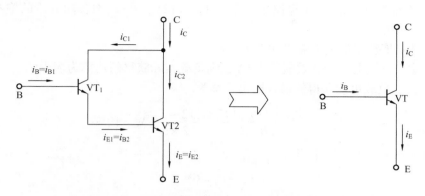

图9.11 两只 NPN 型管构成一只 NPN 型复合管

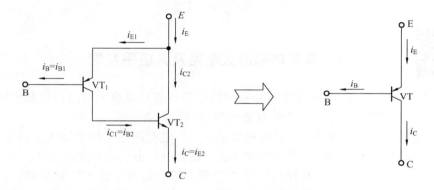

图9.12 由一只 PNP 型和一只 NPN 型管构成一只 PNP 型复合管

管 VT 的集电极电流 i_C 等于 VT$_1$ 和 VT$_2$ 的集电极电流之和，复合管的发射极电流 i_E 等于 VT$_2$ 的发射极电流 i_{E2}，而 VT$_2$ 的基极电流 i_{B2} 等于推动管的发射极电流 i_{E1}，故有

$$i_C = i_{C1} + i_{C2} = \beta_1 i_{B1} + \beta_2 i_{B2} = \beta_1 i_{B1} + \beta_2 i_{E1} = \beta_1 i_{B1} + \beta_2(1 + \beta_1) i_{B1}$$
$$= \beta_1 i_B + \beta_2(1 + \beta_1) i_B = (\beta_1 + \beta_2 + \beta_1 \beta_2) i_B$$

因为 $\beta_1 \beta_2 \gg (\beta_1 + \beta_2)$，所以上式可改写为

$$i_C \approx \beta_1 \beta_2 i_B \tag{9-8}$$

式(9-8)表明，由两个晶体管所构成复合管的电流放大系数约等于各个晶体管电流放大系数的乘积。可见，采用复合管作功率管，不但提高了电流放大系数，只要用很小的基极电流，就可以控制很大的输出电流，而且解决了大功率管的配对问题。

在图 9.11 中，推动管为 NPN 型，复合管也为 NPN 型；在图 9.12 中，推动管为 PNP 型，复合管也为 PNP 型。由此可见，复合管的类型是由推动管的类型决定的，而与输出管的类型无关。

若将图 9.9(a) 和图 9.10 中的晶体管 VT$_1$ 和 VT$_2$ 分别用图 9.11 和图 9.12 中的复合管代替，则从输出端看两个复合管的输出管均为同类型的 NPN 型晶体管。这种具有同一类型输出管的电路称为准互补电路。

【例9-1】 在如图9.9(a)所示电路中，已知 $V_{CC}=12V$，$R_L=5\Omega$，功放管的饱和管压降 $|U_{CES}|=2V$。试求：

(1) 负载可能获得的最大输出功率 P_{om}。

(2) 若输入正弦电压的有效值约为6V，则负载实际获得的功率为多少？

【解】 (1) 负载可能获得的最大输出功率为

$$P_{om} = \frac{(V_{CC}-|U_{CES}|)^2}{2R_L} = \frac{(12-2)^2}{2\times5}W = 10W$$

(2) 因电路采用射极输出形式，故有

$$U_o \approx U_i = 6V$$

所以，负载实际获得的功率为

$$P_o = \frac{U_o^2}{R_L} = \frac{36}{5}W = 7.2W$$

【LM386内部电路】

9.4 集成功率放大电路及其应用实例

OTL 和 OCL 电路是应用得最多的功率放大电路，且其集成电路均有多种型号。本节将以 LM386 型为例对集成功放进行简单介绍。

LM386 是一种音频集成功放，具有外接元件少、电源电压工作范围大、静态功耗低、电压放大倍数可调等优点，广泛应用于收音机、录音机和小型放大设备之中。

LM386 由输入级、中间级和输出级这3个基本部分组成。输入级是双端输入、单端输出的差分放大电路；中间级是共射放大电路；输出级是 OTL 电路。因此，采用单电源供电，并需外接输出电容。LM386 内部引入了深度的串联电压负反馈，使电路具有稳定的电压放大倍数。

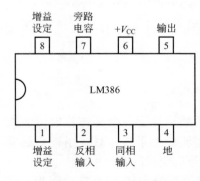

图9.13　LM386 的引脚排列

LM386 的引脚排列如图9.13所示。在实用电路中，引脚⑦与引脚④(地)之间接旁路电容(通常取 $10\mu F$)，以提高电路的电压放大倍数；引脚①和引脚⑧为增益设定端，若在引脚①和引脚⑧之间外接不同阻值的电阻(必须串联一个大容量的电容)，则可改变电压放大倍数 A_u 的大小，A_u 的调节范围为 $20\sim200$，因而增益 $20\lg|A_u|$ 的调节范围为 $26\sim46dB$。当引脚①和引脚⑧之间开路时，电压放大倍数最小($A_u\approx20$)；当引脚①和引脚⑧之间对交流信号相当于短路(只接一个大电容)时，电压放大倍数最大($A_u\approx200$)；引脚②为反相输入端，引脚③为同相输入端。

图9.14所示为某收音机中由 LM386 构成的一种实用集成功放。图中的 C_1 为隔直电容，起隔断直流传递交流的作用；R_P 为音量调节电位器，调节之可以改变扬声器音量的大小；由 R_1、C_2 构成低通滤波电路，以滤去高频干扰信号；C_3 为去耦电容，用来滤去电源的高频交流成分；C_4 使 LM386 引脚①和引脚⑧之间的交流等效电阻为0，此时，电压

放大倍数最大，$A_u \approx 200$；C_5 为旁路电容，其作用是保证有较高的电压放大倍数，并兼有消除自激振荡等作用；R_2、C_6 起相位补偿作用，以消除自激振荡，并改善负载的频率特性；C_7 为芯片内部 OTL 电路的外接输出电容。该电路的最大输出功率约为 1W。

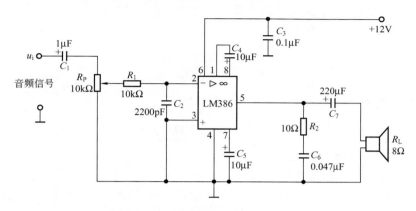

图 9.14　LM386 在收音机中的应用

集成功放的参数很多，主要参数有：最大输出功率、电源电压范围、电源静态电流、电压增益、通频带宽度、输入阻抗、输入偏置电流和总谐波失真系数等。这些参数均可在手册中查到，在选用时必须加以注意。另外，还应特别注意电路的类型，若是 OTL 电路，则应采用单电源供电方式，并需外接输出电容；若是 OCL 电路，则应采用双电源供电。

小　结

功率放大电路属于整个放大电路的末级或末前级。本章主要介绍了功率放大电路的特点、组成及其工作原理，重点介绍了实际应用最多的 OTL 和 OCL 电路。

1. **功率放大电路的特点**

（1）功率放大电路要有尽可能大的输出功率。

（2）功率放大电路要有尽可能高的效率。

（3）功率放大电路的功放管要接近于极限运用状态。

（4）不能采用微变等效电路法对功率放大电路进行分析。

2. **功率放大电路功放管的工作状态**

在低频功放中，功放管的工作状态有 3 种，即甲类工作状态、乙类工作状态和甲乙类工作状态。

单管功放的功放管工作于甲类状态。尽管输出信号不失真，但最大输出功率小，转换效率低。

乙类功放的功放管工作于乙类工作状态。但只能输出半个周期的波形，因而失真大。为避免输出信号失真，可以采用一对参数相同、特性对称的两只互补管，从而构成 OTL 和 OCL 电路，使两只互补管交替导通，从而在负载上合成完整的信号波形。

由于晶体管有死区而存在交越失真，故乙类功放不能作为实用电路。通过建立合适

的静态工作点，使两只功放管工作于甲乙类状态，可以消除交越失真，从而构成了实用的 OTL 和 OCL 电路。

3. 功率放大电路的最大输出功率和效率

甲类功放的理想效率为 50%；乙类功放的理想效率为 78.5%。

OTL 电路的最大输出功率为

$$P_{\text{om}} = \frac{U_{\text{om}}^2}{R_L} = \frac{(V_{\text{CC}}/2 - |U_{\text{CES}}|)^2}{2R_L}$$

OCL 电路的最大输出功率为

$$P_{\text{om}} = \frac{U_{\text{om}}^2}{R_L} = \frac{(V_{\text{CC}} - |U_{\text{CES}}|)^2}{2R_L}$$

4. OTL 和 OCL 电路的型号

OTL 和 OCL 均有多种型号的集成电路，只需外接少量元件即可构成实用电路。

知识链接

数字功放简介

传统的音频功放(如 OTL 和 OCL 电路)均属于模拟功放，由于所处理的信号是模拟信号，故不可避免地存在效率低、非线性失真和瞬态互调失真、过载能力差等缺点。

数字功放是新一代高保真的功放系统，其原理框图如图 9.15 所示。

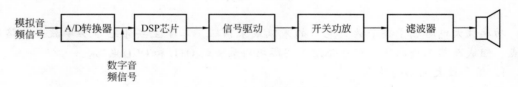

图 9.15　数字功放原理框图

数字功放的基本工作原理为：先将模拟音频信号通过内部将模拟信号转换到数字信号的转换电路(A/D 转换器)得到数字音频信号，再通过专用音频数字信号处理芯片(DSP 芯片)进行码型变换后，便得到所需要的音频数字编码格式 [若有 DVD 机、PCM(脉冲编码调制)录音机等现成的数字音源，则可直接将音频数字信号送给 DSP 芯片进行处理]，再经过数字驱动电路送给开关功率放大电路(丁类功放)进行功率放大，最后将功率脉冲信号通过滤波器滤波便得到模拟音频信号。

由于数字功放所处理的信号为数字信号，功放管工作于开关状态，无须引入深度的负反馈、也无须进行相位补偿、输出电阻很低(一般不超过 0.2Ω)，故数字功放的效率高(可高达 90% 以上)、不存在非线性失真和瞬态互调失真、过载能力和抗干扰能力强，从而可达到高保真的音质效果，可广泛地应用于数字设备(如数字电视机)中，具有广阔的发展和应用前景。

习 题

9-1　单项选择题

（1）功放的最大输出功率是指在电路参数一定、输入为正弦信号、且输出基本不失真时负载可能获得的最大（　　　）。

　　A. 直流功率　　　　　　B. 交流功率　　　　　C. 平均功率

（2）功放的效率是指（　　　）。

　　A. 输出的交流功率与电源所提供的直流功率之比

　　B. 输出的交流功率与功放管所损耗功率之比

　　C. 输出的直流功率与电源所提供的平均功率之比

（3）下列说法中错误的是（　　　）。

　　A. 可以用图解法确定静态工作点

　　B. 可以用图解法求电压放大电路的电压放大倍数

　　C. 可以用图解法分析放大电路的失真情况

　　D. 可以用微变等效电路法求功放的电压放大倍数

（4）甲类功放的理想效率为（　　　）。

　　A. 50%　　　　　　　　B. 78.5%　　　　　　C. 87.5%

（5）乙类功放存在的失真为（　　　）。

　　A. 饱和失真　　　　　　B. 截止失真　　　　　C. 交越失真

（6）提高功放效率的根本途径为（　　　）。

　　A. 减小电源所提供的直流功率

　　B. 增大输入信号的幅值

　　C. 缩短功放管的导通时间

（7）由两个晶体管所构成复合管的类型由（　　　）决定。

　　A. 推动管　　　　　　　B. 输出管　　　　　　C. 推动管和输出管共同

（8）实用 OCL 和 OTL 电路的功放管均工作于（　　　）状态。

　　A. 甲类　　　　　　　　B. 乙类　　　　　　　C. 甲乙类

9-2　判断题（正确的请在每小题后的圆括号内打"√"，错误的打"×"）

（1）功放的主要任务是向负载提供尽可能大的功率。　　　　　　　　　　（　　）

（2）任何放大电路均具有功率放大作用。　　　　　　　　　　　　　　　（　　）

（3）对于甲类功放而言，输出功率越小，电源所提供的直流功率就越小。（　　）

（4）对于甲类功放而言，输出功率越小，功放管的损耗就越大，效率就越低。（　　）

（5）对于甲类功放，输入信号的幅值越小，失真越小；而对于乙类功放，输入信号的幅值越小，失真反而越明显。　　　　　　　　　　　　　　　　　　　　（　　）

（6）乙类功放中功放管的基极静态电流为零。　　　　　　　　　　　　（　　）

（7）复合管的共射电流放大系数 β 值约等于两管的 β_1、β_2 之和。　　　（　　）

（8）复合管的类型只取决于推动管，而与输出管的类型无关。　　　　　（　　）

**9-3　试分别说明对电压放大电路和功率放大电路的基本要求。在电压放大电路中为

什么一般不考虑效率的问题？

9-4　OTL功率放大电路如图9.16所示，若电源电压 $V_{CC}=18V$，负载电阻 $R_L=8\Omega$，功放管的参数理想对称，不计功放管的死区电压，负载电阻获得的最大功率 $P_{om}=2.5W$。

（1）试说明功放管的工作状态；

（2）求功放管的基极静态电位 U_B；

（3）求功放管的饱和管压降 $|U_{CES}|$。

9-5　功率放大电路如图9.17所示，已知电源电压 $V_{CC}=12V$，负载电阻 $R_L=8\Omega$，若不计功放管的死区电压、饱和管压降和穿透电流。

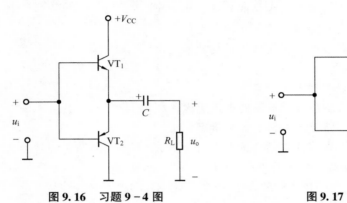

图9.16　习题9-4图　　　　　图9.17　习题9-5图

（1）试说明电路的名称和功放管的工作状态；

（2）求负载的最大输出功率 P_{om} 和电源所提供的直流功率 P_V。

9-6　在如图9.18所示电路中，已知 $V_{CC}=16V$，$R_L=4\Omega$，VT_1 和 VT_2 管的饱和管压降 $|U_{CES}|=2V$，输入电压足够大。试问：

（1）负载的最大不失真输出电压 U_{om} 和最大输出功率 P_{om} 为多少？

（2）为了使输出功率达到 P_{om}，输入电压的幅值约为多少？

（3）试说明 VD_1 和 VD_2 的作用。

9-7　电路如图9.19所示，电源电压 $V_{CC}=12V$，功放管 VT_1 和 VT_2 的参数理想对称，且其饱和管压降 $|U_{CES}|=2V$，直流功耗忽略不计，负载电阻 $R_L=8\Omega$。

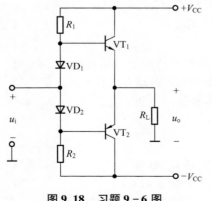　　　　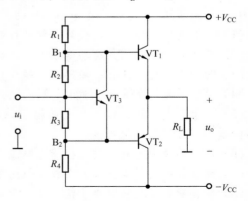

图9.18　习题9-6图　　　　　图9.19　习题9-7图

（1）试推导出功放管 VT_1 和 VT_2 基极之间的静态电压 U_{B1B2} 与 VT_3 发射结电压 U_{BEQ3} 间的关系式，并说明由 R_2、R_3 和 VT_3 所构成的电路在整个电路中所起的作用；

（2）求负载可能获得的最大功率 P_{om}；

（3）当 $u_i = 8\sin\omega t$ V 时，负载实际获得的输出功率 P_o 为多少？

9-8　如何判断集成功放的内部电路是 OTL 电路还是 OCL 电路？

9-9　为什么功放管有时用复合管？试简述复合管的构成原则。

9-10　图 9.20 所示电路为一未画全的准互补对称功率放大电路。已知电源电压 $+V_{CC} = +24V$，负载电阻 $R_L = 4\Omega$，要求：

（1）将晶体管 $VT_1 \sim VT_4$ 的图形符号补画完整，并在图中标出电容 C_1 和 C_2 极板的极性，使之构成一个完整的准互补功率放大电路。

（2）若输入电压幅值足够大，则电路的最大输出功率为多少？（设功放管的饱和管压降可忽略不计。）

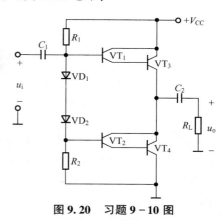

图9.20　习题9-10图

【第9章自测试题】

第10章

集成运算放大器

本章首先介绍了集成运算放大器基本组成和电压传输特性，进而讨论了运算放大电路的分析方法。重点讨论了基本运算电路的分析方法，并对集成运算放大器的实际使用进行了介绍。

本章教学目标与要求

- 理解集成运算放大器的电压传输特性，理解集成理想运算放大器的基本分析方法。
- 理解基本运算电路（比例、加减、微分和积分运算电路）的工作原理并掌握其分析方法。
- 理解电压比较器的工作原理和应用。
- 了解集成运算放大器的基本组成及主要参数的意义。
- 了解集成运算放大器的使用要点。

引例

世界上第一台电子计算机的体积非常庞大，占据了 $167m^2$ 的大厅。如今的手提式计算机可以用手提，手掌式计算机可以放在手心里。最初的计算机与当今的计算机体积之所以相差如此之大，是因为当今有了集成电路。目前大多数电子仪器设备都离不开集成电路，如由 AD590 组成

【电子计算机】的测温电路，将温度信号转换成电流信号，电流信号再经过转换、运算、放大并以电压形式输出，用电压表来对应显示温度。在这里，集成运算放大器起了重要的作用，实际上已经成为模拟电子电路中最重要的元器件之一。通过本章的学习，我们可以对集成运算放大器的应用有一个基本的认识。

10.1　集成运算放大器简介

运算放大器实际上是一种具有高放大倍数、高输入电阻和低输出电阻的多级直接耦合放大电路。运算放大器自 20 世纪 40 年代开始出现，主要用在模拟计算机中，进行线性

和非线性计算。集成运算放大器具有体积小、质量轻、性能好、功耗低、可靠性高等优点，自20世纪60年代第一个集成运算放大器问世以来，迅速得到了广泛应用，范围也超出了模拟计算机的界限，而在信号运算、处理、测量及波形产生等方面都得到了广泛应用。

10.1.1　集成运算放大器的组成

集成运算放大器(简称集成运放)一般都包括输入级、中间级、输出级这3个主要组成部分，如图10.1所示。

【集成运放组成】

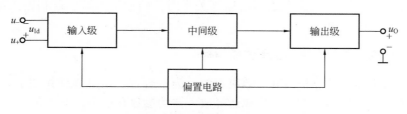

图10.1　集成运算放大器的组成

输入级是集成运算放大器性能质量的关键。要求其输入电阻高、共模抑制比高、零点漂移小，一般由差分放大电路构成。

中间级主要为集成运算放大器提供放大倍数，一般由共射放大电路组成，其放大倍数很高，可达几万倍甚至几十万倍。

输出级一般由射极输出器或互补对称放大电路组成，要求输出足够大的电压和电流，且输出电阻小、带负载能力强。

偏置电路一般由恒流源组成，为集成运算放大器各级放大电路提供合适而且稳定的静态工作点。

在应用集成运算放大器时，需要明确其引脚的用途，而不需要过分关注其内部结构。图10.2所示为集成运算放大器F007(5G24、F741、μA741)型的引脚功能和电路形态。

【集成运放芯片】

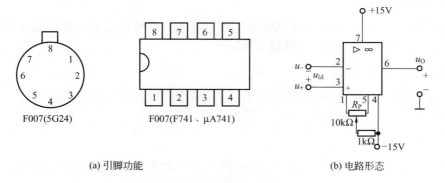

(a) 引脚功能　　　　　　　　(b) 电路形态

图10.2　集成运算放大器的引脚功能和电路形态

各引脚功能说明如下：

2脚为反相输入端，在图形符号(电路形态)中用"－"表示。若在此输入端加信号时，则在输出端得到与之反相的输出信号。

3 脚为同相输入端，在图形符号（电路形态）中用"＋"表示。若在此输入端加信号时，则在输出端得到与之同相的输出信号。

4 脚为负电源端。

7 脚为正电源端。

6 脚为输出端。

1 脚和 5 脚用来外接调零电位器（通常为 10kΩ）。

8 脚为空。

在分析集成运放输出和输入之间的运算关系时，同相输入端、反相输入端和输出端的电压均指对地之间的电压。

10.1.2 集成运算放大器的主要性能指标

集成运算放大器的性能是由其参数决定的。为了合理、正确地使用集成运算放大器，必须了解集成运算放大器的参数。集成运算放大器的参数有很多，下面介绍其主要参数。

1. 开环放大倍数 A_{uo}

在没有外部反馈时，电路的差模电压放大倍数称为开环放大倍数，用 A_{uo} 表示，即

$$A_{uo} = \left| \frac{u_O}{u_+ - u_-} \right| = \left| \frac{u_O}{u_{Id}} \right| \tag{10-1}$$

开环放大倍数越大，所构成的集成运放电路越稳定，运算精度也越高。A_{uo} 一般为 $10^4 \sim 10^7$。

2. 输入失调电压 U_{IO}

理想的集成运算放大器，当输入电压为零（即 $U_+ = U_- = 0$）时，输出电压 $U_O = 0$。实际的集成运算放大器由于元件参数的不完全对称，当输入为零时，$U_O \neq 0$。要使 $U_O = 0$，需要在输入端加入补偿电压，这个补偿电压就称为输入失调电压，用 U_{IO} 表示，U_{IO} 一般为几毫伏。显然 U_{IO} 越小越好，F007 的 U_{IO} 为 $2 \sim 10\text{mV}$。

3. 输入失调电流 I_{IO}

输入电压为零时，流入放大器两个输入端的静态基极电流之差，称为输入失调电流，用 I_{IO} 表示。I_{IO} 一般为微安级，其值越小越好。

4. 输入偏置电流 I_{IB}

输入电压为零时，流入放大器两个输入端的静态基极电流的平均值，称为输入偏置电流，用 I_{IB} 表示。I_{IB} 一般为微安级，其值越小越好。

5. 最大输出电压 U_{OPP}

在输出不失真条件下，最大输出电压值称为最大输出电压，用 U_{OPP} 表示。F007 的 U_{OPP} 约为 $\pm 12\text{V}$。

6. 最大共模抑制输入电压 U_{ICM}

集成运算放大器具有对共模信号的抑制性能，但该性能是在规定的共模输入电压范

围内才具备，其最大允许值即为最大共模抑制输入电压，用 U_{ICM} 表示。如果共模输入电压超出这个范围，则放大器的共模抑制性能就会下降，甚至造成器件损坏。F007 的 U_{ICM} 约为 ±12V。

7. 共模抑制比 K_{CMR}

集成运算放大电路开环差模放大倍数与开环共模放大倍数之比就是共模抑制比，用 K_{CMR} 表示，其数值常用分贝(dB)表示。K_{CMR} 是衡量集成运算放大电路放大差模信号和抑制共模信号能力的指标，K_{CMR} 越大越好。F007 的 K_{CMR} 约为 80dB。

10.1.3 理想集成运算放大器及其分析依据

在分析集成运算放大器的各种应用电路时，通常将集成运放的等效电路模型加以理想化。理想集成运算放大器应主要具备如下条件：

(1) 开环电压放大倍数趋近于无穷大，即 $A_{uo} \to \infty$；

(2) 差模输入电阻趋近于无穷大，即 $R_{id} \to \infty$；

(3) 输出电阻趋近于 0，即 $R_O \to 0$；

(4) 共模抑制比趋近于无穷大，即 $K_{CMR} \to \infty$。

实际集成运放的特性很接近理想化的条件，把实际电路当作理想电路来分析对整个结果影响不大。理想集成运算放大器的图形符号如图 10.3 所示(其中原理符号仅用于抽象原理图中，图形符号用于原理图和具体型号的电路图中)。

集成运算放大器的输出电压 u_O 与差模输入电压 u_{Id} 之间的关系称为放大器的传输特性。图 10.4(a) 所示为实际的集成运算放大器传输特性曲线。传输特性曲线分为线性区和非线性区两部分。当集成运算放大器工作在线性区，即 $|u_{Id}| < U_{Idm}$ 时，u_O 与 u_{Id} 是线性关系：

$$u_O = A_{uo}(u_+ - u_-) = A_{uo}u_{Id} \qquad (10-2)$$

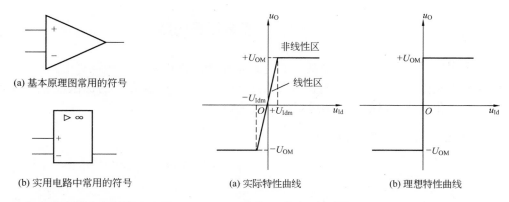

(a) 基本原理图常用的符号

(b) 实用电路中常用的符号

图 10.3 理想集成运算放大器的图形符号

(a) 实际特性曲线

(b) 理想特性曲线

图 10.4 集成运算放大器的传输特性曲线

当 $u_{Id} > +U_{Idm}$ 时，输出将达到正饱和值($+U_{OM}$)，当 $u_{Id} < -U_{Idm}$ 时，输出将达到负饱和值($-U_{OM}$)(U_{OM} 近似等于电源电压 V_{CC})，从而皆使集成运放工作于非线性区。

由于 A_{uo} 很大，故集成运算放大器的线性范围非常小。为扩大线性运用范围，必须在电路中引入深度负反馈(通常在输出端和反相输入端之间跨接一反馈电路，形成闭环

【理想集成运放及
其分析依据】

状态）。

理想的集成运算放大器传输特性曲线如图 10.4（b）所示。由理想集成运算放大器所构成的线性电路，具有以下两个主要特征：

（1）由于理想集成运算放大器开环电压放大倍数很高，趋近于无穷大，而输入电压又是一个有限值，所以有 $u_{\mathrm{Id}} = \dfrac{u_{\mathrm{O}}}{A_{uo}} = 0$，即

$$u_+ = u_- \tag{10-3}$$

而实际的集成运放两个输入端之间的电压非常接近于零，但又不是真正意义上的短路，故称为"虚短"。

（2）由于理想集成运放的差模输入电阻趋近于无穷大，故 $i_+ = i_- = \dfrac{u_{\mathrm{Id}}}{R_{\mathrm{id}}} = 0$，即流入同相输入端和反相输入端的电流为零，即

$$i_+ = 0, \ i_- = 0 \tag{10-4}$$

而实际上流入集成运放同相输入端和反相输入端的电流小到近似等于零，因此两输入端的电路并没有断开，所以称为"虚断"。

 **特别提示**

- 只有当集成运放工作于线性区时，才同时具有"虚短"和"虚断"的特点。当集成运放工作于非线性区时，"虚短"不再成立，而只有"虚断"的特点。
- 分析和计算理想集成运放输出和输入之间运算关系的一般方法是：利用"虚短"和"虚断"的特点，根据 KCL 列出输出电压与输入电压之间的关系式。有时还可同时借助于叠加定理进行分析和计算。

10.2　基本运算电路

集成运算放大器实现的最基本的电路是比例运算电路，比例运算电路的输出电压与输入电压成比例，在形式上有同相比例和反相比例。后面介绍的加法电路、减法电路、积分电路和微分电路都以比例运算电路为基础。

10.2.1　比例运算电路

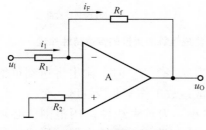

图 10.5　反相比例电路

将输入信号按比例放大的电路，称为比例运算电路。比例运算电路可分为反相比例电路和同相比例电路。

1. 反相比例电路

图 10.5 所示为反相比例电路。输入信号 u_1 经电阻 R_1 加在反相输入端，而同相输入端经电阻 R_2 接地（接机壳），反馈电阻 R_{f} 接在输出端与反相输入端

之间。

当集成运算放大器工作在线性区时，可以进行如下计算：

根据"虚断"的特点得

$$u_+ = -i_+ R_2 = 0, \quad i_1 = i_F$$

根据"虚短"的特点得

$$u_- = u_+ = 0$$

上式表明，集成运放的两个输入端对地的电位均为零，但并未真正接地，故称为"虚地"。因为

$$i_1 = \frac{u_I - u_-}{R_1} = -\frac{u_I}{R_1}, \quad i_F = \frac{u_- - u_O}{R_f} = -\frac{u_O}{R_f}$$

所以

$$\frac{u_I}{R_1} = -\frac{u_O}{R_f}$$

即

$$u_O = -\frac{R_f}{R_1} u_I \tag{10-5}$$

闭环电压放大倍数为

$$A_{uf} = \frac{u_O}{u_I} = -\frac{R_f}{R_1} \tag{10-6}$$

可见，输出电压 u_O 与输入电压 u_I 是比例关系。只要集成运算放大器的放大倍数 A_u 足够大，则整个电路的闭环放大倍数 A_{uf} 仅仅与 R_1 和 R_f 有关，而与集成运算放大器本身的放大倍数 A_u 无关。式中的"−"号表示 u_O 与 u_I 反相。当 $R_1 = R_f$ 时，$u_O = -u_I$，该电路就构成了反相器。由式(10-6)还可看出，反相比例电路的闭环电压放大倍数可能大于1，也可能小于1。

图10.5中的电阻 R_2 为静态平衡电阻。在集成运算放大器实际应用中，为了保证输入级差分放大电路两个输入端在静态时外接电路对称，同相端不直接接地，而是通过静态平衡电阻接地。在求静态平衡电阻时，可以令输入电压和输出电压同时为零，再令同相输入端和反相输入端的等效电阻相等。图中 $R_2 = R_1 /\!/ R_f$。

2. 同相比例电路

同相比例电路的输入信号加在同相输入端，该电路如图10.6所示。

根据"虚断"的特点，有 $i_+ = i_- = 0$，反相输入端对地电压为

$$u_- = \frac{R_1}{R_1 + R_f} u_O$$

即

$$u_O = \left(1 + \frac{R_f}{R_1}\right) u_-$$

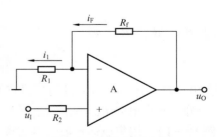

图10.6 同相比例电路

根据"虚短"的特点令 $u_+ = u_-$，于是有

$$u_I = \frac{R_1}{R_1 + R_f}u_O, \quad u_O = \left(1 + \frac{R_f}{R_1}\right)u_+$$

又因 $u_I = u_+$，故

$$u_O = \left(1 + \frac{R_f}{R_1}\right)u_I \tag{10-7}$$

闭环电压放大倍数为

$$A_{uf} = \frac{u_O}{u_I} = 1 + \frac{R_f}{R_1} \tag{10-8}$$

可见，输出电压 u_O 与输入电压 u_I 是比例关系，而且也与集成运算放大器本身的参数无关。式中 A_{uf} 为正，说明 u_O 与 u_I 同相。由式（10-8）还可看出，同相比例电路的闭环电压的放大倍数恒大于 1。

静态平衡电阻 $R_2 = R_1 /\!/ R_f$。

当 $R_1 \to \infty$（开路）或 $R_f = 0$ 时，则 $A_{uf} = 1$，这就构成了电压跟随器。

10.2.2　加法运算电路

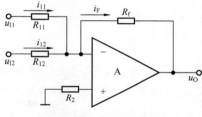

图 10.7　加法运算电路

将几个输入信号通过电阻接在反相输入端，则可以实现反相加法运算，其电路如图 10.7 所示。

根据"虚断"特点 $i_+ = i_- = 0$，利用 KCL 得 $i_F = i_{11} + i_{12}$；

根据"虚短"特点 $u_+ = u_-$，所以 $u_+ = u_- = 0$（虚地）；

将 $i_F = \dfrac{u_- - u_O}{R_f} = \dfrac{u_O}{R_f}$，$i_{11} = \dfrac{u_{11} - u_-}{R_{11}} = \dfrac{u_{11}}{R_{11}}$，$i_{12} = \dfrac{u_{12} - u_-}{R_{12}} = \dfrac{u_{12}}{R_{12}}$ 代入 $i_F = i_{11} + i_{12}$，得

$$-\frac{u_O}{R_f} = \frac{u_{11}}{R_{11}} + \frac{u_{12}}{R_{12}}$$

即

$$u_O = -\frac{R_f}{R_{11}}u_{11} - \frac{R_f}{R_{12}}u_{12} \tag{10-9}$$

若取 $R_{11} = R_{12} = R_1$，则

$$u_O = -\frac{R_f}{R_1}(u_{11} + u_{12}) \tag{10-10}$$

式（10-9）、式（10-10）还可以推广到更多输入信号相加。

静态平衡电阻 $R_2 = R_{11} /\!/ R_{12} /\!/ R_f$。

【例 10-1】　用集成运算放大器实现关系 $u_O = 5u_{11} - 2u_{12}$。

【解】　此电路可以通过两个集成运算放大器实现，如图 10.8 所示。

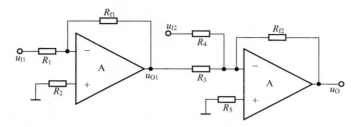

图 10.8　例 10-1 的图

第一级放大电路为反相比例运算

$$u_{O1} = -\frac{R_{f1}}{R_1}u_{I1}$$

第二级放大电路为加法运算

$$u_O = -\frac{R_{f2}}{R_3}u_{O1} - \frac{R_{f2}}{R_4}u_{I2}$$

所以

$$u_O = \frac{R_{f2}}{R_3} \times \frac{R_{f1}}{R_1}u_{I1} - \frac{R_{f2}}{R_4}u_{I2}$$

取 $\dfrac{R_{f2}}{R_4} = 2$，$\dfrac{R_{f2}}{R_3} \times \dfrac{R_{f1}}{R_1} = 5$，即可实现关系 $u_O = 5u_{I1} - 2u_{I2}$。
若取 $R_{f2} = 30\text{k}\Omega$，则 $R_4 = 15\text{k}\Omega$；令 $R_3 = R_4 = 15\text{k}\Omega$，则 $R_{f1}/R_1 = 2.5$；取 $R_{f1} = R_{f2} = 30\text{k}\Omega$，
则 $R_1 = 30/2.5\text{k}\Omega = 12\text{k}\Omega$。

特别提示

- 由于理想集成运算放大器的输出电阻为零，故其输出可视为只受输入电压控制的理想电压源。
  因此带负载后其运算关系将保持不变。

10.2.3　减法运算电路

将输入信号通过电阻接在同相输入端和反相输入端，则可以实现减法运算，其电路如图 10.9 所示。根据"虚断"特点得 $i_+ = i_- = 0$，故有 $i_1 = i_F$，即

$$\frac{u_{I1} - u_-}{R_1} = \frac{u_- - u_O}{R_f}$$

根据"虚短"的特点得

$$u_- = u_+ = \frac{R_3}{R_2 + R_3}u_{I2}$$

代入上式整理求得

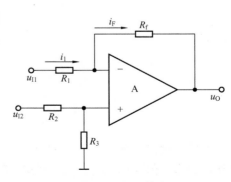

图 10.9　减法运算电路

$$u_O = \left(1 + \frac{R_f}{R_1}\right)\frac{R_3}{R_2 + R_3}u_{I2} - \frac{R_f}{R_1}u_{I1} \qquad (10-11)$$

取 $\dfrac{R_3}{R_2} = \dfrac{R_f}{R_1}$，则

$$u_O = \frac{R_f}{R_1}(u_{I2} - u_{I1}) \qquad (10-12)$$

即输出电压正比于输入电压之差，电路实现了对输入差模信号的比例运算。利用该电路可实现将双端输入的方式变换为单端输入的方式。

当 $R_1 = R_f$ 时

$$u_O = u_{I2} - u_{I1}$$

静态平衡电阻为 $R_2 /\!/ R_3 = R_1 /\!/ R_f$。

10.2.4 积分运算电路

将反相比例电路中的反馈元件 R_f 用电容 C_f 替代，就可以得到积分运算电路，如图 10.10(a)所示。

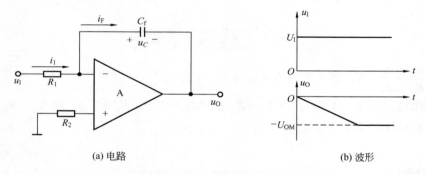

(a) 电路　　　　　　　　　　　(b) 波形

图 10.10　积分运算电路及其阶跃响应波形

由于 $u_- = u_+ = 0$，故

$$u_O = -u_C = -\frac{1}{C_f}\int i_F \mathrm{d}t$$

$$u_I = R_1 i_1$$

又由于

$$i_1 = i_F = \frac{u_I}{R_1}$$

故

$$u_O = -\frac{1}{R_1 C_f}\int u_I \mathrm{d}t \qquad (10-13)$$

可见，输出正比于输入的积分量，当输入电压 u_I 为阶跃电压时，u_O 随时间线性增加，直到达到饱和值 $-U_{OM}$ 为止，如图 10.10(b)所示。

静态平衡电阻 $R_2 = R_1$。

10.2.5 微分运算电路

反相比例电路中，将与输入信号 u_I 连接的电阻 R_1 用电容 C 替代，就可以得到微分运算电路，如图 10.11(a) 所示。

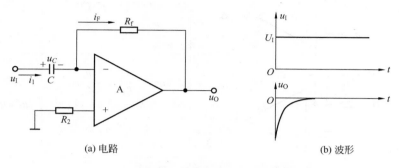

(a) 电路   (b) 波形

图 10.11　微分运算电路及其阶跃响应波形

由于 $u_- = u_+ = 0$，故

$$u_O = -R_f i_F$$

$$u_I = u_C$$

又由于

$$i_1 = i_F = C\frac{\mathrm{d}u_C}{\mathrm{d}t}$$

故

$$u_O = -R_f C\frac{\mathrm{d}u_I}{\mathrm{d}t} \tag{10-14}$$

可见，输出正比于输入的微分量，当输入电压 u_I 为阶跃电压时，u_O 为尖脉冲电压，如图 10.11(b) 所示。

静态平衡电阻 $R_2 = R_f$。

实际上，叠加定理可以应用于运算放大电路的计算中，即将各个信号源分别单独作用时得到的输出电压求代数和即为各信号源共同作用时的输出电压。例如，加法运算电路、减法运算电路即可以用叠加定理进行推导，请读者自己归纳出推导过程。

各种基本运算放大电路及其运算关系的归纳如表 10-1 所示。

表 10-1　基本运算放大电路及其运算关系

电路名称	电路图	运算关系	静态平衡电阻
反相比例运算		$u_O = -\dfrac{R_f}{R_1} u_I$	$R_2 = R_1 /\!/ R_f$

（续）

电路名称	电路图	运算关系	静态平衡电阻
同相比例运算		$u_O = \left(1 + \dfrac{R_f}{R_1}\right)u_1$	$R_2 = R_1 /\!/ R_f$
加法运算		$u_O = -\dfrac{R_f}{R_{11}}u_{I1} - \dfrac{R_f}{R_{12}}u_{I2}$ （当 $R_{11} = R_{12} = R_1$ 时） $u_O = -\dfrac{R_f}{R_1}(u_{I1} + u_{I2})$	$R_2 = R_{11} /\!/ R_{12} /\!/ R_f$
减法运算		$u_O = \dfrac{R_f}{R_1}(u_{I2} - u_{I1})$ （当 $\dfrac{R_3}{R_2} = \dfrac{R_f}{R_1}$ 时）	$R_2 /\!/ R_3 = R_1 /\!/ R_f$
积分运算		$u_O = -\dfrac{1}{R_1 C_f}\displaystyle\int u_1 \mathrm{d}t$	$R_2 = R_1$
微分运算		$u_O = -R_f C \dfrac{\mathrm{d}u_1}{\mathrm{d}t}$	$R_2 = R_f$

10.3 电压比较器

　　电压比较器根据两个输入端电压大小来决定输出结果。在电压比较器中，集成运算放大器工作在开环状态或者是正反馈状态(在输出端和同相输入端之间跨接一反馈电路)。由于电压放大倍数很高，集成运算放大器工作在非线性区，"虚短"不再成立。

　　电压比较器常用作模拟电路和数字电路的接口电路，在测量、通信和波形变换等方面应用广泛。根据电压比较器的传输特性，可以将其分为单限电压比较器、滞回电压比较器和双限电压比较器。

10.3.1 单限电压比较器

将集成运算放大器两个输入端子中的一端加输入信号，另一端加定值的参考电压，就构成了最简单的单限电压比较器，如图10.12(a)所示。此时 u_O 与 u_I 的关系曲线称为电压比较器的传输特性。

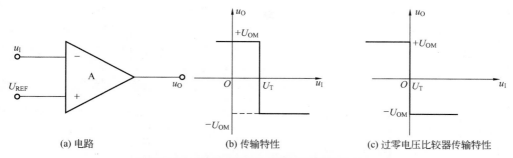

(a) 电路   (b) 传输特性   (c) 过零电压比较器传输特性

图 10.12 单限电压比较器及其传输特性

对于电压比较器，若 $u_+ > u_-$，则 $u_O = +U_{OM}$；若 $u_+ < u_-$，则 $u_O = -U_{OM}$。使电压比较器输出电压发生跳变时的输入电压称为门限电压(或称为阈值电压)。

求门限电压的方法是：先分别写出电压比较器同相输入端和反相输入端的电位 u_+ 和 u_- 的表达式，然后令 $u_+ = u_-$，所解得的输入电压即为门限电压，门限电压用 U_T 表示。

从图10.12(a)中可以看出，$u_- = u_I$，$u_+ = U_{REF}$，令 $u_+ = u_-$，则 $u_I = U_{REF}$，故门限电压 $U_T = U_{REF}$。因此，单限电压比较器只有一个门限电压。

$$u_O = \begin{cases} +U_{OM} & (u_I < U_T) \\ -U_{OM} & (u_I > U_T) \end{cases} \qquad (10-15)$$

其传输特性见图10.12(b)。若 $U_T = 0$，则输出电压转折点发生在零点，称过零电压比较器，其传输特性见图10.12(c)。

在分析电压传输特性时要注意3个要素，即输出电压的高低电平、门限电压和输出电压的跳变方向。

若将图10.12(a)中的 u_I 和 U_{REF} 的输入位置互换，即输入电压从同相输入端输入，则

$$u_O = \begin{cases} -U_{OM} & (u_I < U_T) \\ +U_{OM} & (u_I > U_T) \end{cases}$$

请读者自行画出其电压传输特性。

单限电压比较器主要用于波形变换、整形及电平检测等电路。例如，在如图10.12所示的电压比较器中，当 u_I 为正弦波时，输出 u_O 为矩形波；当 $U_{REF} = 0$ 时，输出 u_O 为方波。故可用以实现波形变换，如图10.13所示。

10.3.2 滞回电压比较器

单限电压比较器电路简单、灵敏度高，但抗干扰能力差。若输入电压 u_I 与门限电压 U_{REF} 相差不大，输出电压 u_O 可能误跳变，甚至引起 u_O 在 $+U_{OM}$ 和 $-U_{OM}$ 之间来回跳变。要

提高电压比较器的抗干扰能力，可以采用滞回电压比较器(也称为施密特触发器)。

滞回电压比较器电路如图 10.14(a)所示，通过 R_f 引入了电压正反馈，比较器在输入为 $u_I = u_- = u_+$ 时发生跳变。滞回电压比较器有两个门限电压，分别称为上门限触发电压 U_{TH} 和下门限触发电压 U_{TL}，且 $U_{TH} > U_{TL}$。

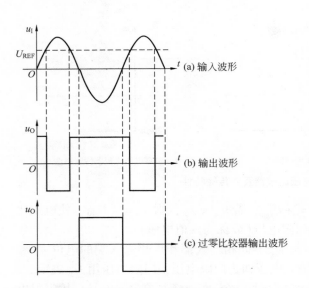

(a) 输入波形

(b) 输出波形

(c) 过零比较器输出波形

图 10.13 单限电压比较器波形变换图

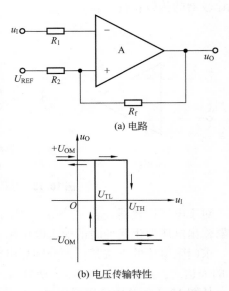

(a) 电路

(b) 电压传输特性

图 10.14 滞回电压比较器电路和电压传输特性

根据叠加定理求得电压比较器同相输入端的电位表达式为

$$u_+ = \frac{R_f}{R_2 + R_f}U_{REF} + \frac{R_2}{R_2 + R_f}u_O$$

将 $u_O = \pm U_{OM}$ 代入上式得

$$u_+ = \frac{R_f}{R_2 + R_f}U_{REF} \pm \frac{R_2}{R_2 + R_f}U_{OM}$$

反相输入端的电位表达式为

$$u_- = u_I$$

令 $u_+ = u_-$，则可求出门限电压，其中上门限电压为

$$U_{TH} = \frac{R_f}{R_2 + R_f}U_{REF} + \frac{R_2}{R_2 + R_f}U_{OM} \qquad (10-16)$$

下门限电压为

$$U_{TL} = \frac{R_f}{R_2 + R_f}U_{REF} - \frac{R_2}{R_2 + R_f}U_{OM} \qquad (10-17)$$

而同相输入端的电位只有两种可能的取值：不是 U_{TL} 就是 U_{TH}。所以若 $u_I < U_{TL}$，则 u_- 必定小于 u_+，$u_O = +U_{OM}$，$u_+ = U_{TH}$，则只有当 u_I 由小到大变化过 U_{TH} 时，u_O 才能由 $+U_{OM}$ 跳转到 $-U_{OM}$。同理，若 $u_I > U_{TH}$，则 u_- 必定大于 u_+，$u_O = -U_{OM}$，$u_+ = U_{TL}$，则只有当 u_I 由大到小变化过 U_{TL} 时，u_O 才能由 $-U_{OM}$ 跳转到 $+U_{OM}$。

可见滞回电压比较器的电压传输特性应如图 10.14(b)所示。当输入电压 u_I 由小到大变化过门限电压 U_{TH} 时，输出电压发生跳变；当 u_I 由大到小变化过门限电压 U_{TL} 时，输出电压发生跳变，输出具有"滞回"特点。U_{TH} 与 U_{TL} 之差称为滞回宽度。只要干扰信号不超过滞回宽度，输出电压值就是稳定的，因而抗干扰能力强。

需要指出，若输入电压 u_I 从同相输入端输入，则当 u_I 由小到大变化过 U_{TH} 时，输出电压将由 $-U_{OM}$ 跳变到 $+U_{OM}$；当 u_I 由大到小变化过 U_{TL} 时，输出电压将由 $+U_{OM}$ 跳变到 $-U_{OM}$。请读者自行画出其电压传输特性。

10.3.3 双限电压比较器

单限电压比较器只能检测输入信号是否达到某一给定的门限电压。在实际中，若需要比较输入信号是否在两个电压之间，则可以采用双限电压比较器。

双限电压比较器(又称为窗口比较器)电路如图 10.15(a)所示，其由两个集成运算放大器组成，且有两个门限电压，即上门限电压 U_{TH} 和下门限电压 U_{TL}，且 $U_{TH} > U_{TL}$。当 $u_I < U_{TL}$ 时，$u_{O2} = +U_{OM}$、$u_{O1} = -U_{OM}$，VD_1 截止、VD_2 导通，输出 $u_O = +U_{OM}$。当 $u_I < U_{TH}$ 时，$u_{O2} = -U_{OM}$、$u_{O1} = +U_{OM}$，VD_1 导通、VD_2 截止，输出 $u_O = +U_{OM}$。当 $U_{TL} < u_I < U_{TH}$ 时，$u_{O2} = -U_{OM}$、$u_{O1} = -U_{OM}$，VD_1、VD_2 都截止，输出 $u_O = 0$。双限电压比较器的电压传输特性如图 10.15(b)所示。

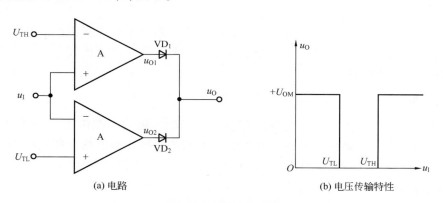

(a) 电路   (b) 电压传输特性

图 10.15 双限电压比较器电路和电压传输特性

特别提示

- 在输入电压由小到大或由大到小变化时，单限电压比较器和滞回电压比较器的输出电压均只跳变一次，而双限电压比较器要跳变两次。
- 单限电压比较器和滞回电压比较器输出电压的跳变方向与输入电压在电压比较器中所接的输入端子有关。

10.4 集成运算放大器的使用

集成运算放大器的应用十分广泛，在集成电路的输入与输出之间接入不同的反馈网

络，可非常方便地完成信号放大、信号运算、信号处理以及波形的产生和变换等功能。集成运算放大器的种类非常多，可适用于不同的场合。

10.4.1　集成运算放大器的分类及选用

集成运算放大器按其技术指标可分为如下几类。

1. 通用型

在不要求具有特殊的特性参数的情况下所采用的集成运放为通用型。这类器件的主要特点是价格低廉、产品量大面广，其性能指标适合于一般性使用，例如 F007、μA741（单运放）、LM358（双运放）、LM324（四运放）等型号。它们是目前应用最为广泛的集成运算放大器。

2. 高阻型

这类集成运算放大器的特点是差模输入电阻非常高，输入偏置电流非常小，而且具有高速、宽带和低噪声等优点。其主要利用场效应晶体管高输入电阻的特点，用场效应晶体管组成集成运算放大器的差分输入级，其偏置电流一般为 $0.1 \sim 50\text{pA}$，输入电阻不低于 $10\text{M}\Omega$。常见的集成器件型号有 μA740、5G28 和 F3103 等。

3. 高精度型

高精度型集成运算放大器是指那些失调电压小，温度漂移非常小，以及增益、共模抑制比非常高的集成运算放大器。这类集成运算放大器的噪声也比较小。目前常用的型号有 OP07、OP27 和 AD508 等。

4. 高速型

高速型集成运算放大器具有快速跟踪输入信号电压能力，在快速 A/D 和 D/A 转换器、视频放大器中，在要求集成运算放大器具有高的转换速率的场合得到应用。常见的型号有 F715、F122、4E321、F318、μA207 等。

5. 低功耗型

一般集成运算放大器的静态功耗在 50mW 以上，而低功耗型集成运算放大器的静态功耗在 5mW 以下，其中在 1mW 以下者称为微功耗型。低功耗型集成运算放大器一般在便携式仪器或产品、航空航天仪器中应用。例如型号 ICL7600 的供电电压为 1.5V，功耗为 $10\mu\text{W}$。

6. 高压大功率型

集成运算放大器的输出电压主要受供电电源的限制。在普通的集成运算放大器中，输出电压的最大值一般仅几十伏，输出电流仅几十毫安。若要提高输出电压或增大输出电流，集成运放外部必须要加辅助电路。高压大电流集成运算放大器外部不需附加任何电路，即可输出高电压和大电流。例如 D41 型集成运放的电源电压可达 $\pm 150\text{V}$，μA791 型集成运放的输出电流可达 1A。

集成运算放大器种类繁多，不同的应用场合应选用相应性能的集成电路。在没有特殊要求的场合，应尽量选用通用型集成运放，这样既可降低成本，又容易保证货源。

当一个系统中使用多个运放时，应尽可能选用多运放封装的集成电路，例如 LM324、LF347 等都是将 4 个运放封装在一起的集成电路。对于小电流测量电路、积分器、光电探测器等电路，应选用具有很低的偏置电流和高输入电阻的集成运算放大器。对于放大音频、视频等交流信号的电路，选用转换速率大的集成运放比较合适；对于处理微弱的直流信号的电路，选用精度比较高的集成运放比较合适。实际选择集成运放时还应考虑其他因素，例如信号源和负载的性质及环境条件等因素是否满足要求等。

10.4.2 集成运算放大器的使用要点

1. 调零

由于集成运算放大器的内部参数不可能完全对称，所以当由集成运算放大器组成的线性电路输入信号为零时，输出往往不等于零。为了提高电路的运算精度，要求对失调电压和失调电流造成的误差进行补偿，这就是集成运算放大器的调零。图 10.16 所示为常用调零电路。常用的调零方法是无输入时调零，将电路接成闭环，将两个输入端接"地"，调节电位器，使输出电压为零。

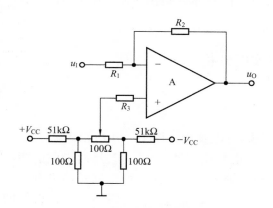

图 10.16　运算放大器的常用调零电路

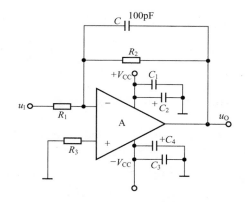

图 10.17　运算放大器的消振电路

2. 消振

由于集成运算放大器内部晶体管的极间电容和其他寄生参数的影响，很容易产生自激振荡。为使放大器能稳定地工作，就需外加一定的频率补偿网络，以消除自激振荡。图 10.17 所示为相位补偿的实用消振电路。电路中在集成运放的正、负供电电源的输入端与地之间分别加入了一个电解电容和一个高频滤波电容，是为防止通过电源内阻造成的低频振荡或高频振荡问题。

3. 保护

集成运放的安全保护有 3 个方面：电源保护、输入保护和输出保护。

1）电源保护

为了防止电源极性接反，可用二极管来保护，如图 10.18(a)所示。

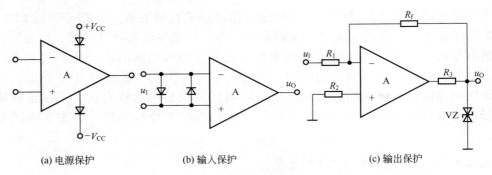

(a) 电源保护　　　　　　　(b) 输入保护　　　　　　　(c) 输出保护

图 10.18　运算放大器的保护电路

2）输入保护

集成运放的输入差模电压过高或者输入共模电压过高，超出其极限参数范围时，都会损坏集成运放输入级的晶体管。图 10.18(b)所示为典型的输入保护电路。

3）输出保护

当集成运放过载或输出端短路时，若没有保护电路，该集成运放就会损坏。为防止集成运放损坏和输出电压过高，可以采用图 10.18(c)所示电路作为输出保护电路，其中的 VZ 为两个反向串联的稳压管。

10.5　应用实例分析

10.5.1　三角波-方波发生器

方波、三角波和锯齿波等电压信号常用于数字电路中，图 10.19 所示电路为一典型的三角波-方波发生器。由 A_1 所组成的是滞回电压比较器，VZ 为某反向串联的两个稳压管，设其稳定电压为 $\pm U_z$；由 R_1 和 VZ 构成输出稳压电路，可根据对输出电平的高低要求，选择合适的稳压管；由 A_2 所组成的是反相积分电路。将滞回电压比较器的输出作为反相积分电路的输入，将反相积分电路的输出作为滞回电压比较器的输入，则滞回电压比较器输出的方波经反相积分电路积分可得到三角波，三角波又触发滞回电压比较器自动翻转形成方波。

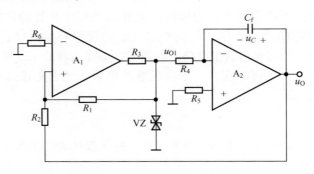

图 10.19　三角波-方波发生器

在分析含有电压比较器的电路时，应首先画出电压比较器的电压传输特性。在图 10.19 中的滞回电压比较器中，集成运放同相输入端的电位为

$$u_+ = \pm \frac{R_2}{R_1 + R_2} U_Z + \frac{R_1}{R_1 + R_2} u_O$$

上式中，反相积分电路的输出电压 u_O 即为滞回电压比较器的输入电压。

反相输入端的电位 $u_- = 0$。令 $u_+ = u_-$，则可求得上门限电压和下门限电压分别为

$$U_{TH} = \frac{R_2}{R_1} U_Z, \quad U_{TL} = -\frac{R_2}{R_1} U_Z$$

电压传输特性如图 10.20 所示。

电路工作稳定后，当 u_{O1} 为 $-U_Z$ 时，根据式（10-13）可知，积分电路实现正向积分，u_O 随时间按线性规律上升。根据如图 10.20 所示的电压传输特性可知，当 u_O 上升到 U_{TH} 时，滞回电压比较器的输出电压 u_{O1} 将从 $-U_Z$ 跳变为 $+U_Z$。根据式（10-13）可知，反相积分电路的输出电压 u_O 则随时间按线性规律下降。当 u_O 下降而过 U_{TL} 时，u_{O1} 将从 $+U_Z$ 跳变为 $-U_Z$，u_O 又随时间按线性规律上升。如此周期性变化，A_1 输出端就产生了方波，A_2 输出端就产生了三角波，其波形图如图 10.21 所示。

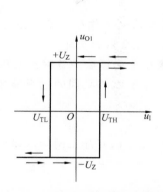

图 10.20　三角波-方波发生器中滞回电压比较器的电压传输特性

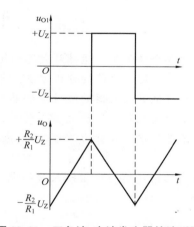

图 10.21　三角波-方波发生器的波形图

10.5.2　温度-电压转换电路

工业生产中常需要将温度信号转变成电压信号，常用的测温元件有热敏电阻、热电偶等，图 10.22 所示电路即为利用热敏电阻 Pt100 实现的测温电路。其中 MC1403 为基准电压源，然后经过分压电路和电压跟随器，使 a 点的电压 U_a 与基准电压成正比。取 $R_4 = R_5$，根据集成运算放大器的特点可知：

$$\frac{U_a - U_b}{R_3} = \frac{U_b - u_{O1}}{R_t}$$

$$U_c = U_b = \frac{R_5}{R_4 + R_5} U_a = \frac{1}{2} U_a$$

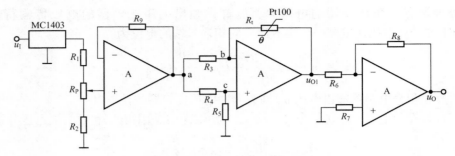

图 10.22 温度-电压转换电路

假定 R_t(Pt100)的电阻值与温度呈线性关系，即令 $R_t = R_0 + K \cdot \Delta t$。解上式可得：

$$u_{O1} = \frac{U_a}{2R_0} K \cdot \Delta t$$

$$u_O = -\frac{R_8}{R_6} \frac{U_a}{2R_0} K \cdot \Delta t = -\frac{R_8 U_a}{2R_b R_0} K \cdot \Delta t \qquad (10-18)$$

可见输出电压与温度变化呈正比，由此实现了温度-电压转换。

小 结

本章主要介绍了集成运算放大器的组成，基本运算电路的工作原理及其分析方法等。重点讨论了基本运算电路的分析方法，并介绍了集成运算放大器的实际应用。

(1) 集成运算放大器的线性区和非线性区。引入深度负反馈后，若输出电压 u_O 与输入电压 u_I 成稳定比例，则放大器工作在线性区。此时两个输入端之间的电压非常接近于零，但又不是短路，故称为"虚短"，即

$$u_+ \approx u_-$$

流入同相输入端和反相输入端的电流小到近似等于零，但实际上两输入端的电路并没有断开，所以称为"虚断"，即

$$i_+ \approx 0, \quad i_- \approx 0$$

集成运算放大器工作在非线性区时输出电压 u_O 只有两种可能取值，即正饱和值 $(+U_{OM})$ 和负饱和值 $(-U_{OM})$。

(2) 常见的运算电路有比例、加减、积分、微分等运算电路。分析运算电路的运算关系问题的关键是正确应用"虚短""虚断"的概念，最终结果如表 10-1 所示。

(3) 在电压比较器中，集成运放为开环应用或正反馈应用，不能用"虚短"的概念进行分析。

知识链接

集成电路简介

集成电路采用一定的工艺将晶体管、电阻、电容等元器件及电路的连线集成到一

块半导体基片上，再进行封装，形成完整的电路。集成电路元器件一般具有以下特点：(1)电路结构与元器件参数具有良好的对称性；(2)电阻、电容数值受到限制，大电阻常用有源元件替代，大电容需要外接；(3)用双极型晶体管的发射结代替二极管；(4)级间采用直接耦合。

习　题

10-1　单项选择题

(1) 利用集成运算放大器组建的下列电路，一般情况下集成运放工作于饱和区的是(　　)。

    A. 同相比例运算电路　　　　　　　　　B. 电压比较器电路

    C. 电压跟随器电路　　　　　　　　　　D. 比例、积分、微分运算电路

(2) 集成运算放大器输入级采用差分放大电路是因为可以(　　)。

    A. 减小温漂　　　　　　　　　　　　　B. 增大放大倍数

    C. 提高输入电阻

(3) 集成运算放大器应用于信号运算时工作在(　　)区域。

    A. 非线性区　　　　　　　　　　　　　B. 线性区

    C. 放大区　　　　　　　　　　　　　　D. 截止区

(4) 为增大电压放大倍数，集成运算放大器的中间级多采用(　　)。

    A. 共射放大电路　　　　　　　　　　　B. 共集放大电路

    C. 共基放大电路

(5) 集成运放电路采用的耦合方式是(　　)。

    A. 直接耦合　　　　　　　　　　　　　B. 阻容耦合

    C. 光电耦合　　　　　　　　　　　　　D. 变压器耦合

10-2　判断题(正确的请在每小题后的圆括号内打"√"，错误的打"×")

(1) 理想的集成运放电路输入阻抗为无穷大，输出阻抗为零。　　　　　　　(　　)

(2) 理想集成运放电路只能放大差模信号，不能放大共模信号。　　　　　　(　　)

(3) 不论工作在线性放大状态还是非线性状态，理想运放电路的反相输入端与同相输入端之间的电位差都为零。　　　　　　　　　　　　　　　　　　　　　(　　)

(4) 实际集成运放电路在开环时，输出很难调整至零电位，只有在引入负反馈时才能调整至零电位。　　　　　　　　　　　　　　　　　　　　　　　　　　(　　)

(5) 由于集成运放是直接耦合电路，因此只能放大直流信号，不能放大交流信号。

                                                     (　　)

(6) 放大器的零点漂移是指输出信号不能稳定于零电压。　　　　　　　　　(　　)

(7) 希望集成运放的输入电阻大，输出电阻小。　　　　　　　　　　　　　(　　)

(8) 输入失调电压 U_{IO} 是指两输入端电位之差。　　　　　　　　　　　　(　　)

10-3　简答题：

(1) 集成运算放大器理想化的条件是什么？

(2) 试说明"虚断"和"虚短"的概念。

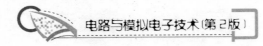

（3）为什么在由运算放大器构成的运算电路中，总要引入负反馈？

（4）如何确认集成运算放大器是工作在线性区或非线性区？

10－4　在图 10.23 所示电路中，求输出与输入的关系式。

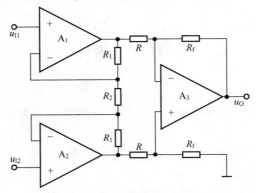

图 10.23　习题 10－4 图

10－5　设计完成 $u_O = 4u_{I1} - u_{I2}$ 的电路设计。

10－6　试画出如图 10.24 所示电路 u_O 随 u_I 变化的传输特性。

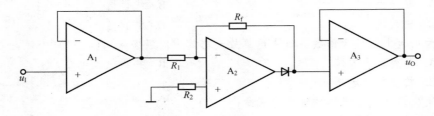

图 10.24　习题 10－6 图

10－7　在图 10－25 所示电路中，求输出 u_O 与输入 u_I 的关系式。

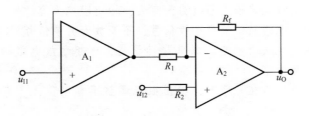

图 10.25　习题 10－7 图

【第10章自测试题】

第 *11* 章
电子电路中的反馈

本章将首先引入反馈的基本概念，然后介绍反馈的极性及其判断方法、直流反馈与交流反馈的区别，以及负反馈的类型及其判断方法。还要说明负反馈在集成运算放大器中的应用。重点讨论负反馈对放大电路性能的影响以及引入负反馈的一般原则。最后讲述反馈在振荡电路中的应用。

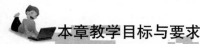

本章教学目标与要求

- 理解反馈的概念，熟练掌握反馈极性以及反馈类型的判断方法。
- 理解正反馈在振荡电路中的应用，掌握 RC 正弦波振荡电路和 LC 正弦波振荡电路的组成及其工作原理。
- 掌握负反馈对放大电路性能的影响，并能根据需要在放大电路中引入合适的交流负反馈。

引例

在课堂上，教师在使用扩音器时，有时会出现啸叫声。在日常生活中，使用收音机调台时，也会产生啸叫声。在实验室做实验时，明明电路接得没错，但用示波器观察输出波形时，总是不稳定，且有很多干扰波形。通过本章的学习，我们将对上述现象有所理解。

【电子干扰在军事中的应用】

11.1　反馈的概念

前面几章讨论的放大电路，性能还不够完善，例如电压放大倍数会随着环境温度、元器件参数、电源电压和负载的变化而变化，这在精确的测量中是不允许的。另外，放大电路的输入、输出电阻，主要取决于电路参数，不可能达到比较理想的效果。当输入信号过大时，由于放大元件的非线性，会使输出波形产生非线性失真等。因此，这种放大电路不能作为实际放大电路使用。而要解决这些问题，通常是在电路中引入反馈。实际上，在一个实用的放大电路中，总是引入这样或那样的反馈，以改善放大电路的某些性能。因此，除了掌握放大电路的基本分析方法外，还应该掌握有关反馈的知识。

11.1.1　反馈的基本概念

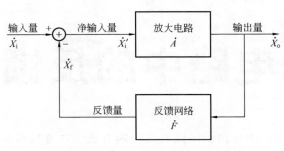

图 11.1　反馈示意图

所谓反馈，就是将放大电路输出信号(电压或电流)的一部分或者全部，通过一定的电路(反馈网络)送回到输入端以影响输入信号(电压或电流)，如图 11.1 所示。

在图 11.1 中，$\dot{X}_i$ 表示输入信号、$\dot{X}_o$ 表示输出信号，$\dot{X}_f$ 表示反馈信号，$\dot{X}_i'$ 是输入信号与反馈信号叠加后的净输入信号。$\dot{X}_i$、$\dot{X}_o$、$\dot{X}_f$ 和 $\dot{X}_i'$ 可分别是电压或电流。图中上框表示基本放大电路，即无反馈时的放大电路，放大倍数为 $\dot{A}$，称为开环放大倍数，$\dot{A}$ 的表达式为

$$\dot{A} = \frac{\dot{X}_o}{\dot{X}_i'} \tag{11-1}$$

引入反馈后，放大电路的放大倍数称为闭环放大倍数，用 $\dot{A}_f$ 表示，$\dot{A}_f$ 的表达式为

$$\dot{A}_f = \frac{\dot{X}_o}{\dot{X}_i} \tag{11-2}$$

图中下面一个方框为反馈网络，反馈系数用 $\dot{F}$ 表示，$\dot{F}$ 的表达式为

$$\dot{F} = \frac{\dot{X}_f}{\dot{X}_o} \tag{11-3}$$

引入反馈后，基本放大电路与反馈网络构成一个闭合环路，所以有时把引入了反馈的放大电路称为闭环放大电路，而把未引入反馈的放大电路称为开环放大电路。

11.1.2　反馈的类型

1. 正反馈和负反馈

按照反馈效果的不同，可将反馈分为正反馈和负反馈两种。所谓正反馈，是指反馈信号增强原输入信号，即使净输入信号增大。而负反馈是指反馈信号削弱原输入信号，即使净输入信号减小。

2. 直流反馈和交流反馈

直流反馈是指仅在直流通路中存在的反馈。交流反馈是指仅在交流通路中存在的反馈。如果反馈既存在于直流通路中，又存在于交流通路中，为交、直流反馈。直流负反馈的作用主要是稳定静态工作点，而引入交流负反馈是为了改善放大电路的动态性能。

本章主要介绍交流反馈。

3. 电压反馈和电流反馈

按照反馈量在放大电路输出回路中采样方式的不同，可将反馈分为电压反馈和电流反馈。如果反馈信号取自输出电压，即与输出电压呈正比，则称为电压反馈。如果反馈信号取自输出电流，即与输出电流呈正比，则称为电流反馈。

4. 串联反馈和并联反馈

按照反馈信号与输入信号在放大电路输入回路中叠加方式的不同，可将反馈分为串联反馈和并联反馈。串联反馈是指反馈信号与输入信号串联，并以电压的形式叠加。而并联反馈是指反馈信号与输入信号并联，并以电流的形式叠加。

以上是对反馈较为常见的分类方法，反馈还可按其他方面分类。如在多级放大电路中有局部反馈和级间反馈之分；在差分放大电路中有共模反馈和差模反馈之分等。在此不再详述。

由以上分类方法不难看出，对于交流负反馈，有 4 种组态，分别是电压串联负反馈、电压并联负反馈、电流串联负反馈、电流并联负反馈。

11.2 反馈类型的判断方法

为了解不同类型的反馈在放大电路中所起的作用，以及根据需要在放大电路中引入正确的反馈，必须学会正确判断反馈的类型。因直流负反馈主要是稳定静态工作点，稳定原理在前面已经进行了分析，所以本节重点介绍交流反馈的判断方法。

1. 判断有无反馈——找联系

看电路中有无联系输入和输出的元件和有无影响净输入量，若有则存在反馈，否则不存在反馈。

2. 交、直流反馈的判断——看通路

如果反馈仅存在于直流通路中，则为直流反馈；如果反馈仅存在于交流通路中，则为交流反馈。如果反馈既存在于直流通路中，又存在于交流通路中，则为交、直流反馈。

3. 正、负反馈的判断——看效果

判断正、负反馈，一般用瞬时极性法，具体方法如下：

（1）首先假设输入信号某一瞬时极性为正。设接"地"点的电位为零，电路中某点的瞬时电位高于零电位者，则该点的瞬时极性为正（用 ⊕ 表示），反之为负（用 ⊖ 表示）。

（2）由输入信号的瞬时极性，再根据不同组态放大电路中输出信号与输入信号的相位关系，逐步推断出各有关点的瞬时极性，最终确定出输出信号和反馈信号的瞬时极性。

（3）写出净输入信号的表达式，如果反馈信号使净输入信号增强则为正反馈，反之则为负反馈。

应当注意，不同放大电路的净输入信号是不同的。例如，在晶体管组成的共射放大电路中，净输入信号是指发射结电压 u_{BE} 或基极电流 i_B；在场效应晶体管组成的共源放大

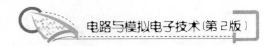

电路中，净输入信号是指栅源之间的电压 u_{GS}；在集成运算放大电路中，净输入信号是指差模输入电压 u_{id} 或输入电流 i_d。

特别提示

- 写净输入信号表达式时，与反馈形式有关。串联反馈应写净输入电压表达式，并联反馈应写净输入电流的表达式。
- 电路中各点的瞬时极性是指对地的瞬时极性。
- 对于三极管来说，若为共射接法，则基极电位的瞬时极性与集电极电位的瞬时极性总是相反的；若为共集接法，则基极电位的瞬时极性与发射极电位的瞬时极性总是相同的。

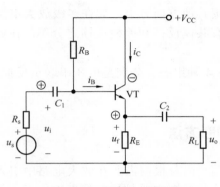

图 11.2　例 11-1 的图

【例 11-1】　图 11.2 所示为射极输出器的放大电路。试找出反馈网络，说明是直流反馈还是交流反馈，并判断反馈极性。

【解】　对于交流信号，R_E 两端的电压 u_{RE} 与输出电压 u_o 相等，即与输出有关，而净输入电压 $u_{BE} = u_i - u_{RE}$，与输入有关。所以 R_E 为反馈元件，反馈电压为 R_E 两端的电压 u_f。

因 R_E 两端的电压在直流通路中和交流通路中都对发射结电压产生影响，所以 R_E 引入的既有直流反馈也有交流反馈，为交、直流反馈。

设交流信号 u_i 的瞬时极性为正，对交流信号 C_1 视为短路，基极电位也为正，发射极电位与基极电位极性相同，为正。由此写出净输入表达式 $u_{BE} = u_i - u_{RE}$，无反馈时，净输入电压 $u_{BE} = u_i$。即引入反馈后使净输入电压减小，所以 R_E 引入的是交流负反馈。

4. 电压、电流反馈的判断——看输出

判断是电压反馈还是电流反馈，通常有两种方法。

（1）输出端短路法。令放大电路的输出电压为零，即将输出端短路，如果反馈信号消失，则为电压反馈，否则为电流反馈。

（2）按电路结构判断。从放大电路的输出端看，如果反馈信号与对地的输出电压从同一点引出（即反馈信号直接取自输出电压），则为电压反馈，否则可根据输出端短路法判断。

【例 11-2】　在图 11.2 所示电路中，判断 R_E 引入的是电压反馈还是电流反馈。

【解】　对于交流信号，C_2 视为短路，而输出电压为对地电压，反馈电压 u_f 与输出电压 u_o 取自同一点。所以 R_E 引入的是电压反馈。

5. 串联、并联反馈的判断——看输入

从放大电路的输入端看，如果反馈信号与输入信号接在放大电路的同一输入端上（如都接在晶体管的基极上），则为并联反馈；如果反馈信号与输入信号分别接在放大电路的两个输入端上，则为串联反馈。

例如，在图 11.2 中，交流输入电压 u_i 接在基极上，而反馈电压 u_f 接在发射板上，所以是串联反馈。

【例 11-3】 在图 11.3 所示电路中，试判断由 R_f 引入的反馈组态。

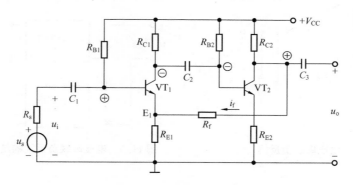

图 11.3 例 11-3 的图

【解】 先作反馈极性的判断，设输入信号瞬时极性为正，其他点的极性即如图所示。电流 i_f 由高电位流向低电位，方向如图所示，电流 i_f 流经 R_{E1} 时，会引起 VT_1 发射极电位的升高，放大电路的净输入电压为 $u_{BE} = u_i - u_{E1}$，因而反馈使净输入电压减小，所以为负反馈。

对于交流信号，电容 C_3 视为短路，反馈信号与对地输出电压取自同一点，所以为电压反馈。

输入信号由基极输入，而反馈信号接在发射极，不是加在同一输入端，所以为串联反馈。

即 R_f 引入的反馈组态为电压串联负反馈。

11.3 集成运算放大电路中的四种反馈组态

在实际应用中，集成运算放大电路较分立元件的放大电路用得更为广泛，所以本节主要介绍一下集成运算放大电路中的 4 种负反馈组态。

11.3.1 电压串联负反馈

电压串联负反馈电路如图 11.4 所示，电阻 R_f 接在输入与输出之间，因此反馈网络由 R_f 与 R_1 构成。

反馈极性的判定用瞬时极性法，设输入电压 $\dot{U}_i$ 的瞬时极性为正，由于是从同相端输入，则输出电压 $\dot{U}_o$ 极性也为正，R_f 中电流方向如图所示，电流 $\dot{I}_f$ 流经 R_1 时产生的反馈电压 $\dot{U}_f$ 的方向如图所示。所以净输入电压 $\dot{U}_i' = \dot{U}_i - \dot{U}_f$，由此可知，引入反馈后将使净输入电压减小，所以为负反馈。

从输出端看，反馈信号与对地的输出电压从同一点引出，所以为电压反馈。在输入端反馈信号加在反相输入端，而输入信号接在同相输入端，所以为串联反馈。

可见，如图 11.4 所示电路引入的是电压串联负反馈。电压串联负反馈的结构框图可以用图 11.5 表示。

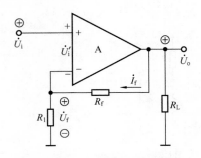

图 11.4　电压串联负反馈

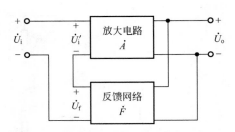

图 11.5　电压串联负反馈的结构框图

11.3.2　电压并联负反馈

电压并联负反馈电路如图 11.6 所示。电阻 R_f 接在输入与输出之间，因此 R_f 为反馈网络。根据瞬时极性法，设输入电压瞬时极性为正，因为从反相端输入，所以输出电压瞬时极性为负，反馈电流方向如图所示，净输入电流 $\dot{I}_i' = \dot{I}_i - \dot{I}_f$。由此可知，引入反馈后将使净输入减小，所以为负反馈。

从输出端看，反馈信号与对地的输出电压从同一点引出，所以为电压反馈。

从输入端看，反馈信号与输入信号都加在反相输入端，并以电流形式叠加，所以为并联反馈。

综合以上分析可知，图 11.6 电路引入的是电压并联负反馈。电压并联负反馈电路的结构框图如图 11.7 所示。

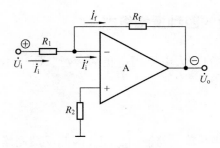

图 11.6　电压并联负反馈

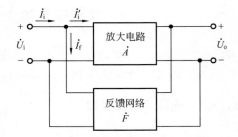

图 11.7　电压并联负反馈的结构框图

11.3.3　电流串联负反馈

电流串联负反馈电路如图 11.8 所示。电阻 R_f 接在输入与输出之间，所以反馈网络由 R_f 构成。

根据瞬时极性法，设输入电压瞬时极性为正，因为从同相端输入，所以输出电压瞬时极性也为正，反馈电压 $\dot{U}_f$ 方向如图所示，净输入电压 $\dot{U}_i' = \dot{U}_i - \dot{U}_f$。由此可知，引入反馈后将使净输入电压减小，所以为负反馈。

从输出端看，若将输出电压 $\dot{U}_\text{o}$ 两端短路，反馈信号依然存在，所以为电流反馈。

从输入端看，反馈信号加在反相输入端，而输入信号则加在同相输入端，并以电压的形式叠加，所以为串联反馈。

可见，如图 11.8 所示的电路引入的是电流串联负反馈。电流串联负反馈的结构框图如图 11.9 所示。

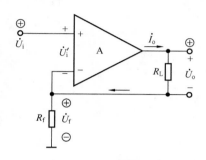

图 11.8　电流串联负反馈

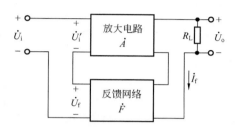

图 11.9　电流串联负反馈的结构框图

11.3.4　电流并联负反馈

电流并联负反馈电路如图 11.10 所示。电阻 R_f 接在输入与输出之间，所以反馈网络由 R_f 与 R 构成。

根据瞬时极性法，设输入电压瞬时极性为正，因为从反相端输入，所以输出电压瞬时极性为负，反馈电流方向如图所示，净输入电流 $i'_\text{i} = i_\text{i} - i_\text{f}$，由此可知，引入反馈后将使净输入电流减小，所以为负反馈。

从输出端看，若将输出电压 $\dot{U}_\text{o}$ 两端短路，则反馈信号依然存在，所以为电流反馈。

从输入端看，反馈信号与输入信号都加在集成运放的反相输入端，并以电流形式叠加，所以为并联反馈。

可见，如图 11.10 所示的电路引入的是电流并联负反馈。电流并联负反馈的结构框图如图 11.11 所示。

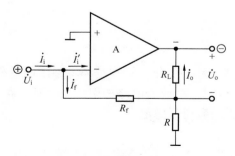

图 11.10　电流并联负反馈

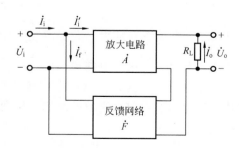

图 11.11　电流并联负反馈的结构框图

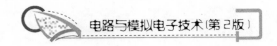
11.4　负反馈对放大电路性能的影响

在放大电路中引入交流负反馈以后，能够改善放大电路多方面的性能，本节就此问题进行讨论。

11.4.1　负反馈与放大倍数的关系

由图11.1可看出：

$$\dot{X}_o = \dot{A}\dot{X}_i' \tag{11-4}$$

$$\dot{X}_i' = \dot{X}_i - \dot{X}_f \tag{11-5}$$

由式(11-3)可知

$$\dot{X}_f = \dot{F}\dot{X}_o \tag{11-6}$$

将式(11-5)、式(11-6)代入式(11-4)可得

$$\dot{X}_o = \frac{\dot{A}}{1 + \dot{A}\dot{F}}\dot{X}_i \tag{11-7}$$

所以

$$\dot{A}_f = \frac{\dot{X}_o}{\dot{X}_i} = \frac{\dot{A}}{1 + \dot{A}\dot{F}} \tag{11-8}$$

式(11-8)为引入负反馈时放大倍数的一般表达式。

若放大电路和反馈网络无附加的相位移，则在中频段，可以认为都是实数，式(11-8)可简单地表示为

$$A_f = \frac{A}{1 + AF} \tag{11-9}$$

由式(11-9)可以看出，引入负反馈后，放大电路的放大倍数下降到原来的$(1+AF)$分之一。这不难理解，因为引入负反馈后，放大电路的净输入信号减小了，所以使输出信号减小，放大倍数自然就减小了。

式(11-9)中的$(1+AF)$称为反馈深度，用于表征负反馈的深浅程度。显然$(1+AF)$越大，反馈就越深。

11.4.2　负反馈与放大倍数稳定性的关系

在放大电路中，由于电源电压的波动、元器件参数的变化，特别是环境温度的变化，都会引起输出电压的变化，从而造成放大倍数不稳定。在放大电路中引入负反馈，可以大大减小这些因素对放大倍数的影响，从而使放大倍数得到稳定。

对式(11-9)求微分得

$$dA_f = \frac{(1+AF)\,dA - AF\,dA}{(1+AF)^2} = \frac{dA}{(1+AF)^2} \tag{11-10}$$

将式(11-10)两边除以式(11-9)两边可得

$$\frac{\mathrm{d}A_\mathrm{f}}{A_\mathrm{f}} = \frac{1}{1+AF} \cdot \frac{\mathrm{d}A}{A} \qquad (11-11)$$

式(11-11)表明,闭环放大倍数的相对变化量 $\mathrm{d}A_\mathrm{f}/A_\mathrm{f}$ 仅为开环放大倍数相对变化量 $\mathrm{d}A/A$ 的 $1/(1+AF)$,也就是说,引入负反馈后的放大倍数 A_f 的稳定性是不加反馈时放大倍数的 $(1+AF)$ 倍。因此,在放大电路中引入负反馈后可使放大倍数的稳定性大大提高。

例如,当 A 变化 10% 时,若 $(1+AF)=100$,则 A_f 仅变化 0.1%。

由此可见,反馈越深,即 $(1+AF)$ 越大,放大倍数就越稳定。但须注意,提高放大倍数的稳定性是以降低放大倍数为代价的,反馈越深,放大倍数降低得就越多。

11.4.3 负反馈对输出电压、电流的稳定作用

负反馈稳定输出电压还是输出电流,与引入的是电压反馈还是电流反馈有关。

1. 电压负反馈稳定输出电压

在放大电路中引入电压负反馈,可以稳定输出电压。其稳定原理可以简述如下:

由于某种原因使输出电压增大时,因为反馈信号取自输出电压,即与输出电压呈正比例增大,而放大电路的净输入信号等于输入信号减去反馈信号,所以净输入信号将减小,当放大电路的放大倍数一定时,将使输出电压减小,从而保持输出电压的稳定。如在图 11.5 中,稳定电压的过程可以简单表示为

$$U_\mathrm{o} \uparrow \rightarrow U_\mathrm{f} \uparrow \rightarrow U_\mathrm{i}' \downarrow \rightarrow U_\mathrm{o} \downarrow$$

2. 电流负反馈稳定输出电流

在放大电路中引入电流负反馈,可以稳定输出电流。其稳定原理可以简述如下:

由于某种原因使输出电流增大时,因为反馈信号取自输出电流,即与输出电流呈比例增大,而净输入信号等于输入信号减去反馈信号,所以净输入信号将减小,当放大电路的放大倍数一定时,将使输出电流减小,从而保持输出电流的稳定。如在图 11.11 中,稳定电流的过程可以简单表示为

$$I_\mathrm{o} \uparrow \rightarrow I_\mathrm{f} \uparrow \rightarrow I_\mathrm{i}' \downarrow \rightarrow I_\mathrm{o} \downarrow$$

11.4.4 负反馈对输入和输出电阻的影响

负反馈对输入电阻的影响,与电路为串联反馈还是并联反馈有关。

1. 串联反馈增大输入电阻

引入串联负反馈时的结构框图如图 11.12 所示。根据输入电阻的定义,无反馈时,放大电路的输入电阻为

$$R_\mathrm{i} = \frac{\dot{U}_\mathrm{i}'}{\dot{I}_\mathrm{i}} \qquad (11-12)$$

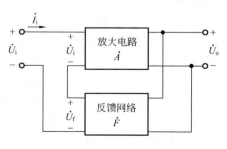

图 11.12 电压串联负反馈的结构框图

引入反馈后，放大电路的输入电阻为

$$R_{\mathrm{if}} = \frac{\dot{U}_{\mathrm{i}}}{\dot{I}_{\mathrm{i}}} = \frac{\dot{U}_{\mathrm{i}}' + \dot{U}_{\mathrm{f}}}{\dot{I}_{\mathrm{i}}} = \frac{\dot{U}_{\mathrm{i}}' + \dot{A}\dot{F}\dot{U}_{\mathrm{i}}'}{\dot{I}_{\mathrm{i}}} = (1 + \dot{A}\dot{F})\frac{\dot{U}_{\mathrm{i}}'}{\dot{I}_{\mathrm{i}}} = (1 + \dot{A}\dot{F})R_{\mathrm{i}} \qquad (11-13)$$

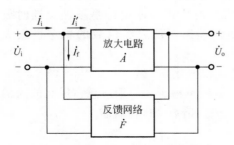

图 11.13　电压并联负反馈的结构框图

由式(11-13)可看出，引入串联负反馈后，输入电阻 R_{if} 较无反馈时的输入电阻 R_{i} 增大到 $(1 + AF)$ 倍。

2. 并联反馈减小输入电阻

引入并联负反馈时的结构框图如图 11.13 所示。无反馈时，放大电路的输入电阻为

$$R_{\mathrm{i}} = \frac{\dot{U}_{\mathrm{i}}}{\dot{I}_{\mathrm{i}}'} \qquad (11-14)$$

引入反馈后，放大电路的输入电阻为

$$R_{\mathrm{if}} = \frac{\dot{U}_{\mathrm{i}}}{\dot{I}_{\mathrm{i}}} = \frac{\dot{U}_{\mathrm{i}}}{\dot{I}_{\mathrm{i}}' + \dot{I}_{\mathrm{f}}} = \frac{\dot{U}_{\mathrm{i}}}{\dot{I}_{\mathrm{i}}' + \dot{A}\dot{F}\dot{I}_{\mathrm{i}}'} = \frac{1}{1 + \dot{A}\dot{F}} \cdot \frac{\dot{U}_{\mathrm{i}}}{\dot{I}_{\mathrm{i}}'} = \frac{1}{1 + \dot{A}\dot{F}} \cdot R_{\mathrm{i}} \qquad (11-15)$$

由式(11-15)看出，引入并联负反馈后，输入电阻 R_{if} 较无反馈时的输入电阻 R_{i} 减小到 $1/(1 + AF)$ 倍。

综上所述，放大电路引入串联负反馈可以增大输入电阻，引入并联负反馈可以减小输入电阻。

3. 负反馈对输出电阻的影响

负反馈对输出电阻的影响，与电路为电压反馈还是电流反馈有关。

如前所述，当电路引入电压负反馈时，可以稳定输出电压，如果反馈足够深，可以使其趋于一恒压源，输出电阻趋于零。可以证明，引入电压负反馈时的输出电阻较无反馈时的输出电阻减小到 $1/(1 + AF)$。当电路引入电流负反馈时，可以稳定输出电流，如果反馈足够深，可以使其趋于一恒流源，输出电阻趋于无穷大。可以证明，引入电流负反馈时的输出电阻较无反馈时的输出电阻增大到 $(1 + AF)$ 倍。在此不作详细推导。

11.4.5　负反馈与非线性失真的关系

在放大电路中，由于放大管（晶体管或场效应晶体管）的特性曲线都是非线性的，当输入信号较大时有可能使工作点进入非线性区，使输出波形产生非线性失真。在放大电路中引入负反馈后可以有效地减小放大电路的

【负反馈减小
非线性失真】
非线性失真。

如图 11.14(a) 所示，放大电路中未引入反馈，当输入信号为正、负半周完全对称的正弦波时，由于进入放大器件的非线性区域，使放大电路产生了失真，输出信号的波形正、负半周不再对称，而是正半周大、负半周小的失真波形。此时，可以理解为放大电路对正半周信号的放大能力大，对负半周信号的放大能力小（进入非线性区后，放大能力减小）。但是，在引入负反馈后，如图 11.4(b) 所示，当放大电路的输出信号

产生失真时，由于反馈信号取自输出信号，与输出信号呈一定比例，所以反馈信号也呈正半周大、负半周小的波形，而放大电路的净输入信号 $\dot{X}'_i = \dot{X}_i - \dot{X}_f$，所以净输入信号呈正半周小、负半周大的波形，出现了预失真波形。由于放大电路对正半周信号的放大能力大，对负半周信号的放大能力小，因此，经过放大电路的非线性校正，使输出波形正、负半周趋于对称，近似为正弦波，即引入负反馈后减小了波形失真。

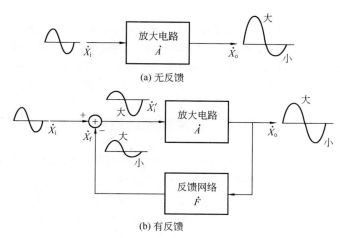

(a) 无反馈

(b) 有反馈

图 11.14　引入负反馈减小非线性失真

11.4.6　负反馈与通频带宽的关系

在前面几章讨论放大电路的电压放大倍数时，都是设输入信号处在中频段范围内进行求解，即是将电容视为短路来进行讨论的。实际上，当输入信号的频率升高和降低时，放大电路的放大倍数都要下降。频率升高时，放大管极间电容的影响不可忽略不计。而当频率降低时，对于容量较大的电容，如耦合电容、旁路电容等，都要产生一部分电压降，从而使输出电压减小，导致放大倍数减小。当输入信号的频率升高或降低时，使放大电路的放大倍数下降到中频放大倍数的 0.707 倍时所对应的频率范围称为放大电路的通频带，即 $BW = f_H - f_L$，如图 11.15 所示。

由于引入负反馈时，电压放大倍数的变化率减小到原来的 $1/(1+AF)$，所以当输入信号的频率变化使得放大倍数下降时，引入负反馈后的放大倍数下降得较无反馈时缓慢，也即下降同样的幅度所对应的频率范围增大，即通频带展宽，如图 11.15 所示，$(f'_H - f'_L) > (f_H - f_L)$。

通过以上分析，可以看出负反馈对

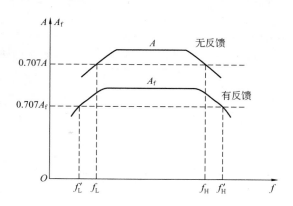

图 11.15　负反馈展宽通频带

放大电路能产生多方面的影响。在实际应用中可以根据不同需求，正确引入合适的反馈以满足不同的需要。如要稳定静态工作点应引入直流负反馈，而要改善放大电路的动态性能应引入交流负反馈；要稳定输出电压应引入电压负反馈，而要稳定输出电流，则应引入电流负反馈等。

特别提示

- 负反馈只能抑制负反馈环路内部由非线性器件所产生的非线性失真。同理，负反馈只能抑制负反馈环路内部的干扰或噪声，而对负反馈环路外部的非线性失真、干扰或噪声则无法抑制。
- 为增强负反馈的效果，反馈信号要尽可能地影响净输入量。因此，对于串联负反馈电路，要求信号源的内阻越小越好；对于并联负反馈电路，要求信号源的内阻越大越好。

11.5　正反馈振荡电路

在负反馈放大电路中，由于附加相移的影响，有可能把原来按负反馈设计的放大电路转变为正反馈，即当反馈信号使净输入信号增大时，电路就变为正反馈，在正反馈的作用下，输出信号会越来越大，使放大电路产生自激振荡，以至于使放大电路无法正常工作。对于放大电路来说，自激振荡是十分有害的，应当设法消除。但事物总是一分为二的，自激振荡也可以被利用。

本节要讲述的正弦波振荡电路正是利用自激振荡的原理，使电路在没有外加输入信号的情况下，也能有一定频率、幅值的输出信号。如果输出信号为正弦波，就称为正弦波振荡电路或正弦波信号发生器。正弦波信号发生器被广泛应用于电子技术领域中，例如，在信号的测量、控制、通信和广播电视系统中，常常需要频率和幅值可调的正弦波信号发生器。

11.5.1　正弦波振荡电路的基本知识

1. 产生自激振荡的条件

自激振荡原理框图如图 11.16 所示。当在放大电路的输入端输入正弦信号 $\dot{X}_i$ 时，放大电路就会产生出正弦输出信号 $\dot{X}_o$。可通过反馈网络引回正反馈信号 $\dot{X}_f$，如果使 $\dot{X}_f = \dot{X}_i$，就可以用反馈信号 $\dot{X}_f$ 代替输入信号 $\dot{X}_i$，而将输入信号去掉，用反馈信号维持放大电路继续有信号 $\dot{X}_o$ 输出。

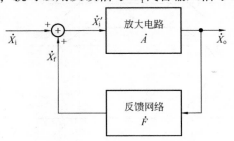

图 11.16　自激振荡原理框图

在图 11.16 中，有

$$\dot{X}_o = \dot{A}\dot{X}_i, \quad \dot{X}_f = \dot{F}\dot{X}_o = \dot{A}\dot{F}\dot{X}_i$$

$$(11-16)$$

由式(11-16)知，要使 $\dot{X}_f = \dot{X}_i$，必须有

$$\dot{A}\dot{F} = 1 \qquad (11-17)$$

式(11-17)即是产生自激振荡的条件。对于正弦信号，$\dot{A}\dot{F} = 1$ 可表示为

$$\dot{A}\dot{F} = |\dot{A}\dot{F}| \underline{/\varphi} = AF \underline{/\varphi_A + \varphi_F} = 1 \qquad (11-18)$$

由式(11-18)知，自激振荡条件可分别用幅值平衡条件和相位平衡条件来表示。

（1）幅值平衡条件：

$$|\dot{A}\dot{F}| = AF = 1 \quad 或 \quad X_f = X_i \qquad (11-19)$$

即反馈信号的大小必须与输入信号的大小相等。

（2）相位平衡条件：

$$\varphi_A + \varphi_F = 2n\pi \quad （n \text{ 为整数}） \qquad (11-20)$$

式中：φ_A 是放大电路输出信号与输入信号的相位差；φ_F 是反馈信号与输出信号的相位差。即放大电路的相位移与反馈网络的相位移之和应等于零或 2π 的整数倍，亦即电路引入的必须是正反馈。

2. 振荡的建立和稳幅振荡

前面讨论自激振荡条件时，是先在放大电路的输入端输入正弦信号 $\dot{X}_i$，当取回的反馈信号 $\dot{X}_f = \dot{X}_i$ 时，则可用反馈信号 $\dot{X}_f$ 代替输入信号 $\dot{X}_i$，维持放大电路有输出信号 $\dot{X}_o$。但实际的振荡电路是在没有外加输入信号的前提下，也能有一定频率、幅值的输出信号。下面分析一下振荡是如何建立起来的。实际上，振荡电路最初的输入信号 $\dot{X}_i$ 是干扰信号。例如当电路接通电源时，将会产生一些干扰信号，根据频谱分析，这种干扰信号是由多种频率的分量所组成的，其中必然包含频率为 f_0 的正弦波。如果用一个选频网络将频率为 f_0 的信号挑选出来，使它满足振荡的相位平衡条件，只要再使 $AF > 1$，即可形成增幅振荡，经过反馈→放大→再反馈→再放大的多次循环之后，输出电压越来越大，使振荡最终建立起来。由此可知，电路的起振条件为

$$|\dot{A}\dot{F}| = AF > 1 \qquad (11-21)$$

但是，如果 AF 始终大于 1，则输出信号就会越来越大，最终将使放大器件进入截止区或饱和区，引起输出波形失真，显然这是应当避免的。为此，振荡电路还必须有稳幅环节，其作用是在输出电压增大到一定数值后，设法减小放大倍数或反馈系数，使得电路满足稳幅振荡条件 $AF = 1$，从而获得幅值稳定且不失真的正弦波输出信号。

3. 正弦波振荡电路的组成

通过以上分析可知，正弦波振荡电路必须由以下 4 部分组成：

（1）电压放大电路。其使最初的干扰信号得到放大，并逐渐增大，直至达到稳定幅值。

（2）正反馈网络。其通过正反馈网路取回正反馈信号，使电路满足相位平衡条件。

（3）选频网络。其选出所要求的频率的信号，使之满足振荡条件，从而保证电路只产生单一频率的正弦波振荡。常用的选频网络由 RC 或 LC 电路组成。有时将选频网络与正反馈网络合而为一。

（4）稳幅环节。其使输出信号具有稳定的幅值。正弦波振荡电路常以选频网络来命名，如 RC 正弦波振荡电路、LC 正弦波振荡电路和石英晶体正弦波振荡电路。RC 正弦波振荡电路的振荡频率较低，一般在 1MHz 以下；LC 正弦波振荡电路的振荡频率较高，一般在 1MHz 以上；石英晶体正弦波振荡电路的特点是振荡频率较稳定。

4. 正弦波振荡电路的分析方法

正弦波振荡电路能否正常工作，一般可按以下几个步骤进行分析：

（1）观察电路是否含有电压放大电路、正反馈网络、选频网络和稳幅环节这 4 部分。

（2）检查放大电路的静态工作点是否合适，对交流信号能否正常放大。

（3）对于频率为 f_0 的信号，用瞬时极性法判断电路所引入的是否为正反馈，即是否满足振荡的相位条件。

（4）判断电路能否起振，能否稳幅振荡。即能否满足电路的起振条件和幅值平衡条件。在实用中，通常用实验的方法加以调整，起振条件较易满足。

特别提示

● 正弦波振荡电路只有在满足相位条件的前提下，判断是否满足幅值条件才有意义。所以应先判断是否满足相位条件，再判断幅值条件。

11.5.2　RC 正弦波振荡电路

RC 正弦波振荡电路又称为文氏电桥振荡电路，用以产生低频正弦波信号，由于它具有电路结构简单、振荡频率便于调节等特点，故而是一种应用十分广泛的正弦波振荡电路。

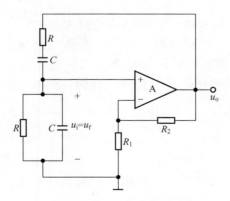

图 11.17　RC 正弦波振荡电路

1. 电路组成

RC 正弦波振荡电路的组成如图 11.17 所示。电路包括同相比例运算放大电路、RC 选频网络（也是正反馈网络）和电阻 R_1、R_2 组成的稳幅振荡环节。其中，同相比例运算放大电路的电压放大倍数为

$$A = |\dot{A}| = 1 + \frac{R_2}{R_1}$$

电阻 R_2 是具有负温度系数的热敏电阻，即温度越高，其阻值越小。

2. RC 选频网络的选频特性

为了说明 RC 选频网络的选频特性，将 RC 选频网络单独画出，如图 11.18 所示。RC 选频网络也是正反馈网络，其反馈系数为

$$\dot{F} = \frac{\dot{U}_f}{\dot{U}_o} = \frac{\dfrac{R}{1 + j\omega RC}}{R + \dfrac{1}{j\omega RC} + \dfrac{R}{1 + j\omega RC}}$$

$$= \frac{1}{3 + j\left(\omega RC - \dfrac{1}{\omega RC}\right)} \qquad (11-22)$$

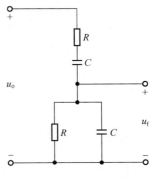

图 11.18　RC 选频网络

由式（11 - 22）可知，当 $\omega = \omega_0 = 1/(RC)$ 或 $f = f_0 = 1/(2\pi RC)$ 时，反馈系数为实数，其有效值 $F = 1/3$，即 $U_f = U_o/3$，且反馈电压 $\dot{U}_f$ 与输出电压 $\dot{U}_o$ 同相位。

3. RC 正弦波振荡电路的工作原理

1）相位平衡条件

如前所述，当 RC 正弦波振荡电路接通电源时，在输入端产生各种频率的干扰信号，但只有对 $f = f_0 = \dfrac{1}{2\pi RC}$ 的信号，反馈电压 $\dot{U}_f$ 与输出电压 $\dot{U}_o$ 才同相位，根据瞬时极性法可判断出此时引入的是正反馈，即满足了相位平衡条件。

2）电路的起振与稳幅振荡

在干扰信号中，对于 $f = f_0 = 1/(2\pi RC)$ 的信号，$F = 1/3$。而同相比例运算放大电路的电压放大倍数为 $A = 1 + R_2/R_1$，只要使 $R_2 > 2R_1$，就能满足 $AF > 1$ 的起振条件，电路就能起振。而 R_2 是具有负温度系数的热敏电阻，起振之初，输出电压较小，通过 R_2 的电流较小，其阻值较大使 $R_2 > 2R_1$，使电路起振。随着振荡的进行，输出电压越来越大，通过 R_2 的电流也越来越大，其阻值逐渐减小，直到减小到 $R_2 = 2R_1$ 时，$AF = 1$，满足了幅值平衡条件，振荡电路即进入稳幅振荡。

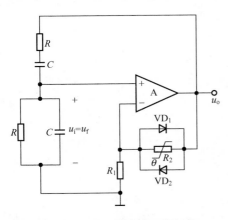

图 11.19　RC 正弦波振荡电路

当然，也可选用 R_1 为正温度系数的热敏电阻，还可以在 R_2 两端正反向并联两个二极管等。如图 11.19 所示，该电路是利用二极管的正向伏安特性的非线性自动稳幅的。在起振之初，由于输出电压幅度较小，不足以使二极管导通，其正向电阻很大，此时电阻 R_2 与二极管的并联等效电阻 $R_2' > R_1$。$1/(2\pi RC)$ 随着振荡的进行，输出电压幅度越来越大，二极管的正向电阻越来越小，直到 $R_2' = 2R_1$ 时，$AF = 1$，满足了幅值平衡条件，振荡电路稳幅振荡。

3）振荡频率

通过以上分析不难看出，只有对 $f = f_0 =$

$1/(2\pi RC)$ 的信号，才满足振荡的相位条件和幅值条件，所以输出信号的频率为

$$f = f_0 = \frac{1}{2\pi RC} \tag{11-23}$$

在 RC 正弦波振荡电路中，可以通过改变 R 或 C 的数值来调节输出信号的振荡频率。RC 正弦波振荡电路的振荡频率较低，因为当要求振荡频率较高时，必然要减小 RC 的值。而 RC 串、并联网络也是放大电路的负载，所以 R 的减小会使电压放大倍数减小，当减小到一定程度时，电路不易起振。另外，当 C 减小到一定程度时，晶体管的极间电容和电路的分布电容将影响选频特性。因此 RC 振荡电路通常只作为低频振荡器使用，其振荡频率一般不超过 1MHz，若要提高振荡频率，可选用 LC 正弦波振荡电路。

11.5.3 LC 正弦波振荡电路

LC 正弦波振荡电路用以产生频率较高的正弦波信号，振荡频率可达到几十兆赫以上。LC 正弦波振荡电路按照结构形式的不同可分为变压器反馈式、电感三点式和电容三点式这 3 种。本节主要讨论变压器反馈式的振荡电路。

1. 电路组成

变压器反馈式 LC 正弦波振荡电路的组成如图 11.20 所示。它由共射放大电路、LC 选频网络和 $L_3 C_1$ 构成的正反馈网络这 3 部分组成。稳幅环节是由晶体管的非线性来实现的。下面首先讨论 LC 选频网络的选频特性。

2. LC 选频网络的选频特性

LC 选频网络实际上是一个电感线圈与一个电容器的并联电路，如图 11.21 所示。其中电阻 R 为电感线圈的等效电阻，阻值一般很小。

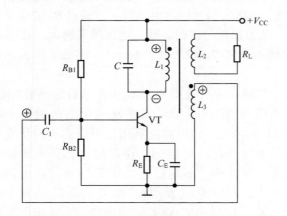

图 11.20 变压器反馈式 LC 振荡电路

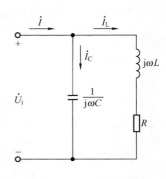

11.21 LC 选频电路

电路的等效阻抗为

$$Z = \frac{\dot{U}_i}{\dot{I}} = \frac{\frac{1}{j\omega C}(R + j\omega L)}{\frac{1}{j\omega C} + (R + j\omega L)} \tag{11-24}$$

当 $R \ll \omega L$ 时，式(11-24)近似为

$$Z \approx \frac{L/C}{R + \mathrm{j}\left(\omega L - \dfrac{1}{\omega C}\right)} \qquad (11-25)$$

由式(11-25)可知，当 $\omega L = \dfrac{1}{\omega C}$，即 $\omega = \omega_0 = \dfrac{1}{\sqrt{LC}}$ 或 $f = f_0 = \dfrac{1}{2\pi\sqrt{LC}}$ 时，电压 $\dot{U}_\mathrm{i}$ 与电流 $\dot{I}$ 达到同相位，也即电路发生并联谐振。并联谐振时，负载阻抗呈纯电阻性，且最大值 $Z \approx \dfrac{L}{RC}$。当电流 I 一定时，电路两端的电压 U_i 的值也最大。

【变压器反馈式振荡电路
相位条件的判断】

3. 电路的振荡原理

接通电源，输入端产生诸多频率的干扰信号，但只有频率为 $f = f_0$ 的信号才使 LC (L 为电容 C 回路的等效电感)选频电路发生并联谐振，LC 并联电路的阻抗呈电阻性，相当于集电极电阻 R_C。由瞬时极性法可以判断出，此时电路引入的是正反馈，满足了自激振荡的相位条件。

并联谐振时，LC 并联电路的阻抗最大，因此对频率为 $f = f_0$ 的正弦信号，电压放大倍数最高。只要适当调节变压器副绕组 L_3 的匝数，使得 $AF > 1$，电路即可起振。

振幅的稳定是利用晶体管的非线性特性来实现的。在振荡之初，由于输入、输出信号较小，晶体管工作在线性放大区，经过放大→反馈→再放大→再反馈的多次循环，使输出电压的幅值不断增大，当增大到一定程度时，它的电流放大倍数将逐渐减小，电压放大倍数也逐渐减小，当减小到 $AF = 1$ 时，满足了幅值平衡条件，振荡电路进入稳幅振荡。

4. 振荡频率

在各种频率的干扰信号中，只有频率为 $f = f_0$ 的信号，才使电路满足自激振荡的幅值条件和相位条件，其他频率的信号由于不满足振荡条件，故不能输出。所以 $L_1'C$ 振荡电路输出信号的振荡频率为

$$f = f_0 = \frac{1}{2\pi\sqrt{L_1'C}} \qquad (11-26)$$

变压器反馈式 LC 振荡电路的优点是容易起振，但变压器损耗较大。

特别提示

- 在分析 LC 振荡电路时，要注意将选频回路中的电容 C 与耦合电容、旁路电容区分开来。选频回路中的电容 C 取值较小，而耦合电容、旁路电容的取值较大，考虑交流通路时，应将耦合电容、旁路电容视为短路。

- 选频电路的品质因数 $Q\left(Q = \dfrac{1}{R}\sqrt{\dfrac{L}{C}}\right)$ 越高，电路的选频特性越好。石英晶体振荡电路的品质因数远远大于 LC 振荡电路的品质因数，是目前振荡频率最稳定的振荡电路，被广泛地应用于对振荡频率稳定性要求高的电路(如石英表和计算机的定时电路)中。

11.6 应用电路实例

11.6.1 小型温度控制电路

图 11.22 所示为家用多功能淋浴器中的温度控制电路。图中 R_t 为温度传感器，采用负温度系数的热敏电阻。温度调节器采用电桥电路外接一个滑动电阻 R_p 来调节设定的温度。A 为电压比较器。晶体管 VT_1、VT_2 组成继电器的驱动电路。LED 为发光二极管，与 R_7 组成加热显示电路。

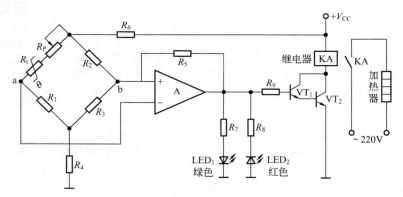

图 11.22　家用淋浴器中的温度控制电路

该控制电路工作原理如下：取 $R_1 = R_2 = R_3$，调节 R_p 使得 $R_t + R_p > R_3$，则 $u_b > u_a$，电压比较器 A 同相端的电位高于反相端的电位，输出高电平，晶体管 VT_1、VT_2 导通，继电器线圈中有电流通过，其动合触点 KA 吸合，加热器通电开始加热。与此同时绿色二极管 LED_1 发光，显示加热状态。随着温度的上升。R_t 阻值减小，使得 $R_t + R_p < R_3$，则 $u_b < u_a$，电压比较器 A 同相端的电位低于反相端的电位，输出低电平，晶体管 VT_1、VT_2 截止，继电器线圈失电，其动合触点 KA 断开，加热器断电停止加热。与此同时红色二极管 LED_2 发光，表示加热结束。

11.6.2 简易电子琴电路

图 11.23 所示为 RC 正弦波振荡电路组成的最简单的电子琴电路。按下不同的琴键（用开关表示）就可以改变 R_2 的阻值，从而改变 RC 振荡器的振荡频率，使扬声器发出不同的音阶。

对于 C 调 8 个基本音阶所对应的频率如表 11－1 所示。

表 11－1　C 调 8 个基本音阶的频率

音阶	1	2	3	4	5	6	7	i
频率/Hz	264	297	330	352	396	440	495	528

图 11.23 中，R_1C 与 $R_{21} \sim R_{28}$ 构成选频网路，也是正反馈网络。反馈网络的反馈系数 $\dot{F}$ 为

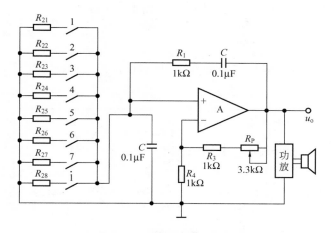

图 11. 23 简易电子琴电路

$$\dot{F} = \frac{\dot{U}_f}{\dot{U}_o} = \frac{\dfrac{R_2}{1 + j\omega R_2 C}}{R_1 + \dfrac{1}{j\omega C} + \dfrac{R_2}{1 + j\omega R_2 C}} = \frac{1}{2 + \dfrac{R_1}{R_2} + j\left(\omega R_1 C - \dfrac{1}{\omega R_2 C}\right)} \qquad (11-27)$$

显然，当 $\omega = \omega_0 = \dfrac{1}{C}\sqrt{\dfrac{1}{R_1 R_2}}$ 时，反馈电压 u_f 与输出电压 u_o 同相位。此时，用瞬时极性法可以判出电路为正反馈，满足振荡的相位条件。所以电路的振荡频率为

$$\omega_0 = \frac{1}{C}\sqrt{\frac{1}{R_1 R_2}}$$

或

$$f = f_0 = \frac{1}{2\pi C \sqrt{R_1 R_2}} \qquad (11-28)$$

若其他参数如图标示时，可求得 $R_{21} \sim R_{28}$ 阻值如表 11-2 所示。

表 11-2 C调8个音阶时 $R_{21} \sim R_{28}$ 的阻值

音　阶	1	2	3	4	5	6	7	i
电阻器符号	R_{21}	R_{22}	R_{23}	R_{24}	R_{25}	R_{26}	R_{27}	R_{28}
f_o/Hz	264	297	330	352	396	440	495	528
电阻/kΩ	36. 4	28. 7	23. 3	20	16	13	10	9

当 $\omega R_1 C = \dfrac{1}{\omega R_2 C}$ 时，由式(11-27)可知反馈系数为

$$F = \frac{1}{2 + \dfrac{R_1}{R_2}}$$

集成运放的电压放大倍数为

$$A = 1 + \frac{R_3 + R_P}{R_4}$$

适当调节电位器 R_p 的阻值，使得 $AF > 1$，电路即可起振。

11.6.3 房客离房提醒器电路

房客离房提醒器电路如图 11.24 所示，它由触摸开关电路、语音专用集成电路和音频功率放大电路等组成。

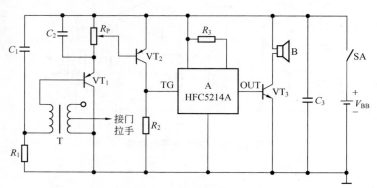

图 11.24 房客离房提醒电路

平时，由晶体管 VT_1、变压器 T 等组成的变压器反馈式振荡电路工作。VT_2 发射结偏压小于 0.65V，VT_2 处于截止状态，语音集成电路 A 无高电平触发信号而不工作，扬声器 B 无声。当手碰到手拉门时，人体通过门拉手接到 VT_1 的集电极，集电极电流通过人体接地，振荡器即停止工作。VT_1 的发射极电流增大，VT_2 的发射结偏压随之增大至大于 0.65V 时，此时 VT_2 导通放大，语音集成电路 A 获得高电平触发信号而工作，其 OUT 引脚输出内存语音电信号，经 VT_3 功率放大后，使扬声器 B 发出语音提示信号"请关好房门，带好物品"。手离开金属门拉手后，VT_1 恢复振荡，VT_2 重新截止。

11.6.4 高频振荡型开关

高频振荡型开关被广泛应用于行程控制、定位控制、自动计数以及安全保护控制等方面。图 11.25 为高频振荡型开关的电路结构图。L_1、L_2、C 与晶体管 VT_1 组成变压器

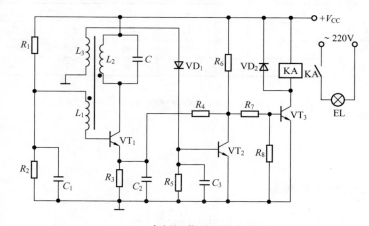

11.25 高频振荡型开关电路图

反馈式 LC 振荡电路。L_1、L_2 与 L_3 绕在同一铁心上，构成感应头，如图 11.26 所示，它固定在某物体上。

当无金属体接近感应头时，振荡电路维持振荡，其输出电压经二极管 VD_1 整流、电容 C_3 滤波后加到 VT_2 的基极，使之饱和导通，VT_3 截止，继电器线圈失电，其动合触点断开，所控制的电路不通电。

当有金属体接近感应头时，金属体内感应产生电涡流，电涡流的去磁作用减弱线圈间的磁耦合，L_1 上的反馈电压显著降低，振荡电路停振。L_3 上无输出电压。VT_2 截止。VT_3 导通，继电器线圈得电，其动合触点闭合，其所控制的电路通电。

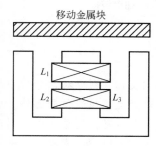

图 11.26　感应头

小　结

本章主要介绍了以下内容：

（1）反馈的概念。放大电路中的反馈，就是将放大电路的输出量（电压或电流）的一部分或者全部，通过一定的电路（反馈网络）引回到输入端以影响输入量（电压或电流）。

（2）反馈的分类。反馈可以分为正负反馈、交直流反馈、串并联反馈、电压电流反馈。交流负反馈有四种组态，分别是：电压串联负反馈、电压并联负反馈、电流串联负反馈和电流并联负反馈。

（3）反馈类型的判断方法。判断正负反馈用瞬时极性法，若反馈信号使净输入信号增大则为正反馈，否则为负反馈。判断交直流反馈看通路，若反馈信号仅存在于直流通路中，为直流反馈；若反馈信号仅存在于交流通路中，则为交流反馈。判断串并联反馈看输入，若反馈信号与对地输入信号加在同一输入端为并联反馈，否则为串联反馈。判断电压电流反馈看输出，若反馈信号与对地输出电压从同一点取出，为电压反馈，否则为电流反馈。

（4）反馈的作用。直流负反馈可以稳定静态工作点，交流负反馈可以改善放大电路的动态性能。在放大电路中引入交流负反馈，可以提高放大倍数的稳定性，但会减小放大倍数；引入电压负反馈可以减小输出电阻，并稳定输出电压；引入电流负反馈可以增大输出电阻，并稳定输出电流；引入串联负反馈可以增大输入电阻；引入并联负反馈可以减小输入电阻。

（5）正弦波振荡电路。正弦波振荡电路是利用正反馈并通过选频网络产生的单一频率信号形成自激振荡。正弦波振荡电路的振荡条件是 $\dot{A}\dot{F}=1$，可分别表示为相位平衡条件 $\varphi_A+\varphi_F=2n\pi$（$n$ 为整数）和幅值平衡条件 $|\dot{A}\dot{F}|=AF=1$。

正弦波振荡电路由放大电路、正反馈网络、选频网络和稳幅环节这 4 部分组成。按照选频网络的不同，正弦波振荡电路可以分为 RC 正弦波振荡电路和 LC 正弦波振荡电路。RC 正弦波振荡电路的振荡频率较低，LC 正弦波振荡电路的振荡频率较高。

在分析正弦波振荡电路能否正常振荡时，应首先观察电路是否包含 4 个基本组成部分；然后用瞬时极性法判断电路引入的是否为正反馈，即是否满足相位条件；再分析电路能否起振，

即是否满足起振条件 $AF > 1$；在实用中，通常用实验的方法加以调整，起振条件较易满足。

知识链接

反馈的应用

反馈在科学技术领域中的应用很多。除了负反馈可以改善放大电路的动态性能，正反馈可以产生正弦波信号之外，反馈还被广泛应用于自动控制系统、测量、通信和波形变换等方面。在自动控制系统中，利用反馈进行温度、速度、流量、压力等的自动控制。例如，在恒速控制系统中，直流电动机带动负载运转，在其输出轴上连接一测速发电机，当某种原因使电动机转速下降时，测速发电机的输出电压减小。将此电压反馈到输入端，与给定电压进行比较，使差值电压增大，经放大后使加到电动机电枢上的电压增大，从而使电动机的转速回升。在通信、电视及测量系统中常用的锁相环电路，其输出信号的频率跟踪输入信号的频率，当输出信号与输入信号频率相等时，输出电压与输入电压保持固定的差值，而锁相环就是一种反馈控制系统。波形变换电路是利用非线性电路将一种形状的波形变换为另一种形状的波形。例如：电压比较器可将正弦波变为方波；积分运算电路可将方波变为三角波；微分运算电路可将三角波变为方波；比例运算电路可将三角波变为锯齿波；等等。而电压比较器、积分运算电路、微分运算电路及比例运算电路中都要引入反馈。

习　题

11-1　试选择合适的答案填入空内。
(1) 为了使振荡电路产生自激振荡，应引入(　　　)。
(2) 为了稳定静态工作点，应在放大电路中引入(　　　)。
(3) 为了展宽通频带，应在放大电路中引入(　　　)。
(4) 为了减小输入电阻，应在放大电路中引入(　　　)。
(5) 为了增大输入电阻，应在放大电路中引入(　　　)。
(6) 为了稳定输出电流，应在放大电路中引入(　　　)。
(7) 为了稳定输出电压，应在放大电路中引入(　　　)。
(8) 如果引入反馈后，放大电路的净输入量减小，则引入的是(　　　)。

　　A. 正反馈　　　　　B. 负反馈　　　　　C. 直流负反馈　　　　D. 交流负反馈
　　E. 电压负反馈　　　F. 电流负反馈　　　G. 串联负反馈　　　　H. 并联负反馈

11-2　试选择合适的答案填入空内。
在放大电路中，欲减小放大电路从信号源索取的电流并有稳定的输出电压，应引入＿＿＿负反馈；欲增大放大电路的输入电阻并稳定输出电流，应引入＿＿＿负反馈；欲减小输入电阻并稳定输出电流，应引入＿＿＿负反馈；欲减小输入电阻并增强带负载能力，应引入＿＿＿负反馈。

　　A. 电压并联　　　　B. 电压串联　　　　C. 电流并联　　　　　D. 电流串联

11-3　试选择合适的答案填入空内。

（1）欲制作频率为 $20\text{Hz} \sim 200\text{kHz}$ 的音频信号发生器，应选用（   ）；

（2）欲制作频率为 $2 \sim 20\text{MHz}$ 的本机振荡器，应选用（   ）。

    A. LC 振荡器   B. RC 振荡器

11-4 判断题（正确的请在每小题后的圆括号内打"✓"，错误的打"×"）

（1）只要在放大电路中引入负反馈，就一定能够稳定输出电压。   （   ）

（2）反馈量仅仅取决于输出量，与输入量无关。   （   ）

（3）交流负反馈是指放大交流信号时才有的反馈。   （   ）

（4）直流负反馈是指在直接耦合放大电路中引入的负反馈。   （   ）

（5）若引入反馈后，放大电路的输出量增大，则说明引入的是负反馈。   （   ）

（6）在放大电路中，若引回的是电压信号，则说明引入的是电压反馈。   （   ）

（7）在放大电路中，若引回的是电流信号，则说明引入的是电流反馈。   （   ）

（8）若放大电路的电压放大倍数为负值，则说明引入的一定是负反馈。   （   ）

（9）在用瞬时极性法判别反馈极性时，净输入信号一般都是指的电压。   （   ）

（10）负反馈放大电路不可能产生自激振荡。   （   ）

（11）在正弦波振荡电路中，只要引入正反馈，就一定会产生振荡。   （   ）

11-5 已知某一负反馈放大电路的开环电压放大倍数 $A = 200$，反馈系数 $F = 0.01$。试问：

（1）闭环电压放大倍数 A_f 为多少？

（2）当开环放大倍数 A 变化 $\pm 20\%$ 时，闭环放大倍数 A_f 变化多少？

11-6 在图 11.27 所示电路中，指出有哪些反馈支路；并判断哪些是正反馈，哪些是负反馈，哪些是直流反馈，哪些是交流反馈。若是交流反馈，判断出反馈组态。

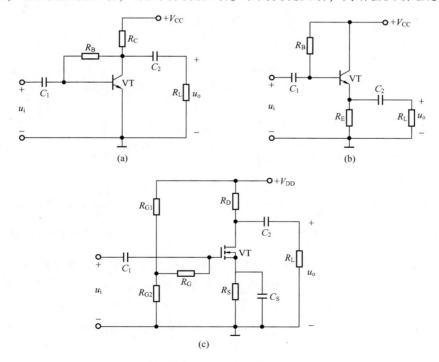

（a）   （b）

（c）

图 11.27 习题 11-6 的图

11-7　在图 11.28 所示电路中，指出有哪些反馈支路；并判断哪些是正反馈，哪些是负反馈，哪些是直流反馈，哪些是交流反馈。若是交流反馈，判断出反馈组态。

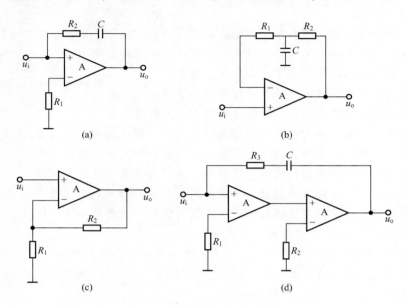

图 11.28　习题 11-7 的图

11-8　在图 11.29 所示电路中，试判断 R_f 引入的反馈极性，若是负反馈，判断反馈组态。

11-9　在图 11.30 所示电路中，试判断 R_3 支路引入的是正反馈还是负反馈，若是负反馈，判断出反馈组态。

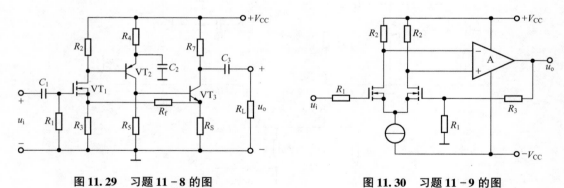

图 11.29　习题 11-8 的图　　　　图 11.30　习题 11-9 的图

11-10　在图 11.31 所示的 RC 文氏桥式正弦波振荡电路中，要求输出正弦波信号的频率为 160Hz。试问：(1) 当取 $R=10\text{k}\Omega$ 时，电容 C 应该取多大？(2) 如果取 $R_1=R_2=10\text{k}\Omega$，则 R_p 应至少调到多大电路才能起振？

11-11　图 11.32 所示为电感三点式 LC 正弦波振荡电路。请在图上标出反馈电压，并用瞬时极性法判断电路是否满足相位平衡条件。

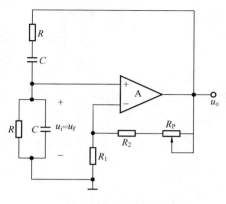

图 11.31 习题 11-10 的图

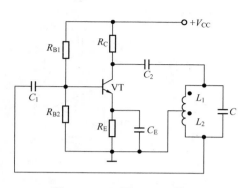

图 11.32 习题 11-11 的图

11-12 图 11.33 所示为电容三点式 LC 正弦波振荡电路。说明反馈电压取自哪个元件，并在图上标出反馈电压，且用相位平衡条件判断电路是否可能产生振荡。

11-13 在图 11.34 所示电路中请标出变压器的同名端，使电路满足正弦波振荡电路振荡的相位条件。

11-14 某音频信号发生器的电路原理图如图 11.35 所示。若 $R = 22\text{k}\Omega$，$C = 6800\text{pF}$，电位器 R_p 的调节范围为 $1 \sim 10\text{k}\Omega$，试求电路振荡频率的调节范围。

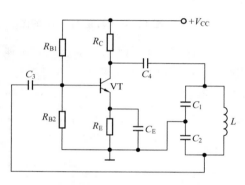

图 11.33 习题 11-12 的图

11-15 某正弦波信号发生器由文氏桥振荡电路组成，其选频网络如图 11.36 所示。用双层波段开关接不同的电容，作为振荡频率 f_0 的粗调；用同轴电位器 R_p 实现 f_0 的微调。已知电容 C_1、C_2、C_3 分别为 $0.5\mu\text{F}$、$0.05\mu\text{F}$ 和 $0.005\mu\text{F}$，电阻 $R = 2\text{k}\Omega$，电位器 $R_\text{p} = 20\text{k}\Omega$，试求电路三挡频率的调节范围。

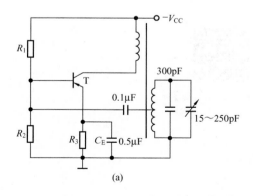

(a)

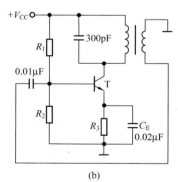

(b)

图 11.34 习题 11-13 的图

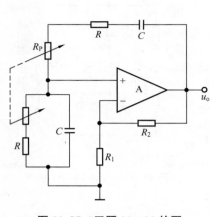

图 11.35　习题 11 - 14 的图

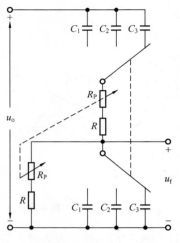

图 11.36　习题 11 - 15 的图

11 - 16　图 11.37 为一光控闪光夜明珠的电路原理图。该电路具有光控功能，当周围光线较暗时，LED 闪烁发光；当周围环境光线明亮时，LED 则自动熄灭。试说明电路的工作原理。

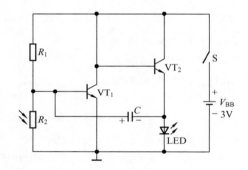

图 11.37　习题 11 - 16 的图

【第11章自测试题】

第12章
直流稳压电源

    直流稳压电源是现代电子设备的重要组成部分，主要包括变压、整流、滤波及稳压四个部分，基本任务是将电力网交流电压（220V，50Hz）变换成为电子设备所需要的不随电网电压和负载变化的稳定的直流电压。本章重点讨论整流、滤波及稳压部分，介绍各部分的工作原理及相关的参数计算，最后介绍集成稳压电源。

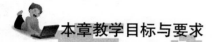

本章教学目标与要求

- 掌握二极管整流电路、滤波电路及稳压二极管构成的稳压电路的工作原理。
- 熟练掌握整流电路、滤波电路的主要参数计算。
- 了解集成稳压电源。

引例

    一个普通电视接收机的内部电路都需要 +12V 和 +48V 这样的直流电压，而一般电视接收机的电源是 220V 的交流电压，于是电视接收机中的电源电路就需要完成将220V 的交流电压转换成较低的大部分内部电路工作所需的直流电压的任务。通过本章的学习，我们将了解其中的转换过程。

12.1　直流稳压电源中各部分的作用

12.1.1　直流稳压电源的组成

    直流稳压电源由如图 12.1 所示的几个部分组成。交流电源经过变压器、整流、滤波、稳压这 4 个环节，输出稳定的电压供直流负载应用。

12.1.2　直流稳压电源的作用

    在图 12.1 所示电路中，变压器的作用是利用电感线圈的电磁性质，将电力网交流电压变换为整流所需的交流电压，同时起到隔离交流电路与直流电路的作用。

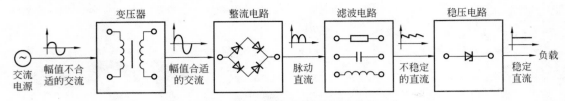

图 12.1　直流稳压电源的组成框图

从信号转换的角度来看，整流电路部分的作用是利用二极管的单向导电性，将在两个方向流动的交流电变换为只在一个方向流动的直流电。但是，这里的直流电不是恒定值，它是方向一定而大小脉动的直流电，即称为单向脉动直流电，因此仅用于对波形要求不高的设备中，对于对波形要求比较严格的负载来说，还必须经过后续的滤波和稳压工作。

滤波电路的作用是利用电抗性元件的阻抗特性，去掉整流后的单向脉动直流电中的脉动成分，以便获得比较平滑的直流电。但是当电源或负载变化时，输出的直流电仍会出现波动，必须再加上稳压电路，才能得到较稳定的直流电。

稳压电路的作用是利用稳压管或采用一些负反馈方式，通过电路的自动调节使输出电压得到稳定。

12.2　整　流　电　路

根据电路结构，可将单相整流电路分为单相半波整流电路和单相桥式整流电路。为讨论方便，本节均设二极管是理想元件，负载为纯电阻性负载。

12.2.1　单相半波整流电路

【单相半波整流电路】

图 12.2 所示电路为单相半波整流原理电路，包括变压器 T、二极管 VD、负载电阻 R_L 这 3 部分。设变压器二次电压为 $u_2 = \sqrt{2} U_2 \sin\omega t$，其波形如图 12.3(a)所示。

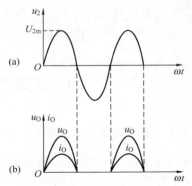

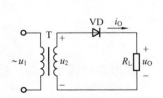

图 12.2　单相半波整流电路

图 12.3　单相半波整流电路波形

根据二极管的单向导电性，当 u_2 在正半周时，其实际极性为上正下负，二极管因承受正向压降而导通，若忽略二极管的正向压降，则负载上输出的电压为 $u_O = u_2 = \sqrt{2} U_2$

$\sin\omega t$，如图 12.3（b）所示，相应通过的电流为 i_0。当 u_2 在负半周时，其实际极性为下正上负，二极管因承受反向压降而截止，此时负载上电流基本为零，没有输出电压，即 $u_0 = 0$。此时，二极管截止时所承受的反向电压就是变压器二次电压，因此其承受的反向电压最大值为二次电压的峰值电压 $\sqrt{2}U_2$，即 $U_{Rm} = \sqrt{2}U_2$。

综上所述可知，在输入电压的一个周期内，负载上只有半个周期有输出电压，故为半波整流，其方向是一定的（单方向），但大小是变化的。这种单向脉动的电压常称为脉动直流电，通常用一个周期内的平均值来表示它的大小。因此，在单相半波整流电路中，输出电压的平均值（即直流电压）为

$$U_0 = \frac{1}{T}\int_0^{\frac{T}{2}} \sqrt{2}U_2 \sin\omega t \, dt = \frac{\sqrt{2}}{\pi}U_2 \approx 0.45U_2 \qquad (12-1)$$

负载上的电流平均值（即直流电流）为

$$I_0 = \frac{U_0}{R_L} = \frac{0.45U_2}{R_L} \qquad (12-2)$$

式（12-1）表示了单相半波整流电压平均值与变压器二次电压有效值之间的关系，说明在电压 u_2 一个周期内，负载上电压的平均值只有变压器二次电压有效值的 45%，可以看出电源利用率明显较低。

由于二极管 VD 与负载电阻 R_L 串联，故通过二极管整流电流的平均值 I_{VD} 与负载上的电流平均值 I_0 相等，即

$$I_{VD} = I_0$$

综上所述，在单相半波整流电路中，选择二极管时应主要满足下面的条件：

（1）二极管的最大整流电流 $I_{FM} > I_{VD}$；

（2）二极管的最高反向工作电压 $U_{RM} > \sqrt{2}U_2$。

通常为了安全起见，选择二极管时还应考虑留有 1.5~2 倍的余量。

半波整流电路的优点是电路结构简单，但整流过程中只利用了电源的半个周期，输出直流电压的脉动较大。实际应用中很少采用它，而大多采用单相桥式整流电路。

12.2.2 单相桥式整流电路

为了克服上述单相半波整流电路的缺点，在结构上可采用 4 个二极管接成电桥的形式构成桥式整流电路，输出全波波形，VD_1 和 VD_2 接成共阴极，VD_3 和 VD_4 接成共阳极，共阴极端和共阳极端分

【单相桥式整流电路】

别接在负载两端，另外两个互异端（VD_1 的阳极与 VD_4 的阴极相接端，VD_2 的阳极与 VD_3 的阴极相接端）分别接变压器二次侧电源两端，如图 12.4（a）所示，图 12.4（b）是其简化画法。

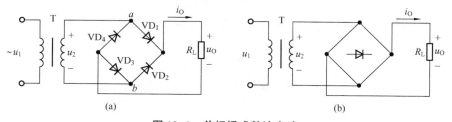

图 12.4 单相桥式整流电路

下面分析其工作原理。变压器二次电压 u_2 的波形如图 12.6(a) 所示。变压器二次电压 u_2 在正半周时，其实际极性为上正下负，如图 12.5(a) 所示，即 a 点电位高于 b 点电位，VD_1 和 VD_3 因承受正向电压而导通；VD_2 和 VD_4 因承受反向电压而截止，此时电流流向如图 12.5(a) 所示。因此，u_2 在正半周时，负载电阻上得到的电压就是 u_2 的正半周电压，如图 12.6(b) 所示。

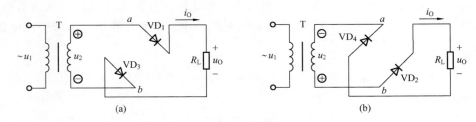

图 12.5　u_2 在一个周期内电流流向图

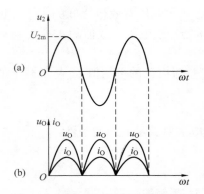

图 12.6　单相桥式整流电路波形图

变压器二次电压 u_2 在负半周时，其实际极性为上负下正，如图 12.5(b) 所示，即 b 点电位高于 a 点电位，VD_2 和 VD_4 因承受正向电压而导通；VD_1 和 VD_3 因承受反向电压而截止，此时电流流向如图 12.5(b) 所示。因此，在负载电阻上产生的电压波形与 u_2 正半周时相同，如图 12.6(b) 所示。

通过对图 12.3(b) 和图 12.6(b) 的波形比较，可以看出，单相桥式整流电路所输出的电压平均值比单相半波整流电路所输出值增加了 1 倍，即

$$U_O = 2 \times 0.45U_2 = 0.9U_2 \qquad (12-3)$$

负载电阻上的直流电流为

$$I_O = \frac{U_O}{R_L} = \frac{0.9U_2}{R_L} \qquad (12-4)$$

由式 (12-3) 可知，经过桥式整流后，负载上电压的平均值是变压器二次电压有效值的 90%，电源利用率与半波整流电路相比明显有了很大的提高。

在单相桥式整流电路中，每个二极管都是半个周期导通，半个周期截止，因此在一个周期内，每个二极管的平均电流是负载电流的一半，即

$$I_{VD} = \frac{1}{2}I_O = \frac{0.45U_2}{R_L} \qquad (12-5)$$

每个二极管截止时所承受的反向电压都是变压器二次电压 u_2，因此承受的最大反向电压为

$$U_{Rm} = \sqrt{2}U_2 \qquad (12-6)$$

式 (12-5) 和式 (12-6) 是选择二极管的主要依据。所选用的二极管必须满足下面两个条件：

(1) 二极管的最大整流电流 $I_{FM} \geqslant I_{VD}$；

（2）二极管的最高反向工作电压 $U_{RM} \geqslant \sqrt{2}\,U_2$。

目前封装成一整体的多种规格的整流桥块已批量生产，给使用者带来了不少方便，其外形如图 12.7 所示。使用时，只需将交流电压接到标有"～"的引脚上，从标有"＋"和"－"的引脚上引出的就是整流后的直流电压。

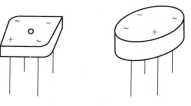

图 12.7　整流桥块外形

特别提示

- 上述得到的整流波形图中，若考虑二极管的正向导通压降和截止时反向电阻的影响，则波形还要进行修正。本章中所涉及的二极管均为理想二极管。
- 单相整流电路输出的电压和电流都是脉动的直流电，只能用于对电源要求不高的场合，如电镀、电解以及直流电磁铁等处。

【例 12-1】　在单相半波整流电路中，已知 $u_2 = 10\sqrt{2}\sin\omega t\,\mathrm{V}$，负载电阻 $R_L = 45\,\Omega$，试求输出电压平均值 U_O，负载电流平均值 I_O，二极管中的平均电流 I_{VD} 及二极管所承受的反向电压最大值 U_{Rm}。

【解】　已知 $u_2 = 10\sqrt{2}\sin\omega t\,(\mathrm{V})$，则 $U_2 = 10\,\mathrm{V}$

单相半波整流输出电压平均值为

$$U_O = 0.45\,U_2 = 4.5\,\mathrm{V}$$

负载电流平均值为

$$I_O = \frac{U_O}{R_L} = 0.1\,\mathrm{A}$$

二极管中的平均电流为

$$I_{VD} = I_O = 0.1\,\mathrm{A}$$

二极管承受的最高反向电压为

$$U_{Rm} = U_{2m} = 10\sqrt{2}\,\mathrm{V}$$

12.3　滤波电路

滤波的目的是防止电路输出端出现波动分量，它可以将从整流电路中得到的脉动直流电压转换成为合适的平滑直流电压。从能量的角度来看，滤波电路是利用电抗性元件（电容、电感）的储能作用，当整流后的单向脉动电压和电流增大时，将部分能量储存，反之则释放出能量，从而达到使输出电压、电流平滑的目的。从另一个角度来看，该电路是利用电感、电容对不同频率所呈现的不同阻抗，将其合理地分配在电路中。例如，将电容与负载并联，将电感与负载串联，就可以降低不需要的交流成分，保留直流成分，从而达到滤波的目的。

12.3.1　电容滤波电路

图 12.8(a) 所示为单相半波整流电容(C)型滤波电路，图 12.8(b) 所示为单相桥式整

流电容(C)型滤波电路，都是利用电容与负载并联，达到滤除波动分量、输出稳定直流电的目的。

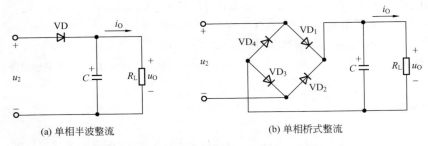

(a) 单相半波整流　　　　　　　　　(b) 单相桥式整流

图 12.8　单相整流器中的电容(C)型滤波电路

1. 电路的工作原理

如图 12.8(a)所示，设电容两端初始电压为零，变压器二次电压 u_2 大于零时，二极管 VD 因承受正向电压而导通，一方面给负载供电，另一方面给电容 C 充电，若 VD 是理想二极管，不计导通压降，则由于充电时间常数很小，故电容充电速度很快，电压 u_C 能够跟随输入电压 u_2 的上升而上升，即电容电压 $u_C = u_2$，如图 12.9(a)所示。当 u_2 达到最大值 a 点时，电容电压也达到最大值，此时二极管两端的电位相等。随后 u_2 从最大值开始下降。由于 u_2 在最大值的附近下降的速度很慢，而由电容的放电规律可知，u_C 下降的速度开始时较快，以后越来越慢，故在 t_1 之前，VD 均承受正向电压而处于导通状态，u_C 随着 u_2 的变化而变化。当达到 t_1 时刻后，电容器 C 的放电速度小于 u_2 的下降速度，从而使 $u_C > u_2$，VD 因承受反向电压而截止，电容通过负载 R_L 放电。若 C 值足够大，则放电的时间常数 $\tau = R_L C$ 很大，使得电容器两端的电压下降很慢，以至于使放电过程可持续到 u_2 的下个周期的 b 点。此后，u_2 又大于 u_C，VD 再次承受正向压降而导通，C 又一次被充电，如此反复进行，就得到图 12.9(a)所示波形。与原整流输出电压波形相比，可得到相对平缓的输出电压，这是一种最简单经济的滤波电路，在不影响电子设备正常工作的情况下可以采用。

同理，单相桥式整流滤波电路中，VD_1、VD_3 与 VD_2、VD_4 交替工作，其输出电压波形如图 12.9(b)所示。显然，与单相半波整流滤波电路而不同，在输入电压的一个周期内，电容要充放电各两次，所以输出电压更加平滑。

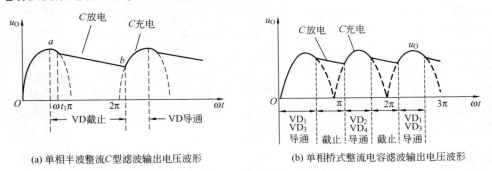

(a) 单相半波整流C型滤波输出电压波形　　　　(b) 单相桥式整流电容滤波输出电压波形

12.9　C型滤波电路输出电压波形图

2. 输出直流电压 U_O 和直流电流 I_O 的计算

如前所述，采用电容滤波后，输出电压的脉动程度与电容放电时间常数有关，时间常数越大，放电过程越缓慢，脉动程度越小，输出电压的平均值也就越大。根据实际工程经验，一般要求 $R_L \geqslant (10 \sim 15) \dfrac{1}{\omega C}$，即时间常数满足

$$\tau = R_L C \geqslant (3 \sim 5) \frac{T}{2} \tag{12-7}$$

此时，单相半波整流滤波电路的输出直流电压为

$$U_O \approx U_2 \tag{12-8}$$

则直流电流为

$$I_O = \frac{U_O}{R_L} \approx \frac{U_2}{R_L} \tag{12-9}$$

单相桥式整流滤波电路的输出直流电压为

$$U_O \approx 1.2 U_2 \tag{12-10}$$

则直流电流为

$$I_O = \frac{U_O}{R_L} \approx 1.2 \frac{U_2}{R_L} \tag{12-11}$$

式(12-7)~式(12-11)中：T、U_2 分别为变压器二次电压的周期和有效值。

3. 带负载能力

电容滤波电路输出电压的平稳程度与负载有很大关系，当空载(即 $R_L \to \infty$)时，相当于放电时间常数趋于无穷大，放电速度极其缓慢，其直流输出电压约为 $\sqrt{2} U_2$，随着负载的增大(R_L 减小)，放电时间常数减小，脉动程度增大，直流输出电压即趋于减小，也就是说，电容滤波电路的带负载能力较差。因此，电容滤波电路只适用于负载电流较小(R_L 较大)且负载变化不大的场合。

特别提示

- 滤波电容的电容值较大，需要采用电解电容，这种电解电容有规定的正、负极，使用时必须使正极(图中标"＋")的电位高于负极的电位，否则会被击穿。

- 在电容滤波电路中，滤波电容值的选取可根据 $R_L C \geqslant (3 \sim 5) \dfrac{T}{2}$，电容的耐压值 U_{CN} 应大于其实际电压的最大值，即取 $U_{CN} \geqslant \sqrt{2} U_2$。

- 在图 12.9(a)和(b)中，若理想二极管导通压降为零，a 在波形的最大值处。若不是理想二极管，则实际 a 点应向下降落 U_{VD} 值。

【例 12-2】 一单相桥式整流、电容滤波电路，已知电源频率 $f = 60\text{Hz}$，负载电阻 $R_L = 120\Omega$，负载直流电压 $U_O = 60\text{V}$。试求：(1)整流二极管的平均电流及承受的最高反向电压；(2)确定滤波电容器的电容值及耐压值；(3)负载电阻断路时的输出电压；(4)电容断路时输出电压。

【解】 （1）求整流二极管的平均电流：

$$I_O = \frac{U_O}{R_L} = \frac{60}{120}\text{A} = 0.5\text{A}$$

$$I_{VD} = \frac{1}{2}I_O = 0.25\text{A}$$

根据式(12-9)可得变压器二次侧电压

$$U_2 \approx \frac{U_O}{1.2} = \frac{60}{1.2} = 50\text{V}$$

故整流二极管所承受的最高反向电压

$$U_{Rm} = \sqrt{2}U_2 = 50\sqrt{2} = 70.7\text{V}$$

（2）求滤波电容器的电容值：

取 $R_L C = 5 \times \frac{T}{2}$，即

$$C = 5 \times \frac{1}{2R_L f} = \frac{2.5}{120 \times 60} = 347\mu\text{F}$$

滤波电容器的耐压值为

$$U_{CN} = \sqrt{2}U_2 = 70.7\text{V}$$

（3）负载电阻断路时的输出电压为

$$U_O = \sqrt{2}U_2 = 70.7\text{V}$$

（4）电容断路时的输出电压即为单相桥式整流输出电压，即

$$U_O = 0.9U_2 = 45\text{V}$$

12.3.2 电感滤波电路

图12.10所示为一个单相桥式整流、电感滤波的电路，它是在整流电路之后与负载串联一个电感器。当脉动电流通过电感线圈时，线圈中要产生自感电动势阻碍电流的变化，当电流增加时，产生的自感电动势阻碍电流的增加；当电流减小时，产生的自感电动势阻碍电流的减小，从而使负载电流和电压的脉动程度减小。脉动电流的频率越高，滤波电感越大，感抗就越大，阻碍通过电流变化的程度就越强，则滤波效果就越好。电感滤波适用于负载电流较大（R_L 较小）并且变化大的场合。

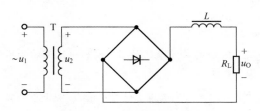

图12.10 单相桥式整流、电感滤波电路

12.3.3 复式滤波电路

为了得到更好的滤波效果，还可以将电容滤波和电感滤波组合起来构成复式滤波电路。如图12.11(a)所示的π形 LC 滤波电路就是其中一种。由于电感器的体积大、成本高，在负载电流较小（R_L 较大）时，可以用电阻代替电感，如12.11(b)所示的π形 RC 滤波电路。因为 C_2 的通交隔直作用，R_L 值又远大于 R 的值，直流分量主要降落在 R_L 两端。

π形 *RC* 滤波电路的滤波质量和调节能力都不及 π形 *LC* 滤波电路，但是 π形 *RC* 滤波电路成本低，对于许多要求不高的场合经济适用。

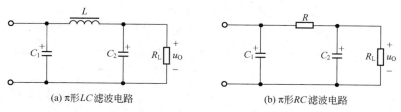

(a) π形*LC*滤波电路　　　　　　　　(b) π形*RC*滤波电路

图 12.11　π形滤波电路

特别提示

● 如图 12.11 所示，电路中两个电容与一个电感或两个电容与一个电阻恰好构成希腊字母 π 的形状，因此称为 π 形滤波电路。

12.4　稳压电路

经过整流和滤波后，虽然脉动程度有了很大改善，但直流电压仍不稳定。造成不稳定的原因有两个：一是电网电压的波动；二是负载变化。这样就必须在整流滤波电路之后，采取稳压措施，以维持输出电压的稳定。

稳压管稳压电路是利用稳压二极管的反向击穿特性来稳压的，但其带负载能力差，一般只提供基准电压，不作为电源使用。在电子系统中，应用较为广泛的是串联反馈型（线性）稳压电路和串联开关型稳压电路两大类。

12.4.1　稳压管稳压电路

1. 电路结构

将稳压管与适当阻值的限流电阻 *R* 配合构成的稳压电路就是稳压管稳压电路，是最简单的一种稳压电路。在图 12.12 所示电路中，U_I 为桥式整流滤波电路的输出电压，也就是稳压电路的输入电压，U_o 为稳压电路的输出电压，也就是负载电阻 R_L 两端的电压，它等于稳压管的稳定电压 U_z。由于稳压二极管与负载并联，故该电路又称并联型稳压电路。

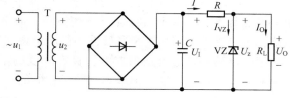

图 12.12　稳压管稳压电路

2. 稳压过程

当由电网电压的波动或负载电阻的变化而导致输出电压 u_o 变化时，可以通过限流电阻 *R* 和稳压管 VZ 的自动调整过程，保持输出电压 U_o 的基本恒定。由图 2.12 可知

$$U_O = U_I - IR = U_I - (I_{VZ} + I_O)R$$

若负载电阻一定，而当电网电压升高时，则稳压电路的输入电压 U_I 升高，使 U_O 升高，调节过程如下：

$$U_I \uparrow \to U_O \uparrow \to U_Z \uparrow \to I_{VZ} \uparrow \to I \uparrow$$
$$U_O \downarrow$$

使 U_O 保持稳定。当电网电压降低而使 U_O 降低时，稳压过程与上述自动调整过程恰好相反。

若电网电压一定，即稳压电路的输入电压 U_I 一定，则当负载电阻 R_L 减小时，使 U_O 降低，调节过程如下：

$$R_L \downarrow \to I_O \uparrow \to I \uparrow \to U_O \downarrow \to U_Z \downarrow \to I_{VZ} \downarrow \to I \downarrow$$
$$U_O \uparrow$$

使 U_O 保持稳定。当负载电阻 R_L 增大时，稳压过程与上述自动调整过程恰好相反。

这种稳压电路虽然简单，但是受稳压管最大稳压电流的限制，输出电流不能太大，而且输出电压不可调，稳定性也不很理想。

12.4.2　串联反馈型稳压电路

1. 电路结构

该电路的结构如图 12.13 所示。U_I 来自整流滤波电路的输出，VT 是 NPN 型晶体管，在此又称调整管，它的作用是通过电路自动调整 VT 的集电极-发射极之间的电压 U_{CE}，使输出电压 U_O 稳定。由电阻 R_1 和 R_2 构成采样电路，其作用是将输出电压的变化量通过 R_1 和 R_2 分压取出，然后送至比较放大器 A 的反相输入端。电阻 R_3 和稳压管 VZ 构成基准电压电路，使放大器同相输入端电位固定。比较放大器 A 的作用是采样电路取出的信号进行放大，以控制调整管 I_B 的变化，进而调整 U_{CE} 的值。

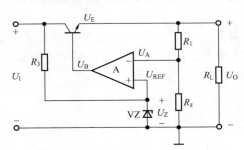

图 12.13　串联反馈型稳压电路原理图

由于在由集成运放所构成的比较放大器中引入了深度的电压串联负反馈，故能使输出电压非常稳定。由于调整管与负载串联，而电路采用深度的电压负反馈方式稳定输出电路，故将这种电路称为串联反馈型稳压电路。

串联反馈型稳压电路根据电压稳定程度的不同要求而有简有繁，例如，可采用多级放大器来提高稳压性能，但基本环节是相同的。

2. 稳压过程

稳压过程实质上就是负反馈的自动调节过程。稳压过程如下：

当电网电压的波动或是负载变化导致 U_O 变化，例如 R_L 减小而使 U_O 降低时，通过由 R_1 和 R_2 所构成的采样电路，放大器 A 反相输入端电位 U_A 必然下降，由于 A 连接成反相放大器，所以放大器 A 的输出端电位上升，即 U_B 上升，而导致 U_E 上升，则 U_{CE} 减小，从而使 U_O 增大。

由此可见，当外部因素有使 U_O 降低的趋势时，通过稳压电路的内部自动调节过程就

使 U_O 有增大的趋势，由于这两种趋势恰好相反，于是 U_O 基本维持不变。同理，若外部因素使 U_O 有增大的趋势时，也会通过电路的自动调节过程，使 U_O 基本不变。

由于调整管工作于线性区，故也将这种电路称为线性稳压电路。

3. 输出电压的大小及调节方法

在图 12.13 所示串联反馈型稳压电路中，若忽略比较放大器输入端电流则有

$$U_A = \frac{R_2}{R_2 + R_1} U_O$$

$$U_O = \frac{R_2 + R_1}{R_2} U_A = \frac{R_2 + R_1}{R_2} U_Z \quad (12-12)$$

在 U_Z 固定的情况下，只要改变 R_1 和 R_2 的大小，就可以改变 U_O 的值。因此为了调节方便，通常采用在采样电路中串联一个电位器，如图 12.14 所示。

$$U_{Omax} = \frac{R_2 + R_P + R_1}{R_2} U_Z \quad (12-13)$$

$$U_{Omin} = \frac{R_2 + R_P + R_1}{R_2 + R_P} U_Z \quad (12-14)$$

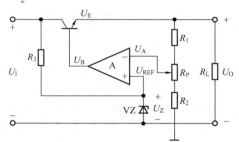

图 12.14 输出电压可调的串联反馈型稳压电路

12.4.3 串联开关型稳压电路

前面介绍的串联反馈型稳压电路的调整管工作在线性放大区，其功耗 $P_C = U_{CE} I_C$ 较大，因而效率较低，如能使调整管工作在饱和区和截止区，因饱和区时 $U_{CE} \approx 0$，截止区时 $I_C \approx 0$，在这两种状态下，其功耗 P_C 都很小，因而可获得较高的效率。为此研制出了开关型稳压电路，由于调整管与负载的连接方式有串联和并联两种，因此开关型稳压电路分为串联开关型和并联开关型两种。下面仅介绍串联开关型稳压电路。

1. 串联开关型稳压电路的电路结构

图 12.15 所示为串联开关型稳压电路的结构图。U_I 是经过整流后的输入电压，晶体管 VT 为调整管，电感和电容组成 LC 滤波电路，VD 为续流二极管；还有比较放大器 A_1、电

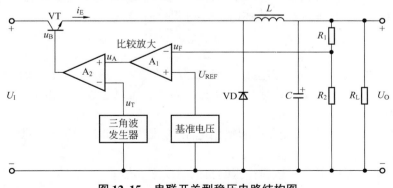

图 12.15 串联开关型稳压电路结构图

压比较器 A_2、采样电阻 R_1 和 R_2 以及三角波发生器和基准电压电路。其工作原理分为滤波和稳压两部分。

2. 工作原理

1）滤波过程

若 u_B 为高电平，VT 饱和导通，VD 承受反向电压而截止，直流电压 U_I 经过 LC 滤波电路提供给负载电流，即在饱和导通期间，电感 L 储存能量，电容 C 充电，电压 U_I 向负载提供能量。

若 u_B 为低电平，VT 截止，输入电压 U_I 提供的能量被中断，此时，在 L 两端产生感应电动势，通过 VD 对负载释放能量，同时 C 通过负载放电，使负载获得连续而稳定的能量。在此，因 VD 可以使负载电流连续，所以也称为续流二极管。

为了保证滤波的效果，要求电感 L 与滤波电容 C 应足够大。开关型稳压电路只适合于负载变化不大的场合。

2）稳压过程

电阻 R_1 和 R_2 为采样电路，其作用是将输出电压的变化量通过 R_1 和 R_2 分压取出，然后送至比较放大器 A_1 的反相输入端成为 u_F。若 $u_F < U_{REF}$，则 u_A 为正。u_A 与三角波电压 u_T 通过电压比较器 A_2 比较后，得到 VT 的基极电压 u_B。当 $u_A > u_T$ 时，u_B 为高电平；反之，u_B 为低电平。u_A、u_B 和 u_T 的波形如图 12.16 所示。图中 t_{on}/T 称为占空比，用 q 表示。

在稳态时，电感电压在一个周期内的平均值应为零，即电感电压 u_L 的积分应为零，即

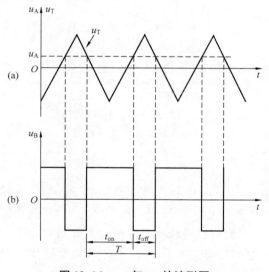

图 12.16　u_A 与 u_B 的波形图

$$\int_0^T u_L dt = \int_0^{t_{on}} u_L dt + \int_{t_{on}}^T u_L dt = 0 \qquad (12-15)$$

如果忽略 VT 的饱和压降和 VD 的正向压降，在 t_{on} 期间，VT 饱和导通，$u_L = U_I - U_O$；在 t_{off} 期间，VT 截止，$u_L = -U_o$。故式（12-14）积分后得到

$$U_O = \frac{U_I t_{on}}{T} = q U_I \qquad (12-16)$$

由图 12.16 可知，u_A 越大，占空比 q 越大，U_O 就越大。这里 u_T 为正负对称的三角波，当 $u_A > 0$ 时，$q > 50\%$；当 $u_A < 0$ 时，$q < 50\%$。因此，可以通过改变占空比 q 去调整输出电压 U_O 的大小。

当由于输入电压或负载的变化引起输出电压 U_O 发生波动时，稳压过程可表示如下：

$$U_O \downarrow \rightarrow U_F \downarrow \rightarrow u_A \uparrow \rightarrow q \uparrow \rightarrow U_O \uparrow$$

其结果，使 U_O 基本保持不变，达到稳压的目的。反之亦然。

由于这种稳压的控制方式是改变占空比，即改变调整管的基极 u_B 的脉冲宽度 t_{on}，故称为脉冲宽度调制（Pulse Width Modulation，PWM）型稳压电路。

12.5 集成稳压电源

稳压电源的应用场合相当广泛，但分立元件构成的稳压电源其结构比较复杂，因此，单片集成稳压电源便应运而生，并且得到广泛应用。集成稳压器基本可以做到免调试，并且体积小、可靠性高、使用灵活、价格低廉，是通用型模拟集成电路的一个重要分支。

单片集成稳压器的种类很多，按工作方式分，有串联反馈型和串联开关型；按引脚数分，有多端式和三端式，目前使用最多的为三端式的。下面介绍三端集成稳压器。

1. 三端集成稳压器的型号及主要参数

三端集成稳压器仅有输入、输出和公共地这 3 个引出端子，输入端接不稳定的直流电压，在输出端就可得到某一固定值的输出电压，其内部具有过热、过电流和过电压保护电路。三端集成稳压器按其输出电压是否可调，分为固定输出和输出可调两种，其常用的型号为：

（1）固定输出正电压的集成稳压器：W78XX 系列。
（2）固定输出负电压的集成稳压器：W79XX 系列。
（3）电压可调，输出正电压的集成稳压器：W317、W117。
（4）电压可调，输出负电压的集成稳压器：W337、W137。

其中 W78XX 和 W79XX 系列型号中的 "XX" 代表输出电压值。每一种系列的稳压器输出电流又有：0.1A(78LXX)，0.5A(78MXX) 及 1.5A(78XX)。W78XX 系列外形及电路符号如图 12.17 所示。

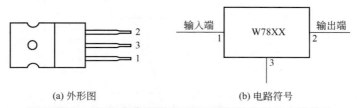

（a）外形图　　　　　　　　（b）电路符号

图 12.17　三端集成稳压器（W78XX 系列）外形及电路符号

集成稳压器的主要参数有：
（1）输出电压 U_0。表示集成稳压器可能输出稳定电压的范围。
（2）最小电压差 $(U_I - U_O)_{min}$。表示为维持稳压所需的 U_I 与 U_O 之差的最小值。
（3）容许输入电压的最大值 U_{IM}。
（4）容许最大输出电流值 I_{OM}。
（5）容许最大功耗。
（6）电压调整率 S_J。$S_J = \dfrac{\Delta U_0 / U_0}{\Delta U_I}$；表示输入电压变化 1V 时，$U_0$ 的相对变化率。
（7）输出电阻 R_o。

2. 三端集成稳压器的应用电路

三端集成稳压器的使用十分方便。应用时，只要从产品手册中查到有关参数、指标及外形尺寸、引脚排列，再配上适当的散热片，就可以按需要接成稳压电路。

1）固定输出电压的稳压电路

当所设计的稳压电源输出电压为正值时，可选用正压输出的集成稳压器 W78XX 系列，接线方式如图 12.18(a) 所示，电容 C_1 用来进一步减小输入电压的纹波，并抵消由于输入引线较长而带来的电感效应，防止产生自激振荡。电容 C_2 用来减小由于负载电流突变而引起的抖动杂波(高频噪声)。

当所设计的稳压电源输出电压为负值时，可选用负压输出的集成稳压器 W79XX 系列，接线方式如图 12.18(b) 所示。

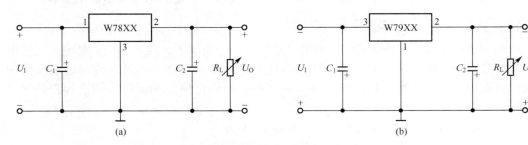

图 12.18　固定输出电压的稳压电路

2）具有正、负两路输出的稳压电路

当所设计的稳压电源需要正、负两路电压输出时，可同时选择 W78XX 和 W79XX 两个稳压器按图 12.19 接线。

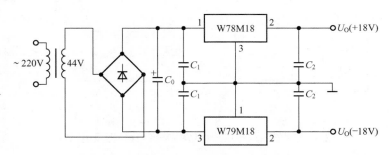

图 12.19　具有正负两路输出电压的稳压电路

12.6　直流稳压电源应用实例

12.6.1　三端集成稳压器的扩展用法

1. 提高输出电压的稳压电路

当所需要的输出电压高于集成稳压器标称的输出电压时，可采用如图 12.20 所示的电

路来提高输出电压。其输出电压的表达式为

$$U_O = U'_O + U_Z$$

式中，U'_O 是 R_1 两端的电压，也是稳压器的标称电压，U_Z 是稳压管的电压，根据所需输出电压的大小，选择合适的稳压管来满足要求。

2. 输出电压可调的稳压电路

当希望输出的电压可调时，可以采用如图 12.21 所示电路。由 R_1、R_2 和 R_P 构成采样电路，集成运算放大器接成电压跟随器，三端稳压器的输出端 2 和电压跟随器的同相输入端间的电压与稳压器的标称电压相同。该稳压电路的电压调节范围为

$$U_{Omax} = \frac{R_2 + R_P + R_1}{R_1} U'_O \tag{12-17}$$

$$U_{Omim} = \frac{R_2 + R_P + R_1}{R_1 + R_P} U'_O \tag{12-18}$$

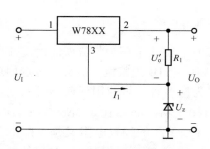

图 12.20　提高输出电压的接法

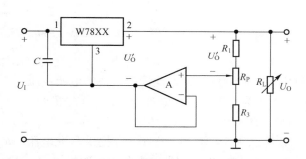

图 12.21　输出电压可调的稳压电路

3. 输出电流可扩展的稳压电路

当需要输出电流比集成稳压器输出电流大时，可采用外接功率晶体管来扩展电流，如图 12.22 所示，I_2 是集成稳压器的输出电流，在晶体管发射结压降与二极管正向压降相等时，有下式成立：

$$I_E R_1 = I_{VD} R_2$$

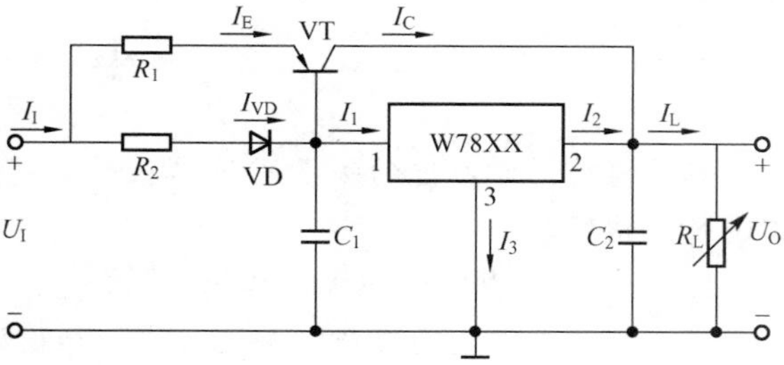

图 12.22　扩展输出电流的稳压电路

所以 $I_E = \dfrac{R_2}{R_1} I_{VD}$，而 $I_E \approx I_C$。

若忽略晶体管基极电流即 $I_B \approx 0$，则

$$I_1 = I_{VD}$$

流出三端稳压器公共端的电流 I_3 很小，近似为零，可得到

$$I_2 = I_{VD}$$

$$I_L = I_2 + I_C \approx I_2 + I_E = \left(1 + \frac{R_2}{R_1}\right) I_2 \tag{12-19}$$

由上式可知，$I_L > I_2$，适当选择 R_1 和 R_2 的阻值就可以获得所需要的输出电流。

12.6.2　6～30V、500mA 稳压电源电路

图 12.23 所示为 6～30V、500mA 稳压电源电路。它包括变压、整流、滤波及稳压电路。

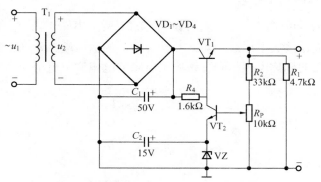

图 12.23　6～30V、500mA 稳压电源电路

电源变压器 T_1 的一次电压是电网供电交流电压 220V，二次电压为整流所需的交流电压 24V，电流 500mA，据此选择合适的电源变压器。$VD_1 ～ VD_4$ 为整流二极管，可选用反向峰值电压为 50V，工作电流为 1A 的硅二极管。VT_1 为调整管，可使用任何型号的功耗大于 15W 的 NPN 型功率晶体管。VT_2 作为放大器，可用小功率晶体管如 2N697 或 3DG6 等。VZ 可选用 5V 稳压二极管，以提供基准电压。R_4 既是 VT_1 的偏置电阻又是 VT_2 的负载电阻。电阻 R_2 和电位器 R_P 串联组成取样电路，调节电位器 R_P 可以得到 6～30V 的输出电压。

小　　结

本章将前面学习过的关于整流二极管、稳压管以及电阻、电容、电感等元器件的知识进行应用实践。

1. 直流稳压电源的组成及作用

直流稳压电源是由变压、整流、滤波和稳压这 4 个部分构成，将电网提供的交流电经过这几部分的调整，可输出稳定的直流电压，供负载使用。

2. 整流电路——整流二极管的应用

单相整流电路包括单相半波和单相桥式整流电路。

单相半波整流电路只需要一个整流二极管，是最简单的一种整流电路，输出的电压是半波波形。它的缺点是在每个交流输入周期内总有半个周期是不起作用的，电源的利用率较低。负载上输出的电压平均值和电流平均值分别为

$$U_o = 0.45 U_2, \quad I_o = \frac{U_o}{R_L} = \frac{0.45 U_2}{R_L}$$

单相桥式整流电路需要 4 个整流二极管，两两交替工作，能够全波输出，大大提高了

电源的利用率。其低成本和高可靠性已经使得这种电路成为实际应用电路的首选。负载上输出的电压平均值和电流平均值分别为

$$U_0 = 0.9U_2 , \quad I_0 = \frac{U_0}{R_L} = \frac{0.9U_2}{R_L}$$

3. 滤波电路——电容、电感网络的应用

在整流电路的基础上，增加储能元件，可构成不同形式的滤波电路，降低输出电压的脉动程度。此种电路包括电容滤波、电感滤波以及 π 形(RC 或 LC)滤波电路。

凡通过电容滤波以后，输出电压的平均值均高于原整流输出值。

单相半波整流 C 型滤波电路，负载上输出电压的平均值约为

$$U_0 \approx U_2$$

单相桥式整流 C 型滤波电路，负载上输出电压的平均值约为

$$U_0 \approx 1.2U_2$$

4. 稳压电路

二极管稳压电路结构简单，但稳压效果差，实用中多采用串联反馈型稳压电路、串联开关型稳压电路以及集成稳压电路，在集成稳压器中，三端集成稳压器应用最为广泛。

 知识链接

直流稳压电源

随着微电子技术的发展，现代电子系统正在向节能型分布式电源系统发展。由于各用电设备有独立的直流稳压电源，因此减少了直流输电线路，提高了系统整体可靠性，避免了低电压、大电流总线引起的电磁兼容问题，从而使系统损耗降低，达到了节约能源的目的。

实际上，由于电子系统的应用领域越来越宽、电子设备的种类越来越多，要想对一个电子系统实行统一的直流供电不仅不安全、不可靠，而且也是完全不可能的。所以分布式供电也是一种必然的趋势。同时，分布式电源正发展成为现代电子系统电源的基本结构，特别是那些需要电源种类多、功率电平灵活的系统(如较复杂的数字系统)，已完全采用分布式电源。

习　题

12－1　单项选择题：

(1) 在桥式整流电路中，若有一只二极管短路，将会出现(　　)。

　　A. 半波整流　　　　　　　　　　B. 波形失真

　　C. 短路现象　　　　　　　　　　D. 输出电压升高烧坏负载

(2) 若单相桥式整流电路输出的脉动电压平均值为 18V，忽略整流损耗，则整流电路变压器二次侧输出的交流电压有效值及整流二极管的最大反向电压分别为(　　)。

　　A. 20V/20$\sqrt{2}$ V　　　　　　　　B. 20V/20V

　　C. 20$\sqrt{2}$ V/20V　　　　　　　　D. 18V/18$\sqrt{2}$ V

（3）一具有电容滤波器稳压管稳压环节的桥式整流电路发生故障，经示波器观察波形如图12.24(a)所示，可能的故障原因是(　　　)。

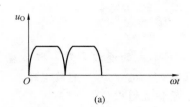

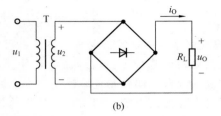

图12.24　习题12－1的图

A．稳压管击穿 　　　　　　　　　　B．稳压管引线断

C．一只整流二极管引线断 　　　　　D．滤波电容器引线断

（4）在桥式整流电路中，若有一只二极管引脚断开将会出现(　　　)。

A．半波整流 　　　B．全波整流 　　　C．输出电压为零 　　　D．电源短路

（5）图12.24(b)所示为含有理想二极管的电路，当交流电压 u_2 的有效值为10V时，负载 R_L 上输出电压的平均值为(　　　)。

A．12V 　　　　　　B．9V 　　　　　　C．4.5V 　　　　　　D．0V

12－2　判断题(正确的请在每小题后的圆括号内打"√"，错误的打"×")

（1）电流在两个方向流动的称为交流。　　　　　　　　　　　　　　　　（　　　）

（2）整流可以使电源电压升高。　　　　　　　　　　　　　　　　　　　（　　　）

（3）在单相桥式整流电路中，4个整流二极管首尾相接构成桥式接法。　（　　　）

（4）半波整流器只在半个周期内供给负载电流。　　　　　　　　　　　（　　　）

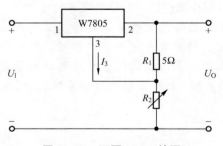

图12.25　习题12－3的图

（5）通过整流电路输出的脉动电压需要用交流表来测量其平均值的大小。　　　　　　　　　　　（　　　）

12－3　用三端集成稳压器构成的电路如图12.25所示，已知 $I_3 = 5\text{mA}$。

（1）写出 U_O 的表示式，当 $R_2 = 5\Omega$ 时，U_O 的数值是多少？

（2）可调电阻器 R_2 起什么作用？

12－4　说明图12.26所示电路中Ⅰ、Ⅱ、Ⅲ这3个部分的名称，并计算 U_{O1} 和 U_{O2} 的值。

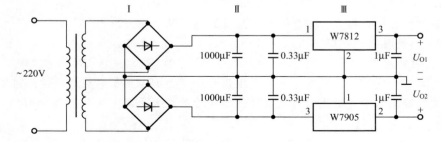

图12.26　习题12－4的图

12-5 在图 12.27 所示的单相桥式整流电路中，已知变压器二次侧电压为 $u_2 = 20\sqrt{2}$ $\sin\omega t$ V，负载电阻 $R_L = 100\Omega$，试求：

(1) 输出电压平均值 U_O，输出电流平均值 I_O；

(2) 二极管的电流 I_{VD}，二极管承受的最大反向电压 U_{Rm}；

(3) 若二极管 VD_4 接反，会发生什么现象？

12-6 在图 12.28 所示的单相桥式整流电路中，已知变压器二次侧电压为 $u_2 = 10\sqrt{2}$ $\sin\omega t$ V，负载电阻 $R_L = 20\Omega$。

(1) 在图中用箭头画出 u_2 正半周时电流 i_O 的流向，并标出 u_O 极性；

(2) 计算输出电压平均值 U_O，输出电流平均值 I_O；

(3) 若需电容滤波，在图中画出电容 C，并标注其极性。计算此时输出电压平均值 U_O 为多大？

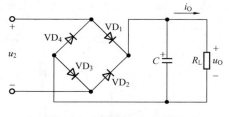

图 12.27 习题 12-5 的图

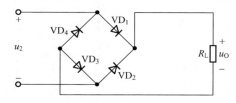

图 12.28 习题 12-6 的图

12-7 单相桥式整流电容滤波电路如图 12.29 所示。已知输出电压 $U_O = -15$V，$R_L = 100\Omega$，电源频率 $f = 50$Hz。试求：

(1) 变压器二次侧的电压有效值 U_2；

(2) 整流二极管的最高反向电压 U_{Rm} 和正向平均电流 I_{VD}。

12-8 单相桥式整流电容滤波电路如图 12.30 所示，已知输入电压有效值为 U_2，试回答下列问题：

(1) 当滤波电容 C 开路时，电路的输出平均电压 U_O 等于多少？

(2) 当负载电阻 R_L 开路时，电路的输出平均电压 U_O 等于多少？

(3) 当其中一只二极管开路时，电路的输出平均电压 U_O 等于多少？

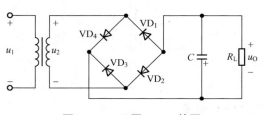

图 12.29 习题 12-7 的图

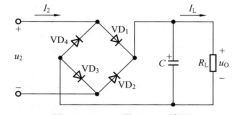

图 12.30 习题 12-8 的图

12-9 集成运算放大器构成的串联型稳压电路如图 12.31 所示：

(1) 在该电路中，若测得 $U_I = 30$V，试求变压器二次侧电压 U_2 的有效值；

(2) 在 $U_I = 30$V，$U_Z = 6$V，$R_1 = 2$kΩ，$R_2 = 1$kΩ，$R_3 = 1$kΩ 的条件下，求输出电压 U_O 的调节范围。

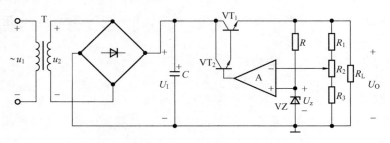

图 12.31　习题 12 – 9 的图

12 – 10　电路如图 12.32 所示，已知 $U_Z = 6V$，$R_1 = 2k\Omega$，$R_2 = 1k\Omega$，$R_3 = k\Omega$ $U_I = 30V$，试求输出电压 U_O 的调整范围。

12 – 11　由三端稳压器 W7805 组成的输出电压可调稳压电路如图 12.33 所示，$R_1 = R_2 = 2500\Omega$，$R_3 = 500\Omega$，$R_P = 1500\Omega$，$R_4 = 2500\Omega$。试求电路输出电压 U_O 的可调范围。

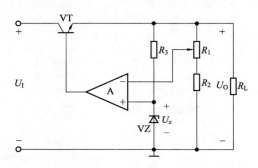

图 12.32　习题 12 – 10 的图

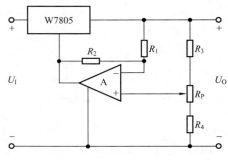

图 12.33　习题 12 – 11 的图

12 – 12　在图 12.34 所示可调稳压电路中，变压器二次侧电压 $U_2 = 20V$，$R_1 = 300\Omega$，$R_2 = 300\Omega$，$R_P = 300\Omega$，$C = 1000\mu F$。

（1）确定 U_O 的可调范围；

（2）画出 U_I 的波形，并计算 U_I 的值。

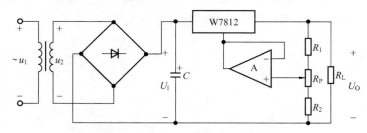

图 12.34　习题 12 – 12 的图

【第12章自测试题】

【第9-12章测试题】

部分习题答案

第 1 章

1-1　(1) B　(2) B　(3) D　(4) A　(5) D

1-2　(1) ×　(2) ✓　(3) ×　(4) ×　(5) ×

1-3　(a) $U = 5\text{V}$　(b) $R = 10\Omega$　(c) $I = -5\text{A}$　(d) $U = 0.8\text{V}$

1-4　0.32A, 15.625V

1-6　0.5A, 0.45A, 108V

1-7　(1) $I = 20\text{A}$, $U_{R_{\text{L}}} = 110\text{V}$, $U_{\text{E}} = 114\text{V}$, $P_{R_{\text{L}}} = 2200\text{W}$, $P_{\text{E}} = 2400\text{W}$, $P_{\text{出}} = 2280\text{W}$;

　　(2) $U = E = 120\text{V}$, $U_{\text{R}} = 0\text{V}$; (3) $U = 0\text{V}$, $I = 400\text{A}$

1-9　(1) $I_{\text{N}} = 4\text{A}$, $R = 12\Omega$; (2) $U = 50\text{V}$; (3) $I = 100\text{A}$

1-10　$E = 8\text{V}$, $R_{\text{o}} = 1.5\Omega$

1-13　32V, $I_R = 0\text{A}$

1-14　(a) $R = 4\Omega$; (b) $U = 40\text{V}$; (c) $I = 1.8\text{A}$; (d) $U = 26\text{V}$

1-15　$U_{\text{S}} = 12\text{V}$, $R_1 = 3\text{k}\Omega$, $R_3 = 6\text{k}\Omega$

1-16　$U_1 = 14\text{V}$, $U_2 = 18\text{V}$

1-17　(1) $I_1 = -6\text{A}$, $I_2 = -8\text{A}$, $I_3 = -0.8\text{A}$; (2) $U_{\text{ab}} = -16\text{V}$, $U_{\text{bc}} = -8\text{V}$, $U_{\text{ac}} = -24\text{V}$

1-18　$R = 2.5\Omega$, $U_{\text{A}} = -5\text{V}$

第 2 章

2-1　(1) D　(2) D　(3) C　(4) A　(5) B　(6) D

2-2　(1) ×　(2) ×　(3) ×　(4) ✓　(5) ×　(6) ×　(7) ×　(8) ✓

2-3　$I = 1\text{A}$

2-4　$U = 7.5\text{V}$

2-5　$U_{\text{a}} = 1.71\text{V}$, $U_{\text{b}} = 3.80\text{V}$

2-6　$I_1 = -1\text{A}$, $I_2 = 4\text{A}$

2-7　$I_1 = 0.99\text{A}$, $I_2 = 0.65\text{A}$, $I_3 = 0.34\text{A}$, $I_4 = 0.38\text{A}$, $I_5 = 0.27\text{A}$, $I_6 = 0.61\text{A}$

2-8　$I_1 = -1\text{A}$, $I_2 = 4\text{A}$

2-9　$I_1 = 0.99\text{A}$, $I_2 = 0.65\text{A}$, $I_3 = 0.34\text{A}$, $I_4 = 0.38\text{A}$, $I_5 = 0.27\text{A}$, $I_6 = 0.61\text{A}$

2-10　$I = 3\text{A}$, $P_{I_{\text{S1}}} = -10\text{W}$, $P_{I_{\text{S2}}} = 50\text{W}$, $P_{U_{\text{S1}}} = 25\text{W}$

2-11　$U_1 = 6\text{V}$, $U_2 = 0\text{V}$, $U_3 = 6\text{V}$

2-13　$I_1 = -0.5\text{A}$, $I_2 = -0.5\text{A}$, $I_3 = 1\text{A}$

2-14　$I = 1.4\text{A}$

2-15　$I_1 = 3\text{A}$, $I_2 = -1\text{A}$, $I_3 = 5\text{A}$

2-16　$U_{\text{ab}} = 16\text{V}$

2 - 17 $I = 8.4\text{A}$

2 - 18 190mA

2 - 19 $I = 8.4\text{A}$

2 - 20 (a) $U_{\text{oc}} = -1\text{V}$, $R_{\text{eq}} = 1.5\Omega$ (b) $U_{\text{oc}} = -7\text{V}$, $R_{\text{eq}} = 0\Omega$

2 - 21 $U_{\text{oc}} = 8.15\text{V}$, $R_{\text{eq}} = 1.63\Omega$

2 - 22 -0.204A, -0.135A, -0.081A

2 - 23 (a) $I = 1\text{A}$； (b) $I = -0.67\text{A}$

2 - 24 $R_{\text{L}} = R_{\text{eq}} = 6\Omega$, $P_{\text{max}} = 0.67\text{W}$

*2 - 25 $I = 3\text{A}$

*2 - 26 $U = 6\text{V}$

第 3 章

3 - 1 (1) C (2) B (3) A (4) D (5) B (6) C

3 - 2 (1) ✓ (2) × (3) × (4) ✓ (5) ✓ (6) ✓ (7) × (8) × (9) ✓
(10) ✓ (11) ✓ (12) ×

3 - 3 $u_C(0_+) = 1.667\text{V}$, $i_C(0_+) = 0.417\text{mA}$, $u_{R_1}(0_+) = 4.17\text{V}$

3 - 4 (a) $i(0_+) = 0\text{A}$, $i(\infty) = 1.5\text{A}$, (b) $i(0_+) = 2\text{A}$, $i(\infty) = 1.5\text{A}$

3 - 5 $i_L(0_+) = 3\text{A}$, $i_L(\infty) = 6\text{A}$

3 - 6 $i_L(0_+) = 2\text{mA}$, $u_R(0_+) = -10\text{V}$

3 - 7 $\tau = 8\text{s}$, $u_C(\tau) = 3.68\text{V}$

3 - 8 $u_C(t) = (-6 + 16\text{e}^{-t})\text{V}$

3 - 9 $u_C(t) = (8 - 2\text{e}^{-\frac{t}{0.18}})\text{V}$

3 - 10 $u_C(t) = (4 + 4\text{e}^{-t})\text{V}$, $i_C(t) = -2\text{e}^{-t}\text{A}$

3 - 11 $i_L(t) = (10 - 10\text{e}^{-500t})\text{A}$, $i_L(3\text{ms}) = 7.77\text{A}$

3 - 12 $i_L(t) = (3.33 - 1.33\text{e}^{-300t})\text{A}$, $u_{\text{ab}}(t) = (33.3 + 26.7\text{e}^{-300t})\text{V}$

3 - 13 $i_L(t) = 2\text{e}^{-8t}\text{A}$, $u_L(t) = -16\text{e}^{-8t}\text{A}$

3 - 14 $i_L(t) = (2 - 2\text{e}^{-10t})\text{A}$, $u(t) = 50 + 10\text{e}^{-10t}\text{V}$

第 4 章

4 - 1 (1) D (2) B (3) B (4) A (5) B (6) B (7) B (8) D (9) C
(10) D

4 - 2 (1) × (2) ✓ (3) ✓ (4) × (5) × (6) ✓ (7) ✓ (8) × (9) ×
(10) ×

4 - 3 (1) $U = 220\text{V}$, $\psi = 30°$, $f = 50\text{Hz}$, $T = 0.02\text{s}$; (2) 略; (3) 155.5V, -269.3V

4 - 4 $i = 20\sqrt{2}\sin(314t + 90°)\text{A}$

4 - 5 (1) $i_1 = 5\sqrt{2}\sin(314t + 30°)\text{A}$, $i_2 = 10\sqrt{2}\sin(314t + 30°)\text{A}$；(2) $\varphi = 0$

4 - 7 $u = 10\sqrt{2}\sin(\omega t + 23°)\text{V}$

4－8　$i_2 = 5\sqrt{2}\sin(\omega t + 112.5°)$A

4－9　$U = 100$V

4－10　（1）$u = 12.56\sqrt{2}\sin(314t + 90°)$V；（2）$\dot{I} = 20.2\ \angle 60°$A

4－11　（1）$i = 0.69\cos314t$A；（2）$\dot{U} = 318.47\ \angle -120°$V

4－12　（1）电阻；（2）电感；（3）电容；（4）电阻与电感串联

4－13　$R = 20\Omega$，$L = 1.99$mH

4－14　50Hz 时，$\dot{I} = 44\ \angle 36.87°$A，容性；100Hz 时，$\dot{I} = 25.88\ \angle -61.93°$A，感性

4－15　3A

4－16　$R = 10\Omega$，$L = 55$mH

4－17　11V

4－18　$U = 40$V，$I = 10\sqrt{2}$A

4－19　（1）250rad/s；（2）500rad/s；（3）1000rad/s

4－20　（1）$\dot{I}_1 = 11\ \angle -30°$A，$\dot{I}_2 = 5.5\ \angle -30°$A，$\dot{I} = 9.5\ \angle -30°$A；（2）$P = 1815$W，
　　　　$Q = -1047.86$var；（3）0.866，容性。

4－21　$R = 1.732$kΩ，$C = 1\mu$F，滞后

4－22　$\cos\varphi = 0.682$，$R = 15\Omega$，$L = 51.3$mH

4－23　$P = 580.8$W，$Q = -774.4$var，$S = 968$V·A

4－24　（1）$\cos\varphi = 0.5$；（2）$C = 90.3\mu$F

4－25　（1）$R = 250\Omega$，$R_L = 43.75\Omega$，$L = 139$H；（2）$P_R = 40$W，$P = 47$W，$\cos\varphi = 0.53$；
　　　　（3）$C = 3.46\mu$F

4－26　$Z = 105 - j45\Omega$，$I = 1.75$A，$I_1 = I_2 = 1.237$A

4－27　$I = 1.43$A，$I_1 = 0.53$A，$I_2 = 1.28$A，$P = 91.78$W

4－28　$C = 0.1\mu$F，$u_R = \sqrt{2}\sin5000t$ V，$u_L = 40\sqrt{2}\sin(5000t + 90°)$ V，$u_C = 40\sqrt{2}\sin$
　　　　$(5000t - 90°)$ V

4－29　能

4－30　（1）1062μF；（2）531μF，25A

4－31　$L_1 = 1$H，$C_1 = 1\mu$F

4－32　$L_1 = \dfrac{1}{(\omega_2^2 - \omega_1^2)C}$，$L_2 = \dfrac{1}{\omega_1^2 C}$

第 5 章

5－1　（1）C　（2）D　（3）C　（4）D　（5）B　（6）C

5－2　（1）√　（2）√　（3）√　（4）×　（5）×　（6）√　（7）×　（8）√

5－3　（1）$I_L = I_P = 4.4$A，$P = 348.5$W；
　　　　（2）$I_P = 4.4$A，$I_L = 7.6$A，$P = 348.5$W

5－4　$I_L = 36.5$A，$Z = (50.4 + j37.8)\Omega$

5－5　（1）$I_1 = I_2 = I_3 = 0.15$A；

（2）$U_A = U_B = 190V$，不能正常发光

5-6 （1）$U = 380V$，$I = 6.6A$；（2）$P = \approx 4344W$

5-7 （1）（略）；（2）$I_L = I_P = 45.45A$；（3）（略）

5-8 39.3A

第 6 章

6-1 （1）C （2）A （3）B （4）A （5）A （6）C （7）D （8）C

6-2 （1）× （2）× （3）√ （4）√ （5）×

6-3 $n = 166$ 个，$I_{1N} = 1A$，$I_{2N} = 45.5A$

6-4 $I_1 = 2.1A$，$U_2 = 38V$

6-5 10

6-6 $K = 43.5$，$I_{1N} = 4A$，$I_{2N} = 173.9A$，$\Delta U\% = 4.3\%$

6-7 当钳入 1 根零线、3 根相线及全部 4 根线时，电流表的读数均为 0；当钳入两根相线时，电流表的读数为 5A

6-8 $\eta_1 = 93.9\%$，$\eta_{\frac{1}{2}} = 94.4\%$

6-9 两种情况下端电压 $U_2 = 5.5V$

第 7 章

7-1 （1）C （2）B （3）A （4）B （5）B （6）A （7）B （8）B （9）A （10）D （11）B （12）B

7-2 （1）× （2）√ （3）× （4）√ （5）× （6）× （7）√ （8）× （9）× （10）× （11）√ （12）×

7-3 （1）0V；（2）12V

7-4 VD_1 处于截止状态，VD_2 处于导通状态；$U_O = 8V$

7-6 （1）$P_{ZM} = 0.2W$；（2）稳压管将因功耗过大被烧毁；（3）稳压管将因功耗过大被烧毁

7-7 $435\Omega \leqslant R_L \leqslant 1.25k\Omega$

7-8 $600\Omega \leqslant R \leqslant 1.68k\Omega$

7-10 当开关合在 a 位置时，晶体管处于放大状态；当开关合在 b 位置时，晶体管将因功耗过大而被烧毁；当开关合在 c 位置时，晶体管处于饱和状态

7-13 （1）N 沟道耗尽型 MOS 管；（2）（略）

7-14 恒流状态

第 8 章

8-1 （1）A （2）C （3）C （4）C （5）A （6）A，C （7）B （8）B

8-2 （1）× （2）× （3）× （4）√ （5）× （6）× （7）× （8）√ （9）√ （10）×

8-3 图略

8－4　（1）$V_{CC} = 10V$，$R_C = 2.5k\Omega$，$R_B = 250k\Omega$；（2）$\dot{A}_u = -50$，$u_o = -\sin314t$（单位为 V）

8－5　（1）静态工作点：$I_{BQ} = 50\mu A$，$I_{CQ} = 2.5mA$，$V_{CEQ} = 4.5V$；

　　　（2）当 $R_L = 3k\Omega$ 时，$\dot{A}_u \approx -90$，当 $R_L = \infty$ 时，$\dot{A}_u = -181$；

　　　（3）$R_i \approx 830\Omega$，$R_o = 3k\Omega$；

　　　（4）$U_s \approx 18mV$

8－6　（1）$R_B = 282.5k\Omega$；

　　　（2）$R_B = 141.25k\Omega$

8－8　（1）$I_{CQ} \approx I_{EQ} = 1mA$，$I_{BQ} \approx 20\mu A$，$U_{CEQ} = 4.3V$；

　　　（2）$\dot{A}_u = -83.3$，$R_i = 1.36k\Omega$，$R_o = R_C = 5k\Omega$；

　　　（3）$\dot{A}_u \approx -0.9$，$R_i \approx 13k\Omega$，$R_o = R_C = 5k\Omega$

8－9　（1）$I_{BQ} = 22\mu A$，$I_{CQ} \approx I_{EQ} = 0.9mA$，$U_{CEQ} = 5.14V$；

　　　（2）$\dot{A}_u \approx 0.99$，$R_i = 71.8k\Omega$，$R_o = 39\Omega$

8－10　$\dot{A}_u = -727.3$

8－11　（1）$I_{BQ} = 20\mu A$，$I_{CQ} = 1mA$，$U_{CEQ} \approx 2V$；

　　　（2）略

　　　（3）$u_{o1} = -u_i = -20\sin314t\,mV$，$u_{o2} = u_i = 20\sin314t\,mV$

8－12　（1）$I_{CQ} \approx I_{EQ} = 1.15mA$，$I_{BQ} \approx 11.4\mu A$，$U_{CEQ} = 6.6V$；

　　　（2）（略）；

　　　（3）$\dot{A}_u \approx -8$，$R_i \approx 3.5k\Omega$，$R_o = 5k\Omega$。

8－13　$\dot{A}_{u1} \approx -12$，$\dot{A}_{u2} \approx 1$，$\dot{A}_u \approx -12$，$R_i = R_1 = 10M\Omega$，$R_o = 39\Omega$

8－14　$\dot{A}_u \approx -27.5$

8－15　$\dot{A}_u \approx -38.5$

8－16　$\dot{A}_u \approx -13.3$

第 9 章

9－1　（1）B　（2）A　（3）D　（4）A　（5）C　（6）C　（7）A　（8）C

9－2　（1）✓　（2）✓　（3）×　（4）✓　（5）✓　（6）✓　（7）×　（8）✓

9－4　（1）乙类工作状态；（2）9V；（3）2.7V

9－5　（1）OCL 电器乙类工作状态；（2）9W，11.5W

9－6　（1）9.9V，24.5W；（2）14V；（3）（略）

9－7　（1）（略）；（2）6.25V；（3）2W

9－10　（1）（略）；（2）18W

第 10 章

10－1　（1）B　（2）A　（3）B　（4）A　（5）A

10－2　（1）✓　（2）×　（3）×　（4）✓　（5）×　（6）×　（7）✓　（8）×

10－4　$u_O = \dfrac{R_f}{R} \cdot \dfrac{R_1 + R_2 + R_3}{R_2}(u_{I1} - u_{I2})$

10－7　$u_O = \dfrac{R_1 + R_f}{R_1}u_{I2} - \dfrac{R_f}{R_1}u_{I1}$

第 11 章

11－1　（1）A　（2）C　（3）D　（4）H　（5）G　（6）F　（7）E　（8）B

11－2　B　D　C　A

11－3　（1）B　（2）A

11－4　（1）×　（2）✓　（3）×　（4）×　（5）×　（6）×　（7）×　（8）×　（9）×　（10）×　（11）×

11－5　（1）$A_f = 66.7$；（2）$\dfrac{dA_f}{A_f} = 6.67\%$

11－6　图(a)中的R_B引回的是交直流反馈，反馈组态为电压并联负反馈；

图(b)中的R_E引回的是交直流反馈，反馈组态为电压串联负反馈；

图(c)中的R_S引回的是直流反馈，反馈极性为负反馈

11－7　图(a)中的反馈支路是R_2和C所在的支路，引入的反馈是交流反馈，反馈形式为电压并联正反馈；

图(b)中R_1和R_2引入的是直流负反馈；

图(c)中的反馈支路是R_2，引回的是交直流反馈，反馈组态为电压串联负反馈；

图(d)中的R_3和C所在的支路是反馈支路，引回的是交流反馈，反馈形式为电压并联正反馈

11－8　由瞬时极性法可判断出，R_f引入的反馈极性为负反馈，反馈组态为电流串联负反馈

11－9　由瞬时极性法可判断出，R_3引入的反馈极性为负反馈，反馈形式为电压串联负反馈

11－10　（1）$C = 0.1\mu F$；（2）R_P应至少调到$10k\Omega$电路才能起振

11－11　图略；反馈电压取自线圈L_2两端，为正反馈，符合相位平衡条件

11－12　图略；反馈电压取自线圈C_2两端，为正反馈，符合相位平衡条件；只要电路参数合适，满足振荡的幅值条件，电路就有可能产生振荡

11－14　电路振荡频率的调节范围为$732 \sim 1000Hz$

11－15　该电路3挡频率的调节范围分别为Ⅰ挡——$14.5 \sim 159Hz$；Ⅱ挡——$145Hz \sim 1.59kHz$；Ⅲ挡——$1.45 \sim 15.9kHz$

第 12 章

12－1　（1）C　（2）A　（3）D　（4）A　（5）B

12－2　（1）×　（2）×　（3）×　（4）✓　（5）×

12-3　（1）$U_0 = \left(\dfrac{5}{R_1} + I_3\right)R_2 + 5$，$U_0 \approx 10\text{V}$；（2）$R_2$ 可调节输出电压的大小

12-4　Ⅰ：整流电路；Ⅱ：滤波电路；Ⅲ：稳压电路；$U_{O1} = 12\text{V}$，$U_{O2} = -5\text{V}$

12-5　（1）$U_0 = 24\text{V}$，$I_0 = 0.24\text{A}$；（2）$I_{VD} = 0.12\text{A}$，$U_{Rm} = 28.28\text{V}$；（3）电源短路现象

12-6　（1）（略）；（2）$U_0 = 9\text{V}$，$I_0 = 0.45\text{A}$；（3）$U_0 = 12\text{V}$

12-7　（1）$U_2 = 12.5\text{V}$；（2）$U_{Rm} = 17.675\text{V}$，$I_{VD} = 75\text{mA}$

12-8　（1）$U_0 = 0.9U_2$；（2）$U_0 = \sqrt{2}U_2$；（3）$U_0 = U_2$

12-9　（1）$U_2 = 25\text{V}$；（2）$U_{Omin} = 12\text{V}$，$U_{Omax} = 24\text{V}$

12-10　$U_{Omin} = 6\text{V}$，$U_{Omax} = 18\text{V}$

12-11　$U_{Omin} = 5.625\text{V}$，$U_{Omax} = 22.5\text{V}$

12-12　（1）$U_{Omin} = 18\text{V}$，$U_{Omax} = 36\text{V}$；（2）$U_i = 24\text{V}$

参 考 文 献

[1] 范承志，孙盾，童梅. 电路原理 [M]. 北京：机械工业出版社，2004.

[2] 公茂法. 电路基础学习指导与典型题解 [M]. 北京：北京大学出版社，2007.

[3] 李发海，朱东起. 电机学 [M]. 4 版. 北京：科学出版社，2007.

[4] 刘建军，王吉恒. 电工电子技术(电工学) [M]. 北京：人民邮电出版社，2006.

[5] 麻寿光，等. 电路与电子学 [M]. 北京：高等教育出版社，2006.

[6] 马世豪. 电路原理 [M]. 北京：科学出版社，2007.

[7] 秦曾煌. 电工学：上册 电工技术 [M]. 5 版. 北京：高等教育出版社，1999.

[8] 邱关源. 电路 [M]. 5 版. 北京：高等教育出版社，2006.

[9] 唐介. 电工学：少学时 [M]. 北京：高等教育出版社，2005.

[10] 童诗白，华成英. 模拟电子技术基础 [M]. 3 版. 北京：高等教育出版社，2001.

[11] 王成华，等. 电路与模拟电子学 [M]. 2 版. 北京：科学出版社，2007.

[12] 王金矿，等. 电路与电子技术基础 [M]. 广州：中山大学出版社，2004.

[13] 王文辉，等. 电路与电子学 [M]. 北京：电子工业出版社，2005.

[14] 王源. 实用电路基础 [M]. 北京：机械工业出版社，2004.

[15] 王增福，等. 新编线性直流稳压电源 [M]. 北京：电子工业出版社，2004.

[16] 张家生. 电机原理与拖动基础 [M]. 北京：北京邮电大学出版社，2006.

[17] [美] FLOYD L T. 电路基础 [M]. 6 版. 夏琳，施惠琼，译. 北京：清华大学出版社，2006.

[18] [美] FLOYD L T. 电路原理 [M]. 7 版. 罗伟雄，译. 北京：电子工业出版社，2005.

[19] BOYLESTAD L R. *Essentials of Circuit Analysis* [M]. First Edition. Pearson Education, Inc, Upper Saddle River, New Jersey, 2004.

北大版·本科电气类专业规划教材

精美课件

图文案例

在线答题

课程平台　　　　　教学视频

北大版·本科电子商务专业规划教材

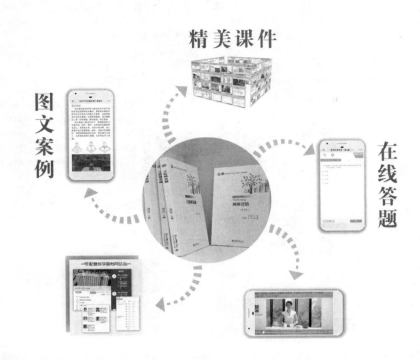

精美课件

图文案例

在线答题

部分教材展示

互联网金融

网络营销（第2版）

ERP原理及应用（第2版）

电子商务项目实训

电子商务法（第2版）

电子商务概论（第3版）

电子商务概论

电子商务理论与实务

网络营销服务及案例分析

网络金融与电子支付（第2版）

网络营销：创业导向

电子商务概论（第2版）

扫码进入电子书架查看更多专业教材，如需申请样书、获取配套教学资源或在使用过程中遇到任何问题，请添加客服咨询。